U0251183

Java

架构师指南

王波◉编著

人民邮电出版社

北京

图书在版编目（CIP）数据

Java架构师指南 / 王波编著. -- 北京：人民邮电
出版社，2018.6（2019.5重印）
ISBN 978-7-115-48066-8

Ⅰ. ①J… Ⅱ. ①王… Ⅲ. ①JAVA语言—程序设计
Ⅳ. ①TP312.8

中国版本图书馆CIP数据核字(2018)第058309号

内 容 提 要

本书总结了作者多年来在 Java Web 方面的开发经验，全面阐述了 Java 架构师所需掌握的知识和技能，并围绕 Java 架构师这一主题介绍相关的内容。

本书共 12 章。书中通过讲解企业管理系统、电商系统、报表系统等项目的实际开发流程，把流行的 Struts、Spring、Hibernate、Spring MVC、MyBatis 等框架整合起来，再从代码层面讲述 Maven、WebService、POI 等技术，让读者在学习 Java 架构师必备的专业技能的同时，了解项目开发的整个过程。在项目运维方面，本书还讲解了 SonarQube 和 Jenkins 开源组件，以拓宽架构师的知识广度。

本书可以帮助不同技术层次的读者在短时间内掌握 Java 架构师必备的知识，缩短从程序员到架构师的进阶时间。因为书中的每份代码都有详细的注释和解析，很方便读者领会，所以不论是刚步入职场的新手，还是有一定工作经验的开发人员，本书都同样适用。

◆ 编　著　王　波

责任编辑　杨海玲

责任印制　焦志炜

◆ 人民邮电出版社出版发行　　北京市丰台区成寿寺路 11 号
邮编　100164　电子邮件　315@ptpress.com.cn
网址　http://www.ptpress.com.cn
固安县铭成印刷有限公司印刷

◆ 开本：800×1000　1/16
印张：25.75
字数：643 千字　　　　　　　　2018 年 6 月第 1 版
印数：5 301 — 5 800 册　　　　2019 年 5 月河北第 5 次印刷

定价：89.00 元

读者服务热线：(010)81055410　印装质量热线：(010)81055316
反盗版热线：(010)81055315
广告经营许可证：京东工商广登字 20170147 号

前　言

　　互联网的发展带动了各行各业信息化的趋势，一大批高新企业如雨后春笋般出现在大众的视野中。于是，不同类型的软件项目应运而生。在这些琳琅满目的项目中，有企业管理、电商平台、财务报表、金融银行、医疗器械、智慧城市和大数据分析等类型。项目的层出不穷带来了巨大的利润，让高新企业不断地成长起来，与此同时，也带来了很多相关的就业岗位。

　　当然，要顺利地完成这些项目，就需要大量的软件工程师。这种硬性的需求又养活了一大批培训机构，从事软件行业的人员当初是凤毛麟角，现在依然是供不应求。那么，如何提高软件工程师的开发技能就成了一个无法回避的问题。诚然，公司可以不定期进行培训，提高开发人员的技能水平，但从更普遍、更直接的意义上来说，提高技能水平的最佳方式还是系统地阅读相关书籍。

　　回到正题，项目从设计到完成的每一个环节，都需要精确地把控，如果这方面做不好，会让项目陷入困境，得不偿失！同时，在开发语言的选择上，也需要相当慎重。例如，大家熟悉的 Java 语言，它最大的优点就是跨平台运行。如果使用 Java 语言开发项目，程序员关注的无非是在某个系统环境下完成代码的编写和调试，至于最终需要用在哪里，没有必要过多地关心，因为无论是在 Windows 系统还是在 Linux 系统，Java 程序都可以顺利地部署，流畅地运行。Java 跨平台的优点得到了很多公司的青睐，他们纷纷把自己公司的核心编程语言确定为 Java。这样的情况愈演愈烈，以至于 Java 语言在 J2EE 方向的发展非常迅速，成为企业级开发的首选。Java 与众多优质的第三方框架搭配起来使用，更是让项目的开发进入了一个非常高效、便捷、可复用的时代。举个经典的例子，大家熟知的 SSH 框架技术集合，就是使用 Java 语言开发，再把 Struts、Spring、Hibernate 三者结合起来，组成的一套成熟的开发框架。这套框架曾经风靡全球，引起了业界学习的浪潮，促使很多公司前赴后继。不过，在 2005 年 6 月的 JavaOne 大会上，Sun 公司发布标准版 Java SE 6 的时候，顺带将 J2EE 改成了 Java EE，但因为历史原因，J2EE 的提法仍然经常存在。

　　如果说 Java 语言的跨平台特性是很受欢迎的，那么 Java 语言的安全性也是非常让人放心的，这主要得益于 Java 语言中设计的沙箱安全模型。Java 代码的执行全部在类装载器、类文件检验器、Java 虚拟机内置的安全特性、安全管理器这 4 个组件的安全策略下完成，极大地保障了程序运行的安全。另外，Java 语言还提供了 AWT 和 Swing 方面的开发，这两者都是基于图形化用户界面的，也就是业界常说的 GUI 层面的开发。但是，Java 语言在 GUI 领域的优势并不那么明显，更多的开发人员仍然选择 C++，绕过虚拟机直接与操作系统交互。而与此同时，Java 在企业级方面的优势却越来越大，以至于出现了一枝独秀的局面。

　　计算机语言从机器语言、汇编语言发展到现在的高级语言，这个过程中诞生了很多种语言。有些语言已经逐步退出历史舞台，有些语言仍然在小众化的范围内存在。而 Java 语言，经历了二十多年的发展，仍然保持着旺盛的生命力，在编程语言排行榜中高居不下，Java 程序员的数量也与日俱增，这种现象主要是由 Java 自身的优势决定的。作为开发人员，需要关注的并不是底层的核心，更多的是 Java 带给我们的简单、直观、易于使用的平台。因此，程序员不用关心虚拟机复杂的结构和每一步的运行情况，只需要关注项目业务的代码即可。这种易于接受的情形，让更多人把开发当成了一种乐趣。

最近，在业内流行起来的全栈工程师的定位更像是高级程序员，而架构师则需要站在更高的层面思考问题。作为 Java 架构师，不但要懂得前端插件化的开发理念，为项目选择合适的前端插件，还需要精通后端开发，为项目选择合适的框架，这样才能高效地完成任务。否则，极有可能出现事倍功半的情况。如果说需要弥补架构缺陷，最乐观的情况是通过加班实现，最糟糕的情况是直接导致项目失败。因为项目经理可能并不会深入了解具体的代码，他通常会参考架构师的意见，所以架构师的意见就显得极为重要。因此，本书在讲解架构师必备的知识技能的同时，也会穿插项目管理的知识。

Java 技术发展迅速，本书旨在结合最近几年流行的技术，带领读者见证从项目启动到收尾的全过程，力求在短时间内让读者掌握 Java 架构师必备的知识技能，并且能在日后的工作中做到游刃有余，既可以在掌握扎实的基础知识后，熟练地搭建框架，又可以为项目经理提供专业的参考意见。

内容特色

市场上的技术图书琳琅满目，令人难以选择。但是，这些书中讲解程序员进阶到架构师的过程的书却很少，这不得不说是一件令人遗憾的事情。本书的出现将会带给读者全新的认知，帮助读者在短时间内掌握架构师必备的知识，缩短从程序员到架构师的进阶时间，早日达到架构师的高度。

另外，本书专注于 Java 企业级开发，从最基本的企业管理系统开始，到颇具特色的电商系统都有涉及，还附带了诸如报表系统、员工信息系统、代码扫描平台的开发等，基本上包含了业界常用的项目类型。书中的项目都是基于 BS 架构的，与 Java 程序员的技术成长趋势完全匹配。读者可以通过阅读本书，并结合提供的源码进行练习，以做到融会贯通。

本书结合实际、深入浅出，以项目为驱动，阐述了我多年来在 Java Web 方面的开发经验。同时，本书通俗易懂。虽然没有把 Java 中特别浅显的内容用独立的章节来讲解，但这些内容都会在本书的代码中出现，读者可以结合程序自行理解，或者通过阅读注释学习，都可以很容易地理解它们的意思。综合来看，本书不但适合刚步入职场的新手，还适合有一定工作经验的开发人员，因为书中的每份代码都会有详细的注释和代码解析，方便不同技术层次的读者领会代码的含义。本书通过讲解企业管理系统的开发过程，让读者全面掌握 Java EE 的精粹内容，之后再通过其他几章的讲解，让读者学习到电商系统、报表系统、员工信息系统、代码扫描平台的开发，不断地拓展 Java 架构师技能的广度和深度。

结构与组织

本书的核心内容是讲解 Java 架构师必备的知识和技能。

- 第 1 章讲述编程基础，通过搭建简单的环境，开发第一个程序。
- 第 2 章从项目管理方面介绍需求调研的整个过程以及项目文档的撰写方法，让读者初步了解项目的启动、规划、执行、监控和收尾五大过程组。
- 第 3 章到第 9 章讲述企业管理系统的具体开发过程，重点讲述 Servlet、SSH、Spring MVC 等框架，并且加入了近年来流行的 Redis、EhCache、MongoDB 等新知识。

- 第 10 章详细讲解电商系统的开发，项目本身比较简单，最大的亮点是集成了支付接口，以帮助读者应对近些年来不同公司对程序员提出的需要有支付经验的痛点，帮 Java 架构师丰富知识，提高技能。未来做支付是必备的经验，但很多公司的项目并没有提供这样的机会。
- 第 11 章提出产品思维的概念，以此作为架构师的必备常识，旨在帮助架构师理解和建立产品思维，以方便在项目开发的同时设计出良好的产品雏形。与此同时，在管理系统中集成了 Bootstrap 和 ECharts 报表，以实例证明产品化的可行方案。
- 第 12 章讲的是项目运维，包含 Java 架构师需要具备的项目运维知识。另外，本章开发了 SonarQube 代码扫描平台并且初步配置了 Jenkins 持续集成，阐述了项目数据的迁移方案，讲述了 ETL 工具的使用。

目标读者

本书特别适合 Java Web 领域的开发人员以及刚步入职场的新手。本书通过讲述 Java 架构师必备的知识技能，让广大读者在原有知识的基础上更上一个台阶，争取早日实现成为架构师的梦想。

对于架构师的定义，每个人的看法都不尽相同，我结合自己多年的工作经验，也只是大致定义了一个范围，希望可以帮助到别人。读者可以结合自己的实际情况，通过阅读本书，不断地扩展和充实这种范围，以达到自己理想中的境界。"不想当将军的士兵，不是好士兵。"在软件行业中，也似乎有这样一句话："不想当架构师的程序员，不是好程序员。"虽然这看似是一种调侃，但从学习的角度来说，成为架构师，显然是一个好的目标！人只有在心里有了目标，才会变得更加幸福。

如果你不希望一直停留在 Java 的初级阶段，想在未来成为架构师，那么本书非常适合用来全面提高自己的开发水平。如果你想转项目经理，那么本书同样适合你，因为书中的每个项目都是完整的迭代过程。

本书以项目为驱动，是非常科学的学习方法。读者需要自行下载源码，自己搭建环境，对照章节中讲解的过程，逐步深入地学习 Java 技术。一个项目的代码量多得超乎想象，如果读者从第一行代码开始就要逐个阅读和编写，那么等学习完这个项目可能就需要一年的时间。因此，本书合理地安排了章节，科学地封装了技术知识，让读者在轻松的氛围下对照源码即可完成技术水平的提升，这不得不说是一个创新！相信大家在阅读本书后，都能够学习到"干货"，极大地提高自己的 Java 水平，达到架构师的高度。

致谢

本书得以顺利出版，离不开我自己多年来的努力。正是因为我有作为 Java 架构师的觉悟，才让自己在平时从未停下脚步，并且积极学习。不论是在工作中还是在业余生活中，我都会认真总结、分析近年来 Java 技术领域的知识。所谓学习的诀窍，对每个人都是一样的，就是不停耕耘、努力奋进，在这个过程中，我们总会收获良多。另外，还要感谢家人、朋友对我的帮助，感谢人民邮电出版社和杨海玲编辑对我的信任和支持。

由于水平有限，书中难免有不足之处，恳请专家和读者批评指正。欢迎读者通过电子邮件（453621515@qq.com）与我交流。

资源与支持

本书由异步社区出品，社区（https://www.epubit.com/）为您提供相关资源和后续服务。

配套资源

本书提供如下资源：

- 本书源代码；
- 书中彩图文件。

要获得以上配套资源，请在异步社区本书页面中点击 配套资源 ，跳转到下载界面，按提示进行操作即可。注意：为保证购书读者的权益，该操作会给出相关提示，要求输入提取码进行验证。

提交勘误

作者和编辑尽最大努力来确保书中内容的准确性，但难免会存在疏漏。欢迎您将发现的问题反馈给我们，帮助我们提升图书的质量。

当您发现错误时，请登录异步社区，按书名搜索，进入本书页面，点击"提交勘误"，输入勘误信息，点击"提交"按钮即可。本书的作者和编辑会对您提交的勘误进行审核，确认并接受后，您将获赠异步社区的 100 积分。积分可用于在异步社区兑换优惠券、样书或奖品。

扫码关注本书

扫描下方二维码，您将会在异步社区微信服务号中看到本书信息及相关的服务提示。

与我们联系

我们的联系邮箱是 contact@epubit.com.cn。

如果您对本书有任何疑问或建议，请您发邮件给我们，并请在邮件标题中注明本书书名，以便我们更高效地做出反馈。

如果您有兴趣出版图书、录制教学视频，或者参与图书翻译、技术审校等工作，可以发邮件给我们；有意出版图书的作者也可以到异步社区在线提交投稿（直接访问 www.epubit.com/selfpublish/submission 即可）。

如果您是学校、培训机构或企业，想批量购买本书或异步社区出版的其他图书，也可以发邮件给我们。

如果您在网上发现有针对异步社区出品图书的各种形式的盗版行为，包括对图书全部或部分内容的非授权传播，请您将怀疑有侵权行为的链接发邮件给我们。您的这一举动是对作者权益的保护，也是我们持续为您提供有价值的内容的动力之源。

关于异步社区和异步图书

"异步社区"是人民邮电出版社旗下IT专业图书社区，致力于出版精品IT技术图书和相关学习产品，为作译者提供优质出版服务。异步社区创办于2015年8月，提供大量精品IT技术图书和电子书，以及高品质技术文章和视频课程。更多详情请访问异步社区官网 https://www.epubit.com。

"异步图书"是由异步社区编辑团队策划出版的精品IT专业图书的品牌，依托于人民邮电出版社近30年的计算机图书出版积累和专业编辑团队，相关图书在封面上印有异步图书的LOGO。异步图书的出版领域包括软件开发、大数据、AI、测试、前端、网络技术等。

异步社区

微信服务号

目 录

第 1 章

编程基础

程序员到架构师的进阶之路是非常艰辛和漫长的，不但需要掌握很多高级的知识技能，还需要有过硬的基础知识。本章主要介绍 Java 程序员走向架构师的基础知识，还有开发环境的搭建。通过本章的学习，读者可以大致了解程序员的进阶之路，也可更加深刻地认识到程序员的发展方向。

1.1　程序员进阶

大学毕业后，初出茅庐的菜鸟经过千辛万苦，总算是找到了人生中的第一份工作。但是，随着工作的开展，菜鸟所面对的问题越来越多。有些人坚持了下来，有些人中途放弃，有些人则在职业生涯中选择了转型。作为一名程序员，不但需要编写大量的代码，还需要对自己的职业生涯做一个规划。结合前辈们所走过的道路，这个职业规划大致是图 1-1 所示的这个样子。

一般来说，从初级程序员到高级程序员需要经过 5 年的磨砺，这个时间段基本上是业界的共识了。而且，在众多招聘信息中也可以发现程序员的起点都是需要两年工作经验的。也许，有些天赋异禀的程序员可能经过 3 年的刻苦学习也能达到高级阶段，但是，他们的知识技能往往并不全面，可能只是在某些方面比较熟悉罢了。到了高级程序员的阶段，可供选择的方案就比较多了，大概有图 1-2 所示的这 3 个走向。

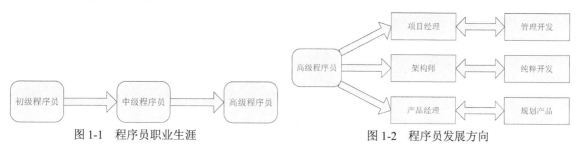

图 1-1　程序员职业生涯　　　　　　　　图 1-2　程序员发展方向

如果高级程序员再向上进阶的话，会面临 3 个选择。第一种方案是成为项目经理，负责管理加上部分开发。因为高级程序员对公司的项目是非常了解的，对公司目前的开发过程也驾轻就熟。如果本人有这方面的意愿，很容易胜任项目经理这个角色。而且，公司通常会从内部选择项目经理，空降项目经理的方式并不是常态，归其原因就是难以熟悉项目架构。

第二种方案是高级程序员可能更喜欢专著于技术，不喜欢出差和撰写大量的项目文档。在这种情况下，他可以成为一名架构师，专门负责维护公司的项目、产品方面的架构工作。如果公司有一定的规模，他可能会成为研发平台的负责人。当然，这种情况的前提是该程序员没有跳槽。

第三种方案是高级程序员可能经历了若干年的开发后，对写代码已经深恶痛绝，丝毫感受不到任何快乐了，但他对公司的项目和产品又非常熟悉，也有深厚的研发积累。在这种情况下，他可以彻底转型成为一名产品经理，纯粹负责公司产品的规划、设计、包装，甚至肩负一定的市场职责。当然，成为产品经理的前提是公司的项目已经产品化或者正在产品化之中。所谓的产品经理，通常就是向技术部提出一个原型设计：“看吧，这就是我想要的东西，至于怎么实现，你们看着办！”如果他懂代码还好说，但如果不懂代码，可能会让程序员陷入抓狂状态！

到了高级程序员的阶段，很多人就开始思考：究竟是去做项目经理？产品经理？还是继续写代码成为优秀的架构师呢？每个人的想法是不一样的，所作出的选择也是不一样的，这跟自己的能力和性格也有一定的关系。

- **项目经理**：在大型公司里，主要起协调资源的作用，再往上还有项目集经理。而在一些中小型公司里，项目经理不但要做好管理，还要兼备一部分代码的开发工作，但与此同时，也会有 5 年经验左右的项目组长，来管理不同的项目组。在软件行业中，经常有这样一个争论，项目经理到底应该不应该写代码？支持和反对的人都很多，但作者认为，这也是仁者见仁、智者见智的事情。首先，项目经理自身也是资源，是资源就有消耗，有些老板可能会认为：“我花这么多钱，请一个项目经理过来只为了写写文档，是不是太亏本了？”但到了数万人的大公司，该公司的项目通常特别多，就需要项目经理非常专注地管理项目，而不是分心去写代码。这种情况下，老板的思路就会转变，你写什么代码？好好地管理好公司的项目，不让它出乱子就可以了。

- **产品经理**：一般则是公司已经将项目过渡到了产品后，才能发挥更大的作用。如果公司一开始只有项目，则需要大量的时间来积累，最终实现产品化。在这个过程中，往往不是很需要专职的产品经理，可能项目中的每个人都会对项目献计献策，来使项目更加通用化。产品经理自身也是需要积累的，如果他成功地设计了一款 App，并且在市场上取得了极大的成功，那么他的职业生涯可能会因此镀金，这个 App 将会成为他能力的体现。

- **架构师**：专注于公司的研发平台，管理框架方面的东西。例如，写核心代码，并且指导底下的开发人员合理地编码，维护代码库。在小公司里可能只有一两名架构师，但是在数万人的公司里，架构师会非常多。在这种情况下，架构师有可能会成为程序员级别称谓。例如，你在该公司待了 8 年，虽然你干的活一直是普通研发，并不负责实际上的架构，但是公司有正常的晋升渠道，你的级别就会从高级软件工程师上升到软件架构师。这种情况，在外包公司比较常见。

- **全栈工程师**：是最近才兴起的一个概念，但全栈工程师说到底还是程序员，类似于高级开发的角色，只不过是懂的东西比较多，前端和后端都可以做，技术比较全面。全栈工程师极大地拓展了自己的开发技能，成为了项目中的骨干成员，类似于技术专家的角色。一般而言，小公司比较喜欢这样的人，招募一个可以顶 3 个。但从学习的角度来说，全栈依然是不错的目标。因为只有成了全栈工程师，才更能接近架构师。

每种开发语言，都有自己领域的架构师，如 C++架构师、PHP 架构师，当然也有 Java 架构师了。架构师需要对公司的整个研发平台了如指掌，清楚平台中细枝末节的东西。他极有可能是陪伴着这个公司成长起来的程序员；也极有可能是在别的公司工作多年后跳槽过来的。前者对公司的项目、产品非常熟悉，甚至自己还动手写过业务层。后者可能只是从大体上了解公司的研发平台，毫不深入，但这并不影响他的发挥，真正的架构师看到代码就有一种亲切感，可以很容易分析出隐藏在代码前后的业务过程。

Java 架构师，至少需要在 Java 领域有 5 年的开发经验。他需要掌握的内容很多，简单点可以分为前端、后端、数据库、服务器、中间件等。前端插件可以极大地提高开发效率，甚至在不需要美工的情况下做出时尚的界面，类似的插件有 AngularJS、Avalon、Bootstrap、ExtJS、jQuery EasyUI、jQuery UI 等，这些前端插件也可以称作前端组件或者前端框架，种种叫法也看人的习惯了，没必要吹毛求疵。除了这些前端插件外，还需要掌握 JavaScript、HTML 等技能。后端需要掌握的技能主要是 Java、JVM、Servlet、Struts、Spring、Hibernate、MyBatis 等，还有最近流行起来的 Spring MVC、Spring Boot 等。这些技能和框架只有综合起来使用，并且合理地搭配才能发挥出最好的效果。至于效果能够达到什么程度就需要看架构师的本事了。也许有的架构师可以把这个积木搭得很好，也许有的架构师在搭积木的过程中，这个积木就倒下了。数据库方面需要掌握的内容有 Oracle、MySQL、SQL Server，一般常用的数据库大概就是这 3 个。当然近年来，对于架构师需要掌握的数据库又有所增加，它们主要是代表了 NoSQL 的 MongoDB 等区别于传统关系型的数据库。但是，数据库相关的内容有不少，例如，需要熟练掌握 SQL 的各种语法，还需要掌握数据库性能的调优、备份和恢复。服务器并不是重点，但作为 Java 架构师，仍然需要有所了解。服务器包括物理服务器、云服务器，还有 Web 服务器，包括我们在开发中使用的 Tomcat。中间件在一些中小型项目中并不怎么常用，如 EJB 技术、消息中间件 ActiveMQ。当然，Web 服务器也可以算作中间件，如 Tomcat、Weblogic、WebShpere 和 JBoss 等。

只有熟练掌握这几个方面的技能后，才能算是一个初级架构师。如果想成为大神级别的架构师，还需要学习更多的知识。Java 架构师需要对这些技能非常熟悉，并且能像搭积木一样把他们整合在一起，构建出成熟的、完整的软件开发平台，以供底下的程序员在此基础上进行业务层的开发。但是，随着软件技术日新月异地发展，越来越多的框架进入眼帘，这对于我们来说既是好处又是坏处。好处是我们可以选择更好的、更合适的框架来提高项目的性能，降低开发难度，简化开发流程。坏处是可选择的框架太多，以至于让我们难以选择。所以，本书为大家精心挑选出了一名合格的架构师所必备的专业技能和开发思想，以供大家学习和参考，争取尽早地成为 Java 架构师。

1.2　选择开发工具

孔子曰："工欲善其事，必先利其器。"这是一个千古不变的哲理，工匠想要使他的工作做好，一定要先让工具锋利，这样才能发挥出最大的效率。这个哲理告诉我们，不管做什么事情，都要选择合适的工具。那么在软件开发的道路上，选择一个合适的开发工具也是极其重要的事情了。Java 的开发工具有几种，这里不做太多的赘述，我们只需要对比它们的特点，即可从中选择出一款最适合自己的。

Java 中常用的开发工具有 NetBeans、JBuilder、Eclipse、MyEclipse、IntelliJ IDEA 等。其中，NetBeans 是 Sun 公司开发的，JBuilder 是 Borland 公司开发的，这两个开发工具的功能和界面跟我们常用的 Eclipse 是没有很大的区别的，之所以在市场占有率方面输给 Eclipse，完全是因为细节方面做得不好，还有在用户感知方面不太好。曾经有网友也在社区里面说过这样的问题，我尝试使用过 NetBeans 或者 JBuilder，但总是因为个人习惯的原因没有坚持下来。可能 Eclipse 是大多数人接触的第一款开发工具吧，这种先入为主的感觉会一直伴随着我们。

Eclipse 是完全免费和开源的，它的功能非常强大，开发起来也很顺手。MyEclipse 是在 Eclipse 的基础上加上了自己的插件后的企业级集成开发环境，尤其善于开发 Java、Java EE 方面的项目。于是，在市场占有率方面 Eclipse 和 MyEclipse 非常高，这也在另一方面促进了它们的发展。这两者其实是一个核心，所以选择哪一个都看自己的习惯了。IntelliJ IDEA 是 Java 开发的集成环境，在业界被公认为最好的 Java 开发工具之一，尤其在代码提示、重构、J2EE 支持等方面非常强大。其中有一点对程序员的帮助非常大，就是调试功能，此外在某些细节方面似乎比 Eclipse 做得更好。而且，IntelliJ IDEA 与 GIT 结合得非常好，而 Eclipse 与 SVN 结合得非常好。时间久了，这一开发工具与版本控制工具相结合的特点，也渐渐被程序员们认可，甚至成了项目选择开发工具的一种参考。

举个例子，如果 A 项目列入了开发计划，为了保持大家代码的一致性，可能项目组内会统一使用开发工具。如何选择呢？如果，这个项目使用 SVN 来管理代码，那么大家就会优先使用 Eclipse；如果使用 GIT 管理代码，那么大家就会优先使用 IntelliJ IDEA。当然，这似乎只是一种约定俗成的参考，并不是硬性要求。

图 1-3　MyEclipse 10.7 的界面

在接下来的学习中，我们以 MyEclipse 和 Eclipse 为主来开发项目，并且会讲述 SVN 和 GIT 的不同，让大家在以后的工作中更加灵活地搭配开发工具和版本控制工具的组合。至于 IntelliJ IDEA，因为它的入手门槛确实有点高，而且一旦选定，后面对于代码的重构会非常麻烦（指 Eclipse 和 IntelliJ IDEA 之间），所以本书暂不做相应的讲解。

图 1-4　Eclipse Kepler 的界面

另外，本书还会使用 Eclipse 相对较新的版本来做一些练习。其中，MyEclipse 的版本是 10.7，Eclipse 的版本是 Kepler，IntelliJ IDEA 的版本是 2016。SVN 和 GIT 的版本带来的差别并不大，所以并不对版本做具体的规定，MyEclipse10.7 的界面如图 1-3 所示。

Eclipse Kepler 的界面如图 1-4 所示。

IntelliJ IDEA 2016 的界面如图 1-5 所示。

图 1-5　IntelliJ IDEA 2016 的界面

1.3 安装 JDK

JDK 是 Java 开发的核心，包含了 Java 运行环境、工具、基础类库。如果没有 JDK，Java 开发是无法进行的，Java 项目也无法运行起来。所以要做任何项目的开发，第一件事情就是安装好 JDK。接下来，我们才可以做更多的事情。

通常来说，每一个开发工具都会携带 JDK，例如，MyEclipse 10.7 自带的 Sun JDK 1.6.0_13，但是 IntelliJ IDEA 并没有携带，需要自行配置。鉴于这种情况，我们在安装完开发工具后紧接着就应该安装合适的 JDK。使用 MyEclipse 10.7 自带的 JDK 也可以完成日常的开发，但这款 JDK 没有进行环境变量的设置，可能在后续的开发中会有影响，而且这款 JDK 是混杂在 MyEclipse 10.7 的安装目录下的，给人的直观感觉不太好。为此，我们需要单独安装一款 JDK，而说到安装 JDK，就不免要选择合适的版本。目前，JDK 版本已经到了 8，但是因为历史原因，使用 JDK 8 来开发项目的公司并不多，第一个吃螃蟹的人会有惊喜也有潜在的风险。使用 JDK7 也是个不错的选择，但是因为本书中所涉及的项目众多，为了项目的稳定性，还有学习的顺序性，我们仍然使用久经历史验证的 JDK 1.6 版本，也可以称作 JDK 6，对于这个名称不用纠结，是因为历史原因造成的。JDK 1.6 以上的版本才正式改变了叫法，如 JDK 7，也有开发人员习惯叫它 JDK 1.7。读者可以在 JDK 1.6 版本下熟练掌握本书的内容后，自行更用更高级的版本来测试程序的运行性能和代码编译方面的不同。因为本书的主旨是讲述常规的技术，所以对于 JDK 的新特性并没有过多讲解。

首先，需要在 Oracle 官方网站下载 JDK 6。因为 Oracle 官网经常更新，具体的地址也会经常改变，很难有一个确切的下载地址。但是，在 Oracle 官网可以找到 Downloads 的菜单，基本上 Oracle 公司所有的产品都可以在这里找到。另一种方法是可以在其他的网站下载 JDK 6，例如，国内的一些网站，下载起来速度也相对比较快，Oracle 官网下载 JDK 如图 1-6 所示。

图 1-6　Oracle 官网下载 JDK

下载完 JDK6 之后，最好将它安装在非系统盘里。接着，需要对刚才安装好的 JDK 进行环境变量的设置，以方便我们在 DOS 系统下使用 JDK 命令。例如，最常用的编译命令 javac，显示 JDK 版本的命令 java -version，这些命令的使用都依赖于环境变量的配置。如果没有配置，是不会生效的。

首先，打开 Windows 的环境变量界面，新建系统变量 JAVA_HOME 和 CLASSPATH。编辑 JAVA_HOME 变量，在变量值里输入 JDK6 的安装地址，如 D:\Program Files\Java\jdk1.6.0_43，点击"确定"保存。接着，编辑 CLASSPATH 变量，在变量值里输入 %JAVA_HOME%\lib;%JAVA_HOME%\lib\tools.jar，点击确定保存。最后，选择系统变量名为 Path 的环境变量，在原有变量值的基础上追加 %JAVA_HOME%\bin;%JAVA_HOME%\jre\bin，点击"确定"保存，添加环境变量的界面如图 1-7 所示。

为了验证 Java 环境变量是否设置成功，可以运行 CMD 程序，打开 Windows 的命令行模式，输入 java -version 命令，如果环境变量设置成功，会在下面输出当前的 JDK 版本号以及 JDK 位数，正确的输出结果如图 1-8 所示。

 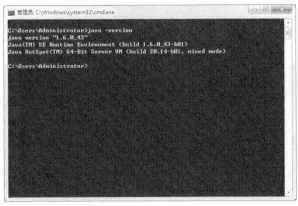

图 1-7 Windows 环境变量设置界面　　　　　　图 1-8 命令行模式下输出 JDK 版本

配置好了环境变量，还需要在 MyEclipse 10.7 中配置 JDK，使其可以在开发工具中使用。打开 MyEclipse 10.7，在 Preferences 菜单中的 Java 选项下找到 Installed JREs 选项，就可以看到当前工作空间中的 JDK 设置，MyEclipse 10.7 默认自带一个 JDK6，如图 1-9 所示。

点击 Add 按钮，在弹出的 Add JRE 对话框中选择 Standard VM 点击 Next 按钮进入下一步，在弹出的对话框中点击 Directory 按钮，选择 JDK6 的安装目录，点击确定。对话框会自动识别出 JDK 的相关信息，并且在 JRE system libraries 列表框中显示出来，如图 1-10 所示。

 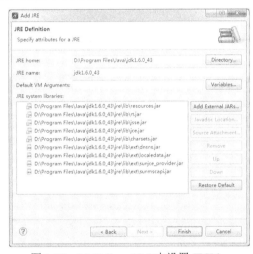

图 1-9 MyEclipse10.7 自带的 JDK6　　　　　　图 1-10 MyEclipse 10.7 中设置 JDK6

点击 Finish 按钮完成设置。这时，MyEclipse 10.7 会自动回到 Installed JREs 对话框中，刚才的列表中会多出一栏我们刚刚设置好的 JDK 选项，在勾选框中选择它点击 OK。至此，MyEclipse10.7 下的 JDK 设置就成功了，在以后的开发工作中，我们全依赖这个 JDK 提供的基础 JAR 包来开发和运行项目。

1.4 安装 Tomcat 服务器

安装好了 JDK，我们就可以在 MyEclipse 10.7 中进行一系列代码编写工作了。例如，可以在开发工具中写一些类，做一些练习。普通的包含 main 函数的 Java 类，我们可以通过 Run As 菜单下的 Java Application 命令来运行，输出程序结果。例如，可以在 MyEclipse 10.7 下新建一个 Java Web 工程 practise。具体的过程如下，选择 File 菜单下的 New 选项，在弹出的右侧菜单中选择 Web Project，在对话框的 Project Name 文本框中输入 practise，将 J2EE Specification Level 选项设置为 Java EE 6.0，和安装的 JDK 保持一致，点击 Finish 按钮，practise 项目就建立好了。

选中 practise 项目的 src 目录，右键选择新建 Package，在对话框的 Name 文本框中输入 com.manage.practise，点击 Finish，就可以给这个项目建立一个空包。接下来，就可以在这个空包里新建类。选中 Java 包，右键选择 New 菜单下的 Class，在弹出的对话框中在 Name 处输入类名 Test，并且勾选 public static void main(String[] args)，点击 Finish。这样，在 practise 包下的第一个类 Test 就建立成功了。打开 Test 类，在 main 函数中输入第一行 Java 语句 System.out.println("Hello World");，使用 Java Application 来运行。此时，控制台会在空白区域输出 Hello World。理论上来说，我们的第一个 Java 程序就这样诞生了，尽管这个程序非常简单！

如果只是在 MyEclipse 10.7 下安装了 JDK，这款开发工具能做的事情无非是编写类，利用 Java Application 来运行，并且进行程序的测试。在这种情况下，我们的代码中所设定的数值均是由自己输入的参数；然后再根据程序中的处理逻辑，做一些简单的运算；最后，输出正确的结果。可是，程序开发远远不是这么简单的事情，我们需要做的是开发一个具有交互能力的项目，而不仅仅是写一段简单的程序。要达成这个目标，我们就必须在 MyEclipse 10.7 安装 Web 服务器来运行项目。在这里，我们选择使用 Tomcat 服务器，这是因为 Tomcat 服务器具有简单、易用的优点。

首先，打开 Apache 的官方网站，在下载 Tomcat 6.0 的页面找到对应的软件，在 Core 列表中选择 64-bit Windows zip 的版本，将 Tomcat 6.0 保存到本地，并且解压缩到本地的非系统盘内，如 E 盘的根目录。下载 Tomcat 6.0 如图 1-11 所示。

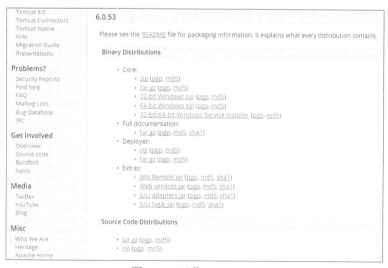

图 1-11　下载 Tomcat 6.0

打开 MyEclipse 10.7 的 Preferences 对话框，在 MyEclipse 的列表中选择 Servers，这时，会出现

一个列表，列出 MyEclipse 10.7 支持的服务器。选择 Tomcat，再选择 Tomcat 6.x。这时，对话框右侧会出现 Tomcat 6.x 的配置项，选择 Enable，启用 Tomcat 6.x。点击 Tomcat home directory 对应的 Browse 按钮，在弹出的磁盘目录列表中选择 Tomcat 6.0 所在的位置，MyEclipse 10.7 会自动补齐其他的两处空白，点击 OK 按钮，Tomcat 6.0 服务器就配置好了。

我们通过工具栏运行 Tomcat 6.0，启动成功后，点击工具栏的 Open MyEclipse Web Browser 功能的图标，在地址栏中输入 http://localhost:8080/，就可以看到 Tomcat 6.0 运行成功的画面。接下来，就可以通过在 Tomcat 服务器里部署 Web 项目来进行正式地编码工作了，运行界面如图 1-12 所示。

图 1-12　Tomcat 6.0 运行成功

1.5　Hello World 程序

完成了前面几节的配置，MyEclipse 10.7 的开发环境已经正式配置成功了。这时，我们可以在 MyEclipse10.7 下完成第一个 Hello World 程序来结束本章的学习。

在 MyEclipse 10.7 的界面中，我们可以看到 Package Explorer 视图下有一个 Java Web 项目 practise，这个项目是之前创建好的，并且在包里建立了一个 Test 类。我们通过运行该类，可以在控制台里输出了 Hello World，说明这个类没有问题。但是，这种简单的编码没有交互性，是不能满足项目的需求的。如果要开发一个项目，必须让其在 Tomcat 服务器里运行，才能起到交互的作用。那么我们可以把 practise 项目部署到 Tomcat 服务器里试试效果。

选中 practise 项目，右键弹出功能菜单选择 MyEclipse，在弹出的右侧菜单中选择 Add and Remove Project Deployments 功能，在弹出的对话框中可以看到 Deployments 列表中为空，说明 Tomcat 服务器里并没有部署任何项目。这时，我们点击 Add 按钮，在 Server 下拉框中选择 Tomcat 6.x，点击 Finish，把

practise 项目正式部署到 Tomcat 服务器中。部署好的 `practise` 项目如图 1-13 所示。

这时，我们启动 Tomcat 服务器就会自动加载部署到服务器里的 practise 项目。通过控制台，可以看到服务器的启动日志，如果没有报错的话，说明 practise 项目没有编译错误，那么 Tomcat 服务器启动成功。打开 IE 浏览器，在地址栏中输入 http://localhost:8080 进行访问，可以看到程序运行成功，但显示的仍然是 Tomcat 服务器的默认页面，这是因为我们没有输入项目名称。

打开 practise 项目的 WebRoot 文件夹下的 index.jsp 文件，把 title 标签里的内容修改成 First Page，把 body 标签里的内容修改成 Hello World，保存 index.jsp 文件。再次打开 IE 浏览器，访问 http://localhost:8080/practise，可以看到页面上已经发生了变化，如图 1-14 所示。

图 1-13　部署好的 practise 项目

图 1-14　practise 项目运行

1.6　小结

本章我们全面阐述了程序员的职业发展规划，从而为广大读者提供一个晋级的参考。从程序员到项目经理、产品经理、架构师的过程至少需要 5 年。这 5 年是一个学习期，5 年后就可以进行转型了。所以，建议大家在工作的前 5 年不要频繁跳槽，还是需要系统地掌握知识技能，积累经验才是硬道理。频繁跳槽不但让自己的知识会出现断层，也可能影响到自己在 HR 心中的形象。

接着介绍了 Java 开发中常用的工具，并且做了简单的对比，相信读者可以根据自己的喜好选择其中的一款。因为本书主要采用 MyEclipse 10.7 作为开发工具，所以读者最好先使用这款开发工具，其他的工具会在后面的章节中介绍。等对这些工具驾轻就熟的时候，再随意切换。每个开发工具都有自己的优缺点，但不要人云亦云，选择自己最习惯用的才是最好的。最后介绍了安装 JDK、Tomcat 服务器的过程，并且开发了第一个 Hello World 程序。如果读者已经牢牢掌握了本章的内容，这就是万里长征迈出了坚实的第一步，相信在以后的学习当中大家的收获会更多。

第 2 章

需求调研

也许有人会有这样的疑问，需求调研是项目经理的事情，为什么需要架构师来参与呢？这种说法虽有一定的道理但也不完全正确。因为在不同规模的企业中，架构师和高级开发人员都是有可能去客户现场调研的。通常，他们会跟项目经理一起过去，针对客户的需求，从专业的技术方面提出建设性的意见。另外，如果去客户现场调研的是纯管理的项目经理，他可能会把业务方面阐述得非常清楚，但如果对方提出技术问题的话，项目经理也许会被当场问住。这种情况下，就需要有一个架构师或者高级开发人员在场，及时地从技术的角度来分析问题给出答案，这在需求调研方面起到了一个互补的作用。

2.1 搭建关系

A 公司开发了一套企业管理系统，已经基本上趋于成熟，可以进行大规模销售了。于是，A 公司开发了一个官方网站，将这款产品挂在了网上，希望以此开拓互联网市场。通过网络卖出了几套产品之后，A 公司接到了一个客户的电话，希望他们对这款企业管理系统进行定制化开发。如果这次开发顺利的话，后续还会有其他方面的合作。

公司高层对此十分重视，如果能把这个大客户的项目做好，对于公司的发展将会非常有益。于是，A 公司派出了销售经理带着几个人的团队，亲自飞往客户现场沟通需求、搭建关系。因为企业管理系统的功能比较简单，前去出差的售前工程师的经验也比较丰富，所以此次出差并没有技术人员参与。销售团队在客户现场与客户进行了多次沟通，并且主动请客户吃饭，参加各类活动联络感情，增进彼此之间的关系。

果然，功夫不负有心人！在一种融洽和谐的关系之中，双方对企业管理系统的项目达成了很多共识。B 公司的规模很大，他们急需一款企业管理系统来对公司的资源进行实时查看。例如，销售部需要查看一些市场信息，若干员工的业绩等；人事部需要通过查看最近几个月离职的员工情况来做一些统计等。总之，不同部门都有这方面的需求。但是，A 公司的企业管理系统只能满足他们的部分需求，涉及具体部门的报表展现还需要进行定制化开发，从 B 公司的数据库里读取信息。因为

A 公司的企业管理系统跟 B 公司的需求有很大的匹配度，B 公司根据市场价格、人力成本等多方面考虑之后，才决定委托 A 公司进行定制化开发，这无疑是一件对于双方都有好处的事情。A 公司有这样的产品，而 B 公司有这样的需求，两者碰在一起，才能产生经济价值。针对 B 公司提出的增加定制化报表的需求，A 公司售前工程师对此进行了专业的回答，当场承诺可以满足这方面的需求，且技术难度不大。于是，没过多久 A 公司的销售团队就带着丰硕的成果回来了。

2.2　正式立项

B 公司的领导在会议上进行了多方面的讨论，充分审阅了各部门汇总的"企业管理系统采购需求"，研究了采购部门提供的"可行性研究报告"，又综合分析了市场，参考了 A 公司提供的相关文档，认真评估了采购预算。最终，仍然觉得该项目不需要招标，直接让 A 公司开发是最好的选择。当然，B 公司能够如此爽快地立项成功，也与 A 公司的销售在前期的努力是分不开的。正是因为销售巧妙地拓展了关系，并且售前工程师以丰富的专业知识打动了客户，拍胸脯保证了该项目的可行性，才让该项目在会议上如此顺利地立项，并且是以直接采购的形式。

当听到这个振奋人心的消息之后，A 公司的员工欢呼雀跃。与此同时，A 公司派出客户经理又一次飞往客户现场，与 B 公司的采购部门主管签订了正式的采购合同，并且规定了开发细则。其实，对于立项来说是有两层含义的，B 公司采购管理系统有一个立项过程；同样的，A 公司如果有一套自己的规章制度的话，也需要走一个立项流程。比较典型的做法是，A 公司的项目经理可以在公司的网站中提出立项申请的工作流，由上级领导逐级审批，最终立项申请获得通过。当然，这只是一种可供参考的做法。

2.3　需求调研

合同签订后，B 公司积极履行合同，在规定的时间内为 A 公司支付了项目的预付款。A 公司整合了技术部的资源，正式成立了"企业管理系统定制化开发项目组"，并且制定了"项目章程"。该项目组由一名项目经理、一名架构师、两名高级研发人员、一名初级研发人员组成。本来，该项目组并不需要架构师参与，但考虑到平台的扩展性，最终决定还是要有一名架构师参与其中。

因为 B 公司的企业管理系统属于定制化开发，要在 A 公司原有产品的基础上加入很多新的需求，所以在正式进行开发之前必须要去客户现场调研。为此，A 公司成立了需求调研组，由项目经理亲自带队，带着架构师和一名高级研发成员过去，为了方便和干系人联系，调研组又加入了一名之前去过客户现场的销售人员。

B 公司对企业管理系统的定制化开发非常重视，在进行正式调研之前，B 公司副总将各部门领导和 A 公司调研组召集在一起，专门开了一个调研启动会，号召 B 公司各部门积极配合 A 公司调研小组的工作，并且规定了各部门的相关责任人，争取这个项目能够圆满取得成功。A 公司调研小组感谢了这位副总，并且主动请副总吃饭，席间大家对这个项目进行了多方面的讨论。回到宾馆，A 公司调研小组都觉得这个项目开展得非常顺利，这一切不但归功于自己的产品，还要感谢销售人员前期的铺垫。正是这种铺垫，为两个公司之间搭起了桥梁，营造了很融洽的合作关系。

调研的第一天，项目经理进行了干系人的优先级排序。首先，他们决定去拜访人事部的主管，针对企业管理系统的组织架构方面的需求做一个详细的沟通。人事部主管查看了调研小组制作的项目原型，认为项目经理阐述的功能已经符合了人事部的需求。于是，双方对此达成了一致，人事部主管签署了需求确认书。

调研的第二天，项目经理决定带队去销售部，针对业务部门关注的报表功能进行详细地询问、记录，力争做到没有疏忽和遗漏。销售部主管拿来了一堆指标文件，对调研小组说，"我们现在给领导汇报工作的时候，都拿着这些纸质的文件，总觉得不是很方便。因为领导现在提出了新的要求，他想实时地、动态地查看最新的销售业绩，这无疑给了我们部门很大的压力。还好现在要上这个企业管理系统了，只要你们将领导要看的这些报表，从我们的机房数据库里提取出来，展示在系统中就起到了很大的作用。领导不用经常让我们去打印文件了，我们也不用再过多的关注这些事情，能更加专注于市场营销方面了。"听了这个无纸化办公的理念，项目经理从内心里庆幸，还好我们在这方面有了足够的积累。虽然，这方面的报表并没有做很多，但至少是做了几个演示（demo），开发起来难度不大。于是，项目经理自信地承诺了这个功能可以实现。接着，调研小组去了其他的部门，对其他部门的需求进行了沟通。当客户表现出对技术方面的担忧之时，架构师就积极地站出来，用专业的知识来回答客户的问题，打消了客户的顾虑。因此，整个调研过程也一帆风顺。

调研的第三天，项目经理带队去了 B 公司的运维部。因为这个项目是需要部署在 B 公司的机房的。所以很有必要对 B 公司的部署环境做一个充分的了解。经过了一段时间的沟通，B 公司运维部的主管表示，"我们这里有 Windows 服务器，也有 Linux 服务器，具体的部署看你们的项目情况了，我们不做硬性要求，只要你们的项目稳定即可。"听到这样的回答后，项目经理总算是完全放心了。这个项目，不是棘手的那种，做起来应该会很顺利。回到宾馆，项目经理组织调研小组，进行了一个简单的头脑风暴，确定了此次出差调研没有遗留的问题后就决定了返程。

需求确认书：在进行需求调研的过程中，很有必要对客户所提出的需求做一个梳理，并且以文档的形式输出。然后，项目经理需要拿着这份需求确认书，找相关的客户进行反复地确认，最终在达成一致的情况下签署需求确认书。需求确认书在项目的整个过程中是至关重要的，因为，不管客户说过什么，只要没有正式书面的文档，客户就很有可能说自己忘记了，或者反复地进行需求变更。这种情况，会让项目陷入被动之中，为项目埋下隐患。也许最后按照客户原来的意思把需求都实现了，但客户予以否认，说这不是我想要的东西，此时就需要拿出需求确认书与之过目。

2.4 输出文档

调研结束后，项目经理并没有急着组织开发，而是静下心来思考了整个调研过程。他认为，客户规定的开发周期是半年，这个时间对于当前的人力、成本来说都是可控的范围。所以，不必为工期过多地担心，而是要在前期做好足够的准备工作。目前，项目的启动过程组的内容已经完成，接下来就是要处理好规划过程组的事情，才可以进入软件的开发阶段。

于是，项目经理布置了任务，让此次参与调研的同事们撰写出差总结，并且决定输出用户需求说明书、概要设计说明书、干系人登记册、项目管理计划。这些文档主要是项目经理撰写，但涉及技术方面的问题时，项目经理仍然需要参考开发人员的建议。因为文档太多，项目经理也可以请开发人员负责一部分文档的输出。国内的软件项目，大多都因为成本或者是企业文化方面的原因，在撰写项目文档方面做得良莠不齐。大多数中小型公司甚至没有很好的文档计划，他们接到项目就会迅速地步入开发阶段（执行过程组），这看似可以节省成本，但实际上会为项目埋下很多隐患，到头来导致频繁地返工，或与客户在需求方面的问题争论不休，最坏的结果就是项目迅速开发、迅速结束。反之，如果从项目开始阶段就注重文档方面的输出，为撰写文档留出一定的时间（把这部分时间当作项目成本），这样整个项目计划会有条不紊地进行，就算项目出现了问题，也可以很快地找到补救的方法。

项目管理专业人士资格认证（Project Management Professional，PMP）中有一个经典的理论是项目的渐进明细。把这个理论扩展一下，就是说项目中充满了渐进明细的内容，不论是整个项目还是项目的组成部分，如项目管理计划、项目范围、项目目标等。同样的，项目经理只有与干系人进行持续地、有效地沟通，再加深自己对项目的理解，这种渐进明细才可以达到。否则，什么内容都停留在项目的初期调研阶段的话，将发生不可预料的风险。这时候，输出文档就是一个很好的选择了，它可以保证调研的内容得到二次的梳理，让项目成员明确需求，还可以在项目组成员的讨论中产生渐进明细的效果。因为，项目的需求、可交付成果都是暂时不可见的，没有人能精确地预料它的结果（除非对某种项目特别熟悉，形成了某种模式）。在这种眼前一摸黑的情况下，输出文档可以产生渐进明细的效果，大家群策群力也可以完善风险登记册的内容，对风险的发生概率、影响、级别、应对策略、预防措施等进行讨论。另外，完善的项目文档最终会转变为组织过程资产，由项目管理部（Project Management Office，PMO）进行统一管理，也是对公司的未来发展大有裨益。

这时，我可以举几个典型的例子，应用场景使项目经理水平靠谱，一直在与客户进行着有效地持续地沟通。注意，与干系人的沟通会贯穿整个项目开发的全过程，不要以为拿到了用户需求确认书就可以万事大吉了，需求总是需要反复解读和确认的。

第一个场景是客户总是想变更需求，这种变更可能是好的也可能是坏的。如果没有完整的项目文档，不论是客户还是项目组，都很难对这个需求进行变更。因为在这种情况下，客户和项目组都没有可供参考的文档，无法合理估计成本和风险，这就不能按照正确的流程处理变更。如果项目经理凭借自身经验认为可以接受变更，那么因为经验不足导致的不利结果就会由公司承担；如果项目经理以成本或者风险为由拒绝变更，客户可能会让项目经理拿出相应的数据，这时文档的价值就显得极为重要。从记录变更请求、分析影响、提交 CCB 进行审批、批准或者拒绝，到通知干系人，这个完整的过程都离不开项目文档的参考。

第二个场景是项目的风险应对，包括来自整个项目中各个方面的风险。项目的风险管理包括了规划风险管理、识别风险、实施定性风险分析、实施定量风险分析、规划风险应对、控制风险。虽然，PMP 对风险提出的这几个过程看似比较繁杂，但放到具体的项目中还是很简单的。因为，对项目风险的管理可以总结成一句话，"对项目的风险进行有效性管理。"不过，要做到这句话就需要有选择地实施那几个过程，但实施这几个过程就需要参考项目中产生的所有与之相关的文档。例如，常见的项目管理计划、项目章程、干系人登记册、风险管理计划、成本管理计划、进度管理计划、质量管理计划等，只有参考这些文档，才能通过分析技术、专家判断、会议、文档审查、假设分析、SWOT 分析、风险分类、风险审计等工具与技术，继续输出和完善我们认为极有价值的文档，如风险管理计划、风险登记册、工作绩效信息等。这些文档凝结了项目组成员的智慧，可以有效地应对项目风险，保障项目的安全进行。

第三个场景是 PMO 对项目的帮助。首先，明确两个概念，组织过程资产和事业环境因素。

组成过程资产是执行组织所特有并使用的计划、流程、政策、程序和知识库，包括来自任何（或所有）项目参与组织的，可用于执行或治理项目的任何产物、实践或知识。过程资产还包括组织的知识库，如经验教训和历史信息。组织过程资产可能还包括完整的进度计划、风险数据和挣值数据。在项目全过程中，项目团队成员可以对组织过程资产进行必要的更新和增补。组织过程资产可分成两大类：（1）流程与程序；（2）共享知识库。[①]

组织过程资产的概念总结一下，就是说项目过程中所有产生的好的东西，都需要积累下来以方便后期再次使用。一般来说，组织过程资产是由 PMO 项目管理办公室来负责维护。而大多数中小型企业甚至没有 PMO，这一方面是因为人力成本不足，另一方面也可能是没有这种意识。或者，他们习惯使用专家判断的方式，也就是过度地依赖有经验的项目经理。再者，某些公司可能会临时建立一个 PMO，用于总结经验教训。

事业环境因素是指项目团队不可能控制的，将对项目产生影响、限制或指令作用的各种条件。事业环境因素是大多数规划过程的输入，可能会提高或限制项目管理的灵活性，并且可能会对项目结果产生积极或消极的影响。[②]

事业环境因素的概念总结一下，就是说这些影响项目的东西理论上不能控制或者很难控制，如公司文化、地理条件、基础设施、授权系统、市场条件、国家政策等。这些事业环境因素对项目的影响一般是可见的，处理的方法也比较简单，如规避。但是，PMO 需要事先明确这些内容。举个例子，在接项目的时候明白什么是公司能做的，什么是不能做的。事业环境因素的影响对项目来说，没有组织过程资产大，因为一个项目只要认定是可以做的，就已经满足了事业环境因素。例如，现有的办公条件不足，公司可以通过采购来满足。公司文化方面的影响更多是潜移默化的，但业界也形成了一些特有的公司文化，例如华为对于员工素质的要求；一些互联网公司倡导的 996，这些举动将公司文化提升到了更高的境界，而它们带给项目的影响就会相应地增加。例如，996 期间，员工的加班时间大幅度延长，就导致了项目工期的缩短，但与此同时，因为加班导致的疲劳，也可能让项目质量下降，这些都是难以预料的因素。

但不管从哪方面来讲，成立 PMO 的意义非常巨大，一个公司要做到青山常在、细水长流，就需要有这样的觉悟。如果是想临时干一票就解散的项目组，就没必要浪费这些经历了。PMO 可以为项目提供指导和参考意见，这个过程可以贯穿项目生命周期的始终。举一个很有意思的例子，某个公司的项目经理离职了，新任的项目经理虽然很有经验，但没有做过这方面的软件。在这种情况下，他接手了项目，可以说是临危受任，但如何保障项目有条不紊地进行呢？最好的办法就是阅读项目文档，还有就是请教 PMO 的主管了。

这 3 个是软件项目中比较常见又有点棘手的场景，如果项目从一开始就重视撰写文档，就可以很好地对这些场景进行处理。还有一些比较常见的场景，例如，项目组需求很多，任务繁重，但人手不足，该怎么解决？很简单，让人力资源部（HR）招人就是了。如果老板不愿意花钱，想靠现有的人力来通过加班解决问题，那就没有办法了。或许老板本身也很困难，又怎么好意思为他添麻烦

---

① 本段描述参考《项目管理知识体系指南》（第 5 版）第 2 章 2.1.4 节。
② 本段描述参考《项目管理知识体系指南》（第 5 版）第 2 章 2.1.5 节。

呢，不如识趣点自己走人。俗话说，舍不得孩子套不住狼，更有甚者，不入虎穴焉得虎子？连必备资源都准备不充分，还怎么谈接下去的事情呢？这对客户本身而言，也是一种欺骗。所以，这种场景完全没有必要过多地讨论。

最后，项目管理中还需要特别注重业界公认的 SMART 原则，这个原则一般是用来考核绩效的，但在此处可以延伸一下，把它当作项目过程中的任何有内容的东西，如撰写文档、开发需求、培训学习等。

S 代表具体，完整的单词是 Specific，意为绩效指标必须是具体的，延伸一下可以改为工作内容必须是具体的。M 代表衡量，完整的单词是 Measurable，意为绩效指标必须是可以衡量的，延伸一下可以改为工作内容必须是可以衡量的。A 代表实现，完整的单词是 Attainable，意为绩效指标必须是可以达到的，延伸一下可以改为工作内容必须是可以实现的。R 代表相关，完整的单词是 Relevant，意为绩效指标必须是相关的，延伸一下可以改为工作内容必须是与目标相关的，也就是不要做无用功。T 代表时限，完整的单词是 Time-bound，意为绩效指标必须是有时间限制的，延伸一下可以改为工作内容必须是有时间限制的，在某个时间节点必须做该做的事情。

SMART 原则已经成为众多企业管理者的一个口头禅，原因就是该原则在几个简单指标的指导下，可以相对完整地考核员工。但是把它放在撰写文档、开发需求、培训学习等方面同样适用，甚至在开发项目的时候，也可以通过 SMART 原则来评价某个节点的工作质量。当然，这只是一个工具和参考，具体如何使用就需要看项目经理的了。

- 用户需求说明书：主要是针对需求调研后的结果，进行一个全方位的总结。该文档仍然围绕用户提供的需求来讲解。
- 概要设计说明书：主要包括了项目的基本处理流程、组织架构、模块划分、接口设计、数据库设计等。因为概要设计说明书是为详细设计说明书提供参考依据的，所以概要设计说明书要求全面但并不是特别要求细节。
- 干系人登记册：主要是为了持续跟踪项目需求而记录的干系人信息，包括干系人的联系方式等。
- 项目管理计划：制定项目管理计划是定义、准备和协调所有子计划，并把它们整合为一份综合项目管理计划的过程。本过程的主要作用是生成一份核心文件，作为所有项目工作的依据。[①]

其中，用户需求说明书、概要设计说明书、干系人登记册内容相对比较少，而项目管理计划是个渐进明细的过程，需要不断地更新，输出的过程也需要项目组所有的成员参与，如利用专家判断和引导技术。最终，项目管理计划的输出还包括了范围基准、进度基准、成本基准。子计划包括：范围管理计划、需求管理计划、进度管理计划、成本管理计划、质量管理计划、过程改进计划、人力资源管理计划、沟通管理计划、风险管理计划、采购管理计划、干系人管理计划。

项目管理计划输出的 3 个基准主要指范围基准、进度基准和成本基准。这 3 个基准的主要工作内容包括最初确定的范围说明书、工作分解结构（WBS）和相应的 WBS 词典，这 3 个基准只有通过正式的变更控制程序才能进行变更。[②]而输出的若干子计划则是从项目的不同方面来详细或者高度概括地描述这些方面的工作任务。例如，质量管理计划就是体现在项目的质量方面的内容，如代码质

---

① 本段描述参考《项目管理知识体系指南》（第 5 版）第 4 章 4.2 节。
② 本段描述参考《项目管理知识体系指南》（第 5 版）第 4 章 4.2.3 节。

量等。

输出了这些文档之后，企业管理系统项目的规划过程组的内容差不多就算是完成了。接下来就可以正式步入开发阶段了。

2.5 技术选型

在输出项目必备的文档后，就会涉及一个问题：开发技术的选择。首先，后端的核心技术确定是 Java 语言。接着，要确定前端插件的选用。例如，可以选择 AngularJS、Avalon、Bootstrap、ExtJS、jQuery EasyUI、jQuery UI 等，前端插件的选择可以极大地提高开发效率，甚至可以省去一个美工的人力成本。在确定前端插件的同时，还需要明确后端框架（也称服务器端），可以选择 Struts、Spring、Spring MVC 等，涉及数据库的 ORM 框架可以选择 Hibernate、MyBatis 等。这些内容，如果在项目正式开始之前就确定好，在后期就不会因为框架问题而导致返工了。另外，如果做的系统包括端到端的数据交互，还需要考虑接口调用的问题，例如，可以使用 Webservice。总之，开发技术的选择就是要明确这个项目所需要用到的技术，以及这些技术能否完美结合，不要因为搭配不当而导致出现了问题。

开发技术的选择在一定程度上依赖公司的技术积累，如果公司有成熟的框架大可以拿来使用。反之就必须召集项目成员集中讨论，大家各抒己见，排除所有可预测的风险，确定或者是暂定一套适用于整个项目的开发技术。

2.6 数据流图

数据流图，英文全称 Data Flow Diagram，也可以称作数据流向图。数据流图通常使用图形的方式来表达一个系统或多个系统的逻辑功能，以及数据在这些系统之间的流转。数据流图的产生并没有什么复杂的历史，因为只要是涉及某个具体的系统都会有数据流图，不论它是简单的还是复杂的。在没有绘图软件的时候，人们可以在白纸上用笔来画数据流图，现在我们可以使用 Microsoft Visio 来绘制它，绘制的方式不像 UML 那样严谨，只要是易于人们理解的方式都是可以的。数据流图在需求调研时也是非常重要的，客户往往对具体的技术指标不是很清楚，但他们可以站在业务的层面，为开发人员提供数据流图，以帮助开发人员更好地理解业务。

典型的数据流如图 2-1 所示。

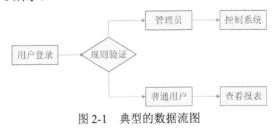

图 2-1 典型的数据流图

2.7 UML 建模

UML，英文全称是 Unified Modeling Language，被称作统一建模语言。最早出现在 20 世纪 80 年代末和 90 年代初期。因为当时有很多知名学者都提出和完善了面向对象的建模方法，直到 1997 年年底，OMG 组织正式确定了 UML1.1 作为一个标准版本。所以它才被称作统一建模语言或标准建模语言。后期的话，UML 又经历了多年发展，推出了 UML2.0，在这个版本里该建模语言已经非常成熟了。

UML 定义了 5 种类图，它们分别是用例图、静态图、行为图、交互图和实现图。UML 还定义了 10 种模型图，它们分别是用例图、类图、对象图、包图、状态图、时序图、合作图、活动图、构建图和配置图。

一般来说，我们对 UML 的学习不必特别深入，只需要知道在项目管理中肯定是会用到的就行，尤其是在需求调研的时候。因为需求调研完肯定要使用相应的图表把需求描述出来，才能方便程序员们查看，否则光靠语言表述就显得苍白无力。我们使用 UML 的时候，不用去刻意关心每种图对应的内容，也不是所有的类图和模型图都会用到，一般只会用到常用的几种，其他的只需要在需要用到的时候学习即可。其实，学习 UML 最好的方法就是从网上下载相应的需求文档，把它当作模板，按照现成的东西去画，多画几次就能触类旁通。在这里，我们可以画一个比较典型的、易于理解的 UML 图，用来帮助大家学习。在这个 UML 图中，可以看到管理员和对应的 3 个功能。简单分析一下就知道，该图中有一个角色，它对应企业管理系统的管理员用户，而用这个用户可以做的，有 3 个典型的功能，分别是新建用户、配置菜单、分配权限。如果仅仅用文字来描述，没有直接用 UML 图表示出来那么形象，所以这就是 UML 图存在的意义。

典型的 UML 图如图 2-2 所示。

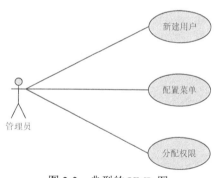

图 2-2　典型的 UML 图

2.8　项目开工会

项目开工会，英文全称 Kick Off Meeting。其主要作用是在项目规划过程完成后的会议，标志是完成了项目管理计划之后。这个会议的召开一般意味着项目开始进入了执行阶段。与 Initialing Meeting 不同的是，虽然都是启动会议但 Initialing Meeting 是项目初始阶段的启动会议，当时的文档只有一个工作说明书。Kick Off Meeting 的召开，意味着前期的准备工作都已经结束。

这个会议的目的主要有以下两点。

（1）项目团队成员互相认识，明确职责，鼓舞士气，号召大家积极主动地全面地投入到项目的开发当中来，类似动员会。

（2）批准项目管理计划，确认项目的范围、进度、成本、风险等事项，并且在干系人之间达成共识。

2.9　小结

本章的主旨是需求调研。不管是自研项目，还是为其他公司定制化开发，都离不开需求调研的阶段。从立项到输出文档，是个漫长的过程也是不可绕过的阶段。有时候，随着一些不好的项目的产生，常常需要程序员加班完成任务，动辄在 1 至 3 个月内完成项目，这些项目的结局往往会摔得很惨。归根到底，是因为这些项目忽略了规划阶段的长期准备，并且一味地想通过加班来节省成本，违背了项目开发的客观规律。

项目规划过程组的内容看似繁多，却可以裁剪，这主要得益于项目经理的水平，还要根据开发人员的水平。通过学习本章，读者可以理解到项目调研的整个过程。虽然这个过程裁剪了部分内容，但从整体来看，绝对是值得借鉴的标杆。本章的内容结合 PMP 理念，让大家领悟 PMP 理念在软件项目中的结合应用。这种必经之路，在公司里会成为宝贵的组织过程资产和事业环境因素，最后归于 PMO 管理。随着公司的发展，这些前期积累的经验，会在后期的开发中起到不可估量的作用，大幅度降低软件项目的难度和成本。

项目开发分为瀑布模式和敏捷模式，本章所述内容只是项目管理的理念，并不用严格地归纳为某种开发模式。瀑布模式和敏捷模式都需要开发文档的撰写和积累，这两种模式从本质上来区分的话，应该是瀑布模式像一台按部就班运转的机器，其中某一环节卡住了就专注于这一环节，直到做好为止，其间不会受客户的影响；而敏捷方式保持与客户持续沟通，主动接受需求变更，采用迭代方式，在每一个版本都及时与客户沟通，对交付成果进行确认，并且提出改进意见。而瀑布模式的话，因为环节都是预先设计好的，所以不需要关注这些内容。一般来讲，瀑布模式适合大公司在已经有非常多的积累的情况下，并且需求已经特别明确的情况下使用，它的项目环节，包括需求分析、概要设计、详细设计、编码阶段、单元测试等都经过了很长时间的打磨，基本上不会出现什么意外问题。举个例子，A 公司有着数十年的电商经验，而客户事先已经看好了这套模板，这种需求往往是明确的、不需要改变的。客户给出 6 个月时间开发，因为 A 公司的积累足够多，所以他可以在 6 个月内完成项目。而 B 公司在电商方面的积累比较少，或者客户很挑剔，这时候 B 公司就需要使用敏捷开发，跟客户保持沟通，以便最后做出来的东西是客户想要的。

第 3 章

项目开发

经过了漫长的项目规划阶段，企业管理系统的准备工作已经完成了。现在正式步入了执行阶段，也就是开发阶段。因为项目的周期是半年，客户的需求也相对固定，所以企业管理系统第一期采用瀑布开发模式。

3.1 定义范围和 WBS 分解

定义范围就是明确所收集的需求，哪些是要包含在当前的项目之中的，哪些是排除在外的，从而明确项目的边界。说得通俗点，就是我们可能收集了很多需求，但不一定都要在当前的版本中实现。定义范围后，一般输出项目范围说明书。然后参考项目范围说明书，可以将项目进行 WBS 分解，这个过程是将项目的可交付成果和项目工作分解成较小的、更易于管理的组件，该组件的最底层单位是工作包。

工作包的内容是具体的开发内容，例如编写某个模块的代码。创建 WBS 的方式一般有两种，因为 WBS 的第一层相对固定，所以其不同之处主要体现在第二层。例如，两种方式的第一层都可以是企业管理系统，但第二层的差别就比较大。

创建 WBS 的第一种方式，是以阶段作为第二层。例如，企业管理系统底下包含了项目管理、产品需求、详细设计、构建、整合、测试等阶段性的工作，可以把阶段作为第二层，具体的工作内容（如编码）仍然体现为工作包，但这些工作包会穿插在不同的项目阶段完成。

创建 WBS 的第二种方式，是以主要可交付成果作为第二层。例如，企业管理系统的第二层包括管理员系统、用户系统、游客浏览这 3 种简单的划分。但是，管理员系统和用户系统底下就已经包含了 90%的编码工作量，剩下的 10%是游客浏览的。这样的话，我们就可以把完成可交付成果来作为项目的完成度。例如，管理员系统下面包括了新建用户、设置权限等操作，普通用户下面包括了查看报表等功能。这些具体的内容，我们都可以将它们作为工作包，来分别交代给不同的开发人员来完成。不论是第一种还是第二种，完成工作包的过程就是开发进度的体现。

WBS 是自上而下进行分解的，将可交付成果分解成最基本的单元，最后把工作包分发给每个研发人员。WBS 包含项目全部的工作，分解完毕后，如果从下而上过一遍没有看到遗漏的工作，就是符合 100%规则。同理，WBS 词典非常重要，它是我们完成工作包的基础参考，如账户编码标识、工作描述、进度里程碑、相关的进度活动、所需资源、成本估算、质量要求、验收标准等。如果我们把项目分解成了若干个工作包，每个账户编码就是工作包的唯一标识。把若干标识的工作包加起来，就能计算出成本、进度、资源等的汇总信息，以便我们从整体上把控项目。每个控制账户包括一个或多个工作包，但一个工作包只能属于一个控制账户。另外，整合这些资源与挣值比较，还可测量绩效。

这些内容可以说是项目开发之中很常用的方法，依据都是源自 PMP 思想的。有时，我们不依赖 PMP 思想也可以有这种与之类似的方法，但这些方法可能不全面，总是会出现疏漏。PMP 力争把不同类型的项目所需要用到的方法抽象成公用的思想，以作为项目经理遵守的标准。例如，我们所接触到的项目不仅是软件项目，还有可能是建筑工程项目，这些不同类型的项目实际上都可以参考 PMP 思想。

3.2 企业管理系统框架搭建

本章，我们来搭建一个企业管理系统的基本的框架以便接下来的开发。首先，打开 MyEclipse10.7，在弹出的 Workspace Launcher 对话框中找到 Workspace，在旁边的文本框中输入 manage，点击确定，路径建议放在非系统盘，如 E 盘。

进入 manage 工作空间之后，按照第 1 章讲解的方法，配置好 JDK、Tomcat 服务器。新建 Web Project 项目，名称叫作 manageServlet，将 manageServlet 发布到 Tomcat 服务器后启动。在浏览器中输入 http://localhost:8080/manageServlet，如果页面上显示"This is my JSP page."的字样，说明项目创建成功，访问也没有任何问题。这个是最基本的项目环境，一般来说，新建一个 Web Project 之后，将其发布到 Tomcat 里面并且运行，因为该项目里面自带 JSP 页面，所以会出现"This is my JSP page."的字样，这说明该项目是完整的 Java EE 项目，只不过没有往里面加入内容。我们的开发任务，其实就是往这个空白的项目里面不断加入内容，直到它的功能越来越多，符合了客户的需求，直至最后成为公司的产品。

使用 Servlet 方式开发管理系统的源码项目名称是 manageServlet，数据库使用 Oracle 10g，标准脚本是 manage.dmp，可以使用 Oracle10g 新建数据库 manage，再使用 PLSQL 导入 manage.dmp 即可。

3.3 Servlet 方式开发

Servlet 是用 Java 编写的服务器端程序。它的主要功能是创建动态的可交互的 Web 内容。若干年前，没有 Struts、Spring 和 Hibernate 的时候，我们所接触的项目基本上都是以 Servlet 来实现交互性的。虽然现在有比 Servlet 更好的选择了，但是 Servlet 仍然是 Java Web 领域中不可缺少的组成部分，也是需要学习的最基础部分。

企业管理系统的第一期内容，我们采用最传统的 Servlet 开发。现在我们要做的内容，就是往空白的 manageServlet 项目里面增加 Servlet 的内容。此外，我们按照传统的逻辑思维来开发项目，如企业管理系统，我们暂时不管它是何种框架开发的，首先它都需要一个登录界面，那么我们第一步要做的就是开发一个登录界面。

首先，打开 manageServlet 项目，选中 WebRoot 文件夹，将其改名为 WebContent。选中

manageServlet 项目，右键点击 Properties 属性，在 MyEclipse 选项中打开 Web 对话框，点击 Web-root folder 对应的 Browse 按钮，选择项目中的 WebContent 文件夹。这时根目录就更改成功了，接着我们在 WebContent 文件夹新建登录页面。

在此之前，我们可以先了解一下 Servlet 的生命周期。

Servlet 被服务器初始化之后，容器运行其 init() 方法，init() 方法仅执行一次，主要是为了做一些公用的配置，以便接下来的请求直接使用而不用重复加载。当请求到达时运行 service() 方法，service() 方法会根据客户端请求的种类自动调用与之匹配的 doGet() 或者 doPost() 方法。举个例子，如果在提交 Form 表单的时候用的是 Get 方式，对应的就是 doGet() 方法；如果用的是 Post 方式，对应的就是 doPost() 方法。接着，将具体的业务逻辑在对应的 do() 方法中执行。最后，当服务器需要销毁 Servlet 实例的时候，就会执行 destroy() 方法，可以在这个方法里写一些需要的操作，login.jsp 登录功能页面如代码清单 3-1 所示。

代码清单 3-1　login.jsp

```
<%@ page language="java" contentType="text/html; charset=gbk"
    pageEncoding="gbk"%>
<%
    String path = request.getContextPath();
    String basePath = request.getScheme() + "://"
            + request.getServerName() + ":" + request.getServerPort()
            + path + "/";
%>
<!DOCTYPE html PUBLIC "-//W3C//DTD HTML 4.01 Transitional//EN"
    "http://www.w3.org/TR/html4/loose.dtd">
<html>
<head>
<meta http-equiv="Content-Type" content="text/html; charset=gbk">
<link href="css/layout.css" rel="stylesheet" type="text/css" />
</head>
<body>
    <div id="container">
        <div id="header">
            <div align="center">
                <marquee>
                    <a>企业管理系统的 Servlet 第一期，正在开发中...</a>
                </marquee>
            </div>
        </div>
        <div id="mainContent">
            <%
                String name = (String) session.getAttribute("name");
            %>
            <div id="sidebar">
                <%
                    if (name == null) {
                        name = "";
                    } else {
                %>
                <%=name%>已登录
                <%
                    }
                %>
            </div>
            <div id="content">
                <form method="post" action="LoginServlet" align="center">
                    用户名:<input type="text" name="name" value="" />口令:<input
```

```
                                 type="password" name="passwd" value="" style="width: 155px;" /><br>
                         <p>
                             <input type="submit" value="登录" name="Submit" />
                             <input type="reset" value="重置" name="" />
                         </p>
                     </form>
                 </div>
             </div>
         </div>
     </body>
 </html>
```

代码解析

（1）marquee 标签用于设置滚动文字，我们在其中加入了一个超链接，它的内容是"企业管理系统的 Servlet 第一期，正在开发中…"，这段文字只是用来大概地说明一下企业管理系统初期的开发情况，在后期肯定是要去除的。

（2）在 ID 名称为 content 的 div 标签中，我们加入了一个 form 标签，它由用户名、口令、登录、重置这几个功能组成。显而易见，这个 div 的内容就是我们的登录界面。当我们在首页输入用户名和口令的时候，点击登录按钮就可以提交这个表单进行后台验证了。

（3）从浏览器地址栏可以看到，该项目的地址是 http://localhost:8080/manageServlet/login.jsp，也就是说项目的根目录是 manageServlet，对应的页面是 login.jsp。在 Java EE 项目中，有时候我们可以在地址栏中看到对应的 JSP 页面，有时候看不到，这主要取决于我们所用到的框架和交互行为。如果在浏览器地址栏里输入 http://localhost:8080/manageServlet，会发现仍然跳转到了 login.jsp 页面，这是因为在 web.xml 里进行了<welcome-file-list>元素的配置。

（4）从首页的布局可以看出来，近几年 Java EE 流行的后台管理系统基本上都是这样的布局。一个Banner，一个左侧菜单树，一个右侧详情页。这样做的好处是，符合我们日常操作的习惯。例如，在 Banner 可以添加广告，或者放一些公共的信息；在左侧菜单树存放所有的菜单信息；每当点击左侧菜单树的某一个选项的时候，右侧的详情页会自动列出详细情况。

目前 login.jsp 的静态页面还很简单，如果我们还需要进一步开发的话，就需要在后端写 Java 处理类，还有在 web.xml 里面配置 Servlet 文件，这些内容都是我们使用Servlet 开发企业管理系统的重点，login.jsp登录过程如图 3-1 所示。

图 3-1 静态的登录页面

3.3.1 前端验证

在编程领域中，有前端验证和后端验证之说。前端验证就是通过 JavaScript、jQuery 来验证当前界面的逻辑和数值，如果符合要求就通过，反之则不通过。后端验证就是直接让请求携带参数进入服务器端，在 Java 代码中做一些验证和控制。在本节中，我们主要讲解前端验证，具体的内容可以看下面这个例子。

　　说得更加具体一些，在本节中我们需要做用户的登录验证，具体的做法是利用 JavaScript 提供的功能语法或者正则表达式来进行验证。login.jsp 页面非常简单，但是这个页面有登录和重置功能。所谓编程或者开发项目的具体过程，就是让这些简单的功能逐渐变得丰富起来。例如，目前的登录功能并没有跟项目的后端做任何交互，如果仓促地进行后端验证可能会出现未知问题。但是为了实现用户的需求，我们也可以在前端进行一些验证，毕竟前端验证也是一种成熟的方法。等满足了前端验证后，如果用户需要使用后端验证或者对验证提出了更高的要求，再把后端验证加上也不迟。一般来说，后端验证的开发过程是和业务开发同时进行的。

　　通过研究代码，我们可以看到登录按钮的 type 是 submit 类型的。也就是说，在点击该按钮的时候会触发提交操作，对应的路径就是 action 的 LoginServlet。为了增加前端验证，我们就需要改写代码，让它在提交之前进入一个验证方法里面去，通过验证后再进行提交。明确了这个需求之后就可以进行下面的代码开发了。

　　首先，在 login.jsp 页面中修改登录代码模块并为它增加 onclick 事件。接着，在非 body 元素外面增加一个用于触发 onclick 事件的方法，具体代码如下：

```
<script language="javascript" type="text/javascript">
    function validate(){
        alert("验证");
    }
</script>
    <input type="submit" value="登录" name="Submit" onclick="validate()" />
```

　　增加这段代码后，再点击登录按钮便可以发现，程序触发了 validate() 方法并且在页面上弹出了"验证"这两个字，但是通过调试模式打断点可以发现，程序在弹出汉字后直接进入了 LoginServlet 类里面，这明显不是我们想要的结果。简而言之，这段代码的修改并没有起到任何验证作用。为此，我们还需要再进行修改。将登录代码的 type 由 submit 改为 button 做一次试验，结果发现程序并没有自动提交，说明 button 标签可以满足我们的需要。其实，input 标签的 type 属性有很多，submit 和 button 的区别在于设置成 submit 后，点击按钮会自动提交 Action，也就是说它的默认功能就是 form.submit()。而 type 设置成 button 后就会灵活起来，把自动提交变成手动提交。这样，我们就可以在完成前端验证后，手动触发 form.submit() 从而顺利地进入后端代码。

　　这样修改后，前端验证的入口就写好了，接下来便可以进行具体的实现了。首先，我们做一个简单的伪验证规则，假定用户名是张三且密码是 123 就不让该用户登录。为了获取用户名和密码，分别为用户名和密码对应的元素增加 id 属性。

```
用户名: <input id="userName" type="text" name="name" value="" />
口　令: <input id="userPwd" type="password" name="passwd" value="" style="width: 155px;" />
```

　　接下来，开始修改 validate() 方法。

```
function validate(){
    var userName = document.getElementById("userName").value;
    var userPwd = document.getElementById("userPwd").value;
    if(!(userName == "张三" || userPwd == "123")){
        document.getElementById("login").submit();
    }else{
```

```
        alert("登录信息不正确");
    }
}
```

代码解析

（1）在前端开发中，JavaScript 功底是非常重要的，尤其是对基本技能的掌握。这段简单的代码，是通过 document 命令通过 id 来获取具体的元素值。当然，也可以通过 name 属性获取，这在写法上稍微有所不同但原理是一样的，都是根据 DOM 树的原则，分别获取树叶的某个结点和元素。

（2）拿到 userName、userPwd 数据后，需要对这两个数据进行验证。因为这段代码的验证规则是我们自定义的，也就是说如果用户名是张三或者密码是 123 满足其中的任何一个条件都算登录失败，会进入 else 分支，那么符合的情况自然是这两个条件的取反运算了。所以语法上这样写会更加清晰，易于理解。

（3）运行程序，在文本框中分别输入张三和 123 进行测试，最终得出这样可行的结论。反之会进入后端代码，标志着前端验证失败。

一般情况下，这种验证就属于前端验证的典型写法，但是我们在实际业务操作的时候，这种规则往往不是写死的，而是需要我们使用正则表达式来进行验证。在学习阶段，我们通常写几个常用的正则表达式就可以了。正则表达式在网上有很多固定的参考，若需要更多的则可以进行查询，此处我们只列出需要用到的，具体内容包括中文、英文、数字但不包括下划线等符号：^[\u4E00-\u9FA5A-Za-z0-9]+$。密码（以字母开头，长度为 6～18 个字符，只能包含字母、数字和下划线）：^[a-zA-Z]\w{5,17}$。

在对代码进行功能修改的时候，如果前面的功能有可能还会用到，我们会将原来的代码注释掉，并且复制一份新的代码进行修改。这样做有很多好处，既方便自己开发也方便别人开发。注释方法是选中代码段，同时按下 Ctrl+Shift+/，取消注释是 Ctrl+Shift+\。将原来的 validate() 方法复制一份新的，然后开始修改。

```
function validate() {
    // 定义验证规则
    var userNameReg = /^[\u4E00-\u9FA5A-Za-z0-9]+$/;
    var userPwdReg = /^[a-zA-Z]\w{5,17}$/;
    var userName = document.getElementById("userName").value;
    var userPwd = document.getElementById("userPwd").value;
    // 使用 test 验证
    var userNameResult = userNameReg.test(userName);
    var userPwdResult = userPwdReg.test(userPwd);
    // 如果满足条件通过验证
    if (userNameResult == true && userPwdResult == true) {
        document.getElementById("login").submit();
    } else {
        alert("登录信息不正确");
    }
}
```

代码解析

（1）定义 userNameReg 和 userPwdReg 这两个变量，它们的数值对应相应的正则表达式。

（2）定义 userNameResult 和 userPwdResult 来保存正则表达式的布尔值，其具体运算过程是通过 test() 方法进行的。最后，通过获得的布尔值来决定程序的走向。这种做法就是正则表达式的典型应用，也就是说，把之前写死的数值换成了通用的正则表达式来进行计算。

3.3.2　后端验证

后端登录验证的意思是 Java 在后端使用代码进行逻辑判断，从而决定程序的走向，或者向前端返回一个需要的数值，接着再通过该数值决定前端代码的走向。后端验证可以完全忽略前端，把所有验证规则写到后端，也可以把一部分验证写在前端，另一部分验证写在后端，从而尝试出最合适的验证集合。在本例中，后端验证的规则并不多，着重讲述其概念和实现方式。

再次回到后端代码，要进行后端验证就必须跟服务器打交道做动态的交互。那么，在管理系统的当前版本中，我们所使用的动态交互方式是通过 Servlet 完成的。Servlet 的主要功能是创建动态的、可交互的 Web 内容，而当前的 login.jsp 其实已经具备了这样的特点，例如，这段代码<form method="post" action="LoginServlet" align="center">就是一个典型。因为 form 表单的主要作用就是把当前页面的数据提交到后端再与数据库交互，所以当我们看到 JSP 页面中的 action 对应的是 LoginServlet 的时候，就应该明白了，LoginServlet 这个登录模块并非是静态的页面而是动态的程序。

那么接下来我们应该如何理解 LoginServlet 呢？这一点我们可以在 web.xml 里找到答案。打开 web.xml 文件，找到 LoginServlet 对应的内容就可以明白其中的道理。

```
<servlet>
    <servlet-name>Login_Servlet</servlet-name>
    <servlet-class>com.manage.servlet.LoginServlet</servlet-class>
</servlet>
<servlet-mapping>
    <servlet-name>Login_Servlet</servlet-name>
    <url-pattern>/LoginServlet</url-pattern>
</servlet-mapping>
```

首先我们在做后端登录验证的时候必须先明白 Servlet 是怎么一回事，否则还没有明白原理就直接去写代码是一件不明智的事情。

我们从了解 Servlet 的配置元素开始。

一个完整的 Servlet 包含一个<servlet>元素和一个<servlet-mapping>元素，他们都是互相对应的。如果这两者是同一个功能模块的话，它们的<servlet-name>必须是一样的。例如，登录页面的<servlet-name>都是 Login_Servlet。接下来我们可以具体学习一下这些元素的用法。

- <servlet>配置 Servlet 的实现类。
- <servlet-name>指定 Servlet 的名称。
- <servlet-class>指定 Servlet 的实现类对应的路径。
- <servlet-mapping>配置 Servlet 映射。
- <url-pattern>指定 Servlet 映射地址。

配置好了 Servlet 之后，我们就可以正式开发 Servlet 对应的登录类了。首先我们在 manageServlet 项目下，新建 com.manage.servlet 包，在这个包底下建立所有本项目的 Servlet 类。接着打开这个包，在包底下新建 LoginServlet 类。LoginServlet 类后端登录验证功能如代码清单 3-2 所示。

代码清单 3-2 LoginServlet.java

```java
package com.manage.servlet;
import java.io.IOException;
import java.util.List;
import javax.servlet.RequestDispatcher;
import javax.servlet.ServletException;
import javax.servlet.http.HttpServlet;
import javax.servlet.http.HttpServletRequest;
import javax.servlet.http.HttpServletResponse;
import javax.servlet.http.HttpSession;
import com.manage.bean.User;
import com.manage.db.OracleDB;
import com.manage.dom.JdomRead;

@SuppressWarnings("serial")
public class LoginServlet extends HttpServlet {
    @Override
    protected void doPost(HttpServletRequest req, HttpServletResponse resp)
            throws ServletException, IOException {
        boolean loginyes = false;
        String t_name = (String) req.getParameter("name");
        String t_passwd = (String) req.getParameter("passwd");
        if (t_name == null || t_name.equals("") || t_passwd == null
                || t_passwd.equals(""))
            resp.sendRedirect("login.jsp");
        else {
            JdomRead xmlr = new JdomRead(this
                    .getServletContext().getRealPath("/WEB-INF/config/")
                    + "/manage_config.xml");
            try {
                xmlr.jdomReader();
            } catch (Exception e) {
                e.printStackTrace();
            }
            // 数据库配置
            OracleDB.DB_NAME = xmlr.getDb_name();
            OracleDB.DB_HOST = xmlr.getDb_host() + ":" + xmlr.getDb_port();
            OracleDB.DB_USERNAME = xmlr.getDb_username();
            OracleDB.DB_PASSWORD = xmlr.getDb_passwd();
            List<User> ulist = xmlr.getList();
            HttpSession session = req.getSession();
            for (User u : ulist) {
                if (u.getName().equals(t_name))
                    if (u.getPasswd() == t_passwd.hashCode()) {
                        session.setAttribute("name", t_name);
                        System.out.println("t_name==" + t_name);
                        loginyes = true;
                    }
            }
            if (loginyes) {
                RequestDispatcher dispatcher = req
                        .getRequestDispatcher("index.jsp");
                dispatcher.forward(req, resp);
            } else {
                resp.sendRedirect("login.jsp");
            }
        }
    }
```

```
    }
}
```

代码解析

（1）@SuppressWarnings("serial")：因为继承 HttpServlet 类是默认需要实现序列化的，也就是实现 Serializable 接口。众所周知，实现序列化需要声明 serialVersionUID 否则就会报黄色警告，为了消除这个黄色警告可以加上这个注解。

（2）序列化：是将对象的内容分解成字节流以便存储在文件中或在网络上传输。

（3）反序列化：是打开并且读取字节流并且从流中恢复对象。序列化的好处是方便数据流通过网络进行传输，而在传输完毕后，还可以通过反序列化将数据流恢复成对象。这样的话，开发人员就可以重新使用该对象与数据库进行交互了。任何类型的数据只要实现了 Serializable 接口，都可以进行序列化。

（4）序列化可以形象地理解：例如，需要复制 100 个文件，如果直接复制的话可能会很慢，碍于其他更多限制的话可能还无法进行复制。那么我们就可以把这 100 个文件进行压缩，压缩的规则就是序列化。等压缩结束后，这 100 个文件就会变成 1 个文件，这样操作起来不但速度快，而且还符合了传输要求，从而可以顺利地在网络中传输。等这 1 个文件传输到对应的地点后，我们再对它进行解压缩操作，也就是反序列化，把它重新还原成 100 个文件。

（5）String t_name = (String) req.getParameter("name") 等相关语句：通过对 HttpServlet 提供的 doPost() 方法进行重写，可以获取到 HttpServletRequest req 和 HttpServletResponse resp 两个 Java 内置对象。这样的话，我们便可以直接使用这两个内置对象来做它们支持的所有操作了。首先，我们拿到了 t_name 对象，也就是用户名和密码。接着，我们分别对 t_name 和 t_passwd 进行 null 和空字符串验证。如果数据为 null 或者空字符串，则返回 login.jsp 页面，否则就进行下一步的操作。

（6）getRequestDispatcher 是服务器内部跳转，它的特点是地址栏信息不变，且只能跳转到 Web 应用内的网页。而另一个跳转方法是 sendRedirect，它的特点是对页面重定向，因此地址栏信息会改变，可以跳转到任何网页。这两种跳转方式，一般用在 Java 后端把所有的业务逻辑处理完毕之后，再携带参数返回到合适的页面。例如，登录成功后可以直接跳转到欢迎界面，登录失败后可以直接跳转到错误界面。

注意，当前的 Servlet 只完成了最初的登录需求。例如，基本的后端空值验证；从 List 里拿到登录信息，确定无误后跳转到正确的页面。如果已经登录成功会跳转到 index.jsp 页面，否则跳转到 login.jsp 页面再进行一次登录。

在这个 Servlet 类中，我们所需要的用户信息没有从数据库里读取，而是直接从一个 List 里拿到。这种情况显然是不够完善的，但在项目初期也可以使用这种做法来满足暂时的需求，但随着项目的迭代会慢慢改进。我们从 manage_config.xml 中拿到数值，再通过循环使用 equals() 方法来对比用户信息，如果确定是正确的信息后，将用户登录信息存储在 Session 对象里，并且将 loginyes 置为 true 返回 index.jsp 页面，否则返回 login.jsp 重新登录。

在本 Servlet 中，我们把所有的业务逻辑都写在了 doPost() 方法中，这是根据 login.jsp 页面的 Form 表单提交方式决定的，例如，登录页面的表单的 method 属性设置成了 Post 方式。至于 Get

和 Post 的区别，是一个老生常谈的问题，可以大概归纳一下：使用 Get 传递参数，所有的内容都是可见的，可以理解为显式传递；使用 Post 传递参数，所有的内容都放入 HTTP 的包体中了，用户看不到这些内容，可以理解为隐式传递。这样来说，Post 比 Get 更安全。另外，Get 的传输有大小限制，不会超过 2 KB，而 Post 传输在理论上没有限制。

对登录功能进行测试后，会发现当前的逻辑很不方便也不符合常理。所以，接下来我们需要修改登录功能，把通过 XML 文件登录修改成通过从数据库表里获取用户名和密码信息登录，与之对应的验证规则也需要进行改动。只有这样，真正的业务逻辑才能建立起来。否则，根据之前的写法，登录账号都配置在 XML 文件里的话是不符合需求的，那样的做法可以临时使用但不能长期使用。作为一个成熟的项目，用户信息肯定是要保存在数据库里的。但是，要从数据库里读取登录信息就必须先开发注册功能，只有通过注册功能写入数据后才能通过登录功能读取数据。

3.3.3 注册功能

管理系统如果要摆脱依靠配置文件来登录的话，就需要把用户信息保存在数据库里。接下来，我们正式进入注册功能的开发。等开发好了注册功能再回过头来修改原有的登录功能，否则这个完整的逻辑无法贯穿成功。

回到 login.jsp 页面，在该页面上添加注册按钮，并且分别实现前端和后端的开发。可以先分析一下注册的需求，该需求并没有复杂的功能，只是需要进行一个 Form 表单的提交。但是，如果把这个表单写在 login.jsp 页面的话，就会跟原有的登录功能发生冲突，从页面的展示上看也不太美观。所以，我们将注册功能设计成这样的：在重置按钮后面增加注册按钮，当点击注册按钮的时候跳转到一个新的单独页面，来完成用户信息的录入。在 WebContent 目录下新建注册功能页面 register.jsp，该页面如代码清单 3-3 所示。

代码清单 3-3 register.jsp

```
<%@ page language="java" contentType="text/html; charset=utf-8"
    pageEncoding="utf-8" isELIgnored="false"%>
<%@ taglib prefix="c" uri="http://java.sun.com/jsp/jstl/core"%>
<html>
<head>
<meta http-equiv="Content-Type" content="text/html; charset=utf-8">
<title>个人用户注册</title>
<script type="text/javascript" src="js/jquery-1.8.2.min.js"></script>
<script type="text/javascript">
    function validate() {
        // 定义验证规则
        var userNameReg = /^[A-Za-z]+$/;
        var userPwdReg = /^[a-zA-Z]\w{5,17}$/;
        var userEmailReg = /^(\w)+(\.\w+)*@(\w)+((\.\w+)+)$/;
        var userMobileReg = /^1\d{10}$/;
        // 取值
        var userName = document.getElementById("userName").value;
        var userPwd = document.getElementById("userPwd").value;
        var userEmail = document.getElementById("userEmail").value;
        var userMobile = document.getElementById("userMobile").value;
        // 获取勾选状态
        // var userAgree1 = document.getElementById("userAgree").checked;
        var userAgree2 = $("input[type='checkbox']").is(':checked');
        // 使用 test 验证
```

```
                // 只能是英文
                var userNameResult = userNameReg.test(userName);
                // 最少 6 位
                var userPwdResult = userPwdReg.test(userPwd);
                // 邮箱常规验证, 例如, 必须有@符号
                var userEmailResult = userEmailReg.test(userEmail);
                // 手机常规验证, 例如, 只能是 11 位
                var userMobileResult = userMobileReg.test(userMobile);
                // 如果满足条件通过验证
                if (userNameResult == true && userPwdResult == true
                        && userEmailResult == true && userMobileResult == true
                        && userAgree1 == true) {
                    document.getElementById("userRegister").submit();
                } else {
                    alert("注册信息不正确");
                }
        }
        function flush() {
            window.location.reload();
        }
</script>
<style type="text/css">
form {
    font-size: larger;
}
#t1 {
    position: absolute;
    top: 100px;
    left: 36%;
}
#b1 {
    height: 30px;
    width: 60px;
    font-size: 14px
}
#d1 {
    position: absolute;
    left: 10%;
    top: 2%;
}
</style>
</head>
<body bgcolor="#BAFEC0">
    <p align="center">
        <font size="+3">用户注册</font>
    </p>
    <form action="RegisterServlet" method="post" id="userRegister">
        <table id="t1">
            <tr>
                <td>用户名: </td>
                <td><input type="text" id="userName" name="userName" />
                </td>
                <td><c:choose>
                        <c:when test="${userName==null}">
                            <span id="td1">只能是英文</span>
                        </c:when>
                        <c:otherwise>
                            <span>${userName}</span>
                        </c:otherwise>
```

```
                </c:choose>
            </td>
        </tr>
        <tr>
            <td>密 码: </td>
            <td><input type="password" id="userPwd" name="userPwd" />
            </td>
            <td id="td2">最少 6 位</td>
        </tr>
        <tr>
            <td>邮 箱: </td>
            <td><input type="text" id="userEmail" name="userEmail" />
            </td>
            <td id="td4">请输入正确的邮箱地址</td>
        </tr>
        <tr>
            <td>手机号码: </td>
            <td><input type="text" id="userMobile" name="userMobile" />
            </td>
            <td id="td5">请输入正确的手机号</td>
        </tr>
        <tr>
            <td>住 址: </td>
            <td><input type="text" id="address" name="address" />
            </td>
            <td id="td6"></td>
        </tr>
        <tr>
            <td colspan="3">注册协议</td>
        </tr>
        <tr>
            <td colspan="3"><textarea cols="56" rows="10">
<jsp:include page="document/register.txt"></jsp:include>
</textarea>
            </td>
        </tr>
        <tr>
            <td colspan="3" align="right">同意<input type="checkbox"
                id="userAgree" name="userAgree">  </td>
        </tr>
        <tr align="center">
            <td><input type="button" value="提交" id="b1"
                onclick="validate()"></td>
            <td></td>
            <td><input type="reset" value="重置" id="b2" onclick="flush()">
            </td>
        </tr>
    </table>
</form>
</body>
</html>
```

代码解析

（1）validate()：包含了用于前端验证的正则表达式。

（2）flush()：用于点击重置的时候重新加载当前页面。

（3）<form action="RegisterServlet" method="post" id="userRegister"> </form>:

这段完整的 Form 表单代码包含了所有需要录入的用户信息，以及点击提交需要触发的 Action 地址。当输入完信息点击提交的时候，程序会先执行 validate()方法，通过前端正则表达式验证后，程序进入对应的 RegisterServlet 开始后端代码的执行。

　　web.xml 是项目中比较重要的配置文件，用来做一些初始化的操作。例如，项目的 Welcome 页面、Servlet、Filter、Listener 和这些程序的加载级别都在该文件中设置。如果项目中没有 web.xml 文件或许可以运行，但会失去很多重要的配置。这样的项目是无法适应用户的需求的，如果出现了高并发程序很容易挂掉，这是因为 web.xml 里配置的都是 Application 级别的内容。

　　接下来需要开发 RegisterServlet 对应的 XML 配置文件。首先新建一个名称为 test 的项目，打开 WebRoot\WEB-INF 下的 web.xml，可以看到新项目的配置内容，新项目的 web.xml 如代码清单 3-4 所示。

代码清单 3-4　web.xml

```
<?xml version="1.0" encoding="UTF-8"?>
<web-app version="2.5"
        xmlns="http://java.sun.com/xml/ns/javaee"
        xmlns:xsi="http://www.w3.org/2001/XMLSchema-instance"
        xsi:schemaLocation="http://java.sun.com/xml/ns/javaee
        http://java.sun.com/xml/ns/javaee/web-app_2_5.xsd">
    <display-name></display-name>
    <welcome-file-list>
        <welcome-file>index.jsp</welcome-file>
    </welcome-file-list>
</web-app>
```

代码解析

可以看到新项目 test 的 web.xml 文件中无非是声明了字符编码、版本号之类的信息，还有欢迎页面。这些内容是 IDE 自动生成的，各种默认规则都是官方定义的，可以不用去过于深入地研究只需要保持原有配置即可。

　　接下来打开 manageServlet 项目的 web.xml 文件，结合 test 项目的 web.xml 文件做个对比就可以看出其中的道理。我们可以看到，manageServlet 项目的 web.xml 中增加了很多配置，除了修改了欢迎页面，增加了错误处理页面外，大多数改变都是增加了 Servlet 的配置信息。如果要给 RegisterServlet 增加配置信息，只需要找到其中一个配置好的 Servlet 实例，在其下面输入下面这段代码即可。

```
<servlet>
    <servlet-name>Register_Servlet</servlet-name>
    <servlet-class>com.manage.servlet.RegisterServlet</servlet-class>
</servlet>
<servlet-mapping>
    <servlet-name>Register_Servlet</servlet-name>
    <url-pattern> /RegisterServlet </url-pattern>
</servlet-mapping>
```

之前已经详细讲解过 Servlet 的配置元素了，在这里只需要重点关注几个注意事项即可。首先，需要明确我们是给 RegisterServlet 这个 Servlet 配置信息，所以与之对应的名称中最好包含 RegisterServlet 单词，这样做的好处是方便开发人员明白其含义，就算没有注释大家也能看懂什么意思。接着，Class 对应的地址中入口类的命名最好跟 JSP 中写的信息一样，如 RegisterServlet，这样的话不但方便开发人员阅读，也避免了因为名称混乱造成的不必要的麻烦。在过去的项目开发时，很多程序员经验不足，总是给一套互相匹配的配置起不同的名字，从而导致 Tomcat 无法启动却又找不到原因，所以最好的做法就是保持名称的一致。

　　另外，从 JSP 的 Form 表单的 Action 语句可以看到，register.jsp 的提交地址也是 RegisterServlet。这样的话，不论是提交地址还是 web.xml 的配置信息都在名称上保持了一致。这种做法不但方便代码阅读，还方便代码查询。

　　在这里介绍一种方法，那就是使用检索方式学习。例如，我们知道了 Servlet 的提交地址是 RegisterServlet，通过常识就可以知道后端与前端的交互不仅仅是通过一些命令来完成的，还需要大量的 XML 文件的配置。那么，我们就可以利用 IDE 提供的项目检索工具来查找 RegisterServlet 语句，从而找出所有与之相关的内容。可以尝试一下，在 Package Explorer 窗口中选中 manageServlet 项目，选择菜单栏中的 Search 项，选择 File 功能。在弹出的对话框中，可以看到一行菜单项：File Search、Java Search、JavaScript Search 等，简而言之就是选择与之对应的搜索。在这里选择 File Search，在 Containing text 文本框中输入"RegisterServlet"，点击 File name patterns 右侧的 Choose 按钮，在弹出的下拉列表框中选择*.xml 类型后点击 OK，这样 File name patterns 文本框的内容就会由*变成*.xml，表示自动匹配 xml 扩展名的文件。Scope 页签用来选择范围，在这里选择 Selected resources，表示确定的搜索范围是 manageServlet 项目，点击 Search 开始搜索，Search 功能的界面如图 3-2 所示。

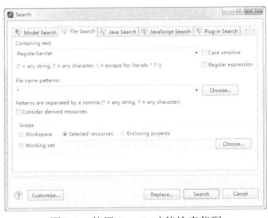

图 3-2　使用 Search 功能检索代码

　　在搜索结果列表中，可以看到第一条记录的信息，其他的都会隐藏起来。点击右侧的加号按钮，将所有符合条件的记录展示出来，就可以看到 manageServlet 中所有包含 RegisterServlet 文字的页面。双击 web.xml 中的内容打开详细页面。根据 RegisterServlet 的上下文信息，就可以推断出这些内容的作用。

　　在 web.xml 中，已经配置了 RegisterServlet，对应的类地址是 com.manage.servlet.RegisterServlet，打开 com.manage.servlet 包，在该包底下创建 RegisterServlet 类，这是开发注册功能的 Servlet 类。这个类作为注册功能的入口类需要完成一些业务逻辑，但大多业务逻辑是从前端取值再做一些封装，RegisterServlet 注册功能类如代码清单 3-5 所示。

代码清单 3-5　RegisterServlet.java

```
package com.manage.servlet;
import java.io.IOException;
import java.security.NoSuchAlgorithmException;
import javax.servlet.RequestDispatcher;
import javax.servlet.ServletException;
import javax.servlet.http.HttpServlet;
import javax.servlet.http.HttpServletRequest;
import javax.servlet.http.HttpServletResponse;
import com.manage.bean.SiteUser;
import com.manage.db.RegisterService;
```

```
import com.manage.util.CodeMd5;

public class RegisterServlet extends HttpServlet {
    @Override
    protected void doPost(HttpServletRequest req, HttpServletResponse resp)
            throws ServletException, IOException {
        RegisterService register = new RegisterService();
        String userName = req.getParameter("userName");
        String userPwd = req.getParameter("userPwd");
        String userEmail = req.getParameter("userEmail");
        String userMobile = req.getParameter("userMobile");
        String userAddress = req.getParameter("userAddress");
        SiteUser user = new SiteUser();
        CodeMd5 md5 = new CodeMd5();
        try {
            String md5Pwd = md5.CodeMd5(userPwd);
            user.setUserPwd(md5Pwd);
        } catch (NoSuchAlgorithmException e) {
            e.printStackTrace();
        }
        user.setUserName(userName);
        user.setUserEmail(userEmail);
        user.setUserMobile(userMobile);
        user.setUserAddress(userAddress);
        register.add(user);
        RequestDispatcher dispatcher = req
                .getRequestDispatcher("registersuccess.jsp");
        dispatcher.forward(req, resp);
    }
}
```

代码解析

（1）RegisterService register = new RegisterService()：新建 Service 对象，后面会使用它的 add()方法传入封装好的实体 SiteUser 类。

（2）String userName = req.getParameter("userName")等：类似的这几个方法都是从前端读取数据，存入新建的 SiteUser 类中，依次对应该类成员变量的 Set 方法。

（3）CodeMd5 md5 = new CodeMd5()：新建 md5 工具类，将明码传入此类的方法中加密。

（4）register.add(user)：进入持久层直接与数据库交互，将用户信息写入数据库对应的表中。

（5）RequestDispatcher dispatcher = req.getRequestDispatcher ("registersuccess.jsp")：与数据库交互结束后返回 registersuccess.jsp 页面，也就是注册成功页面。

接下来需要开发 SiteUser 实体 Bean 类。众所周知，Java 是面向对象的编程。对于生活中的元素，Java 都可以采用提取的方式，将该元素封装成一个实体 Bean 类以供后期使用。例如，SiteUser 这个站点用户类，它的作用就是记录站点用户的信息，如常见的姓名、密码、邮箱等。之前我们说过 Servlet 命名规则需要遵守一致性的原则，那么在实体类与数据库表对应的关系上，最好也遵循这样的规范。举例就是 SiteUser 实体类对应数据库中的 SiteUser 表，最好连字段也做到逐个对应，从而最大化地减少代码阅读的干扰。

如果对于站点的用户信息，我们不使用实体 Bean 类封装的话，在做 register.add(user)这步操作的时候，至少要往 add()方法中传入 5 个参数，分别对应用户名、用户密码、用户邮箱、用户手机号和用户地址，这样的话该语句就会变成 `register.add(userName, userPwd, userEmail, userMobile, userAddress)`，虽然可以实现同样的功能，但是它不符合 Java 面向对象的思想，也没有进行任何封装。正确的做法是将这 5 个参数封装在 `SiteUser` 类中。这样做的好处显而易见：第一，在涉及用户操作的时候可以直接传入 `SiteUser` 类，缩减参数；第二，更加符合面向对象的编程思想，因为它对事物进行了封装；第三，方便程序员开发和阅读。

打开 `com.manage.bean` 包，在该包底下创建 `SiteUser` 站点用户信息类，如代码清单 3-6 所示。

代码清单 3-6　SiteUser.java

```java
package com.manage.bean;

public class SiteUser {
    private String userName;
    private String userPwd;
    private String userEmail;
    private String userMobile;
    private String userAddress;
    public String getUserName() {
        return userName;
    }
    public void setUserName(String userName) {
        this.userName = userName;
    }
    public String getUserPwd() {
        return userPwd;
    }
    public void setUserPwd(String userPwd) {
        this.userPwd = userPwd;
    }
    public String getUserEmail() {
        return userEmail;
    }
    public void setUserEmail(String userEmail) {
        this.userEmail = userEmail;
    }
    public String getUserMobile() {
        return userMobile;
    }
    public void setUserMobile(String userMobile) {
        this.userMobile = userMobile;
    }
    public String getUserAddress() {
        return userAddress;
    }
    public void setUserAddress(String userAddress) {
        this.userAddress = userAddress;
    }
}
```

代码解析

（1）这段代码没有什么难度，全都是 Java 最基础的语句：新建 userName、userPwd、userEmail、userMobile 和 userAddress 这 5 个变量，并且对它们分别新建 get/set 方法。

（2）get/set 方法的具体作用：我们之所以需要在程序中用到 SiteUser 类，就是为了数据传输。那么数据传输对应的两个操作分别是获取数据和保存数据，而获取数据与之对应的操作需要使用 get

方法；保存数据与之对应的操作需要使用 set 方法。如果没有新建成员变量的 get/set 方法，该类仍然可以使用，但是它们的初始值需要遵守 Java 内部机制的设置。例如，Integer 的初始值是 null，int 的初始值是 0，这些内部机制又涉及了 Java 的基本数据类型和封装类的概念。这两者最大的区别是：封装类提供了一些常用的方法，而基本数据类型没有方法。

（3）get/set 方法的快捷方式：如果有 50 个变量，就需要生成 100 个 get/set 方法。这样是非常浪费时间的，因此 IDE 提供了快速生成 get/set 的方法。打开菜单栏的 Source 选项，选择列表中的 Generate Getters and Setters 功能，在 Select getters and setters to create 列表中选择需要生成的变量点击 OK 即可。当然，也可以选择 Select All 进行全选，选择 Access modifier 选择变量的方式，是 public 还是 protected 或者 private 等。

接下来我们开发 MD5 加密类，打开 com.manage.util 包，在该包底下新建 CodeMd5 类，主要用于 Md5 加密。在保存密码的时候如果不进行加密，密码会以明文的方式保存在数据库里，这样是很不安全的，所以我们应该对密码进行 Md5 加密，CodeMd5 加密算法类如代码清单 3-7 所示。

代码清单 3-7　CodeMd5.java

```
package com.manage.util;
import java.io.UnsupportedEncodingException;
import java.math.BigInteger;
import java.security.MessageDigest;
import java.security.NoSuchAlgorithmException;
import sun.misc.BASE64Encoder;

/**
 * 利用 MD5 进行加密
 */
public class CodeMd5 {
    public String CodeMd5(String str) throws NoSuchAlgorithmException,
            UnsupportedEncodingException {
        // 确定计算方法
        MessageDigest md5 = MessageDigest.getInstance("MD5");
        BASE64Encoder base64en = new BASE64Encoder();
        // 加密后的字符串
        String newstr = base64en.encode(md5.digest(str.getBytes("utf-8")));
        return newstr;
    }
}
```

代码解析

（1）MessageDigest md5 = MessageDigest.getInstance("MD5")：该语句会新建一个 md5 对象，以方便在接下来的代码中使用这个对象提供的方法。

（2）BASE64Encoder base64en = new BASE64Encoder()：使用 64 位加密算法。

（3）String newstr = base64en.encode(md5.digest(str.getBytes("utf-8")))：返回加密后的字符串。

接下来我们开发注册功能的持久层，打开 com.manage.db 包，在该包底下新建 RegisterService 类，该类是注册功能的持久层。一般来说，Java 最简洁有效的是三层架构，而在当前项目中我们仅使用了两层，分别是 Servlet 实现层和 Service 持久层，没有 Dao 层。如果是简单的项目这样做是没有什么影响的，但是复杂的项目最好还是合理地设定 Java 代码的层次架构，以便于不断地扩展。RegisterService 类获取到了 Servlet 层传递过来的参数，会直接调用持久化对象与数据库交互，RegisterService 持久层类如代码清单 3-8 所示。

代码清单 3-8　RegisterService.java

```java
package com.manage.db;
import java.sql.Connection;
import java.sql.PreparedStatement;
import java.sql.SQLException;
import java.util.UUID;
import com.manage.bean.SiteUser;

public class RegisterService {
    public void add(SiteUser user) {
        Connection conn = OracleDB.createConn();
        UUID Id = java.util.UUID.randomUUID();
        String sql = "insert into SiteUser values (?, ?, ?, ?, ?, ?)";
        PreparedStatement ps = OracleDB.prepare(conn, sql);
        try {
            ps.setString(1, Id.toString());
            ps.setString(2, user.getUserName());
            ps.setString(3, user.getUserPwd());
            ps.setString(4, user.getUserEmail());
            ps.setString(5, user.getUserMobile());
            ps.setString(6, user.getUserAddress());
            ps.executeUpdate();
        } catch (SQLException e) {
            e.printStackTrace();
        }
        OracleDB.close(ps);
        OracleDB.close(conn);
    }
}
```

代码解析

（1）Connection conn = OracleDB.createConn()：新建一个 Connection 连接对象，以方便进行数据库持久化操作。

（2）UUID Id = java.util.UUID.randomUUID()：利用 UUID 来生成 ID 序列，UUID 是 Java 中最常用的 ID 生成方式。

（3）PreparedStatement ps = OracleDB.prepare(conn, sql)：新建 PreparedStatement 对象，用来与数据库进行持久化操作。PreparedStatement 接口继承了 Statement，使用它的好处是可以动态设置参数，因此 PreparedStatement 又被称作预处理语句对象。典型的使用 PreparedStatement 对象的时候，可以在 SQL 语句中传入?来代替具体的参数，再根据数据类型和位置分别传入对应的参数。例如，ps.setString(1, Id.toString())语句第一个参数是 ID，它的数据类型是字符串；ps.setString(2, user.getUserName())语句第二个参数是用户名，它的数据类型是字符串。

（4）其他异常写法可以自动生成。另外，需要在程序末端加入资源释放的语句，如 OracleDB.close(ps)、OracleDB.close(conn)之类。

RegisterService 类直接使用了原始的 JDBC 来创建连接对象。这样做的好处是程序员可以直接操作最底层的对象，开发起来也相对简单。至于执行效率方面，与封装后的相差无几。但是随着项目的深入，使用其他封装过的 JDBC 也是不错的选择，例如，Spring 提供的 JdbcTemplate，Hibernate 提供的 SessionFactory，MyBatis 提供的 SqlSessionFactory 等。

接下来我们进入 OracleDB 类的开发过程，该类使用原始的 JDBC 直接与数据库交互，OracleDB 持久层类如代码清单 3-9 所示。

代码清单 3-9 OracleDB.java

```java
package com.manage.db;
import java.sql.Connection;
import java.sql.DriverManager;
import java.sql.PreparedStatement;
import java.sql.ResultSet;
import java.sql.SQLException;
import java.sql.Statement;

public class OracleDB {
    /** Oracle 数据库连接 URL */
    private final static String DB_URL = "jdbc:oracle:thin:@";
    public static String DB_NAME = "manage";
    public static String DB_HOST = "127.0.0.1:1521";
    /** Oracle 数据库连接驱动 */
    private final static String DB_DRIVER = "oracle.jdbc.driver.OracleDriver";
    /** 数据库用户名 */
    public static String DB_USERNAME = "system";
    /** 数据库密码 */
    public static String DB_PASSWORD = "manage";
    public static Connection createConn() {
        /** 声明 Connection 连接对象 */
        Connection conn = null;
        try {
            /** 使用 Class.forName()创建这个驱动程序的实例且自动调用 DriverManager 来注册它 */
            Class.forName(DB_DRIVER);
            /** 通过 DriverManager 的 getConnection()方法获取数据库连接 */
            conn = DriverManager.getConnection(
                    DB_URL + DB_HOST + ":" + DB_NAME, DB_USERNAME, DB_PASSWORD);
        } catch (Exception ex) {
            ex.printStackTrace();
        }
        if (conn != null) {
            System.out.println("连接成功");
        } else {
            System.out.println("连接失败");
        }
        return conn;
    }
    public static PreparedStatement prepare(Connection conn, String sql) {
        PreparedStatement ps = null;
        try {
            ps = conn.prepareStatement(sql);
        } catch (SQLException e) {
            e.printStackTrace();
        }
        return ps;
    }
```

```java
public static void close(Connection conn) {
    try {
        if (conn != null) {
            /** 判断当前连接连接对象如果没有被关闭就调用关闭方法 */
            if (!conn.isClosed()) {
                conn.close();
            }
        }
    } catch (Exception ex) {
        ex.printStackTrace();
    }
}
public static void close(Statement stmt) {
    try {
        stmt.close();
        stmt = null;
    } catch (SQLException e) {
        e.printStackTrace();
    }
}
public static void close(ResultSet rs) {
    try {
        rs.close();
        rs = null;
    } catch (SQLException e) {
        e.printStackTrace();
    }
}
public static void main(String[] args) {
    Connection conn = createConn();
    try {
        Statement stmt = conn.createStatement();
        PreparedStatement pstmt = null;
    } catch (SQLException e) {
        e.printStackTrace();
    }
}
public static String getDB_NAME() {
    return DB_NAME;
}
public static void setDB_NAME(String dB_NAME) {
    DB_NAME = dB_NAME;
}
public static String getDB_USERNAME() {
    return DB_USERNAME;
}
public static void setDB_USERNAME(String dB_USERNAME) {
    DB_USERNAME = dB_USERNAME;
}
public static String getDB_PASSWORD() {
    return DB_PASSWORD;
}
public static void setDB_PASSWORD(String dB_PASSWORD) {
    DB_PASSWORD = dB_PASSWORD;
}
public static String getDB_HOST() {
    return DB_HOST;
}
public static void setDB_HOST(String dB_HOST) {
```

```
            DB_HOST = dB_HOST;
        }
    }
```

代码解析

（1）DB_URL、DB_NAME 和 DB_HOST 这 3 个静态常量分别代表数据库连接中前缀、数据库名称和数据库地址。DB_DRIVER、DB_USERNAME 和 DB_PASSWORD 这 3 个常量分别代表数据库的驱动、用户名和密码。

（2）Connection 对象用于具体的数据库连接动作，在本方法内的语法基本上都是固定的写法，连接成功后返回 conn 对象以供调用者使用。

（3）PreparedStatement 对象用于预处理 SQL 语句，是一种常见的方式。

（4）close() 用于关闭数据库连接，释放资源。

（5）在本类的 main() 方法中，通过固定写法建立了一个 Connection 对象。如果该对象与数据库连接成功，就会在控制台输出"连接成功"的字样。这样做的好处是可以在项目没有运行之前，通过 Java 代码手动调试 JDBC 是否能够顺利连接，以诊断 JDBC 连接的错误。

至此，注册功能所有的模块都已经开发完毕。接下来我们根据现有的功能做一个综合调试，来寻找出需要及时改正的 bug。

3.3.4　综合调试

目前我们已经完成了管理系统的登录、注册、验证功能的开发。从整体上看，该项目已经是一个具备完整功能模块的小型项目了。为此我们需要对这个小型项目进行一次完整的综合测试，以找出它的不足，并且及时修复 bug，接下来再安排后面的开发任务。首先，打开 manage_config.xml 文件，将用户名 admin 和密码 a12345 加入到 Userconfig 元素之内。接着，使用该用户信息进行登录。

在 http://localhost:8080/manageServlet 的登录页面中输入信息，用户名是 admin，密码是 a12345。待成功登录后，开始对页面上各种业务进行操作，从而完成模块的联调测试。

经过一系列操作后，发现其他功能都是符合要求的。但还差一块，那就是用户的注册功能完成了，但却没有真正生效。在通过用户名和密码登录的时候，仍然需要借助 manage_config.xml 文件的配置来登录。这样的话，我们之前所做的一切就还差一个环节，这轮测试也就做不到真正的闭环。所以针对这种情况，我们还需要再次完善登录和注册模块，让这块功能完全脱离 manage_config.xml 的控制。首先，打开 LoginServlet 类，在涉及登录部分的地方打上断点，例如，在 boolean loginyes = false 语句左侧。然后，当程序在断点处停留时进入调试模式，通过 F6 键来逐步调试，了解登录模块的具体业务是如何开展的。例如，在 JdomRead 语句处可以利用 Watch 或者 Inspect 功能来具体查看变量值，通过理解把业务串联起来。等我们完全熟悉了业务之后，就可以对这块代码进行改造了，以便让它更符合用户的需求。在代码中把当前的判断逻辑注释掉，开始写新的逻辑。

首先需要确定修改哪几个文件？这个需求是不依赖配置文件进行登录，也就是说登录信息需要从数据库里读取。那么由此可以知道涉及改动的文件肯定是与数据库相关的。例如，从登录的 JSP 页面 login.jsp 开始找起。因为 login.jsp 页面的 Action 是提交到 LoginServlet 的，与此对应的 LoginServlet 类也需要修改。因为该功能需求是涉及登录的，那么我们完全可以把持久层写在

RegisterService 里面。这个版本的管理系统是采用 Servlet 技术实现的，业务也相对比较简单，所以我们没必要非去写 Dao 层。

打开 com.manage.servlet 包底下的 LoginServlet 类，对登录的逻辑进行一次彻底修改，把依赖配置文件进行登录改成通过从数据库取值登录，LoginServlet 登录类如代码清单 3-10 所示。

代码清单 3-10　LoginServlet.java

```
package com.manage.servlet;
import java.io.IOException;
import java.util.List;
import javax.servlet.RequestDispatcher;
import javax.servlet.ServletException;
import javax.servlet.http.HttpServlet;
import javax.servlet.http.HttpServletRequest;
import javax.servlet.http.HttpServletResponse;
import javax.servlet.http.HttpSession;
import com.manage.bean.SiteUser;
import com.manage.bean.User;
import com.manage.db.OracleDB;
import com.manage.db.RegisterService;
import com.manage.dom.JdomRead;

@SuppressWarnings("serial")
public class LoginServlet extends HttpServlet {
    @Override
    protected void doPost(HttpServletRequest req, HttpServletResponse resp)
            throws ServletException, IOException {
        boolean loginyes = false;
        String t_name = (String) req.getParameter("name");
        String t_passwd = (String) req.getParameter("passwd");
        if (t_name == null || t_name.equals("") || t_passwd == null
                || t_passwd.equals(""))
            resp.sendRedirect("login.jsp");
        else {
            JdomRead xmlr = new JdomRead(this
                    .getServletContext().getRealPath("/WEB-INF/config/")
                    + "/manage_config.xml");
            try {
                xmlr.jdomReader();
            } catch (Exception e) {
                e.printStackTrace();
            }
            // 数据库配置
            OracleDB.DB_NAME = xmlr.getDb_name();
            OracleDB.DB_HOST = xmlr.getDb_host() + ":" + xmlr.getDb_port();
            OracleDB.DB_USERNAME = xmlr.getDb_username();
            OracleDB.DB_PASSWORD = xmlr.getDb_passwd();
            SiteUser user = new SiteUser();
            user.setUserName(t_name);
            user.setUserPwd(t_passwd);
            CodeMd5 md5 = new CodeMd5();
            try {
                String md5Pwd = md5.CodeMd5(t_passwd);
                user.setUserPwd(md5Pwd);
            } catch (NoSuchAlgorithmException e) {
                e.printStackTrace();
            }
```

```
            // 新登录逻辑
            RegisterService register = new RegisterService();
            int userCount = register.login(user);
            if (userCount == 1) {
                HttpSession session = req.getSession();
                session.setAttribute("name", t_name);
                loginyes = true;
            }
            /*
             * 老登录逻辑 List<User> ulist = xmlr.getList(); HttpSession session =
             * req.getSession(); for (User u : ulist) { if
             * (u.getName().equals(t_name)) if (u.getPasswd() ==
             * t_passwd.hashCode()) { session.setAttribute("name", t_name);
             * loginyes = true; } }
             */
            if (loginyes) {
                RequestDispatcher dispatcher = req
                        .getRequestDispatcher("index.jsp");
                dispatcher.forward(req, resp);
            } else {
                resp.sendRedirect("login.jsp");
            }
        }
    }
}
```

代码解析

（1）在该 Servlet 类中，我们把原先的登录逻辑注释了，以备后期使用的时候再取消注释。

（2）新登录逻辑只有几行代码，大概意思是使用 login()方法，将从表单里读取到的用户名和密码存入 Java 实体类 User 中，再把 User 作为参数传入 login()方法中。而 login()方法的登录逻辑在于判断数据库里是否存在该用户，判断的依据是使用用户名和密码作为查询条件。在初期版本中这种判断逻辑是完全可以使用的，后期可以根据业务的拓展，再继续追加更多逻辑。

（3）String t_name = (String) req.getParameter("name")从前端 JSP 页面读取用户名。

（4）session.setAttribute("name", t_name);的作用是如果用户存在且信息有效，把用户名存入 Session 域中，以方便在其他的功能模块中通过 Session 获取用户名信息。

RegisterService 类是与用户相关的服务层，之前注册功能的 add()方法便写在这里。那么同样的，与用户登录相关的 login()方法也自然可以写在这里。后期如果还有用户删除、用户修改等功能，都可以把方法写在这个类中，RegisterService 用户信息类如代码清单 3-11 所示。

代码清单 3-11　RegisterService.java

```
package com.manage.db;
import java.sql.Connection;
import java.sql.PreparedStatement;
import java.sql.ResultSet;
import java.sql.SQLException;
import java.util.UUID;
import com.manage.bean.SiteUser;

public class RegisterService {
    public void add(SiteUser user) {
        Connection conn = OracleDB.createConn();
```

```
            UUID Id = java.util.UUID.randomUUID();
            String sql = "insert into SiteUser values (?, ?, ?, ?, ?, ?)";
            PreparedStatement ps = OracleDB.prepare(conn, sql);
            try {
                ps.setString(1, Id.toString());
                ps.setString(2, user.getUserName());
                ps.setString(3, user.getUserPwd());
                ps.setString(4, user.getUserEmail());
                ps.setString(5, user.getUserMobile());
                ps.setString(6, user.getUserAddress());
                ps.executeUpdate();
            } catch (SQLException e) {
                e.printStackTrace();
            }
            OracleDB.close(ps);
            OracleDB.close(conn);
        }
        public int login(SiteUser user) {
            Connection conn = OracleDB.createConn();
            String sql = "select count(*) from siteuser t where t.username = ? and t.userpwd = ?";
            PreparedStatement ps = OracleDB.prepare(conn, sql);
            try {
                ps.setString(1, user.getUserName());
                ps.setString(2, user.getUserPwd());
                ResultSet result = ps.executeQuery();
                if (result != null) {
                    while (result.next()) {
                        int userCount = result.getInt(1);
                        return userCount;
                    }
                }
            } catch (SQLException e) {
                e.printStackTrace();
            }
            OracleDB.close(ps);
            OracleDB.close(conn);
            return 0;
        }
    }
```

代码解析

（1）在 RegisterService 类中，add() 方法在之前已经存在，用于向数据库里新增用户，我们不对它做任何修改。login() 方法涉及登录，完全是有必要写在 RegisterService 类中的，后期如果有需要对用户进行验证的方法（如 userValidate），涉及用户修改的方法（如 userUpdate），涉及用户的删除的方法（如 userDelete）等，都可以写在这个类中。这样做的好处是方便程序员开发，也使整个项目的代码保持纯净有条不紊。

（2）Connection conn = OracleDB.createConn()：新建 Connection 对象的实例。

（3）String sql = "select count(*) from siteuser t where t.username = ? and t.userpwd = ?"：新建进行数据库交互的 SQL 语句，需要传入的参数使用?代替。

（4）PreparedStatement ps = OracleDB.prepare(conn, sql)：使用预处理语句。

（5）ps.setString(1, user.getUserName())，ps.setString(2, user.get UserPwd())：分别将用户名和密码传入与?对应的参数位置中。注意，此处的位置从 1 开始而不是从 0 开始。

（6）`ResultSet result = ps.executeQuery()`：使用 `PreparedStatement` 对象的实例 `ps` 来调用 `executeQuery()` 方法进行与数据库交互的动作。`ResultSet` 与 `if` 语句块的作用是从数据库里查询到数值，存入 `result` 变量中再使用 `if` 语句进行判断。如果变量不为 `null`，利用 `while` 进行循环取值，并且利用 `getInt()` 方法拿到数据返回给 `userCount`。

修改完 `RegisterService` 类，我们回到首页再从注册到登录整体上过一遍，发现很多业务逻辑都已经修改成了用户需要的方式。这样的话，综合调试就顺利结束了，而这轮测试也完成了闭环。

3.3.5　Servlet 注解

manage 项目的第一期采用 Servlet 实现，这样的话后期如果陆续有新功能加进来，就需要不断地配置 Servlet，这是非常麻烦的一件事情。它不但会导致 web.xml 里的配置文件越来越多，而使其他的配置信息如过滤器、监听器等信息难以找到，还会让整个文件越来越臃肿，非常影响项目的简洁。

为此我们需要给 web.xml 文件瘦身，而瘦身最好的办法就是减少 Servlet 的配置信息。但是如果减少了 Servlet 的配置信息会导致整个项目无法启动，这可如何是好？幸运的是维护 Servlet 技术的专家们也注意到了这种情况，他们在最新的 Servlet 3.0 中加入了注解的方式。这样的话，我们就彻底告别了过去的那种开发模式。在开发新功能的时候，可以直接依赖注解配置 Servlet。如果时间充裕的话，还可以把之前在 web.xml 里配置好的 Servlet 信息都删掉，统一改成注解的方式。Servlet 3.0 除了加入了注解这一重要功能之外，还支持了一些新特性。例如，之前的 Servlet 版本对异步处理支持得并不好，一个请求到来的时候线程会一直被占用、阻塞，直到该业务处理完毕才能结束。而新版本的 Servlet 在异步方面进行了提升，如果某个业务非常占用资源的话，Servlet 会自动把该业务交代给另一个线程执行。这个提升将在很大程度上减少服务器的压力，提高了处理并发的效率和速度。

其实，每一项技术在升级的时候都会罗列出该版本和之前版本的区别。一般来说，为了项目的稳定，我们不需要刻意地去升级项目。技术的新版本也是由程序员开发的，既然是程序员开发的，就难免会有 bug 存在，而成熟的版本是经过时间检验的。所以在技术选型的时候，也需要从升级对象中选择出适合自己需要的内容。例如，我们选择 Servlet 3.0 就是看中了它较之前增加了注解的方式。这样的话，就对我们的项目大有裨益。因此在这种情况下，我们可以考虑升级 Servlet 的版本。

首先我们来查看一下当前项目中使用的 Servlet 的版本号，还有 Tomcat6 所支持的 Servlet 版本号。打开 LoginServlet 类，找到 `public class LoginServlet extends HttpServlet` 语句，鼠标选中 HttpServlet，按下 Ctrl 键再点击鼠标左键，接着进入 HttpServlet.class 中。当然，此处是看不到源码的。点击 Package Explorer 栏的黄色双向箭头，可自动匹配到目标文件。

从图 3-3 可以得出结论，HttpServlet.class 是在 javax.servlet.jar 包中的。该包位于 Java EE 6 Libraries 库中。从字面意思理解，可以看出 Servlet 是做服务器交互的，那么它肯定是属于 Java EE 范畴之内的技术，所以它的库名也有这层意思。然而 Java EE 6 Libraries 库的 JAR 包基本上也都

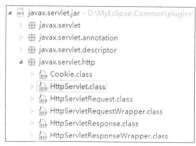

图 3-3　进入 HttpServlet.class 中

是跟服务器交互的。如果是 Java EE 项目出现了找不到包的情况，不妨首先导入这个类库试试。

选中 javax.servlet.jar 点击鼠标右键，在弹出的菜单中选择 Properties，在弹出的对话框中，再次选择 External File 按钮，在弹出的文件列表中选择 javax.servlet 文件，使用压缩软件打开。在弹出的软件界面中，打开 META-INF 文件，再打开 MANIFEST.MF 文件，可以看到 `javax.servlet;version="3.0"` 字样，说明 Java EE 6 Libraries 提供的 Servlet 是 3.0 版本的，也就是说明它支持注解。

接着打开 Tomcat6 的 lib 目录，找到 servlet-api 文件，用同样的方法打开 MANIFEST.MF 文件，可以看到 Specification-Version: 2.5，这就说明 Tomcat6 是不支持 Servlet 的注解的。这样的话，如果使用 Tomcat6 来部署采用注解方式的 Servlet 项目，就会出现 404 错误。为了验证，我们需要先去更改程序代码。

首先打开 web.xml 文件，将 `LoginServlet` 相关的配置全部注释掉，相关代码如下：

```
<!--<servlet>
      <servlet-name>Login_Servlet</servlet-name>
      <servlet-class>com.manage.servlet.LoginServlet</servlet-class>
  </servlet>
  <servlet-mapping>
      <servlet-name>Login_Servlet</servlet-name>
      <url-pattern> /LoginServlet </url-pattern>
  </servlet-mapping> -->
```

接着来到 LoginServlet 类文件，增加 `@WebServlet("/LoginServlet")`，这句话的意思就是用来增加注解的。它表明在该项目中，`LoginServlet` 不依赖程序中的配置，而是直接使用对应的 `@WebServlet` 来扫描具体的 Servlet 配置，具体代码如下：

```
@WebServlet("/LoginServlet")
public class LoginServlet extends HttpServlet
```

接着使用 Tomcat6 部署项目，启动成功后打开界面果然会出现 404 错误。因为 Tomat6 不支持 Servlet 的注解，自然也就找不到对应的文件了，404 错误页面如图 3-4 所示。

最后我们把项目部署在 tomcat7 上试试效果。启动服务器后，在地址栏输入 http://localhost: 8080/manageServlet，点击登录功能输入用户名和密码，可以看到程序已经成功登录进来了，并未出现 404 错误，LoginServlet 通过注解方式登录成功的界面如图 3-5 所示。

图 3-4　404 错误页面

图 3-5　登录成功界面

本节使用了 Servlet 3.0 的注解方式重新配置了 LoginServlet，并且发现 Tomcat6 并不支持注解，在尝试把 Tomcat6 改成 Tomcat7 后获得了成功。这样的话，以后在开发新功能的时候就不用为 web.xml 里配置太多的 Servlet 信息而发愁了，这在技术选型上，不得不说是一个成功！

3.4 不依赖框架的开发

完成了注册、登录等基本模块后，我们使用 admin 登录，会发现 index.jsp 中包含的 list.jsp 页面用于显示具体的报表模块，但是该模块还没有进行具体的开发。从整体上来看，当前的管理系统只是做到了一个相对完整的阶段，真正为用户解决实际问题的大量报表还没有开发呢。但是话说回来，list.jsp 中所显示的报表都是大同小异的，基本上可以靠复制粘贴代码来完成。在这种情况下，我们可以挑选两个典型的报表来做成 DEMO 即可。这两个报表分别是销售数据导入、销售数据查询功能。只要完成了这两个典型的报表，剩下的报表就可以参考着开发，速度会非常快。

在开发中我们没有采用 Struts、Spring、Hibernate 等框架技术，而是直接采用了 Servlet、JavaBean、JSP 的组合，这种不依赖框架的开发模式仍然存在，也有不少项目处在运维当中。Servlet 的主要作用在于前后端动态交互，JavaBean 的作用在于提供数据模型，JSP 的作用在于前端显示。这种典型的 MVC 模式已经成为业界的标准，而随着模式的固定，程序员在开发的时候也不得不去遵守。而 Servlet、JavaBean、JSP 的组合仍然能开发绝大多数的 Java Web 项目，只不过由于年代久远的原因，它在代码量、开发模式方面可能会没有其他的框架好，但是 Servlet 并没有特别明显的缺点。现在已知它的劣势是：

（1）Servlet 3.0 以下的版本不支持注解方式，需要在 web.xml 中配置信息，不利于代码的开发和阅读，但随着版本的升级该问题已经解决。

（2）Servlet 的 Request、Response 对象有容器依赖性，只有完整地搭建好 Servlet 的配置才可以进行测试。

（3）线程安全方面的问题，Servlet 不是线程安全的。

接下来我们重点解释一下 Servlet 为什么不是线程安全的。因为，Servlet 接收到 HTTP 请求时会进行初始化，也就是之前所讲述的 Servlet 的运行过程，例如，它调用了 service() 方法。此时我们不用去思考接下来的情况，只需要围绕 service() 方法展开讨论即可。

因为 Servlet 是单例模式的，这样有多个 HTTP 请求同时操作一个 Servlet 的话，例如，我们当前项目的登录模块，对应的线程就会多次调用该 Servlet 的 service() 方法。那么问题就来了，如果我们在 service() 方法中写了一些逻辑，单次调用的话不会出现问题，如果多次并发调用的话，是不是就会出现意想不到的问题呢？结果是显而易见的。

因为 Struts1 是对 Servlet 的接口的直接实现，所以 Struts1 也是单例模式的，仍然会出现并发问题，这也是 Struts1 被诟病的原因之一。而 Struts 2 采用拦截器机制，对每一个 HTTP 请求都会实例化一个 Action 对象，所以它就不会存在线程安全的问题了。但是在使用 Spring 管理 Struts 2 的时候，因为 Spring 对 Bean 的处理方式默认是单例模式，所以我们需要注意针对 Bean 配置的 scope 属性应该如何配置才算合理？如果出现了并发问题，可以把 scope 修改成 prototype 试试。

综合起来看，Servlet 的处理步骤大概是这样的。

（1）客户端携带参数发送请求到服务器端。

（2）服务器把请求信息发送给 Servlet 中转，Servlet 获取参数进行后端逻辑处理，再返回数据给客户端，同时借助 Web 技术输出返回信息。

（3）这是一种典型的请求、响应模式。

3.4.1 销售数据导入报表

一个项目的基础数据录入有两种方式：第一种是通过数据库脚本直接导入数据库；第二种是通过导入和手动录入来添加数据，手动录入比较常见，跟我们注册功能是一样的。下面我们通过开发导入功能来实现对信息进行批量的录入。在登录成功的页面，点击销售数据导入功能进入报表，销售数据导入功能如图 3-6 所示。

从该界面上分析，我们至少要完成 4 个功能，分别是返回首页、下载 Excel 模板、提交和重置。可能在提交后还有其他功能需要开发，当然这是后话了。该 JSP 页面非常简单，返回首页是一个超链接，不用过多关注，比较难的功能是下载 Excel 模板和提交。接下来，我们针对这几个功能进行一个全面地的开发。

图 3-6　销售数据导入功能

打开 WebContent 目录，在该目录下创建 ImportSaledata.jsp，该销售数据导入功能文件内容如代码清单 3-12 所示。

代码清单 3-12　ImportSaledata.jsp

```java
<%@ page language="java" import="java.util.*" import="java.net.*"
    pageEncoding="UTF-8"%>
<%@page import="com.manage.bean.*"%>
<%
    String path = request.getContextPath();
    String basePath = request.getScheme() + "://"
    + request.getServerName() + ":" + request.getServerPort()
    + path + "/";
%>
<!DOCTYPE HTML PUBLIC "-//W3C//DTD HTML 4.01 Transitional//EN">
<html>
<head>
<title>销售数据导入</title>
<meta http-equiv="pragma" content="no-cache">
<meta http-equiv="cache-control" content="no-cache">
<meta http-equiv="expires" content="0">
<meta http-equiv="keywords" content="keyword1,keyword2,keyword3">
<meta http-equiv="description" content="This is my page">
</head>
<script type="text/javascript">
    function flush() {
        window.location.reload();
    }
</script>
<body bgcolor="#CCCCCC">
    <div>
        <a href="<%=basePath%>/index.jsp">返回首页</a>
    </div>
    <table border="0" cellpadding="0" cellspacing="0" width="80%"
        bordercolorlight="#000080" bordercolordark="#FFFFFF" height="19">
        <tr valign="middle">
```

```
            <td width="80%" background="img/topbg.gif" height="32"></td>
        </tr>
</table>
<table border="0" cellpadding="0" cellspacing="0" width="80%"
        bordercolorlight="#E6E4C4" bordercolordark="#E8E4C8">
        <tr>
            <h1>销售数据导入</h1>
        </tr>
</table>
<div align="left">
        <a href="download_saledatamodel.jsp">下载 Excel 模板</a>
</div>
<div align="left">
        <form method="POST" action="ImportSaledata_Servlet"
            enctype="multipart/form-data">
            选择文件:<input type="file" name="filename" /> <br>
            <p>
                <input type="Submit" value="提交"> <input type="reset"
                    value="重置" id="b2" onclick="flush()">
            </p>
        </form>
        <%
            List<?> list = (List<?>) request.getAttribute("ulist");
            if (list == null) {
            } else {
        %>
        <br>
        <div align='left'>
            共<%=list.size()%>条记录
        </div>
        <table id="data" border="1" cellpadding="1" width="70%">
            <tr align='center'>
                <td align='center'>城市</td>
                <td align='center'>产品</td>
                <td align='center'>数量</td>
                <td align='center'>推销员</td>
                <td align='center'>备注</td>
            </tr>
            <tr>
                <%
                    for (Object o : list) {
                            Salemodel t = (Salemodel) o;
                %>
                <td align='center'><%=t.getCity()%></td>
                <td align='center'><%=t.getProduct()%></td>
                <td align='center'><%=t.getNum()%></td>
                <td align='center'><%=t.getSalesman()%></td>
                <td align='center'><%=t.getRemark()%></td>
            </tr>
            <%
                }
            %>
        </table>
        <%
            session.setAttribute("ulist", list);
        %>
        <br>
        <div align='center'>
            共<%=list.size()%>条记录
```

```
            </div>
            <form method="post" action="ImportSaledataDB_Servlet">
                <select name="nettype">
                    <option selected="selected">请选择类型:</option>
                    <option value="other">其他</option>
                    <option value="net">销售数据</option>
                </select> <br> <br> <input type="submit" value="导入数据库" />
            </form>
            <%
                }
            %>
        </div>
    </body>
</html>
```

代码解析

（1）<a href="<%=basePath%>/index.jsp">：返回首页</a>：该超链接用于返回首页。

（2）<a href="download_saledatamodel.jsp">：下载 Excel 模板</a>：下载 Excel 模板功能看似比较复杂，实际上有两种实现方式。第一种是在超链接里直接对应后端的 Java 代码，让它处理完毕后返回给前端；另一种方式就是当前的这种，打开一个新的 JSP 页面，在该 JSP 页面里写入 Java 代码。

（3）for (Object o : list) {}语句块：这段代码使用<%%>包住，这是一种在 JSP 页面写 Java 代码的方式，其作用是通过循环来获取后端的数据。例如，循环体中有这样一段语句<td align='center'><%=t.getCity()%></td>，其作用就是获取城市名称，这种写法的好处是可以获取列表，而不是单独数据的展示。

（4）session.setAttribute("ulist", list)：将数据保存在 Session 域中以供后面使用。

（5）共<%=list.size()%>条记录：在 JSP 页面中嵌入 Java 代码获取总记录数。

（6）<form method="post" action="ImportSaledataDB_Servlet">：选择数据类型进行入库操作。

接下来开发导入模板文件功能，打开 WebContent 目录，在该目录下创建 download_saledatamodel.jsp，用于提供销售数据的 Excel 模板下载功能，文件内容如代码清单 3-13 所示。

代码清单 3-13　download_saledatamodel.jsp

```
<%@ page language="java" import="java.net.*"
    contentType="text/html; charset=GB2312" pageEncoding="GB2312"%>
<!DOCTYPE html PUBLIC "-//W3C//DTD HTML 4.01 Transitional//EN"
    "http://www.w3.org/TR/html4/loose.dtd">
<html>
<head>
<meta http-equiv="Content-Type" content="text/html; charset=GB2312">
<title>download salemodel</title>
</head>
<body>
    <div align="center">
        <%
            response.setContentType("application/x-download");// 设置为下载
            String filedownload = "/xls/salemodel.xls";// 下载的文件的相对路径
            String filedisplay = "salemodel.xls";// 下载文件时显示的文件保存名称
            String filenamedisplay = URLEncoder.encode(filedisplay, "GB2312");
```

```
        response.addHeader("Content-Disposition", "attachment;filename="
                + filedisplay);
        try {
            RequestDispatcher dis = application
                    .getRequestDispatcher(filedownload);
            if (dis != null) {
                dis.forward(request, response);
            }
            response.flushBuffer();
        } catch (Exception e) {
            e.printStackTrace();
        } finally {
        }
%>
    </div>
</body>
</html>
```

代码解析

（1）response.setContentType("application/x-download")：设置响应为下载模式。

（2）String filedownload = "/xls/salemodel.xls"：指定下载的文件的相对路径。

（3）String filedisplay = "salemodel.xls"：指定下载文件时显示的文件保存名称。

（4）String filenamedisplay = URLEncoder.encode(filedisplay, "GB2312")：设置编码格式。

接下来开发文件导入的实现类。打开 com.manage.servlet 包，在该包下创建 ImportSaledataDB_Servlet 类，用于提供销售数据的导入，具体内容如代码清单 3-14 所示。

代码清单 3-14　ImportSaledataDB_Servlet.java

```
package com.manage.servlet;
import java.io.IOException;
import java.io.PrintWriter;
import java.util.List;
import javax.servlet.ServletException;
import javax.servlet.http.HttpServlet;
import javax.servlet.http.HttpServletRequest;
import javax.servlet.http.HttpServletResponse;
import javax.servlet.http.HttpSession;
import com.manage.bean.ResultData;
import com.manage.bean.Salemodel;
import com.manage.db.ImportSaledataService;

public class ImportSaledataDB_Servlet extends HttpServlet {
    private static final long serialVersionUID = 1L;
    @SuppressWarnings("unchecked")
    @Override
    protected void doPost(HttpServletRequest req, HttpServletResponse resp)
            throws ServletException, IOException {
        HttpSession session = req.getSession(false);
        String name = (String) session.getAttribute("name");
        if (name == null || name.equals("") || name.equals("null"))
            resp.sendRedirect("login.jsp");
        else {
            String nettype = (String) req.getParameter("nettype");
```

```
        List<Salemodel> list = (List<Salemodel>) session
                .getAttribute("ulist");
        if (list == null || nettype == null || nettype.equals(""))
            resp.sendRedirect("ImportSaledata.jsp");
        else {
            ImportSaledataService Saledata = new ImportSaledataService();
            for (Salemodel cid : list) {
            }
            ResultData rd = Saledata.addlist((List<Salemodel>) list);
            int count = rd.getNum1();
            int c = list.size();
            session.removeAttribute("ulist");
            resp.setContentType("text/html;charset=GBK");
            PrintWriter writer = resp.getWriter();
            writer.println("<html>");
            writer.println("<head><title>Excel 导入结果</title></head>");
            writer.println("<body>" + "导入了" + count + "条记录<br>");
            writer.println("<a href=\"index.jsp\">首页</a><br>");
            writer.println("<a href=\"ImportSaledata.jsp\">销售数据导入</a><br>");
            writer.println("失败了" + (c - count) + "条<br>");
            writer.println("<p>是否全部完成:" + count == c + "</p></body>");
            writer.println("</html>");
            writer.close();
        }
    }
  }
}
```

代码解析

（1）ImportSaledataService Saledata = new ImportSaledataService()：用于新建插入销售数据信息的工具类实例。

（2）ResultData rd = Saledata.addlist((List<Salemodel>) list)：用于执行插入销售数据信息的动作，并且返回合适的信息给前端。

（3）writer.println("<body>" + "导入了" + count + "条记录
")：动态构造前端显示的数据，count 变量是从后端返回过来的数据。

接下来开发执行入库操作的类。打开 com.manage.db 包，在该包底下创建 ImportSaledataService 类，用于把导入进来的销售数据插入数据库里去。该类如代码清单 3-15 所示。

代码清单 3-15 ImportSaledataService.java

```
package com.manage.db;
import java.sql.Connection;
import java.sql.PreparedStatement;
import java.sql.ResultSet;
import java.sql.SQLException;
import java.sql.Statement;
import java.util.ArrayList;
import java.util.List;
import java.util.UUID;
import com.manage.bean.ResultData;
import com.manage.bean.Salemodel;

public class ImportSaledataService {
    public ResultData addlist(List<Salemodel> list) {
```

```
        Connection conn = OracleDB.createConn();
        UUID Id = java.util.UUID.randomUUID();
        ResultData rd = new ResultData();
        int count = 0;
        String sql = "insert into saledata"
                + " (id,city,product,num,salesman,remark)"
                + "  values (?, ?, ?, ?, ?, ?)";
        PreparedStatement ps = null;
        for (Salemodel cid : list) {
            ps = OracleDB.prepare(conn, sql);
            try {
                ps.setString(1, Id.toString());
                ps.setString(2, cid.getCity());
                ps.setString(3, cid.getProduct());
                ps.setString(4, cid.getNum());
                ps.setString(5, cid.getSalesman());
                ps.setString(6, cid.getRemark());
                ps.executeUpdate();
                rd.setNum1(count++);
            } catch (SQLException e) {
                rd.setNum2(count++);
                e.printStackTrace();
            }
        }
        OracleDB.close(ps);
        OracleDB.close(conn);
        rd.setNum1(count);
        return rd;
    }
    public List<Object> list() {
        Connection conn = OracleDB.createConn();
        String sql = "select city,product,num,salesman,remark from saledata";
        List<Object> Objects = new ArrayList<Object>();
        try {
            Statement stmt = conn.createStatement();
            ResultSet rs = stmt.executeQuery(sql);
            if (rs == null)
                return null;
            Salemodel c = null;
            while (rs.next()) {
                c = new Salemodel();
                c.setCity(rs.getString("city"));
                c.setProduct(rs.getString("product"));
                c.setNum(rs.getString("num"));
                c.setSalesman(rs.getString("salesman"));
                c.setRemark(rs.getString("remark"));
                Objects.add((Object) c);
            }
        } catch (SQLException e) {
            e.printStackTrace();
        }
        OracleDB.close(conn);
        return Objects;
    }
}
```

代码解析

（1）Connection conn = OracleDB.createConn()：获取一个操作数据库的连接实例。

（2）ps.executeUpdate()：执行插入数据动作的命令。

（3）rd.setNum1(count++)：如果与数据交互成功，后面的不变。

接下来开发数据模型。打开 com.manage.bean 包，新建 Salemodel 类，具体如代码清单 3-16 所示。

代码清单 3-16　Salemodel.java

```java
package com.manage.bean;
import java.io.Serializable;

public class Salemodel implements Serializable {
    private static final long serialVersionUID = 1526705009706221747L;
    private String city;
    private String product;
    private String num;
    private String salesman;
    private String remark;
    public String getCity() {
        return city;
    }
    public void setCity(String city) {
        this.city = city;
    }
    public String getProduct() {
        return product;
    }
    public void setProduct(String product) {
        this.product = product;
    }
    public String getNum() {
        return num;
    }
    public void setNum(String num) {
        this.num = num;
    }
    public String getSalesman() {
        return salesman;
    }
    public void setSalesman(String salesman) {
        this.salesman = salesman;
    }
    public String getRemark() {
        return remark;
    }
    public void setRemark(String remark) {
        this.remark = remark;
    }
    public Salemodel() {
    }
}
```

代码解析

数据模型类非常简单，其中开发了城市、商品、数量、销售员、备注这 5 个元素与数据库销售信息表的字段对应。在销售数据导入报表功能的整个流程中，还使用了其他的数据模型类，读者可以参照源码来阅读，在这里就不再赘述。

最后，我们来总结一下销售数据导入报表功能的流程：首先进入 ImportSaledata.jsp 页面，下载导入模板并且修改，接下来点击提交功能，在提交的过程中 Java 会调用之前写好的类做相应的业务逻辑处理，并且把需要导入的数据显示在前端页面，确认无误后点击导入数据库功能就可以完成入库操作了。

3.4.2　销售数据查询报表

上一节我们开发完成了销售数据导入功能，有了导入功能就可以方便地往数据库里批量增加数据，那么接下来，我们再来开发销售数据查询报表功能，用来显示 Excel 导入的数据，销售数据查询功能如图 3-7 所示。

从图 3-7 所示界面上分析，我们需要重点关注的两个功能一个是查询，另一个是导出 Excel。下面我们针对这两个功能进行开发。打开 WebContent 目录新建销售数据查询功能文件 saledatafind.jsp，内容如代码清单 3-17 所示。

图 3-7　销售数据查询功能

代码清单 3-17　saledatafind.jsp

```
<%@ page language="java" import="java.util.*" pageEncoding="UTF-8"%>
<%@page import="com.manage.bean.*"%>
<%
    String path = request.getContextPath();
    String basePath =
        request.getScheme()+"://"+request.getServerName()+":"+request.getServerPort()+path+"/";
%>
<!DOCTYPE HTML PUBLIC "-//W3C//DTD HTML 4.01 Transitional//EN">
<html>
<head>
<title>销售数据查询</title>
<meta http-equiv="pragma" content="no-cache">
<meta http-equiv="cache-control" content="no-cache">
<meta http-equiv="expires" content="0">
<meta http-equiv="keywords" content="keyword1,keyword2,keyword3">
<meta http-equiv="description" content="This is my page">
<script language="javascript" type="text/javascript"
    src="My97DatePicker/WdatePicker.js">
</script>
<style type="text/css">
td {
    background-color: #FFFFFF;
}
.txt {
    padding-top: 1px;
    padding-right: 1px;
    padding-left: 1px;
    mso-ignore: padding;
    color: black;
    font-size: 11.0pt;
    font-weight: 400;
    font-style .: normal;
    text-decoration: none;
    font-family: 宋体;
    mso-generic-font-family: auto;
    mso-font-charset: 134;
```

```
        mso-number-format: "\@";
        text-align: general;
        vertical-align: middle;
        mso-background-source: auto;
        mso-pattern: auto;
        white-space: nowrap;
}
</style>
<SCRIPT LANGUAGE="JavaScript">
    function ExportExcel() {
        try {
            var oXL = new ActiveXObject("Excel.Application");
        }// 创建 excel 应用程序对象
        catch (e) {
            alert("无法启动 Excel!\n\n 如果您确信您的电脑中已经安装了 Excel, "
                + "那么请调整 IE 的安全级别。\n\n 具体操作: \n\n"
                + "工具 → Internet 选项 → 安全 → 自定义级别 → 对没有标记为安全的 ActiveX 进
行初始化和脚本运行 → 启用");
            return false;
            return "";
        }
        oXL.visible = true;
        var oWB = oXL.Workbooks.Add(); // 创建工作簿
        var oSheet = oWB.ActiveSheet; // 获取当前活动的工作簿
        var table = document.all.data; // 获取当前页面中的表格
        var hang = table.rows.length; // 获取表格有多少行
        var lie = table.rows(0).cells.length; // 获取首行有多少列-多少标题
        for (i = 0; i < hang; i++) // 添加标题到表格中
        {
            for (j = 0; j < lie; j++) {
                // 设置标题的内容
                oSheet.Cells(i + 1, j + 1).Value = table.rows(i).cells(j).innerText;
            }
        }
        oXL.Visible = true; //设置 Excel 的属性
        oXL.UserControl = true;
    }
</SCRIPT>
</head>
<body bgcolor="#CCCCCC">
    <div>
        <a href="<%=basePath%>/index.jsp">返回首页</a>
    </div>
    <table border="0" cellpadding="0" cellspacing="0" width="80%"
        bordercolorlight="#000080" bordercolordark="#FFFFFF" height="19">
    </table>
    <table border="0" cellpadding="0" cellspacing="0" width="80%"
        bordercolorlight="#E6E4C4" bordercolordark="#E8E4C8">
        <tr valign="top">
            <td width="100%" bgcolor="#e6e4c4" class="main1"></td>
        </tr>
        <tr>
            <h1>销售数据查询</h1>
        </tr>
    </table>
    <div align="left">
        <form method="POST" action="SaleDataFind_Servlet">
            <p>
                <br> 请输入日期范围
```

```jsp
        <%
            String time1 = (String) request.getAttribute("time1");
            String time2 = (String) request.getAttribute("time2");
            if (time1 == null)
                time1 = "";
            if (time2 == null)
                time2 = "";
        %>
             
    </p>
    <input class="Wdate" type="text" name="time1"
        onfocus="WdatePicker({skin:'whyGreen',dateFmt:'yyyyMMdd'})"
        value="<%=time1%>"> --<input class="Wdate" type="text"
        name="time2"
        onfocus="WdatePicker({skin:'whyGreen',dateFmt:'yyyyMMdd'})"
        value="<%=time2%>"> <br> <br> <input type="submit"
        value="查询" name="Submit" style="font-size: 14px"><input
        type="button" name="btnExcel" onclick="javascript:ExportExcel();"
        value="导出到excel" class="notPrint"><br>
        <%
            List list = (List) request.getAttribute("list");
            if (list == null) {
            }
        %>
        <%
            if (list != null) {
        %>
    <table id="data" border="1" cellpadding="1" width="100%">
        <tr align='center'>
            <td align='center'>地市</td>
            <td align='center'>产品</td>
            <td align='center'>数量</td>
            <td align='center'>推销员</td>
            <td align='center'>备注</td>
        </tr>
        <tr>
            <%
                for (Object o : list) {
                        Salemodel t = (Salemodel) o;
            %>
            <td align='center'><%=t.getCity()%></td>
            <td align='center'><%=t.getProduct()%></td>
            <td align='center'><%=t.getNum()%></td>
            <td align='center'><%=t.getSalesman()%></td>
            <td align='center'><%=t.getRemark()%></td>
        </tr>
        <%
            }
        %>
    </table>
    <%
        }
    %>
    </form>
</div>
</body>
</html>
```

代码解析

（1）ExportExcel()：一个简单高效的 Excel 导出方法，但只适合导出少量数据。

（2）<form method="POST" action="SaleDataFind_Servlet">：该 Servlet 用于从数据库里读取需要在前端显示的销售数据。

打开 com.manage.servlet 包，创建 SaleDataFind_Servlet 类，用于从数据库里查询销售数据，该类如代码清单 3-18 所示。

代码清单 3-18　SaleDataFind_Servlet.java

```
package com.manage.servlet;
import java.io.IOException;
import javax.servlet.RequestDispatcher;
import javax.servlet.ServletException;
import javax.servlet.http.HttpServlet;
import javax.servlet.http.HttpServletRequest;
import javax.servlet.http.HttpServletResponse;
import javax.servlet.http.HttpSession;
import com.manage.db.ImportSaledataService;

public class SaleDataFind_Servlet extends HttpServlet {
    private static final long serialVersionUID = -854550978502353857L;
    @Override
    protected void doPost(HttpServletRequest req, HttpServletResponse resp)
            throws ServletException, IOException {
        HttpSession session = req.getSession(false);
        String name = (String) session.getAttribute("name");
        if (name == null || name.equals("") || name.equals("null"))
            resp.sendRedirect("login.jsp");
        else {
            String time1 = (String) req.getParameter("time1");
            String time2 = (String) req.getParameter("time2");
            String userName = (String) session.getAttribute("name");
            req.setAttribute("list", new ImportSaledataService().list());
            RequestDispatcher dispatcher = req
                    .getRequestDispatcher("saledatafind.jsp");
            dispatcher.forward(req, resp);
        }
    }
}
```

代码解析

（1）req.setAttribute("list", new ImportSaledataService().list())：该语句先调用 ImportSaledataService 类的 list() 方法从数据库的 saledata 表查询到所有导入的销售数据，并且保存到 HttpServletRequest 中。

（2）RequestDispatcher dispatcher = req.getRequestDispatcher("saledatafind.jsp")：设置跳转页面。

（3）saledatafind.jsp 页面中使用 for 循环来输出销售数据。

销售数据查询报表相对简单，主要依赖于销售数据导入功能。当然，如果没有导入功能也可以在数据库里相应的 saledata 表中构造测试数据。

3.5 月度版本

所谓软件开发中的月度版本，就是每月发布一个新版本的意思，只不过这个新版本的迭代周期是 1 个月。这样的话，也会有每周版本、半月版本之说。但一般来说，针对中小型项目通常采用的迭代周期是 1 个月。举个例子，如果某个 MIS（管理信息系统）项目的工期是一年，可以将需求分解成 12 个月的开发周期，这样大致就可以将迭代周期确定成 1 个月，分为 12 个迭代。团队每月迭代一次，发布一个新版本，将最新的情况及时反馈给客户。这种区别于瀑布的敏捷开发模式，它的好处是毋庸置疑的。举个最典型的例子，如果在开发流程不成熟的情况下采用了瀑布模式，团队从头到尾忙碌了 1 年，到项目交付的时候，客户直接来了句"这不是我想要的东西"。如此结果，前期投入的成本都会付诸东流。所以，大多数项目还是建议使用敏捷模式来开发。

项目经理在领导团队开发的同时，还需要与干系人建立长期的持续的沟通，进行需求确认、需求变更等事宜，甚至还有削减需求的工作。当然，如果有与之配合的 CCB 就更好了。敏捷模式下，如果月度版本不符合客户的需求，也会产生快速失败的效应。这样的话，团队就可以根据当前失败的版本，再结合客户最新的反馈来进行新一轮的迭代。例如，客户认为当前的版本存在 bug，提出了修改意见，例如某些功能可以删掉、某些功能需要新增等，这些都是软件开发过程中司空见惯的问题。总而言之，敏捷模式的核心就是快速响应，争取以最低的成本、最好的质量完成客户的需求，争取在多轮迭代后项目趋于稳定，而剩下的工作就是在确定的框架之下进行常规的开发。

站在人际关系的层面来讲，如果与客户进行持续地沟通，也能够打破两者之间的壁垒。这样的话，一些项目中扯皮的问题可能会迎刃而解。但如果闭门造车，项目团队与客户的关系可能会很一般，不利于解决项目中出现的问题。那话说回来，什么情况下采用瀑布模式呢？例如，我们将 MIS 项目采用敏捷模式开发了很多遍，并且向外声称不再接受定制化需求，这样的情况下采用瀑布模式反而会节省时间和人力成本。可以形象地把瀑布模式理解成自动化车间的流水线一样，而生产出来的东西就是我们的软件项目。

3.6 小结

本章我们循序渐进地讲解了企业管理系统的定义范围、WBS 分解、框架搭建，并且采用了 Servlet、JavaBean、JSP 组合的方式进行开发，同时在不依赖框架的情况下，也进行了"销售数据导入报表"和"销售数据查询报表"的开发。这两个功能在代码上都采用了比较古老的写法，这样做的好处是可以让读者了解到最初的时候程序员是如何写代码的，以此巩固读者的 Java 基础。

最后根据当前的项目衍生出了月度版本的概念，阐述了瀑布模式和敏捷模式的区别，以及在工作当中应该如何选择的问题。通过本章学习，读者可以参考源码进行新的项目开发，或者直接修改源码进行练习。而最终的学习目标是熟练掌握 Servlet、JavaBean、JSP 组合的开发模式，学习这种基础的开发理念，为日后的进阶打下坚实的基础。

第 4 章

项目部署

项目部署是每个架构师必备的技能，如果不会项目部署，就算程序开发得再好，也不能理解服务器的运行原理，这样的话架构师的技能就会大打折扣，只能算是一个高级开发的水平。在经历了一段时间的迭代开发之后，管理系统的 Servlet 版本已经趋于稳定。在这种情况下，我们针对项目部署做一个完整的诠释。通过本章的学习，读者应该完全能掌握项目部署的技能，这是任职架构师或者项目经理必备的前提条件。

本章主要讲解如何发布项目。例如，在第 3 章中，我们完成了以 Servlet 的方式开发的企业管理系统第一期。那么如何部署这个项目呢？本章通过实例来讲解项目的打包、部署，并且分别将该项目部署在 Windows、Linux 服务器上，让普通开发人员学习到项目打包部署这种看似神秘且通常只有项目经理才掌握的技能！本章涉及的主要工具有 Xmanager Enterprise、WinSCP 等。

4.1 项目打包

通常来说，我们习惯的项目打包就是把一个项目（程序）在开发完毕后，将所有需要移交给客户的资料或者生产环境运行的程序进行打包。举个例子，我们经常玩的单机游戏，它被刻录成一张光盘在商场销售，而光盘里的内容就是项目（程序）打包后的东西。还有我们使用 C++或者 Visual Basic 开发后的程序都可以编译成 EXE 文件，这也是打包的操作。然而，在 Java 语言开发领域的打包同上述在意义上是相同的，但具体的操作过程却是不一样的。它分为很多种，现在我们来讲述最常规的一种。

首先，我们需要明确一个概念。在 Java 的开发过程中，我们搭配好的 Tomcat 服务器的日常工作，其实就是一个不断部署与发布项目的过程，只不过这个过程在本地操作（本地服务器），所以很多人没有明确一个概念，总是把项目打包、部署想象得很神秘。其实不然，当我们开发好了 Java 程序只不过是将这个程序打包后部署到了生产环境上，因为服务器不同，所以在这里需要有一个项目的传输过程。一般来说，很多初级开发人员不太理解这个传输过程，就会认为项目的打包和部署很难。为了让读者更加明白这个过程，我们通过实例实际操作一下。

打开 Tomcat 的服务器的目录，会发现有几个固定的文件夹。它们分别是 bin、conf、lib、logs、

temp、webapps、work，这几个文件夹的作用各不相同。bin 文件夹存放了 Tomcat 的启动和关闭文件，还有一些与之相关的 JAR 包，但一般情况下我们没必要去修改这些文件，只需要使用即可。

bin 目录主要用来存放 Tomcat 的命令，有两大类：一类是 Windows 相关的命令，以.bat 结尾；另一类是 Linux 相关的命令，以.sh 结尾。而这些命令的运行，很多都跟 JDK 有依赖关系，所以在进行开发的时候我们极有必要先设置好 JDK 的环境变量。

常见命令如表 4-1 所示。

表 4-1 常见命令

常 见 命 令	作 用
startup	启动 Tomcat
shutdown	关闭 Tomcat
catalina	设置 Tomcat 的运行环境
version	查看 Tomcat 的版本号

conf 目录主要存放 Tomcat 的配置文件，有时候当我们需要部署多个 Tomcat 来运行项目的时候，通常需要修改该目录下的配置信息。

常见文件如表 4-2 所示。

表 4-2 常见文件

常 见 文 件	作 用
server.xml	设置端口号、域名、IP、编码、加载项目方式等
context.xml	设置项目的数据源
tomcat-users.xml	设置 Tomcat 的用户与权限
web.xml	设置 Tomcat 支持的文件类型

lib 目录主要用来存放 Tomcat 运行需要加载的 JAR 包，例如连接数据库的 JDBC 的包。logs 目录用来存放 Tomcat 在运行过程中产生的日志文件，如控制台输出的日志。日志文件对我们监控项目的正常运行有极大的帮助，为了更加直观地监控项目，可以在启动 Tomcat 之前清空需要的日志文件让其重新生成。需要注意的是在 Linux 环境下，输入的日志在 catalina.out 文件中。

temp 目录存放 Tomcat 在运行过程中产生的临时文件，可以定时清空以免占用空间。

work 目录用来存放 Tomcat 在运行时编译后的文件，可以理解为缓存文件，有时当项目遇见问题的时候可以尝试清空此文件夹内容，让其重新生成。

webapps 目录用来存放项目，可以以文件夹、WAR 包、JAR 包的形式发布项目。

其实我们主要操作的还是 webapps 文件夹，打开 webapps 会看到 5 个文件夹，这 5 个文件夹是官方提供的例子，最好不要删除。而我们的 Java 程序，正是发布在这个文件夹之中的。打开 MyEclipse，选中 manageServlet 项目，右键弹出功能菜单选中 MyEclipse，在弹出的右侧菜单中选择 Add and Remove Project Deployments 功能，点击 Add 按钮，将 manageServlet 项目发布到 Tomcat 之中，发布项目的过程如图 4-1 所示。

从图 4-1 中可以看到项目发布的类型 Deploy type 有两个选项，它们分别是 Exploded Archive (development mode)和 Packaged Archive(production mode)。前者的意思是部署归档（开发模式），后者

的意思是打包归档（生产模式）。具体是什么意思呢？我们通过实际的操作来看一下它们的区别。

　　选择第一种开发模式，点击 Finish 按钮。发布成功后，回到 Project Deployments 界面，点击 Browse 按钮，可以看到系统自动弹出了 manageServlet 项目所在的目录。该目录下全部是 manageServlet 的文件，与工作空间的目录结构保持一致。

　　使用 Remove 功能，删除第一次部署。

　　选择第二种生产模式，点击 Finish 按钮。发布成功后，回到 Project Deployments 界面，点击 Browse 按钮，可以看到系统自动弹出了 webapps 所在的目录。该目录下多了一个 manageServlet.war 文件，这就是打 war 包的一种方式。启动 Tomcat 后服务器自动将 manageServlet.war 的内容解包，生成 manageServlet 文件夹。

　　原来这两种打包方式基本上是一样的，只不过第二种方式生成了 WAR 包。这样的话，我们就可以直接复制 WAR 包部署到其他服务器上来运行项目，这就是两者的区别。

　　还有一种打包的办法是选择 manageServlet 项目，右键选择 Export 功能，在弹出的对话框中选择 Java EE 选项，会看到 EAR file(MyEclipse) 和 WAR file(MyEclipse) 两个选项，它们分别导出 EAR 包和 WAR 包。本书采用的服务器是 Tomcat 的，所以需要导出 WAR 包来进行部署，而 EAR 包适用于其他服务器。使用 Export 功能导出 WAR 包如图 4-2 所示。

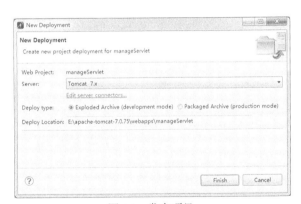

图 4-1　发布项目

图 4-2　导出 WAR 包

　　点击 WAR file 输入框右侧的 Browse 按钮，将 WAR 包的位置保存在桌面上点击 Finish，就可以看到桌面上出现了一个 manageServlet 的 WAR 包。同理，把这个 WAR 包复制到 Tomcat 的 webapps 目录下也可以起到部署的作用。因为 MyEclipse 是基于 Eclipse 的，所以使用 Export 功能导出 WAR 包的做法在 Eclipse 中同样适用，但是 Eclipse 的项目发布方式与 MyEclipse 是不一样的，所以第一种方式不能适用。

　　学习了打 WAR 包，接下来我们学习如何打 JAR 包。打 JAR 包是一种在 Java 编程中经常使用到的做法，它的作用一方面是为了让代码简洁，另一方面是如果你在工作当中有了足够的积累，可以把自己写的一些方法打成 JAR 包，在使用的时候直接引入将会非常方便。为了不影响 manageServlet 项目的原有形态，我们新建 JARDemo 项目，在该项目下演示如何打 JAR 包。首先，在 JARDemo 项目的 src 目录底下新建 com.manage.parctise 包，并且新建 JARDemo 类用于演示打 JAR 包的操作，内容如代码清单 4-1 所示。

代码清单 4-1 JARDemo.java

```java
package com.manage.parctise;
import com.manage.bean.SiteUser;

public class JARDemo {
    public static void main(String[] args) {
        SiteUser user = new SiteUser();
        user.setUserName("赵玲栎");
        System.out.println(user.getUserName());
    }
}
```

代码解析

（1）在本例中我们新建了 JARDemo 类，在该类中演示如何打 JAR 包。本类的关键代码在于 SiteUser user = new SiteUser()语句，该语句的引用路径是 com.manage.bean.SiteUser。也就是说引用另一个包底下的数据模型类。

（2）打 JAR 包的核心思想在于把这个 SiteUser 类打入 JAR 包封装起来引用。有两种方式，第一种是把已经打好的 JAR 包复制到 lib 文件夹中直接使用；第二种是新建 JAR 库，这种引用适合于 JAR 包特别繁杂的情况。

（3）接下来我们看如何把 SiteUser 类打成一个 JAR 包，并且进行引用。

选中 manageServlet 项目下的 SiteUser 类，点击菜单栏的 File 菜单，选择 Export 功能，在弹出的对话框中选择 Java 目录下的 "JAR file" 功能，点击 Next。这时系统会列出当前工作空间中所有的项目，依次点开勾选的内容，会看到最后一层已经默认选中了 SiteUser.java 文件，说明对该文件进行单独打包。

在 "JAR file" 文本框中输入完整路径 E:\JAR\SiteUser.jar，最后点击 Finish 完成创建。这时可以在 E:\JAR 目录下看到 SiteUser.jar 文件，说明打包成功了。接下来就是如何使用的问题了。

首先我们采用第一种方式，把 SiteUser.jar 复制到 lib 文件夹下面看能否引用。复制文件后，删掉 manageServlet 项目下 com.manage.bean 包和底下的 SiteUser 类，却发现 JARDemo 类的代码并没有报错，这说明引用 lib 下的 SiteUser.jar 生效了。点击 Java Application，发现控制台仍然可以输出 "赵玲栎"。这时删掉 SiteUser.jar，就会发现 JARDemo 出现找不到类的错误。看到这个错误，大家应该可以明白 JAR 包的作用了吧。

接下来我们采用第二种方式—— 新建 JAR 库的方式来修复这个错误。

右键点击 JARDemo 项目，选择 Build Path 下的 Configure Build Path 功能，在弹出的对话框里选择 Libraries 页签，点击右侧的 Add Library，选择 User Library，点击 Next，可以看到 User libraries 列表中没有任何自定义 JAR 库。点击右侧的 User Libraries，在弹出的新对话框里点击 New，为当前 JAR 库命名为 Beans，点击 OK。这时，Beans JAR 库建立好了。点击 Add JARs，把 SiteUser 包添加进去后点击 OK，再点击 Finish 按钮。保存后，就会发现之前 JARDemo 找不到类的错误已经修复了。

点击 Java Application，发现控制台可以顺利输出 "赵玲栎"，说明程序没有任何问题。一般来说，在项目开发的时候比较倾向于第二种引用 JAR 包的方式，因为它比较容易管理 JAR 包，让项目结构显得井井有条。

4.2 项目发布

项目发布的意思，其实就是把当前开发好的项目打包部署到服务器上的过程。部署的方式很简单，在 MyEclipse 中，之前说的 Add and Remove Project Deployments 就是一种部署方法。只不过我们的部署分为了开发模式和产品模式，开发模式是忽略了 WAR 包直接把项目部署上去，而产品模式则需要打 WAR 包，在服务器启动的过程中完成解压缩的操作。但是在 Eclipse 中，项目发布的方式有所不同，本节重点讲述在 Eclipse 中如何发布项目。

打开 Eclipse Kepler，新建 manageTwo 的工作空间，以免两个工作空间因为开发工具不同互相干扰带来不必要的麻烦。点击 OK 后，Eclipse 会自动新建一个工作空间，进来什么都没有，只会看到 Welcome 界面。

在空白的工作空间里，点击 File 菜单，在弹出的菜单中选择 Import 功能，在弹出的对话框中选择 General 列表中的 Existing Projects into Workspace 功能，点击 Browse 按钮，选择 MyEclipse 的工作空间 manage 并且选择 manageServlet 项目，然后点击确定，当前对话框自动读取出项目信息等待导入。记得勾选 Copy projects into workspace，将 manageServlet 项目复制到当前工作空间中。这样，我们在操作该项目的时候不论出现多大的问题，都不会影响到原有的项目。至于 Working sets 功能，一般适合 Maven 等多个项目的时候，选中它给不同的项目分组。因为当前项目只有一个所以不用勾选，点击 Finish。

Project Explorer 窗口出现了 manageServlet 项目，可以看到该项目的结构与在 MyEclipse 中的项目结构不太一样，但这并不是大问题。最主要的问题是该项目报错，打开报错的类可以看到是 HttpServlet 标红了。由此得知，是因为 MyEclipse 的 Java EE 6 Libraries 下包含了 HttpServlet 相关的 JAR 包，而 Eclipse 没有 Java EE 6 Libraries 类库所以自然会少包。遇见这种问题，最简单的办法就是自定义类库。

打开 MyEclipse 项目下的 Java EE 6 Libraries 库，可以看到该库的地址。进入该地址后，将 Libraries 库下的 JAR 包全部复制到 manageTwo 下 WEB-INF 的 lib 目录下。为了方便管理，我们在该目录下新建 Java EE 文件夹，把这批 JAR 包全部复制进去。

选择 manageServlet 项目，右键选择 Build Path 下的 Configure Build Path 功能，在弹出的对话框中切换到 Libraries 选项下，点击右侧的 Add Library 按钮。在弹出的对话框中选择 User Library，点击 Next，选择 User Libraries 按钮。此时会弹出一个新的对话框，其中 Defined user libraries 列表为空，点击 New，新建 Java EE 库，点击 OK。

Java EE 库已经新建好了，但内部却没有任何 JAR 包。点击右侧 Add External JARs 按钮，把刚才复制到 Java EE 文件夹下的 JAR 包全部选中，保存到该库下面以供使用，点击 OK 完成配置。这时 Java Build Path 对话框的 Libraries 列表中会增加 Java EE 库，而整个 manageServlet 项目也不会再报错。

接下来，我们就开始在 Eclipse 中发布项目。

在控制台的 Servers 选项下，可以看到 "No servers are available. Click this link to create a new server..." 的文字，说明 Eclipse 并没有配置服务器。点击该语句，在弹出的对话框中为 Eclipse 配置服务器。选择 Apache 底下的 Tomcat v7.0 Server，点击 Next，所有的名称保持默认即可。接下来需要为该服务器配置路径，选择 Browse，在弹出的文件目录中选择 Tomcat7 的目录。接下来点击 Installed JREs 为 Tomcat 配置 JDK，理论上配置 JDK6 及其以上都可以，配置方法与之前所述一致，这里不再赘述。最后点击 Finish，完成配置。

这时，Servers 选项底下出现了配置好的 Tomcat7。右键点击服务器，选择 Add and Remove，在弹出的对话框里，把左侧的 manageServlet 项目添加到右侧即可完成配置。点击 Start 命令启动服务器，通过访问 http://localhost:8080/manageServlet，可以进入管理系统的登录界面，说明在 Eclipse 中发布项目成功！

4.3　构建工具

构建工具是用来构建项目的，只需要执行一些简单的命令就可以完成整个项目的构建。Ant 和 Maven 都是很好的项目构建工具，但是 Ant 需要手动写的内容太多，而 Maven 提供了很多第三方插件，所以需要手动去写的代码相对较少。Maven 有一个中央仓库，可以直接通过配置 dependencies 的方式来从中央仓库下载 JAR 包到本地仓库，而 Ant 则需要自己去找这些 JAR 包。而且 Maven 是跨平台的，Ant 只能在 Java EE 项目中集成。另外，两个工具的学习成本都不低，需要很认真地去看文档和实际动手才能够掌握。

4.3.1　Ant 环境搭建

要使用 Ant 工具来完成项目的构建，首先需要搭建一个 Ant 环境。打开浏览器，在地址栏输入 Ant 软件的官方网址，弹出 Ant 的下载菜单，Ant 下载界面如图 4-3 所示。

图 4-3　Ant 下载

显而易见 Ant 的具体下载菜单是 Download，但是该菜单下有 3 个选项。究竟选哪一个呢？第一个菜单是安装文件，第二个菜单是源文件，第三个菜单是手册，很明显我们选第一个来下载。把下载好的文件解压缩后，存放在 E 盘的根目录下，具体地址如 E:\apache-ant-1.9.0。

接着需要配置 Ant 的环境变量，具体的配置方法跟 JDK 是一样的。主要是配置 3 个系统变量，即 ANT_HOME 为 E:\apache-ant-1.9.0、Path 为 E:\apache-ant-1.9.0\bin，CLASSPATH 为 E:\apache-ant-1.9.0\bin。

配置好环境变量后，点击确定保存。接下来，在 Windows 运行功能中输入 cmd 命令，进入命令行模式后，输入 ant -version，屏幕上如果显示出"Apache Ant(TM) version 1.9.0 compiled on March 5 2013"这段文字，就说明 Ant 安装成功，环境变量也配置成功了。

4.3.2 Ant 经典实例

使用 Ant 管理项目需要自己写很多东西，如果将管理系统改成 Ant 的话，相应的工作量也是非常庞大的。如果改写不当，反而会让项目无法运行，得不偿失！所以此处我们会新建一个 Ant 项目，来演示 Ant 的基本用法。读者只需要掌握基本的例子，就可以在此基础上不断地学习，如果不慎将项目改坏了也不用着急，因为这个 Ant 例子非常简单，只需要导入工程重新修改即可。

只有亲自写一遍 Ant 的例子，才能领悟它的作用并体验到它的魅力。一般来说，我们在部署和运行 Java Web 项目的时候，都需要将 Java 文件编译成 class 文件方能运行，也可以跨平台在虚拟机、服务器上运行。但是我们在使用 MyEclipse 或者其他工具部署的时候，Tomcat 会自动将 Java 文件编译成 class，存放在固定的文件夹里以供运行时使用。这个文件夹的地址一般是在项目的 WEB-INF 下的 classes 文件夹中，从 MyEclipse 中打开 WEB-INF 是看不到这个文件夹的，因为它的作用是生成类的文件，这些文件名称与 Java 文件一致，但是类型却不一样。因为如果识别这些运行时文件会给开发带来困扰，所以工具忽略了这一点。在管理系统对应的目录为 E:\manage\manageServlet\WebContent\WEB-INF\classes，如果删除了 classes 下的 com 文件夹，只需要点击 Project 下的 Clean 功能即可重新生成。因为项目在运行的时候不能直接识别 Java 文件，服务器需要 Java 虚拟机来运行 class 文件，所以这个文件夹是比较重要的。而如果将项目部署到 Tomcat 服务器，同样也可以在对应的地址找到这个文件夹。例如：E:\apache-tomcat-7.0.75\webapps\manageServlet\WEB-INF\classes，只是多了 Tomcat 的目录名称。

明白了这一点，我们对 Ant 所做的事情也就大概知道了。就是使用 Ant 构建的项目，它从一开始就需要对所有的项目内容进行手动构建。举个最典型的例子，刚才所说的类文件是由 MyEclipse 自动帮我们编译生成的，但是在 Ant 环境下我们可以不依赖 MyEclipse，手动去指定这个 classes 文件夹的地址，并且依靠 Ant 命令完成编译。这样做的好处非常明显，开发者可以从全局掌控项目的任何细节，但是随着项目的逐渐庞大和复杂，这种项目维护起来就比较费劲，学习成本也比较高。但如果从一个简单的例子入手，Ant 构建工具还是很好掌握的。

首先在 MyEclipse 下新建一个 AntDemo 项目，在 src 目录下新建 com.manage.ant 包，在该包下新建 HelloAnt.java，用于演示 Ant 的日常操作，内容如代码清单 4-2 所示。

代码清单 4-2 HelloAnt.java

```
package com.manage.ant;

public class HelloAnt {
    public static void main(String[] args) {
        System.out.println("Hello Ant!");
    }
}
```

代码解析

这段代码是单纯地在控制台输出"Hello Ant! "字符串，作为 Ant 编译的实例类，其内容是越简单越好！太复杂了反而不利于演示。

接着，我们在 AntDemo 根目录下新建运行脚本 build.xml，该文件内容如代码清单 4-3 所示。

代码清单 4-3 build.xml

```
<?xml version="1.0" encoding="UTF-8"?>
<project name="HelloAnt" default="run" basedir=".">
```

```
        <property name="src" value="src" />
        <property name="address" value="classes" />
        <property name="helloAnt_jar" value="helloAnt.jar" />
        <target name="initial">
            <mkdir dir="${address}" />
        </target>
        <target name="compile" depends="initial">
            <javac srcdir="${src}" destdir="${address}" includeantruntime="on" />
        </target>
        <target name="build" depends="compile">
            <jar jarfile="${helloAnt_jar}" basedir="${address}" />
        </target>
        <target name="run" depends="build">
            <java classname="com.manage.ant.HelloAnt" classpath="${helloAnt_jar}" />
        </target>
        <target name="clean">
            <delete dir="${address}" />
            <delete file="${helloAnt_jar}" />
        </target>
        <target name="rerun" depends="clean,run">
            <ant target="clean" />
            <ant target="run" />
        </target>
    </project>
```

代码解析

（1）在这段配置文件中，我们已经编写好了 HelloAnt 测试类，接下来就需要把它打包成类文件，如果需要，还可以把它打成 JAR 包，最后将其部署在 Tomcat 服务器。

（2）`<project name="HelloAnt" default="run" basedir=".">`：这段定义了项目的名称是 HelloAnt，默认的运行方式是 run，basedir 在根目录也就是当前目录下运行。project 元素是最上层的，所有 Ant 脚本的其他内容必须包含在这里。

（3）`<property name="address" value="classes" />`：顾名思义，这是定义了一个名称是 address 的属性，它的数值是 classes。

（4）`<target name="initial">`：该 target 元素的意思是建立一个名称是 initial（初始化）的目标，它的具体做法是新建目录，目录名称对应 address 属性，数值自然是 classes。

（5）`<target name="compile">`：该 target 元素的意思是在完成 initial 目标的前提下，建立一个名称是 compile（编译）的目标，它的具体做法是使用 javac 命令从 src 目录下找到 Java 源文件，再把这些源文件编译成类文件输出到 classes 文件夹下面。

（6）`<target name="build">`：该 target 元素的意思是在完成 compile 目标的前提下，建立一个名称是 build（构建）的目标，它的具体做法是在当前目录下生成 HelloAnt 对应的 JAR 包，依赖于编译好的类文件。

（7）`<target name="run">`：该 target 元素的意思是在完成 build 目标的前提下，建立一个名称是 run（运行）的目标，它的具体做法是执行 HelloAnt 类文件，对应的 JAR 包是刚才生成的 helloAnt.jar 文件。

下面运行测试。输入 cmd 进入命令行模式，在 E:\manage\AntDemo 目录下输入 ant 命令，按回车键后可以看到执行结果。Ant 运行结果如图 4-4 所示。

从图 4-4 中可以看到 initial、compile、build 和 run 这些步骤都已经分别执行完成,并且把结果输出到了对应的目录。回到工作空间刷新整个项目,可以看到 AntDemo 下多了 classes 文件夹,底下生成了 HelloAnt.class 文件,根目录下多了 helloAnt.jar 文件。

如果不依赖开发工具自带的编译模式,那么我们在进行项目部署的时候,通常会需要手动去编译。例如,通过命令行模式下的 javac 命令,将 Java 文件编译成类文件。但是如果有成百上千的类,那么我们不可能每一个类都执行一次这样的命令,所以我们需要 Ant 来帮我们进行批量编译。而项目中其他的动作,也可以使用 Ant 对应的写法来进行构建。

4.3.3　Maven 环境搭建

要学习 Maven 工具构建项目,首先需要搭建一个 Maven 环境。打开浏览器,在地址栏输入 Maven 软件的官方网址,会出现 Maven 的下载菜单。Maven 下载界面如图 4-5 所示。

图 4-4　Ant 运行结果　　　　　　　　　　图 4-5　Maven 下载界面

显而易见 Maven 的具体下载菜单是 Download,点击 Download 可以看到右侧列出了官方提供的 Maven 最新的几个版本,如 apache-maven-3.5.0-bin.zip。在本例中,我们使用之前的版本 3.2.1,下载 Maven 解压缩后,将 Maven 复制到 E 盘根目录下如 E:\apache-maven-3.2.1。因为在本书中我们使用的主要是 JDK6,使用过高版本的 Maven 会导致版本不匹配。

接着需要配置 Maven 的环境变量,具体的配置方法跟 JDK 是一样的,主要是配置两个系统变量,它们分别是 MAVEN_HOME (E:\apache-maven-3.2.1) 和 Path (%MAVEN_HOME%\bin)。配置好之后,点击确定保存。接下来,在 Windows 运行功能下输入 cmd 进入命令行模式,输入 mvn -v,屏幕上如果显示出 "Apache Maven 3.2.1" 这段文字,说明 Maven 安装成功,环境变量也配置成功了。

4.3.4　Maven 经典实例

和 Ant 一样,如果一个项目采用 Maven 开发,那么它从头到尾都会与这个插件有关系,从而会导致它的项目结构与一般的 Java EE 项目不同。也就是说,我们在创建该项目的时候就采用了 Maven 类型的项目,而把传统的 Java EE 项目再转变成 Maven 项目会比较困难。使用 Maven 的好处就是让程序员从传统的项目构建当中解脱出来,避免重复性的工作。

首先在 MyEclipse 下新建一个 MavenDemo 项目,在 src 目录下新建 com.manage.maven 包,并且

在该包下新建 HelloMaven 类。这个过程是理想中的状态,实际上 Maven 项目新建起来比较麻烦,每一步都需要谨慎操作。

点击 File 菜单,选择 New 下面的 Project,并且选择 Maven Project,具体操作如图 4-6 所示。

如果点击 Next 会进入 Archetype 的选择界面,该界面是选择原型的意思。原型的作用跟生活中是差不多的,例如,制作一个玩具就需要有玩具原型来对照着设计。而原型也分为简单的和复杂的,对应到 Maven 项目中去也是一样的。

例如,典型的 maven-archetype-quickstart 快速开始项目,一般适用于简单的项目。而 maven-archetype-webapp 明显是创建 Web 项目。Maven 会根据我们选择的原型,来初始化 pom.xml 文件。如果选择的原型比较复杂,Maven 在初始化的时候也会提供更多的第三方插件为我们使用。

因为这次的项目并没有什么模型,所以我们选择自定义开发,在界面上勾选"Create a simple project"功能,点击 Next,进入最终设置界面,具体设置如图 4-7 所示。

图 4-6 Maven 项目

图 4-7 Maven 自定义开发

填入对应的数值后,点击 Finish 完成项目的创建,自动生成 Maven 项目对应的结构如图 4-8 所示。

这样的话,我们就可以在该项目结构下进行开发了。如果项目生成后不是这样的结构,或者 pom.xml 文件报错,那就是 Maven 环境没有配置好。这是因为 E:\repository\plug 底下本身没有任何依赖文件,理论上应该不会报错,所以可能是 MyEclipse 跟 Maven 的结合并不完美导致的,常见的 Maven 错误结构如图 4-9 所示。

图 4-8 Maven 项目的结构

图 4-9 Maven 项目的错误结构

可以看到在这样的情况下，Maven 的目录就没有生成正确，更不要说是 pom.xml 文件报错了。接下来，我们回到正确的 Maven 项目下来进行代码的开发。如果目录结构正确而 pom.xml 文件报错，那么通常有以下的几种情况。

（1）pom.xml 的第一句`<project>`元素报 "Failure to transfer org.apache.maven.plugins:maven-resources-plugin: pom:2.4.3" 错误，以下是解决方案。在 pom.文件中输入以下代码：

```
<dependencies>
    <dependency>
        <groupId>org.apache.maven.plugins</groupId>
        <artifactId>maven-resources-plugin</artifactId>
        <version>2.4.3</version>
    </dependency>
</dependencies>
```

（2）`<plugin>`元素报 "CoreException: Could not get the value for parameter compilerId for plugin execution default-compile: PluginResolutionException: Plugin" 错误，这个错误只需要在代码空白处按回车键保存文件，重新更新后即可消除。

最后，我们打开 Windows 的命令行模式，进入 MavenError 项目对应的目录，输入 `mvn install` 命令即可完成整个项目的编译。同理，如果 Maven 项目生成后没有报错，我们也需要进入 MavenDemo 项目下输入 `mvn install` 命令完成编译。因为本节针对正常和不正常的情况，分别建立了两个项目。编译的命令如图 4-10 所示。

然后，Maven 会自动从中央仓库下载所需要的插件，把插件保存在 E:\repository\plug 文件夹里，E:\repository\plug 这个目录由 Maven 目录下的 settings.xml 文件设置，Maven 项目编译成功如图 4-11 所示。

图 4-10　Maven 项目的编译命令

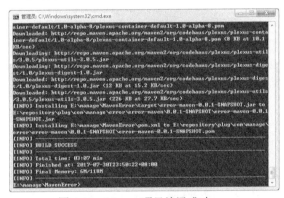

图 4-11　Maven 项目编译成功

如果 pom.xml 文件不再报错，而整个项目还报错或者目录结构还不正常的话，需要刷新 Maven 配置。选择 Maven 项目，右键选择 Maven4MyEclipse→Update Project Configuration 功能即可生成正确的目录结构。这样的话，该 Maven 项目就完全构建好了。此时，我们来查看一下 MavenDemo 项目下的 pom.xml 文件，具体内容如代码清单 4-4 所示。

代码清单 4-4　pom.xml

```
<project xmlns="http://maven.apache.org/POM/4.0.0"
    xmlns:xsi="http://www.w3.org/2001/XMLSchema-instance"
    xsi:schemaLocation="http://maven.apache.org/POM/4.0.0
```

```
http://maven.apache.org/xsd/maven-4.0.0.xsd">
<modelVersion>4.0.0</modelVersion>
<groupId>com.manage.maven</groupId>
<artifactId>hello-maven</artifactId>
<version>0.0.1-SNAPSHOT</version>
<name>MavenDemo</name>
<description>This is MavenDemo</description>
<dependencies>
    <dependency>
        <groupId>org.apache.maven.plugins</groupId>
        <artifactId>maven-resources-plugin</artifactId>
        <version>2.4.3</version>
    </dependency>
</dependencies>
<build>
    <plugins>
        <plugin>
            <artifactId>maven-compiler-plugin</artifactId>
            <configuration>
                <source>1.6</source>
                <target>1.6</target>
            </configuration>
        </plugin>
    </plugins>
</build>
</project>
```

代码解析

（1）`<modelVersion>`：pom.xml 文件使用的对象模型版本。

（2）`<groupId>`：项目的组织标识符，对应 src/main 目录下 Java 的目录结构。例如，本项目中的 com.manage.maven 既是项目组织标识符，也是 src/main 目录下的 Java 代码包。

（3）`<artifactId>`：项目的标识符，可用来区分不同的项目。例如，本项目中是 hello-maven，也可以是 test-maven。

（4）`<version>`：项目的版本号，项目打包后的 JAR 文件的版本号跟这里对应。

（5）`<name>`：项目的显示名。

（6）`<dependencies>`：一个完整的 JAR 依赖配置。

除了这几个文件中出现的，还有一些其他的元素，如项目站点`<url>`、项目资源`<properties>`和项目打包扩展名`<packaging>`等。

接着我们来开发 Maven 项目的测试类，在 MavenDemo 项目下新建 com.manage.maven 包，在该包底下新建测试类 HelloMaven.java，完整的内容如代码清单 4-5 所示。

代码清单 4-5　HelloMaven.java

```
package com.manage.maven;

public class HelloMaven {
    public static void main(String[] args) {
        System.out.println("Hello Maven!");
    }
}
```

代码解析

（1）这段代码是单纯地在控制台输出"Hello Maven!"字符串。

（2）打开命令行模式，进入 Maven 项目目录下（如 E:\manage\MavenDemo），输入 `mvn clean compile`，可以看到控制台输出了很多信息，这些信息的大概意思如下。

- Building MavenDemo 0.0.1-SNAPSHOT：编译的项目名及版本，与 pom.xml 里的<name>和<version>节点内容对应。
- maven-clean-plugin:2.5:clean (default-clean) @ hello-maven Deleting E:\manage\MavenDemo\target：清理原来的编译结果，默认编译结果是存放在根目录下的 target 文件夹。
- Compiling 1 source file to E:\manage\MavenDemo\target\classes：生成新的编译结果，存放到 target 文件夹。
- BUILD SUCCESS：整个编译结果是成功的。

常用的 Maven 命令如表 4-3 所示。

表 4-3 常用 Maven 命令

常 用 命 令	说 明
mvn test	单元测试
mvn clean	清理项目
mvn compile	编译项目
mvn deploy	发布 JAR 包到远程仓库
mvn install	在本地仓库中生成 JAR 文件
mvn package	根据 pom.xml 信息进行打包操作
mvn clean install -Dmaven.test.skip=true	用于清理、生成 JAR 文件并且忽略单元测试

使用命令测试 Maven 项目：

```
E:\manage\MavenDemo>java -cp target/hello-maven-0.0.1-SNAPSHOT.jar com.manage.
maven.HelloMaven
```

Maven 运行结果如图 4-12 所示。

如果不依赖开发工具自带的编译模式，那么我们在进行程序部署的时候，通常会需要手动去编译部署。例如，通过命令行模式下的 `javac` 命令，将 Java 文件打包成类文件。但是如果有成百上千的类，那么我们不可能每一个类都执行一次这样的命令，所以我们需要 Ant 或者 Maven 来帮我们进行批量编译。这些编译步骤会写在 Ant 和 Maven 的配置文件里，只有极高代码编写水平的程序员才可以把控，否则特别容易出错！

图 4-12 Maven 运行结果

4.4 部署工具

之前的几节我们分别演示了在 MyEclipse 和 Eclipse 之下的项目部署方法，通过这些方法可以成功地将项目部署到 Tomcat 服务器上，但是这仅仅是本地的部署。如果需要把项目部署在其他服务器上又该如何去做呢？本节，我们重点来介绍一些常用的项目部署工具。

4.4.1　mstsc

从宏观上来说 Java 项目部署的服务器分为两种，一种是 Windows 下的部署，一种是 Linux 下的部署。针对这两种不同的操作系统，具体的部署方法也不尽相同，但原理是一样的，都是把项目从本地传输到目标服务器。`mstsc` 命令是 Windows 操作系统下的主要部署方法，接下来我们开始学习 `mstsc` 命令。

`mstsc` 命令可以进行远程登录，例如，从本地计算机连接到目标服务器上。这样，我们便可以在目标服务器上进行各种操作，以完成项目的部署和启动。本节确定目标服务器是一台 Windows 7 计算机，部署地址是在 E 盘的 Tomcat 文件夹下，只要复制本地的项目到该文件夹下面即可完成部署。

首先我们使用 MyEclipse 生成一个管理系统的 WAR 包，将其存放在任意位置。接着在 Windows 7 开始菜单的运行栏，输入 `mstsc` 命令后按回车键，运行结果如图 4-13 所示。

接下来系统会发出提示信息，输入该服务器的密码点击“确定”。如果出现安全证书的问题，则选择“忽略”，点击“是”仍然连接。这时，本机会远程连接到目标 Windows 服务器，找到 E:\apache-tomcat-6.0.30\webapps 目录，点击顶端的最小化图标，回到本地计算机把 manageServlet.war 文件复制过去即可完成部署，具体部署细节如图 4-14 所示。

图 4-13　mstsc 运行结果　　　　　　　　　　　图 4-14　部署细节

最后点击顶端的关闭图标，停止远程连接。这时，在 Windows 下的部署任务就依靠 `mstsc` 命令完成了。纵观整个部署过程，还是非常简单的，需要注意的事项就是我们应该提前从运维人员那里获取到目标服务器的连接地址和密码，并且把这些信息整理在记事本中，以方便我们把不同的项目部署到不同的服务器上。

4.4.2　VMware

在进行软件开发的时候，我们会接触到很多种复杂的情况。例如，有种典型的场景是我们开发使用的是 Windows 平台，而服务器却使用的是 Linux 平台，这就造成程序员在本地进行测试比较麻烦的局面。鉴于这种情况，在 Windows 平台安装 VMware 虚拟机就是一个不错的选择。这样程序员在 Windows 平台下完成开发，就可以通过部署工具把项目直接部署到 Linux 虚拟机上。当然，使用虚拟机学习 Linux 也是一个不错的选择，而本节的主要内容就是 VMware 虚拟机的安装和学习，VMware 安装界面如图 4-15 所示。

　　点击下一步选择"接受许可条款"，继续点击下一步选择安装目录，可以选择系统盘或非系统盘，如选择 D:\Program Files (x86)\VMware\VMware Workstation 目录来进行安装。继续点击下一步，出现两个选项，分别是"启动时检查产品更新"和"帮助完善 VMware"，这一点根据个人情况来选择。继续点击下一步，在"桌面"和"开始菜单程序文件夹"创建快捷方式。继续点击下一步，开始安装程序。在程序安装完毕后，系统提示必须重启 VMware 配置才能生效，此时最好重新启动计算机。

　　重新进入系统后，在开始菜单的任务栏图标处会多出一个 VMware 图标，双击可以进入 VMware Workstation 界面。而界面左侧"我的计算机"选项下并没有虚拟机，所以接下来需要点击文件菜单下的"新建虚拟机"功能来完成虚拟机的创建，虚拟机的创建界面如图 4-16 所示。

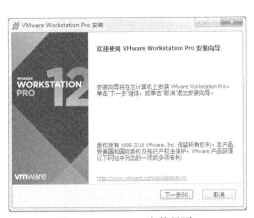

图 4-15　VMware 安装界面

图 4-16　VMware 创建虚拟机

　　因为是第一次新建虚拟机，我们选择自定义功能，点击下一步来选择硬件兼容性，保持默认 Workstation 12.0 即可，兼容产品和限制也是与之匹配的。点击下一步，系统让我们选择虚拟机安装来源。来源有两种方式，第一种是"安装程序光盘"，也就是使用光驱来进行，这种方式目前已经比较少见，毕竟拥有光驱的电脑不多；第二种是"安装程序光盘映像文件"，这种方式比较常见，就是利用 ISO 文件进行安装，跟 PC 游戏 ISO 光盘映像是一个道理。在这里，我们选择第三项"稍后安装操作系统"。可以先创建一个空白的虚拟机，但在此之前把该虚拟机的所有配置信息选择完毕，点击下一步。接下来，系统提示我们选择虚拟机操作系统，因为我们之前已经演示了在 Windows 下的项目部署，该部署方式借助于 `mstsc` 命令直接远程到另一台 Windows 服务器即可完成操作，比较简单。但是在 Linux 方式下的部署并不是那么简单的，部署的前提是有一台 Linux 服务器，所以此处选择使用 Linux 操作系统，版本选择 CentOS 64 位，选择完毕后点击下一步，具体选项如图 4-17 所示。

　　接下来需要为虚拟机命名，可以命名为"CentOS 64 位"，位置是保存虚拟机文件的地址，选择目录如 E:\Virtual Machines\CentOS 64 位，点击下一步。

　　接下来需要对虚拟机的系统信息进行一系列配置。首先需要配置的是虚拟机处理器信息，这个配置跟多核处理器的意思是差不多的，但虚拟机只是为了测试，对性能没有过高的要求，所以此处选择默认 1 即可。点击下一步对虚拟机内存进行配置，这一步也是可以根据自己计算机的情况来设定的，同样的选择默认的 1024MB 即可。点击下一步对网络进行配置，这个配置需要重点选择，因为它决定了在虚拟机内部如何上网，具体选项如图 4-18 所示。

图 4-17　VMware 选择系统

图 4-18　VMware 网络设置

如果想正确配置虚拟机的网络，就需要明白这 3 种网络设置的意思。大概的情况都已经有了说明，此处需要详细解释一下。

- 桥接模式：这种模式的虚拟机需要手动配置 IP 地址、子网掩码，还需要和宿主机处于同一网段，只有这样它们才能互相通信。可以形象地认为，虚拟机和宿主机处在同一个局域网内。
- 主机模式：比较复杂的网络环境，把虚拟机和真实网络隔离，开辟出一块单独的区域。
- 网络地址转换：最常用的配置方式，虚拟机借助宿主机的网络来访问公网，不需要进行手动配置，虚拟机网络信息由 DHCP 提供。

此处，我们采用 NAT 方式上网。点击下一步，需要选择 SCSI 控制器，建议选择推荐的即可，也就是第二个选项 LSI Logic。点击下一步进入磁盘类型选项，同样选择推荐的 SCSI 即可。点击下一步选择在哪创建虚拟机，为了安全考虑，选择第一个"创建新虚拟磁盘"，在硬盘上为虚拟机开辟一块专用的空间，这部分空间就是虚拟机的硬盘。点击下一步需要选择磁盘大小，选择 20 GB 并且选择"将虚拟磁盘存储为单个文件"，点击下一步会提示将使用"CentOS 64 位.vmdk"创建一个 20 GB 的磁盘文件，不用修改名称点击下一步。接下来，系统会列出当前虚拟机所有的配置信息，具体界面如图 4-19 所示。

点击自定义硬件，可以列出虚拟机的硬件详细情况，默认读取的是之前配置好的信息。当然，也可以在此处进行最后一次修改，对于不需要的硬件也可以暂时不启用以免占用资源，如声卡等。配置确定无误后点击完成，虚拟机就创建好了。此时，虽然我们新建好了虚拟机实例，但该虚拟机仍然是无法启动的，这是因为我们并没有给这个虚拟机安装 Linux 系统。

选择"CentOS 64 位"虚拟机，右键选择设置，在弹出的列表中选择"CD/DVD（IDE）"，在对应的右侧设置中选择"使用 ISO 映像文件"，点击浏览，从磁盘中选择 ISO 文件如 E:\虚拟机映像文件\CentOS-6.8-x86_64-bin-DVD1.iso。

　　点击"确定"即可完成配置,选择"CentOS 64 位"虚拟机右侧的"开启此虚拟机"功能,正式进行开机操作。这时,虚拟机开始安装 Linux 系统,具体的安装过程和 CentOS 操作系统的安装一样,只不过是在虚拟机环境下进行,其实是同一个道理,具体安装界面如图 4-20 所示。

图 4-19　VMware 配置信息

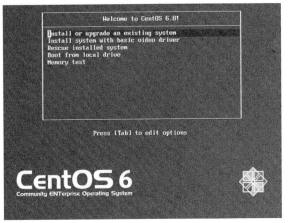

图 4-20　VMware 安装系统

　　进行完一系列的自动化安装之后,系统让你选择测试还是不测试,此时选择 SKIP,跳过测试直接进行文件的安装。接下来正式进入图形化操作界面,在欢迎界面点击下一步,具体操作如图 4-21 所示。

　　接下来的语言环境选择中文,如果读者喜欢英文版的也可以选择英文。接下来选择键盘信息,选择常用的"美国英语式"即可。接下来选择"基本存储设备",点击"下一步"。如果提示"存储设备警告"信息,可以选择"忽略"。接着为主机命名为"LinuxServer",接着选择"亚洲/上海",接着输入管理员密码,如 admin1,如果提示密码不够安全,选择"无论如何都使用"。接着选择"使用所有空间"来进行 Linux 系统的安装,如果需要自定义分区则选择最后一项,而第一项系统会根据虚拟机的情况自动做好分区,自动分区的情况如图 4-22 所示。

图 4-21　VMware 安装图形界面

图 4-22　VMware 自动分区

　　注意此时仍然可以自定义分区,如果读者对分区不熟悉的话,建议直接点击下一步。接着会出现格式化警告,因为虚拟机是在磁盘上开辟了一块空白的区域,所以不用担心其他硬盘数据的问题。

点击格式化会弹出新的警告"现在要将您所选分区选项写入磁盘。所有删除或重新格式化分区指定数据都会丢失。"选择"将修改写入磁盘。"这时，系统会自动创建好之前配置好的分区。接着会弹出一个界面，主要功能是选择引导装载程序，保持默认并点击"下一步"按钮，接下来系统会让我们选择组件，这一步也可以保持默认，推荐选择桌面系统，因为它比较适合新手。

但是需要了解一下这些组件的用途：Desktop 是桌面系统，Minimal Desktop 是最小化桌面系统，Minimal 是最小化，Basic Server 是基本服务器，Database Server 是数据库服务器，Web Server 是网页服务器，Virtual Host 是虚拟主机，Software Development Workstation 是软件开发工作站。

最下面有两个选项，分别是"以后自定义"和"现在自定义"。选择第二个选项点击"下一步"后，可以看到系统列出了具体的详细功能，可以对这些功能进行修改。在这里选择第一个选项后点击"下一步"，就正式进入了 CentOS 的安装界面，具体如图 4-23 所示。

等待安装完成后，点击重新引导，进入安装成功后的欢迎界面。点击"前进"，进入许可证信息界面，选择"我同意该许可证协议"，点击"前进"。接下来进入创建用户界面，新建用户名 admin，密码 admin1。接下来进入日期和时间设置，与当前 Windows 系统设置一致后，点击前进就可以完成整个设置。接下来会看到登录界面，输入用户名和密码进入 CentOS 界面，如图 4-24 所示。

图 4-23　VMware 安装 CentOS

图 4-24　CentOS 界面

其实 VMware 的安装包括了两个部分：第一部分是新建 VMware 虚拟机实例，这一部分是最先完成的；第二部分是往虚拟机的硬盘空间里安装 Linux 操作系统。只有这两部分都完成之后虚拟机才可以真正启用。

接下来我们就可以在 CentOS 上面做一些真正的事情了，如安装 JDK、Tomcat 等，把这个虚拟机环境当作真正的 Linux 服务器。如果这台服务器运行速度或者参数不够，我们还可以在 VMware 的控制台为它增加处理器核心、内存、硬盘空间等，这样看来虚拟机跟真正的计算机似乎是已经没有区别了。而且，虚拟机里的 Linux 系统的日常操作和非虚拟机是一样的，例如，关机直接选择操作系统的关机命令即可。

4.4.3　Xmanager

项目的部署需要把程序从本地传输到服务器，可能会遇到很多种不同的情况。例如，从 Windows 传输程序到 Linux，从 Linux 传输程序到 Windows 等。有时候在面临这种不同操作系统的传输时比较麻烦,为了解决这种传输问题,我们可以借助 Xmanager 这样的传输工具。Xmanager 有很多功能,主要有 Xshell、Xftp、Xlpd、Xstart 等,而其中最常用的是 Xshell,它可以轻松完成从 Windows 到 Linux 服务器的数据传输。

首先需要明确学习 Xmanager 的目的是把项目通过远程部署到 Linux 服务器上,那么就可以利用虚拟机来完成这个操作,因为我们之前建立好的虚拟机正是 Linux 服务器的。打开 VMware Workstation 主界面,选中 CentOS 64 位虚拟机,点击右侧的"开启此虚拟机"功能。进入 CentOS 的主界面后,在桌面上右键选择"在终端中打开"功能,进入 Linux 控制台。

如果想连接到这台虚拟机,就需要知道该虚拟机的 IP 地址。在控制台中输入命令 ifconfig,查看虚拟机的地址。这时,可以看到屏幕中罗列出的信息并没有我们需要的 IP 地址,观察原因后发现是没有联网。点击 CentOS 右上角的联网图标,选中 System eth0 连通网络。再次回到控制台重新输入 ifconfig,如图 4-25 所示。

可以看到 CentOS 的 IP 地址出现在了信息中,inet addr 的数值是 192.168.127.128,其他的信息可以不用管。拿到了 IP 地址后,就可以使用 Xmanager 来远程登录 CentOS 来进行 Linux 下的项目部署了。在桌面上双击 Xmanager Enterprise 5 的图标,在弹出的快捷方式列表中选择最常用的 Xshell 功能,打开该功能后会出现它的主界面,如图 4-26 所示。

图 4-25　CentOS 查看网络信息

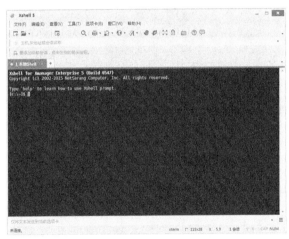

图 4-26　Xmanager 界面

通过观察可以发现,这个主界面处于未连接状态,这时我们需要新建一个连接。选择文件菜单下的新建功能,在弹出的对话框中,依次填入需要的连接信息。例如,名称是 Linux 服务器,协议是 SSH,主机是 192.168.127.128,端口号是 22,选择用户身份验证功能,在弹出的对话框中分别填入用户名 admin,密码 admin1,点击确定保存。这时会话栏中会自动多出一条刚才保存好的连接信息,选中它点击连接,看是否能够连接到 Linux 服务器,如图 4-27 所示。

如果连接成功,系统会提示 SSH 安全警告,选择"一次性接受"或者"接受并保存"都可以。成功连接到 Linux 服务器后,在控制台输入 date 命令查看是否连接成功。如果屏幕顺利输出了日期信息,则表示连接成功,如图 4-28 所示。

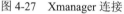

图 4-27　Xmanager 连接　　　　　　　　图 4-28　Xmanager 连接成功

连接成功后可以像在 Linux 服务器上一样，通过在控制台中输入命令来部署项目。一般来说使用 Xshell 连接 Linux 服务器是为了完成启动和停止项目、备份与解压的操作，还有查看项目日志等。那么从 Windows 如何把项目复制到 Linux 呢？显然有很多工具，但是如果依靠 Xmanager 就能实现是最好不过的了。幸运的是 Xshell 工具提供了这个功能，在 Xshell 的工具栏找到"新建文件传输"的功能，打开它接受主机密钥后，就使用窗口化工具连接到了 Linux。这时如果出现乱码，需要打开在该窗口文件下的属性，在弹出的对话框中选择勾选"使用 UTF-8 编码"，点击确定后即可解决乱码问题，其实这个操作实际上是调用了 Xmanager 的另一个工具 Xftp。

双击打开这个工具，按照之前进行 SSH 连接的信息填入常规选项卡中，但注意的是协议需要选择 SFTP，其他的内容保持不变。从会话栏中选择新建好的连接，点击连接按钮，即可通过图形化窗口连接到 Linux 服务器。

在左侧 Windows 窗口找到需要的 WAR 包，点击右键选择传输功能，将 WAR 包传输到右侧 Linux 栏的 tomcat6 下的 webapps 下即可。这样当 Linux 下的 Tomcat 服务器运行的时候，就会自动解压该 WAR 包，以完成项目的部署。至于如何在 Linux 部署 Tomcat？推荐一种特别简单的方法，可以直接从官网下载 Linux 版本的 Tomcat，然后通过 SFTP 工具复制到相应的 Linux 目录即可，但这里有个比较棘手的问题，Linux 用户对除了自己所属的文件夹是没有写入权限的，如果直接上传肯定会提示失败。解决这种情况的办法是通过 chmod -R 777 /usr/local，直接获取最大权限。因为是演示，可以不必考虑安全性问题，项目部署如图 4-29 所示。

接下来回到 SSH 连接，也就是 Xshell 工具中。对这个 WAR 包进行备份，可以使用 SFTP 工具来进行操作，就跟 Windows 一样直接在窗口下进行，当然在 SSH 连接下也可以使用 Linux 命令来进行操作。

```
[admin@LinuxServer webapps]$ cp manageServlet.war /usr/local/backup
```

这时利用 SFTP 进入 backup 文件夹，如果看到该 WAR 包就说明已经备份成功。接下来就需要对 Tomcat 进行重启以便解压缩 WAR 包，并且测试项目有没有运行成功。通过 Linux 命令进入 Tomcat 的 bin 目录。

```
[admin@LinuxServer ~]$ cd /usr/local/tomcat6/bin
```

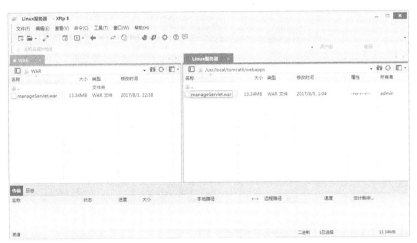

图 4-29 Xmanager 部署项目

使用 `ls` 命令查看当前目录下的文件。

```
[admin@LinuxServer bin]$ ls
```

会看到跟 Windows 下的目录并没什么两样,接着执行 `./startup.sh` 命令,如果提示没有权限,可以使用 `su` 命令,并输入密码 `admin1` 即可执行成功。如果提示 JDK 环境变量没有配置好,则需要亲自配置。

```
[root@LinuxServer bin]# java -version
java version "1.7.0_99"
OpenJDK Runtime Environment (rhel-2.6.5.1.el6-x86_64 u99-b00)
OpenJDK 64-Bit Server VM (build 24.95-b01, mixed mode)
[root@LinuxServer bin]#
```

配置好 JDK 之后,启动 Tomcat 成功。在 Linux 命令行并不会提示启动信息,一般会显示这样的内容。

```
[root@LinuxServer bin]# ./startup.sh
Using CATALINA_BASE:   /usr/local/tomcat6
Using CATALINA_HOME:   /usr/local/tomcat6
Using CATALINA_TMPDIR: /usr/local/tomcat6/temp
Using JRE_HOME:        /usr
[root@LinuxServer bin]#
```

这时需要进入/usr/local/tomcat6/logs 文件夹里查看 catalina.out 日志,可以使用 Linux 命令查看。如果日志太多不方便阅读,可以使用 `tail-f logs/catalina.out-n 500` 命令,查看日志的最后 500 行。

```
[root@LinuxServer logs]# tail -f catalina.out
八月 06, 2017 3:44:59 下午 org.apache.catalina.startup.HostConfig deployWAR
信息: Deploying web application archive manageServlet.war
八月 06, 2017 3:45:01 下午 org.apache.coyote.http11.Http11Protocol start
信息: Starting Coyote HTTP/1.1 on http-8080
八月 06, 2017 3:45:01 下午 org.apache.jk.common.ChannelSocket init
信息: JK: ajp13 listening on /0.0.0.0:8009
八月 06, 2017 3:45:01 下午 org.apache.jk.server.JkMain start
信息: Jk running ID=0 time=0/56  config=null
八月 06, 2017 3:45:01 下午 org.apache.catalina.startup.Catalina start
信息: Server startup in 2046 ms
```

也可以利用 SFTP 直接进入该目录，选中日志文件，右键使用记事本查看。如果日志文件输出的是
这样的内容，说明 Tomcat 已经启动成功。同时，进入/usr/local/tomcat6/webapps 目录，也可以看到 manageServlet.war 解压成了 manageServlet 文件夹。而接下来，就需要验证管理系统能否在 Linux 环境下运行成功了。打开浏览器，输入管理系统的访问地址，如图 4-30 所示。

如果需要同时兼顾 Linux 版本的管理系统的话，就需要在 Windows 环境下开发的时候考虑 Linux 方面的内容，例如，这两个操作系统关于路径的概念不一样等问题。当然，也可以在 Linux 下再部署一套 MyEclipse 的开发环境，如果需要开发 Linux 版本的时候直接切换过去即可。

图 4-30　Linux 项目运行成功

接下来，可以使用./shutdown.sh 命令停止 Tomcat 的运行。回到 Xshell，发现工具仍然停留在对项目日志的分析上，可以使用组合键 Ctrl+C 退出查看状态，回到输入命令的模式。使用如下命令停止 Tomcat 的运行。

```
[root@LinuxServer logs]# cd ..
[root@LinuxServer tomcat6]# cd bin
[root@LinuxServer bin]# ./shutdown.sh
Using CATALINA_BASE:   /usr/local/tomcat6
Using CATALINA_HOME:   /usr/local/tomcat6
Using CATALINA_TMPDIR: /usr/local/tomcat6/temp
Using JRE_HOME:        /usr
[root@LinuxServer bin]#
```

为了验证 Tomcat 是否停止，可以直接刷新浏览器进行重新请求的操作。如果浏览器提示无法连接，就说明 Tomcat 已经成功停止。但为了进一步验证，还可以使用如下命令来查看 Java 进程。

```
[root@LinuxServer bin]# ps aux | grep java
root      28159  0.0  0.0 103328   852 pts/0    S+   16:09   0:00 grep java
[root@LinuxServer bin]#
```

可以看到已经没有与 Java 相关的进程了，唯一剩下的进程是输入这条命令本身所产生的进程。如果仍然有其他 Java 相关的进程，可以使用 kill 命令杀死进程。

```
[root@LinuxServer bin]# kill 888
bash: kill: (888) - 没有那个进程
[root@LinuxServer bin]#
```

4.4.4　WinSCP

WinSCP 与 Xmanager 差不多，都是本地计算机与 Linux 服务器进行数据传输的工具。它们支持的协议一般是 SSH，这是一套建立在应用层与传输层的安全协议。同样的，使用 WinSCP 的第一步仍然是配置用户名和密码以方便登录，如图 4-31 所示。

保存用户信息后，点击登录即可进入 WinSCP 的主界面。是不是和 Xmanager 的 Xftp 很像？没

错，这两个工具都是为了方便 Windows 和 Linux 系统间的文件传输而存在的。只要明白了这一点，该工具的使用方法也就自然清楚了。WinSCP 支持从左边到右边的拖拽、复制、粘贴、删除等操作，可以像操作 Windows 那样操作 Linux。而其他的功能都很简单，读者在掌握了它的主要作用后可以自行练习。

值得一提的是 WinSCP 也提供了终端方式来访问 Linux，可以从命令菜单下点击"打开终端"来开启，也可以直接点击工具栏上的快捷图标。点击图标后会提示"是否打开一个独立的 Shell 会话"，点击确定后进入终端模式。但与 Xshell 不同的是它的操作界面不一样，展现形式也不一样，而且命令不尽相同。例如，在此处输入 ls 命令是有效的，但输入 clear 命令就不起任何作用。退出终端模式可以点击关闭按钮，也可以直接输入 close 命令。最后，使用 WinSCP 的终端模式还是直接使用 Xmanager 的 Xshell，这完全取决于读者的操作习惯了。从总体上来说，如果需要操作终端的话还是推荐使用 Xmanager 的 Xshell。WinSCP 的终端模式如图 4-32 所示。

图 4-31　WinSCP 新建连接

图 4-32　WinSCP 终端模式

4.4.5　JD-GUI

在前几节我们已经多次把项目部署到了服务器上，不论是 Windows 的还是 Linux 的服务器。而现在有一个问题，如果把项目发布到服务器上可以正常运行，但某个功能却出现了问题。鉴于这种情况，可以使用 JD-GUI 反编译工具来进行代码查错。像 EXE 这种扩展名的文件反编译是非常困难的，而 Java 代码反编译却比较简单，得出的代码也非常接近源码，虽然有一些差距，但对于我们调试问题的话已经足够了。

鉴于 JD-GUI 有如此好的反编译效果，所以如果生产环境的代码有问题，可以将疑似的类文件单独复制出来保存在一个文件夹里，然后使用 JD-GUI 进行反编译操作。最后通过对比 Java 源码，看哪块出了问题，就能很容易定位出问题的原因，节省时间。

这种问题的场景一般都是本地环境的代码和生产环境的代码不一致造成的，接下来我们通过场景模拟来解决这种典型的问题。例如，管理系统生产环境的 SiteUser 文件，使用 JD-GUI 进行反编译后得出的 Java 源码如图 4-33 所示。

但是我打开本地环境的源码，却发现 SiteUser 文件多了一个属性，而且有很多功能需要调用这个属性的方法，而生产环境的代码上缺少这个属性，所以就会导致项目运行错误。

```
private String userName;
private String userPwd;
private String userEmail;
private String userMobile;
private String userAddress;
private String userLike;
```

可以看到本地环境的 `SiteUser` 文件比生产环境的多了 `userLike` 这个属性，而生产环境上有很多功能都调用了 `getUserLike` 和 `setUserLike` 这两个方法，而它的原始文件却不是最新的。这样当然会导致程序在运行过程中报错，通过分析日志也可以看到项目肯定会报出方法找不到之类的错误。

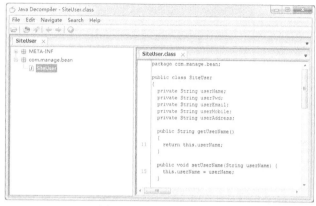

图 4-33 JD-GUI 反编译

知道了问题出在哪里就好办了，单独把这个 `SiteUser` 文件利用之前讲述的项目部署方法，直接复制到生成环境上覆盖原始文件，重启服务器即可生效。总之，JD-GUI 是一款很好的反编译工具，它能做的事情很多，可以很大程度上帮助我们解决代码不一致的问题。

4.5 小结

本章主要讲述了项目部署的过程，它主要分为项目的打包和发布。这些日常的工作内容看似简单，却包含了很多架构师必备的技能，如 Ant 和 Maven 构建工具、mstsc 命令、VMware 虚拟机、Xmanager、WinSCP 传输工具，还有 JD-GUI 反编译工具的使用等。通过对这些工具的学习，读者可以从宏观的方面掌握项目部署的整个过程，至于项目部署方面特别烦琐的细节，读者还需要结合本章所讲述的基本实例来进一步探索。Ant 和 Maven 本身就是两个知识点特别繁多的工具，如果针对性地学习，可能需要很长的时间，所以在本章中只是给出了两个相对经典的实例，以方便读者轻松入门。至于 VMware 虚拟机是比较重要的内容，在本章的讲解也比较深入，后期关于 Linux 的学习就可以在虚拟机上完成。

第 5 章

编程环境

在项目开发中，程序员需要搭建的环境叫作开发环境，与之对应的还有测试环境、生产环境、UAT环境等。开发环境，是程序员把项目部署在本地，并且使用本地服务器能够完全运行起来的环境；测试环境一般是指团队开发时，需要有一个供开发人员和测试人员共同使用的线上环境，该环境一般用来部署最新代码并且进行测试；生产环境就是指测试环境没有问题的版本，直接发布到生产环境上开始进入生产状态，跟我们日常生活中的工厂是一样的，项目发布到生产环境标志着它已经开始产生价值；UAT环境被称作演示环境，主要是给上级领导、客户演示等。UAT环境不要求是最新的版本，但必须是一个成熟的、没有缺陷的版本，否则在演示的时候出现问题，会让项目的形象大打折扣。

在本章中，我们所介绍的环境主要是为了完善开发环境，也就是程序员赖以生存的环境。只有程序员的开发环境不断地完善、健壮，他在写代码的时候才会游刃有余，提高工作效率、质量等，所以完善程序员的开发环境是非常有必要的。

5.1 Linux 系统介绍

Linux 环境是程序员必备的环境，这没有什么可说的并且已经成为共识。我们在程序员生涯的一份工作所面对的环境，大多不是 Windows 就是 Linux 的。如果一个程序员长期在 Windows 环境下工作，突然让他接触 Linux，他可能会觉得索然无味，或者不思进取，这是工作了几年的程序员的通病。但是话又说回来，如果我们在步入程序员生涯的最初就把这两套系统都能够熟练掌握，那么我们在程序员生涯中不就一帆风顺了吗？所以不论是刚步入职业生涯的程序员，还是久经战场的老鸟，都应该认真地学习 Linux。其实这种学习不用很精通，只需要学会经常用的内容，或者掌握了学习的要领就可以了，至于剩下的知识可以在工作中逐渐积累。

Linux 操作系统自从 1991 年诞生之后，走了一条跟微软的 Windows 视窗操作系统完全不一样的道路。它的发展在很大程度上依靠了全球众多的程序员来推动，基本上每隔几年 Linux 就会推出一些新的内容，这些内容有代码方面的也有市场方面的创新。随着各种开发语言的发展，Linux 系统的服务器在市场上大受欢迎。人们习惯把项目部署在 Linux 服务器上，因为 Linux 服务器比 Windows

服务器更稳定，还支持多用户访问。市场上关于 Linux 的发行版本众多，如 Ubuntu、RedHat、CentOS 等，具体的选择还是靠读者的兴趣了。

5.2 Linux 系统安装

关于 Linux 安装的详细步骤，参考 4.4.2 节。那一节以 CentOS 为例，对 Linux 系统的安装进行了详细的阐述，并且配有丰富的截图以供读者参考。本节所说的 Linux 安装是指在 4.4.2 节除了虚拟机部分，也就是 Linux 正式安装之前的准备工作。至于准备好之后的安装过程，其实和 4.4.2 节是完全一样的，这一点请读者注意。

首先从网上下载 USB Installer，这是一个专门用来制造 U 盘的工具。直接打开它，开始制作 Linux 启动盘，具体操作如图 5-1 所示。

只需要设置 Step1、Step2 和 Step3 即可，其他的保持默认，点击 Create 开始制作 U 盘。制作成功后，可以到 U 盘里面看看，系统应该成功地把镜像文件保存到 U 盘中了。至于制作 U 盘的文件，仍然是需要网上下载的 Linux 的 ISO 镜像，读者可以选择不同的版本。本节我们选用 Ubuntu 来进行安装，有了 Ubuntu 的启动盘后，就需要让电脑从 U 盘启动，可以修改 BIOS 里的启动配置项来完成设置，也可以在开机的时候按下 F2 键试试（机型不同按键不同）。

从 U 盘启动计算机后有两个选项：第一个选项是"试用 Ubuntu"，进入该选项后可以直接登录到 Linux 系统中去试用功能，稍后再进行安装；第二个选项是"直接安装"，因为撤去了之前配置虚拟机的复杂步骤，Ubuntu 的安装直接会进入图形化界面，读者可以根据具体需求不断地点击下一步来完成安装，这并不复杂，Ubuntu 的安装和 CentOS 的安装大同小异。

但是值得注意的是：Windows 和 Ubuntu 的双系统，会以 Ubuntu 的启动界面为主，也就是说 Ubuntu 会更改 HBM 文件，这样造成的结果是系统引导区会变。因此一不留神就会让 Windows 崩溃，例如，虽然可以自行选择要加载的操作系统，但是选择 Windows 系统始终进不去，就算进去了也可能会变成没有网络的情况。而造成这种问题的根源在于：双系统并存都会使用一个引导扇区很容易出错。所以一般建议可以尝试着在 Windows 下安装可以直接卸载的 Linux 操作系统，仍然以 Windows 的引导区为主。或者索性就拿出一台单独的机器来安装 Linux，以免双系统造成系统瘫痪，那可就得不偿失了！

这种直接可以在 Windows 下安装的 Ubuntu 版本比较稀少，具体界面如图 5-2 所示。

图 5-1　制作 Linux 启动盘

图 5-2　Windows 下安装 Ubuntu

可以把 Ubuntu 当作常规软件来看待，目标驱动器任意选，选择系统盘或者非系统盘都可以；安装大小根据自己的计算机情况来选择，此处我选择 10 GB；用户名和密码根据个人来设置，其他的保持不变。如果想更专业一点，也可以选择英文版。接着点击安装，Ubuntu 会自动下载所需要的安装内容。

最后，在出现的新界面中直接选择"在 Windows 中安装"，这样就不需要修改引导扇区了。一些早期的 Ubuntu 支持这种安装方法，可最新的 Ubuntu 版本似乎只能通过 U 盘来进行安装。因为涉及修改引导扇区，所以在 Windows 下安装 Ubuntu 是需要特别慎重的！所以建议读者不妨在虚拟机中进行安装，以规避这种风险。

5.3　Linux 常用命令

Linux 系统的操作方式与 Windows 大相径庭，但是它仍然支持桌面化操作。这样的话，读者只需要像使用 Windows 那样，经常在桌面上点来点去尝试着测试，就可以熟练掌握了。但 Linux 很多内容仍然是需要命令行的方式去执行的，这一点在开发方面尤为重要，所以本章我们需要掌握 Linux 的一些常用命令。在学习 Linux 命令之前的必备条件是：我们必须在自己的 Windows 下安装了 SSH 工具或者虚拟机。如果是双系统的话也可以，但一般不建议这么做。可以直接使用 Xmanager 连接到虚拟机进行操作，也可以在虚拟机里打开终端方式输入命令，即可看到 Linux 命令运行的结果。

5.3.1　基本命令

首先打开之前建立好的 CentOS 虚拟机，并且登录成功。使用 Xmanager 登录进去默认是当前用户的工作目录。因为 Linux 有一个很大的好处就是安全，它可以为每一个用户单独生成工作空间，所以我们当前的操作不会影响到别人。本节只是讲解 Linux 的基本命令，而作为架构师，对于 Linux 当然是越熟悉越好。可是架构师并不是运维人员，他的成长轨迹也不尽相同。有些架构师可能对 Linux 很熟，而有些可能就陌生一些。但不论如何，本章会结合当前最新的知识情况，总结出一套适合架构师快速学习和成长的 Linux 语句，而读者只需要掌握这些命令，便可以在工作中游刃有余。[admin@LinuxServer ~]$，admin 表示用户名，LinuxServer 表示主机名，以下是 Linux 的基本命令。

（1）pwd：获取当前目录。

例子：

```
[admin@LinuxServer ~]$ pwd
```

输出：

```
/home/admin
```

（2）ls：列出文件目录。

参数：

- -a——包括隐藏文件；
- -l——以长格式列出文件名称；
- -r——包括子目录下的文件。

例子：

```
[admin@LinuxServer ~]$ ls
```

输出：

公共的　模板　视频　图片　文档　下载　音乐　桌面

例子：

```
[admin@LinuxServer ~]$ ls -l
```

输出：

```
总用量 32
drwxr-xr-x. 2 admin admin 4096 8月    4 19:13 公共的
drwxr-xr-x. 2 admin admin 4096 8月    4 19:13 模板
drwxr-xr-x. 2 admin admin 4096 8月    4 19:13 视频
drwxr-xr-x. 2 admin admin 4096 8月    4 19:13 图片
drwxr-xr-x. 2 admin admin 4096 8月    4 19:13 文档
drwxr-xr-x. 2 admin admin 4096 8月    4 19:13 下载
drwxr-xr-x. 2 admin admin 4096 8月    4 19:13 音乐
drwxr-xr-x. 2 admin admin 4096 8月   26 17:19 桌面
```

（3）ll：按长格式列出文件名，包括标识、权限等信息。

例子：

```
[admin@LinuxServer ~]$ ll
```

输出：

```
总用量 32
drwxr-xr-x. 2 admin admin 4096 8月    4 19:13 公共的
drwxr-xr-x. 2 admin admin 4096 8月    4 19:13 模板
drwxr-xr-x. 2 admin admin 4096 8月    4 19:13 视频
drwxr-xr-x. 2 admin admin 4096 8月    4 19:13 图片
drwxr-xr-x. 2 admin admin 4096 8月    4 19:13 文档
drwxr-xr-x. 2 admin admin 4096 8月    4 19:13 下载
drwxr-xr-x. 2 admin admin 4096 8月    4 19:13 音乐
drwxr-xr-x. 2 admin admin 4096 8月   26 17:19 桌面
```

（4）clear：清除当前屏幕信息。

例子：

```
[admin@LinuxServer ~]$ clear
```

输出：

```
[admin@LinuxServer ~]$
```

解析：该命令只是清除当前屏幕的所有信息，而之前输入的命令仍然存在，可以通过滚动条往上去寻找之前的信息。

（5）mkdir：建立目录。

例子：

```
[admin@LinuxServer ~]$ mkdir wb
```

查询：

wb　公共的　模板　视频　图片　文档　下载　音乐　桌面

（6）rmdir：删除目录。

例子：

```
[admin@LinuxServer ~]$ rmdir wb
```

查询：

公共的　模板　视频　图片　文档　下载　音乐　桌面

（7）cd：改变目录。

例子：

```
[admin@LinuxServer ~]$ cd wb
```

输出：

```
[admin@LinuxServer wb]$
```

解析：该命令的作用是改变当前目录。例如，像例子中执行的语句那样，在命令执行成功后，当前的目录结构就会发生改变，从之前的目录进入到新的目录里面。

（8）cd ..：返回上一级目录。

例子：

```
[admin@LinuxServer wb]$ cd ..
```

输出：

```
[admin@LinuxServer ~]$
```

解析：该命令的作用是返回上一级目录。通过观察结果可以看到，在命令执行成功之后，当前目录的位置已经从 wb 变成了~符号。

（9）cd /：返回根目录。

例子：

```
[admin@LinuxServer ~]$ cd /
```

输出：

```
[admin@LinuxServer /]$
```

解析：该命令的作用是返回 Linux 系统的根目录。通过观察结果可以看到，在命令执行成功之后，当前目录的位置已经从~符号变成/符号。这时通过 ls 命令查看当前目录，会看到诸如 bin、dev、home 这类 Linux 系统默认生成的文件夹，说明当前已经是根目录了，那么通过 cd 命令依次进入 home、admin 就可以回到之前的目录。

（10）touch：新建空文件。

例子：

```
[admin@LinuxServer wb]$ touch cos
```

查询：

cos   新文件~

解析：该命令的作用是创建一个空文件，从虚拟机中打开该文件的属性可以看到它的类型是"纯文本文档（text/plain）"，那么我们是否可以往里面写入内容呢？

（11）vim：编辑文件。

例子：

```
[admin@LinuxServer wb]$ vim cos
```

注意：执行 vim 后控制台会打开 cos 文件，但此时还不是编辑模式，也就是并不能往该文件里插入任何数据。此时，只要按下 i 键切换到编辑模式就可以往文件里插入数据了。

编辑模式：

```
我喜欢 cosplay！
我最喜欢的动漫是《黑执事》，
我最喜欢的角色是夏尔。~
~
-- 插入 --                                              1,20-16        全部
```

在完成编辑后，需要按下 Esc 键再次切换回非编辑模式，这样我们才能执行其他命令。按下 : 键，编辑器的光标会自动跳到末尾，这时可以输入参数来进行对当前文件的操作了。

参数：

- q——退出；
- q!——强制退出；
- wq——保存并退出。

在这里输入 wq，保存并退出。

解析：该命令的作用是对文件进行编辑。因为 vim 是 vi 的升级版命令，所有 vi 支持的操作 vim 都支持，所以此处直接讲解 vim 即可。需要注意的是 Linux 命令行模式下的编辑比较麻烦，需要时刻明白该文件当前的状态是"编辑模式"还是"非编辑模式"，只有在"非编辑模式"下才可以保存并且退出。

（12）cat：查看文件内容。

例子：

```
[admin@LinuxServer wb]$ cat cos
```

输出：

```
我喜欢 cosplay！
我最喜欢的动漫是《黑执事》，
我最喜欢的角色是夏尔。
```

解析：该命令的作用是查看文件的内容。cat 是一个非常简单好用的命令，当你沉浸在 Linux 中无法找到方向时，不如试试 cat 某个文件，它可以让你清晰直观地看到 Linux 系统中文件的内容，增强你学习的信心！

（13）cp：复制文件。

例子：

```
[admin@LinuxServer wb]$ cp cos test
```

查询：

```
cos  cos~  test  新文件~
```

解析：该命令的作用是复制文件。在本例中没有加目录直接把 cos 复制一份给了 test，实际上也可以加路径的，如 cp cos /home/admin/wb/test。

（14）more：翻页显示文件内容。

首先在 test 文件里添加很多内容，直到文件内容显示超过 50 行。

例子：

```
[admin@LinuxServer wb]$ more test
```

输出：

```
我喜欢 cosplay!
我最喜欢的动漫是《黑执事》,
我最喜欢的角色是夏尔。
--More--(24%)
```

解析：24%代表当前页面只显示了文件 24%的内容。这时，就需要使用文件的参数来进行更加符合我们意愿的显示了。这些参数的作用分别是：空格键向下翻一页；回车键向下翻一行；b 表示往前翻页；q 表示退出。:f 表示显示出当前文件名和当前行数；而/字符串表示在当前显示的内容中向下查询输入的字符串，如 "/塞巴斯蒂安"，文件就会自动跳转到最后。

（15）wc：统计文本的信息。

例子：

```
[admin@LinuxServer wb]$ wc test
```

输出：

```
66   50 1591 test
```

解析：统计的结果分别对应该文本的行数、字数、字符数。

（16）echo：在屏幕上显示自定义的提示。

例子：

```
[admin@LinuxServer wb]$ echo "stop stop stop"
```

输出：

```
stop stop stop
```

（17）mv：移动或改名。

例子 1：

```
[admin@LinuxServer wb]$ mv test testABC
```

查询 1：

```
cos  cos~  test~  testABC  新文件~
```

例子 2：

```
[admin@LinuxServer wb]$ mv cos /home/admin/wb/bear/cosplay
```

查询 2：

```
cosplay
```

解析：该命令的作用是移动文件或者目录，并且可以在移动的同时进行改名操作。

（18）rm：删除文件。

例子：

```
[admin@LinuxServer wb]$ rm bear/cosplay
```

查询：

无

解析：该命令的作用是删除文件。在本例中使用 rm 命令删除了指定目录 bear 底下的 cosplay 文件，重新查询后会发现该目录下已经没有任何文件。

（19）rmdir：删除空目录。

例子：

```
[admin@LinuxServer wb]$ rm bear
```

查询：

```
cos~   test~   新文件~
```

解析：该命令的作用是删除空目录。如果目录底下有文件，就会出现无法删除的提示。此时可以先使用 rm 删除文件，再使用 rmdir 删除目录。

（20）date：显示系统当前日期。

例子：

```
[admin@LinuxServer wb]$ date
```

输出：

```
2017 年 08 月 28 日 星期一 18:20:01 CST
```

解析：该命令的作用是显示系统当前日期信息。同样，该命令非常简单，也能输出一个令人直观上可接受的结果，可以增强学习 Linux 命令的信心。

（21）cal：显示当前系统日历。

例子：

```
[admin@LinuxServer wb]$ cal
```

输出：

系统日历

解析：该命令的作用是输出系统当前日历。直接输入 cal 会输出系统当前月份的日历，例如，2017 年 8 月份的情况；当然它还有其他参数，例如，输入 cal 2017，就会在屏幕上输出整个 2017 年每个月份的情况。具体的参数很多，还需要读者自行去研究。

5.3.2 高级命令

首先打开之前建立好的 CentOS 虚拟机，并且登录成功。使用 Xmanager 登录到虚拟机中，默认是当前用户的工作目录。本节重点讲述 Linux 的高级命令，所谓的高级命令并不是说该命令有多高深，而是根据命令的用途做了一个简单的区分。[admin@LinuxServer ~]$，admin 表示用户名，LinuxServer 表示主机名，以下是 Linux 的高级命令。

（1）ping：测试网络。

例子：

```
[admin@LinuxServer ~]$ ping www.baidu.com
```

输出：

```
PING www.a.shifen.com (220.181.112.244) 56(84) bytes of data.
64 bytes from 220.181.112.244: icmp_seq=1 ttl=128 time=26.7 ms
64 bytes from 220.181.112.244: icmp_seq=2 ttl=128 time=27.2 ms
64 bytes from 220.181.112.244: icmp_seq=3 ttl=128 time=27.9 ms

--- www.a.shifen.com ping statistics ---
3 packets transmitted, 3 received, 0% packet loss, time 2364ms
rtt min/avg/max/mdev = 26.795/27.311/27.926/0.467 ms
```

解析：该命令的作用是测试网络连通情况，和 Windows 的 ping 命令的作用是一样的。在 ping 百度网站的时候，发送了 3 次请求，收到了 3 次数据，0% 的数据包丢失，时间 2364 ms，说明网络连通正常，网速还比较快。该命令在运维的时候比较常用，判断项目正常运转的一个重要前提就是网络是否连通。

（2）who：显示当前 Linux 系统正在作业的用户。

例子：

```
[admin@LinuxServer ~]$ who
```

输出：

```
admin     tty1         2017-08-28 17:46 (:0)
admin     pts/1        2017-08-28 17:47 (192.168.80.1)
root      tty7         2017-08-28 18:46 (:1)
```

解析：该命令列出当前 Linux 系统正在作业的用户。在这里需要解释一下 tty 和 pts 的意思，在 Linux 中，tty 是指 Linux 的工作组，而 pts 是远程连接终端。那么可以看下这 3 个用户，我现在使用 Xmanager 远程连接了 Linux，登录账户为 admin，这个用户对应的是 pts/1；接着我在虚拟机中又使用 admin 直接登录了系统，这个账户对应的是 tty1；最后我又把 admin 切换成了 root 账户，这个 root 账户对应的就是 tty7。所以，这样看的话有 3 个用户连接进来作业，但实际上操作者都是我一个人，这个特点就是所谓的 Linux 系统支持多用户的体现。

（3）hostname：显示主机名称。

例子：

```
[admin@LinuxServer ~]$ hostname
```

输出:

```
LinuxServer
```

（4）df 显示磁盘空间。

例子:

```
[admin@LinuxServer ~]$ df
```

输出:

```
Filesystem            1K-blocks    Used Available Use% Mounted on
/dev/mapper/vg_linuxserver-lv_root
                     18003272 3819944   13262140  23% /
tmpfs                  502068     376     501692   1% /dev/shm
/dev/sda1              487652   34849     427203   8% /boot
/dev/sr0              3824484 3824484          0 100% /media/CentOS_6.8_Final
```

解析：该命令显示目前的磁盘空间以及对应的卷标。

（5）man 帮助手册。

例子:

```
[admin@LinuxServer ~]$ man clear
```

输出:

```
clear - clear the terminal screen
```

解析：该命令是帮助手册。输入 man 加上不懂的命令，便可以列出该命令的详细使用方法。clear 命令比较典型，是清除屏幕信息的意思。所以这个命令的输出就是与之有关的信息，例如，clear the terminal screen 的意思就是清除终端屏幕。

（6）arp：显示网络地址。

例子:

```
[admin@LinuxServer ~]$ arp
```

输出:

```
Address                 HWtype  HWaddress           Flags Mask            Iface
192.168.80.254          ether   00:50:56:eb:f8:03   C                     eth0
192.168.80.1            ether   00:50:56:c0:00:08   C                     eth0
192.168.80.2            ether   00:50:56:e5:e8:f0   C                     eth0
```

（7）su：切换用户。

例子:

```
[admin@LinuxServer ~]$ su root
```

输出:

```
[root@LinuxServer admin]#
```

解析：Linux 对权限和安全方面的控制非常严格，所以它的任何操作都会跟权限有关系，相比而言 Windows 就比较宽松一点。因此，在使用 admin 账号进行很多操作的时候都会提示权限不足，针对这种情况，可以使用 su root 切换到 root 权限来进行这些操作。

（8）rpm：软件包管理工具。

例子 1：

```
[admin@LinuxServer ~]$ rpm -qa
```

输出 1：

```
gnome-mag-0.15.9-2.el6.x86_64
libsss_idmap-1.13.3-22.el6.x86_64
totem-2.28.6-4.el6.x86_64
```

解析：查询已经安装了哪些软件包。使用该命令，可以看到系统中已经安装的软件包。

```
[admin@LinuxServer ~]$ ftp 127.0.0.1
bash: ftp: command not found
[admin@LinuxServer ~]$ su root
[root@LinuxServer admin]# ftp 127.0.0.1
bash: ftp: command not found
```

解析：使用 ftp 命令来连接主机 127.0.0.1，却提示找不到这个命令。因此切换到 root 账户，继续执行该命令，仍然提示找不到这个命令，可以判断不是权限问题导致的执行失败。而归根到底的原因，是系统没有安装 FTP 客户端。因此，我们需要使用 rpm 命令来安装 FTP 客户端。

例子 2：

```
[root@LinuxServer admin]# rpm -ivh http://mirror.centos.org/centos/6/os/x86_64/
Packages/ftp-0.17-54.el6.x86_64.rpm
```

输出 2：

```
Retrieving http://mirror.centos.org/centos/6/os/x86_64/Packages/ftp-0.17-54.el6.x86_64.rpm
warning: /var/tmp/rpm-tmp.NbR9TQ: Header V3 RSA/SHA1 Signature, key ID c105b9de: NOKEY
Preparing...                ########################################### [100%]
   1:ftp                    ########################################### [100%]
```

解析：使用 rpm -ivh 加安装路径就可以完成对 Linux 底下软件的安装，在输出中提示 100%即意味着安装成功。此时可以再次使用 ftp 相关的命令来测试一下是否可以执行成功。rpm -Uvh 加地址是升级软件包的意思，也可以起到安装的作用。

```
[root@LinuxServer admin]# ftp 127.0.0.1
ftp: connect: 拒绝连接
```

解析：这次系统提示的是拒绝连接，至少证明安装 FTP 客户端是有用的。至于拒绝连接，那是网络设置方面的问题。

例子 3：

```
[root@LinuxServer admin]# rpm -q ftp-0.17-54.el6.x86_64
```

输出 3：

```
ftp-0.17-54.el6.x86_64
```

解析：查看软件包是否安装，如果已经安装，则返回软件包名称。

例子 4:

```
[root@LinuxServer admin]# rpm -e ftp-0.17-54.el6.x86_64
```

查询 4:

```
[root@LinuxServer admin]# rpm -q ftp-0.17-54.el6.x86_64
package ftp-0.17-54.el6.x86_64 is not installed
```

解析:删除软件包后,再次使用查询命令会提示该软件包没有安装。

(9) ifconfig:查看当前 IP 信息。

例子:

```
[admin@LinuxServer ~]$ ifconfig
```

输出:

```
eth0      Link encap:Ethernet  HWaddr 00:0C:29:30:B8:A6
          inet addr:192.168.80.128  Bcast:192.168.80.255  Mask:255.255.255.0
          inet6 addr: fe80::20c:29ff:fe30:b8a6/64 Scope:Link
          UP BROADCAST RUNNING MULTICAST  MTU:1500  Metric:1
          RX packets:414 errors:0 dropped:0 overruns:0 frame:0
          TX packets:66 errors:0 dropped:0 overruns:0 carrier:0
          collisions:0 txqueuelen:1000
          RX bytes:29388 (28.6 KiB)  TX bytes:8644 (8.4 KiB)

lo        Link encap:Local Loopback
          inet addr:127.0.0.1  Mask:255.0.0.0
          inet6 addr: ::1/128 Scope:Host
          UP LOOPBACK RUNNING  MTU:65536  Metric:1
          RX packets:8 errors:0 dropped:0 overruns:0 frame:0
          TX packets:8 errors:0 dropped:0 overruns:0 carrier:0
          collisions:0 txqueuelen:0
          RX bytes:480 (480.0 b)  TX bytes:480 (480.0 b)
```

解析:该命令的作用是查看 Linux 环境下的 IP 信息。命令列出的信息很多,最有用的信息是 `inet addr:192.168.80.128`,它的意思是 IP 地址,也就是说使用 Xmanager 连接 Linux 服务器的话就需要连接这个 IP 地址。

5.3.3 部署命令

首先打开之前建立好的 CentOS 虚拟机,并且登录成功。使用 Xmanager 登录到虚拟机中,默认是当前用户的工作目录。本节重点讲述 Linux 的部署命令,这些部署命令也包括了与部署相关的备份、恢复等命令。`[admin@LinuxServer ~]$`,admin 表示用户名,LinuxServer 表示主机名,以下是 Linux 的部署命令。

(1) ps:显示进程。

例子 1:

```
[root@LinuxServer bin]# ps
```

输出 1:

```
PID TTY          TIME CMD
2758 pts/1    00:00:00 su
```

```
2764 pts/1    00:00:00 bash
2795 pts/1    00:00:05 java
2823 pts/1    00:00:00 su
2868 pts/1    00:00:00 su
2876 pts/1    00:00:00 bash
2896 pts/1    00:00:00 ps
```

解析：该命令列出了该用户下正在运行的进程。可以从中看到有一条是与 Java 相关的，这个进程就是启动 Tomcat 所产生的。

例子 2：

```
[root@LinuxServer bin]# ps aux | grep java
```

输出 2：

```
root      2951  5.9  6.0 1441372 60428 pts/1   Sl   14:33   0:03 /usr/bin/java
-Djava.util.logging.manager=org.apache.juli.ClassLoaderLogManager
-Djava.util.logging.config.file=/usr/local/tomcat6/conf/logging.properties
-Djava.endorsed.dirs=/usr/local/tomcat6/endorsed
-classpath :/usr/local/tomcat6/bin/bootstrap.jar -Dcatalina.base=/usr/local/tomcat6
-Dcatalina.home=/usr/local/tomcat6 -Djava.io.tmpdir=/usr/local/tomcat6/temp
org.apache.catalina.startup.Bootstrap start
root      2979  0.0  0.0 103328   848 pts/1   S+   14:34   0:00 grep java
```

解析：该命令列出了所有与 Java 相关的进程信息，其中，第一条 2951 是 Tomcat 启动所产生的，也就是需要操作的进程；第二条是执行这条语句产生的信息，可以忽略。

（2）kill：杀死进程。

例子：

```
[root@LinuxServer bin]# kill 2795
```

查询：

```
[root@LinuxServer bin]# ps
  PID TTY          TIME CMD
 2758 pts/1    00:00:00 su
 2764 pts/1    00:00:00 bash
 2823 pts/1    00:00:00 su
 2868 pts/1    00:00:00 su
 2876 pts/1    00:00:00 bash
 2914 pts/1    00:00:00 ps
```

解析：该命令杀死了 PID 为 2795 的进程，再通过 ps 命令列出当前存活的进程，发现刚才与 Java 相关的 2795 进程已经不存在了。一般情况下，最好通过 ./shutdown.sh 命令停止 Tomcat 的运行，但如果出现了什么未知问题导致 ./shutdown.sh 失效的话，可以使用 kill 加 PID 来杀死进程。如果 kill 也无法杀死该进程，可以使用 kill -9 加 PID 的方式来强制杀死进程。

这时需要进入 /usr/local/tomcat6/logs 文件夹里查看 catalina.out 日志文件，可以使用 Linux 命令查看。如果日志过多，可以使用 tail -f logs/catalina.out -n 500 命令查看日志的最后 500 行。

```
[root@LinuxServer logs]# tail -f catalina.out
八月 06, 2017 3:44:59 下午 org.apache.catalina.startup.HostConfig deployWAR
信息: Deploying web application archive manageServlet.war
八月 06, 2017 3:45:01 下午 org.apache.coyote.http11.Http11Protocol start
信息: Starting Coyote HTTP/1.1 on http-8080
```

```
八月 06, 2017 3:45:01 下午 org.apache.jk.common.ChannelSocket init
信息: JK: ajp13 listening on /0.0.0.0:8009
八月 06, 2017 3:45:01 下午 org.apache.jk.server.JkMain start
信息: Jk running ID=0 time=0/56  config=null
八月 06, 2017 3:45:01 下午 org.apache.catalina.startup.Catalina start
信息: Server startup in 2046 ms
```

（3）tail：显示文件尾部信息。

例子 1：

```
[root@LinuxServer logs]# tail catalina.out
```

输出 1：

```
八月 29, 2017 2:33:33 下午 org.apache.catalina.startup.HostConfig deployWAR
信息: Deploying web application archive manageServlet.war
八月 29, 2017 2:33:35 下午 org.apache.coyote.http11.Http11Protocol start
信息: Starting Coyote HTTP/1.1 on http-8080
八月 29, 2017 2:33:35 下午 org.apache.jk.common.ChannelSocket init
信息: JK: ajp13 listening on /0.0.0.0:8009
八月 29, 2017 2:33:35 下午 org.apache.jk.server.JkMain start
信息: Jk running ID=0 time=0/45  config=null
八月 29, 2017 2:33:35 下午 org.apache.catalina.startup.Catalina start
信息: Server startup in 1845 ms
```

解析：该命令可以查看文件尾部信息，默认是最后 10 行。从最后 10 行的日志来看 Tomcat 似乎是完全启动成功了，但如果需要更详细的信息，还需要在这个命令后面追加参数。

例子 2：

```
[root@LinuxServer logs]# tail -f catalina.out -n 500
```

输出 2：

```
java.net.UnknownHostException: LinuxServer: LinuxServer: 域名解析暂时失败
    at java.net.InetAddress.getLocalHost(InetAddress.java:1496)
    at org.apache.jk.common.ChannelSocket.unLockSocket(ChannelSocket.java:484)
    at org.apache.jk.common.ChannelSocket.pause(ChannelSocket.java:283)
    at org.apache.jk.server.JkMain.pause(JkMain.java:681)
    at org.apache.jk.server.JkCoyoteHandler.pause(JkCoyoteHandler.java:153)
    at org.apache.catalina.connector.Connector.pause(Connector.java:1073)
    at org.apache.catalina.core.StandardService.stop(StandardService.java:563)
    at org.apache.catalina.core.StandardServer.stop(StandardServer.java:744)
    at org.apache.catalina.startup.Catalina.stop(Catalina.java:628)
    at org.apache.catalina.startup.Catalina.start(Catalina.java:603)
    at sun.reflect.NativeMethodAccessorImpl.invoke0(Native Method)
    at sun.reflect.NativeMethodAccessorImpl.invoke(NativeMethodAccessorImpl.java:57)
```

解析：该命令可以查看文件尾部信息，参数-f 可以让 tail 命令不停地读取最新的日志内容，这样可以起到实时监控项目的效果，可以使用 Ctrl+C 命令来停止运行。-n 500 表示从末行往上选取 500 条记录来查看。

（4）zip：压缩。

例子 1：

```
[admin@LinuxServer wb]$ zip cos.zip cos
```

输出 1：

```
adding: cos (deflated 12%)
```

解析：该命令单纯地把 cos 文件压缩成了 cos.zip 文件。

例子 2：

```
[admin@LinuxServer wb]$ zip -r wb.zip ./*
```

输出 2：

```
cos  cos.zip  wb.zip
```

解析：该命令把当前目录 wb 下的所有文件完整地压缩成了 wb.zip，-r 参数的意思是递归子目录。

（5）unzip：解压缩。

先使用 rm 删除 cos 文件，接着再进行解压缩的操作，以便更好地观察命令执行的效果。

```
[admin@LinuxServer wb]$ rm cos
[admin@LinuxServer wb]$ ls
cos.zip  wb.zip
```

例子 1：

```
[admin@LinuxServer wb]$ unzip cos.zip
```

输出 1：

```
Archive:  cos.zip
inflating: cos
```

查询 1：

```
[admin@LinuxServer wb]$ ls
cos  cos.zip  wb.zip
[admin@LinuxServer wb]$ cat cos
我喜欢 cosplay!
我最喜欢的动漫是《黑执事》，
我最喜欢的角色是夏尔。
```

例子 2：

```
[admin@LinuxServer wb]$ unzip -o -d /home/admin/wb/zcx wb.zip
```

输出 2：

```
Archive:  wb.zip
inflating: /home/admin/wb/zcx/cos
extracting: /home/admin/wb/zcx/cos.zip
```

查询 2：

```
[admin@LinuxServer wb]$ ls
cos  cos.zip  wb.zip  zcx
```

解析：unzip 解压缩很简单，在命令后面加上压缩文件名称即可，最多再加上指定的目录。参数 -o 的作用是在不提示的情况下覆盖文件；参数 -d 的作用是指定压缩目录。其他的参数还有很多，可以在日常工作中慢慢学习。

（6）`tar`：压缩相关命令。

例子 1：

```
[admin@LinuxServer wb]$ tar -cvf cos
```

例子 2：

```
[admin@LinuxServer wb]$ tar -xvf cos.tar
```

解析：`tar` 命令可以同时执行压缩和解压缩操作，需要用不同的参数来区分。例如，在本例中使用 `-cvf` 这几个参数组合来进行压缩操作，使用 `-xvf` 这几个参数组合来进行解压缩操作：

- `-c`——建立压缩文件；
- `-z`——支持 gzip 解压文件；
- `-v`——显示过程；
- `-f`——文件名称；
- `-x`——解压缩。

（7）`chmod`：权限设置。

在 Linux 执行很多操作的时候都需要涉及权限的概念，设置权限是熟练掌握 Linux 不能越过的一个坎。而要做到熟练管理权限，就必须先理解 Linux 中对权限所做的概念定义。为了学习权限需要设计一个典型的场景。例如，Linux 当前用户是 `admin`，理论上我只可以操作属于 `admin` 的文件夹，但我需要让它删除另一个其权限之外的文件夹，而执行这个操作无疑会报错。但是，我们可以通过为它赋予这样的权限让它完成删除操作。为了实现这个场景，建议使用 root 账户登录 Linux 图形界面来操作会比较方便一点，也不容易出错。

```
[admin@LinuxServer home]$ ls
admin  lzs
[admin@LinuxServer home]$ rmdir lzs
rmdir: 删除 "lzs" 失败: 权限不够
```

使用 `admin` 账户删除 `lzs` 文件夹的时候提示了权限不够，解决该问题的方法要么是使用 `su` 切换到 root 账户来操作，要么就是为 `admin` 账户赋予权限。

```
[admin@LinuxServer home]$ ll
总用量 8
drwx------. 32 admin admin 4096 8月  29 16:11 admin
drwxr-xr-x.  2 root  root  4096 8月  29 16:35 lzs
```

从查询结果可以看到，有两条记录，可以选择 lzs 文件夹作为学习权限的入口。权限的学习比较难，我们争取以最简单高效的方式来学习。首先，需要明白 lzs 文件夹权限的构成是什么意思？有一种很简单的方法就是拆分法，可以把第一个字母单独放出来，后面不论有多少个字符，都把它以 3 个字符分为一组，这样下来就会出现 3 组字符。每个字母的含义如下：r 表示可读（read），w 表示可写（write），x 表示可执行（execute）。例如：

```
drwxr-xr-x
```

- 首字母 d 代表的是目录。
- 第一组 `rwx`，拥有者（owner）权限，也就是创建者 root 的权限，分别是可读、可写和可执行。这样看来，root 账户对这个文件夹支持所有操作。

- 第二组 r-x，同组用户（group）权限，可读、可执行。
- 第三组 r-x，其他用户（others）权限，可读、可执行。

明白了权限的定义，就应该清楚，如果想让 admin 账户删除 lzs 文件夹，就需要给它赋予 w 可写的权限，只有这样才能完成删除操作。那么问题就来了，具体要怎么赋予它权限呢？从这一连串的字符中可以看到 Linux 默认为该目录做了 3 个分组，每个分组对应的权限不同。那么我们只需要找到 admin 对应的分组不就可以了吗？admin 对应的分组可能是第三组，也就是其他用户权限。注意：在进行权限赋予的时候需要使用 su 切换到 root 账户。

- u 表示所有者。
- g 表示同组用户。
- o 表示其他用户。
- a 表示所有用户。

例子 1：

```
[root@LinuxServer home]# chmod o+w lzs
```

查询 1：

```
[root@LinuxServer home]# ll
总用量 8
drwx------. 32 admin admin 4096 8月  29 17:17 admin
drwxr-xrwx.  2 root  root  4096 8月  29 16:35 lzs
```

解析：该命令用来修改权限，o+w 表示为其他用户增加写入权限。执行成功后，通过 ll 命令查看最新的信息，lzs 文件夹的权限已经发生改变了，其他用户的权限从 r-x 变成了 rwx。这时，我们便可以使用 admin 账户对 lzs 进行删除操作了。

```
[admin@LinuxServer home]$ rmdir lzs
rmdir: 删除 "lzs" 失败: 权限不够
```

此时仍然提示权限不够，由此推断出应该是赋予权限的问题了。接下来，我们给同组用户也赋予可写的权限后再试试删除操作。而这次赋予权限的操作，我们使用第二种方式数字设定法来做。

首先我们知道 lzs 当前的权限是 drwxr-xrwx。那么该如何用数字来表示呢？其实只要知道数字的对应关系就可以了，如 r4、w2 和 x1。这样，只要把 3 个分组的数字累加起来就可以得出代表权限的数字了。

- 拥有者（owner）权限为 rwx = 4+2+1=7。
- 同组用户（group）权限为 r-x=4+1=5。
- 其他用户（others）权限为 rwx=4+2+1=7。

得出的结论是：757。理论上只需要把同组用户（group）权限改成 7，不就完成了对 lzs 这个文件夹的最高权限的赋予了吗？这样的话，无论哪个用户对它做任何操作都是满足权限的。

例子 2：

```
[root@LinuxServer home]# chmod 777 lzs
```

查询 2：

```
[root@LinuxServer home]# ll
总用量 8
drwx------. 32 admin admin 4096 8月   29 17:33 admin
drwxrwxrwx.  2 root   root   4096 8月   29 16:35 lzs
```

我们使用 admin 账户再次删除 lzs 文件夹试试结果。

```
[admin@LinuxServer home]$ rmdir lzs
rmdir: 删除 "lzs" 失败：权限不够
```

遗憾的是，结果仍然是提示权限不够，那么问题究竟出现在哪里呢？很明显是 admin 没有 home 权限的目录，导致了 home 目录下的 lzs 无法删除，而接下来只需要修改 home 目录的权限即可。

```
[root@LinuxServer /]# chmod 777 home
[root@LinuxServer /]# su admin
[admin@LinuxServer /]$ cd home
[admin@LinuxServer home]$ rmdir lzs
[admin@LinuxServer home]$ ls
admin
```

解析：修改了 lzs 目录的权限，由此发现，使用 admin 账户并不能删除它，直到修改了它的上一级目录 home 的权限，才能顺利地进行删除操作。其实，如果一开始直接使用 chmod -R 777 home 这个命令的话，就没有这么多事情了，-R 参数可以递归遍历子目录，修改子目录下的所有内容的权限。

（8）防火墙。在 Linux 中有很多操作都跟防火墙有关系，防火墙的开启和关闭决定着这些操作是否可以执行成功。本例主要讲与防火墙相关的命令。

例子 1：

```
[root@LinuxServer wb]# service iptables status
```

输出 1：

```
iptables：未运行防火墙。
```

解析：该命令用来检测防火墙的开启状态。

例子 2：

```
[root@LinuxServer wb]# chkconfig iptables on
[root@LinuxServer wb]# chkconfig iptables off
```

解析：该命令用来开启和关闭防火墙，参数 on 是开启；参数 off 是关闭。需要注意的是这个操作执行成功后还需要重启计算机才可以生效。

例子 3：

```
[root@LinuxServer wb]# service iptables start
iptables：应用防火墙规则：                              [确定]
[root@LinuxServer wb]# service iptables stop
iptables：将链设置为政策 ACCEPT：filter                 [确定]
iptables：清除防火墙规则：                              [确定]
iptables：正在卸载模块：                                [确定]
```

解析：该命令用来开启和关闭防火墙，参数 start 是开启；参数 stop 是关闭。需要注意的是这个操作执行成功后即时生效但重启后失效。

5.3.4 shell 脚本入门

shell 脚本类似于 Windows 的批处理文件，是把很多不同种类的命令保存在一个文件中。这些指令可以操作数组、循环、条件分支还有逻辑判断等功能，是面向过程的编程。学会使用 shell 脚本，可以轻松地实现 Linux 操作系统中的一些复杂的操作，不论是在编程还是在运维中都比较常用。明白了 shell 脚本可以做的事情，接着我们就来写一个 shell 脚本的 Hello World 程序，让读者透彻地理解 shell 脚本并且可以轻松入门。

1. 向屏幕输出内容

首先在 admin 目录下新建 shell 文件夹，专门用来保存本节的 shell 脚本。接着使用 Linux 命令行方式创建下面的 shell 脚本：

```
[admin@LinuxServer shell]$ vim HelloShell.sh
```
输入该命令后：系统会创建好 HelloShell.sh 文件。但是它会进入编辑界面，这时需要按下 i 键，使其进入 insert 方式，然后在编辑模式输入以下命令。
```
#!/bin/bash
echo "Hello World!"
```
完成了内容的编辑后，按下 Esc 键退出编辑状态，再按下:键进入非编辑状态，输入 wq 保存并且退出。如果此时对刚才输入的内容有所疑问的话，可以使用 cat 命令来查看编辑结果。
```
[admin@LinuxServer shell]$ cat HelloShell.sh
```
在执行 shell 脚本之前，最好修改一下 shell 脚本的权限，以防止执行失败。因为只是练习需要，不必太纠结权限的合理划分，直接给到最高权限即可。
```
[admin@LinuxServer shell]$ chmod 777 HelloShell.sh
```
确定 shell 脚本无误后，使用./的方式来执行 shell 脚本。
```
[admin@LinuxServer shell]$ ./HelloShell.sh
Hello World!
```

解析：shell 脚本是面向过程的解读方式，与 Java 面向对象是有区别的。这一点学习过 C 语言和早期 VF 等语言的同学可能会深有体会。但话又说回来了，无论哪种语言都是各有所长的，这也是面向过程的语言（如汇编语言）至今仍然存在的原因。例如，我们总不能让汇编语言直接面向对象来编程吧？

这个 shell 脚本很简单，#!/bin/bash 是固定标识，这是约定俗成的内容，表明脚本的解释器，而 echo 命令直接是输出文本的。相信学会了这个入门的 shell 脚本，大家肯定会在短时间内触类旁通了。至于执行 shell 脚本的方式有很多，这里只需要掌握./的方式即可。是不是觉得很熟悉？Tomcat 的启动和关闭也是这种操作。

2. for 循环

使用 Linux 命令行方式创建下面的 shell 脚本：

```
[admin@LinuxServer shell]$ vim ForShell.sh
```
输入该命令后：系统会创建好 ForShell.sh 文件，但是它会进入编辑界面，这时需要按下 i 键，使其进入 insert 方式，然后在编辑模式输入以下命令。
```
#/bin/bash
for app in 1 2 3
do
    echo "$app"
done
```
完成了内容的编辑后，按下 Esc 键退出编辑状态，再按下:键进入非编辑状态，输入 wq 保存并且退出。如果此时对刚才输入的内容有所疑问的话，可以使用 cat 命令来查看编辑结果。
```
[admin@LinuxServer shell]$ cat ForShell.sh
```
在执行 shell 脚本之前，最好修改一下 shell 脚本的权限，以防止执行失败。因为只是练习需要，不必太纠结权限的合理划分，直接给到最高权限即可。

```
[admin@LinuxServer shell]$ chmod 777 ForShell.sh
确定 shell 脚本无误后，使用./的方式来执行 shell 脚本。
[admin@LinuxServer shell]$ ./ForShell.sh
1
2
3
```

解析：在 ForShell.sh 这个 shell 文件中，我们完全没有必要彻底弄懂 shell 脚本里的每个命令的详细情况。其实根据经验就可以明白它的含义，如 for app in 123 语句，这个语法跟 JavaScript 的 for in 循环基本上是一致的。如果你本身就会 for in 循环，看到这个语句对它的作用也就猜得八九不离十了。接下来看到 echo "$app"，无非是输出一个 app 的变量罢了，这一点跟数据库的存储过程极为相似。至于 done 的意思直接使用英文原意理解就可以了，它就是完成的意思。所以整个 shell 脚本的写法就是这样简单高效，毫不拖泥带水！

3. 查找/shell 目录下是否存在输入的文件

使用 Linux 命令行方式创建下面的 shell 脚本：

```
[admin@LinuxServer shell]$ vim ExistFileShell.sh
输入该命令后：系统会创建好 ExistFileShell.sh 文件，但是它会进入编辑界面，这时需要按下 i 键，使其进入
insert 方式，然后在编辑模式输入以下命令。
#/bin/bash
echo "请输入文件名："
read fileName
if test -e /home/admin/shell/$fileName
then echo "文件已存在！"
else echo "文件不存在！"
fi
完成了内容的编辑后，按下 Esc 键退出编辑状态，再按下:键进入非编辑状态，输入 wq 保存并且退出。如果此时对刚
才输入的内容有所疑问的话，可以使用 cat 命令来查看编辑结果。
[admin@LinuxServer shell]$ cat ExistFileShell.sh
在执行 shell 脚本之前，最好修改一下 shell 脚本的权限，以防止执行失败。因为只是练习需要，不必太纠结权限的
合理划分，直接给到最高权限即可。
[admin@LinuxServer shell]$ chmod 777 ExistFileShell.sh
确定 shell 脚本无误后，使用./的方式来执行 shell 脚本。
[admin@LinuxServer shell]$ ./ExistFileShell.sh
请输入文件名：
ForShell.sh
文件已存在！
[admin@LinuxServer shell]$ ./ExistFileShell.sh
请输入文件名：
test
文件不存在！
```

解析：在 ExistFileShell.sh 这个 shell 脚本中，使用 echo 命令来输出提示文本，让用户来输入文件名；再使用 read 命令来读取用户输入；接着使用 test -e 来判断文件是否存在，如果存在输出"文件已存在！"，如果不存在输出"文件不存在！"。至于 fi 的作用，它就是标识该 if 语句结束的意思。

5.4 DOS 介绍

在之前的几节里我们重点学习了 Linux 常用的命令，而在本节我们开始学习一些 DOS 常用的命令。首先需要明白，DOS 是一个历史悠久的磁盘操作系统，在计算机发展的早些年代，它的地位是比较重要的，而到了近些年，DOS 逐渐成了 Windows 操作系统下的一种工具。造成这种情况的原因

主要是对于多数用户而言，通过输入命令来操作计算机仍然是比较困难的，大家习惯的操作方式仍然是视窗，这就跟 Linux 系统同时支持视窗和终端模式是一个道理。可是如果彻底放弃 DOS 的话也是不行的，因为 Windows 系统崩溃了是比较难以修复的。在这种情况下，我们只有重启计算机进入 DOS 系统，把重要的文件备份出来，甚至还需要依靠 DOS 来修复 Windows，所以说学习常用的 DOS 命令是非常有必要的。

5.4.1 基本命令

点击开始菜单，在运行栏输入 cmd 命令即可打开 DOS 界面，其实不论是程序员还是普通的用户对此并不陌生。很多操作在 Windows 下实现并不容易，相反在 DOS 下却很容易。比较典型的是当 Windows 系统崩溃后，我们会习惯性地使用 DOS 来恢复系统（这种方式持续了很多年），例如，在开机的时候按下 F8 进入命令行模式，可以在 DOS 下进行文件的备份，或者把重要文件从系统盘转移到非系统盘，再利用 Ghost 进行一键恢复等，总之要完成这些操作的话不会 DOS 命令是不行的，下面是 DOS 的基本命令。

（1）切换盘符。

例子：

```
C:\>z:
```

结果：

```
Z:\>
```

解析：这是 DOS 最基本的命令之一，因为操作系统分为若干个磁盘，而在管理的时候需要用这种方式来切换磁盘。

（2）mkdir：新建目录。

例子：

```
Z:\>mkdir wb
```

结果：

如果没有提示错误，即为命令执行成功。

（3）cd：进入目录。

例子：

```
Z:\>cd wb
```

结果：

```
Z:\wb>
```

解析：进入成功后，命令提示符的目录结构会发生变化。

（4）copy con：新建文件。

例子：

```
Z:\wb>copy con A.txt
```

输入回车后，系统会进入编辑状态等待用户输入。输入完后，在按 F6 或者^Z 的时候，系统会创建 abc.txt 这个文件，并把缓冲区内的内容写入到这个文件中。最后，按下回车文件就会创建成功。

```
叶修^Z
已复制             1 个文件。
用同样的方法再创建两个文件，分别是 B.txt、C.txt。
Z:\wb>copy con B.txt
黄少天^Z
已复制             1 个文件。
Z:\wb>copy con C.txt
周泽楷^Z
已复制             1 个文件。
```

（5）dir：查询文件。

例子：

```
Z:\wb>dir
```

输出：

```
驱动器 Z 中的卷是新加卷
卷的序列号是 CE08-8BD2

 Z:\wb 的目录

2017/08/31  21:30    <DIR>              .
2017/08/31  21:30    <DIR>              ..
2017/08/31  21:28                     4 A.txt
2017/08/31  21:30                     6 B.txt
2017/08/31  21:30                     6 C.txt
               3 个文件              16 字节
               2 个目录 28,777,127,936 可用字节
```

（6）cls：清屏。

例子：

```
Z:\wb>cls
```

输出：

```
Z:\wb>
```

（7）rmdir：删除文件夹。

例子：

```
Z:\wb>rmdir test
```

结果：

没有报错，顺利返回命令提示符即为成功。
```
Z:\wb>
```

（8）del：删除文件。

例子：

```
Z:\wb>del A.txt
```

结果：

没有报错，顺利返回命令提示符即为成功。
```
Z:\wb>
```

（9）cd..：返回上一级目录。

例子：

```
Z:\wb\test>cd..
```

结果：

```
Z:\wb>
```

（10）cd\：返回根目录。

例子：

```
Z:\wb\test>cd\
```

结果：

```
Z:\>
```

（11）type：查看文件内容。

例子：

```
Z:\wb>type B.txt
黄少天
```

（12）ren：修改文件名。

例子：

```
Z:\wb>ren B.txt YYSF.txt
```

结果：

```
没有报错，顺利返回命令提示符即为成功。
Z:\wb>
```

（13）copy：复制文件。

```
Z:\wb>copy C.txt z:\wb\test
已复制         1 个文件。
```

（14）date：显示或者设置系统日期。

```
Z:\wb>date
当前日期: 2017/08/31 周四
输入新日期: (年月日)
```

解析：该命令执行成功后，光标处可以输入新的日期。如果只是查看系统日期而不需要设置的话，直接按回车键即可。

5.4.2　高级命令

本节介绍一些常用的高级命令，所谓的高级命令只是在概念上区别于基本的操作命令。

（1）ping：检查网络情况。

```
Z:\wb>ping www.baidu.com
正在 Ping www.a.shifen.com [220.181.111.188] 具有 32 字节的数据:
来自 220.181.111.188 的回复: 字节=32 时间=25ms TTL=54
```

```
来自 220.181.111.188 的回复：字节=32 时间=26ms TTL=54
来自 220.181.111.188 的回复：字节=32 时间=26ms TTL=54
来自 220.181.111.188 的回复：字节=32 时间=25ms TTL=54
220.181.111.188 的 Ping 统计信息：
    数据包：已发送 = 4，已接收 = 4，丢失 = 0 (0% 丢失)，
往返行程的估计时间(以毫秒为单位)：
    最短 = 25ms，最长 = 26ms，平均 = 25ms
```

解析：该命令执行成功后，会列出 ping 命令执行的详细情况，从结果可以分析出当前的外网是否连通。

（2）ipconfig：查询网络配置。

```
Z:\wb>ipconfig
Windows IP 配置
以太网适配器 本地连接：
    连接特定的 DNS 后缀 . . . . . . . :
    本地链接 IPv6 地址. . . . . . . . . : fe80::2900:923a:50ea:d30d%11
    IPv4 地址 . . . . . . . . . . . . : 192.168.9.100
    子网掩码 . . . . . . . . . . . . : 255.255.255.0
    默认网关. . . . . . . . . . . . . : 192.168.9.1
```

解析：使用该命令列出的信息很多，但最有用的信息是本机 IP 地址，也就是 IPv4 地址。这个信息是我们经常需要用到的。

（3）批处理文件的建立。

```
Z:\wb>copy con like.bat
输入回车后，系统会进入编辑状态等待用户输入。输入完后在按 F6 或者^Z 的时候，系统会创建 like.bat 这个文件，
并把缓冲区内的内容写入到这个文件中。最后，按下回车文件就会创建成功。
@echo "全职高手"
@echo %date%
已复制          1 个文件。
Z:\wb>like
"全职高手"
2017/08/31 周四
```

解析：批处理文件的建立和执行都很简单，但它的难点在于过程的编辑和掌控，这需要非常高超的技术，还有对批处理命令极高的熟练度。本节内容只为了带读者入门，了解 DOS 的批处理文件的原理。批处理文件在过去的用途非常广泛，近些年 DOS 系统的使用率逐渐下降，而进行批处理文件编程的人也在急剧减少，也许是有了更好的处理方式吧。

5.5 SVN 与 Git 版本控制

在项目迭代中，我们需要开发代码、检视代码，管理代码，如此庞大的工作量靠个人维护是不行的，只有依靠代码管理工具来进行专门的维护才是正确的做法。例如，一个项目的上线，可能会需要不同的版本，这些版本有 PC 端、App 端等，这些不同的版本可能对应不同的代码分支，而对这些代码的其他分支，还有主分支的维护并不是简单的事情，搞得不好就会陷入混乱。所以在这种情况下，代码版本控制工具的出现自然是应运而生。

代码版本控制工具有很多，如 VSS、StarTeam、SVN 和 Git 等，这些工具的作用基本上都差不多，但在使用方面却是有很多的不同，其中最常用的工具莫过于 SVN 和 Git 了。说到两者的区别，可谓是"仁者见仁，智者见智"，网上的讨论也是众说纷纭。但归根到底综合起来看，它们的差异主要是这些：

SVN 是集中式版本控制工具，版本库在一台预先布置好的服务器上。在工作的时候，大家都需要从版本服务器上检出最新的代码到本地，接着在本地配置好项目环境就可以干活了。当修改完本地的代码，通过与服务器上的最新代码对比差异无误后，再把本地代码上传到服务器上。与此同时，项目组其他成员也可以检出该文件的最新版本。SVN 的这种小组协作方式，保证了它在集中式办公领域的优势。另外，SVN 对中文的支持特别好，操作都是可视化的图形界面，学习起来简单、成本低，任何人都可以快速入手。

Git 是分布式版本控制工具，项目组成员从主分支上检出代码后，每个人的电脑上都有一个完整的代码库。它的优点是分支化管理强，也适合不同地区的项目组成员协作，但是它对中文支持得不好，而且使用难度比较大且不易上手，对 Git 不熟悉的程序员可能需要通过几天时间的学习和磨合才能熟练掌握，而 SVN 可能只需要半天的时间。造成这种情况的主要原因是 Git 的提交过程需要分两次，第一次需要把代码提交到本地，使本地的代码保持最新，接着还需要把本地的最新代码再次提交到服务器上。因为 Git 是分布式版本控制工具，所以它需要每个人往服务器提交代码的前提就是本地的代码也是最新的。所以如果项目组成员对 Git 不太熟悉，可能遇见代码冲突的时候就会难以解决。

5.5.1　SVN 常用操作

使用 SVN 需要安装它的客户端，全称 TortoiseSVN，也可以称之为乌龟。至于版本号不要太旧即可，在这里选择 1.7 的。安装方式很简单，但最好按照计算机的位数来选择对应的版本。例如，现在大家的电脑应该都是 64 位的，所以选择 64 位的 TortoiseSVN 来安装就好了，具体界面如图 5-3 所示。

点击 Next，选择同意协议，继续点击 Next，接着会出现选择安装目录，这里选择非系统盘（如 D:\Program Files\TortoiseSVN）即可。继续点击 Next，最后点击 Install 即可完成安装。

这时在任意磁盘的空白处，单击鼠标右键会出现 "SVN 检出" 和 "TortoiseSVN" 的功能菜单。其实不论是 "SVN 检出" 还是 "TortoiseSVN" 菜单下的功能，都需要我们有一个代码库（地址）才可以顺利完成工作，否则空有 SVN 客户端软件是毫

图 5-3　安装 TortoiseSVN

无作用的。但是在此之前，可以进入 Settings 里在 General 里找到 Language 选项，把语言从 English 改成中文。尽管有些同学英语比较好，但提交版本事关重大，还是最好在中文界面下操作比较安全。

此时还是先模拟一个代码服务器是最好的，第一步需要安装 VisualSVN Server，也就是 SVN 的服务器端。该软件的安装也比较简单，但需要注意的是最好把 Location 设置到非系统盘，如 D:\Program Files\VisualSVN Server，而仓库则放在保存项目的磁盘，如 E:\Repositories，其他的保持默认即可。去掉使用安全连接的勾选，使用端口 80，点击 Next 后完成安装。

打开 SVN 的服务器端，可以看到图 5-4 所示的界面。

选中 Repositories，点击右键选择 Create New Repository 功能。接着系统会弹出对话框，有两个选项底下有很多介绍，但含义很简单。Regular FSFS repository 选项的意思是建立普通库，Distributed VDFS repository 选项的意思是建立分布式库。

在这里选择普通库，接着需要输入仓库名称，因为这个仓库只是为了演示 SVN 的日常功能，所以名称直接输入 wb 即可，以方便和正式的项目区分。接着系统会提示是建立空库还是自动生成 trunk、branches 和 tags 这 3 个子目录，选择生成子目录。最后，系统会提示选择版本库的权限，保持默认的 "All Subversion users have Read/ Write access" 即可，这句话的意思是 "所有 Subversion 的用户都有权限"，这就是我们想要的选项。至此仓库创建成功，如图 5-5 所示。

 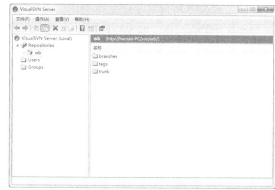

图 5-4　VisualSVN Server 界面　　　　　　图 5-5　VisualSVN Server 创建仓库

因为之前设置了只有 Subversion 的用户才有权限操作该仓库，所以在这里需要建立一个 Subversion 用户来完成演示。选中左侧的 Users 文件夹，点击右键选择 Create New User 功能，在弹出的对话框里分别输入用户名和密码，点击 OK 即可完成创建。在这里，我们输入 wb 和 123456。

最后需要把本地的源码迁入仓库，这样这个仓库才能变成真正意义上的代码库、版本库。这时进入到 E 盘，在根目录下点击右键，在弹出的菜单中选择 TortoiseSVN 下的检出功能，具体如图 5-6 所示。

从图 5-6 中可以看到，我们需要使用版本库直接检出到 E 盘的目录下，点击确定可以完成这个操作。而在点确定之前可以试着先看看该版本库的日志，因为大家都知道 SVN 是会记录每一个操作的日志的，这时版本库刚建立还没有进行任何操作，是可以看到第一条操作日志的。点击显示日志，输入用户名和密码后，可以看到第一条操作日志如图 5-7 所示。

图 5-6　TortoiseSVN 检出功能　　　　　　图 5-7　TortoiseSVN 的日志

从图 5-7 中可以看到版本库刚建立时的 3 个操作，trunk、branches 和 tags 这 3 个子目录的生成操作都被记录到了版本库的日志里，这才真正是这个版本库日志历史的开端。而接下来，我们每一个操作的日志都会在之后被增加和记录下来。关闭日志信息回到主界面后，点击确定，该版本库就正式建立好了，接下来我们就可以在这个版本库里做一些 SVN 日常的操作了。

进入 E:\wb 目录，可以看到这里已经有了对应的 trunk、branches 和 tags 文件夹了，在做 SVN 的操作之前最好先弄清楚这 3 个文件夹的含义比较好。trunk 是主分支的意思，保存代码的主版本；branches 是分支的意思，如果客户需要对项目进行定制化开发，便可以从主分支中拆出一条分支来保存在该文件夹里；tags 是标记不同阶段的版本发布，可以把里程碑版本保存在这里。

现在可以往 trunk 主分支里存放一些伪代码文件，来模拟真实的操作了。例如，我在 trunk 主分支下新建了 3 个文件，分别是张三、李四、王五的文本文件，用来存放他们的个人信息。那么这些文件在本地新建成功后服务器上是没有它们的，所以我们需要使用 SVN 的第一个操作就是提交代码了，也就是把这 3 个文件提交到服务器上，测试文件如图 5-8 所示。

进入 trunk 文件夹，点击右键选择 SVN 提交，在弹出的对话框中输入信息后，再点击确定即可完成提交操作，SVN 提交成功如图 5-9 所示。

图 5-8　测试文件

图 5-9　SVN 提交成功

如果想验证提交是否成功，可以直接使用版本库浏览器来对比两侧的数据，也可以直接进入 VisualSVN Server 中的版本仓库里面查看，在 trunk 文件夹下肯定多了这 3 个文件。进行了这几步操作后，读者对 SVN 的原理和操作套路应该都能有个大概的熟悉了，至于其他的操作步骤都是大同小异的。例如，在 trunk 文件夹底下再新建一个文件，它自然会在图标上标志一个问号，表示这个文件还没有真正纳入 SVN 的管理，此时就可以选中它，直接提交或者选择加入功能都可以实现推送到服务器的目标。

可话又说回来，在 trunk 文件夹下的 3 个文件张三、李四、王五，他们分别用绿色对号表示被 SVN 纳入了控制，如果此时删除了其中的 1 个文件再选择提交的话，同样的服务器上也会删除这个文件。如果修改了其中的 1 个文件内容选择提交的话，服务器上的内容也会随之发生改变。值得注意的是在 TortoiseSVN 菜单下还有一些实用的功能，如显示日志、检查修改、更新至版本、与前一版比较等，这些功能都很简单，读者可以自行操作尝试。

既然 SVN 这么方便，又很适合协同作战，那么在 MyEclipse 中能否集成 SVN 呢？答案是肯定的。已经新建了一个项目，如何通过 SVN 直接把这个项目的主分支检出到 MyEclipse 呢？这才是重点。如果可以这样做的话，岂不是妙不可言了吗？为了实现这个目的，需要在 MyEclipse 中集成 SVN 插件。具体的集成过程是这样的：下载 SVN 插件的压缩文件 site-1.8.4.zip，直接把文件下的 features 目

录和 plugins 目录解压到 MyEclipse 安装目录下的 dropins 目录，重启软件。如果 SVN 插件安装成功，在 MyEclipse 中点击导入项目的时候，会出现"从 SVN 检出项目"一栏，具体界面如图 5-10 所示。

接下来我们就使用 SVN 插件来导入 wb 项目，看看它在 MyEclipse 是怎样的一种情况？点击 Next，在需要输入 URL 的文本框输入项目 wb 的地址。注意：因为 trunk 是主分支，所以此处只检出 http://human-PC/svn/wb/trunk 即可。点击 Next，经过权限认证后选中代码库 http://human-PC/svn/wb/trunk，点击 Next 会弹出检出设置，可以根据项目的实际意义起一个合理的项目名称。wb 项目下存放的是一些用户信息，那么就把项目名称改为 user 好了，点击 Finish。此时，我们会在 MyEclipse 的 Package Explorer 窗口中发现一个 user 项目，它的目录结构如图 5-11 所示。

图 5-10 SVN 插件

图 5-11 目录结构

与此同时我们对该项目的所有增加、删除、修改等操作都可以提交到服务器，与远程代码库保持一致，即便是有多人同时做项目也可以有条不紊地进行，这就是代码管理工具 SVN 的精髓所在了。在 MyEclipse 中操作 SVN 与使用 TortoiseSVN 是一样的，只不过它基本上所有的操作都在 Team 菜单里。

SVN 插件大部分操作与 TortoiseSVN 是一样的，但集成的插件多了几个功能，在代码协作方面也有一些新的要求。例如，在更新和提交代码之前最好使用"与资源库同步"功能，通过左右两侧的对比来查看代码库和本地项目的区别；如果对某个文件有疑问，不妨使用"显示资源历史记录"来查看

项目团队中所有人的修改记录，通过逐个对比找出自己想要的结果；如果某个文件实在损坏得无可救药的时候，不妨直接使用 Replace With 菜单下的"资源库的最新内容"直接来替换本地文件。

至于分支相关的高级功能，其实也不复杂。它的应用场景大概是这样的：项目开发到了一个不错的阶段，把当前的主分支拆出另外一个从分支，而这个从分支则是给另一个团队用的 UAT 演示版本。在这个版本里，可能需要屏蔽一些不成熟的功能，而开发团队也是不相同的。鉴于这种情况，便可以使用分支/标记功能，给当前代码库创建一个副本，点击 Finish 即可创建好这个分支，详情如图 5-12 所示。

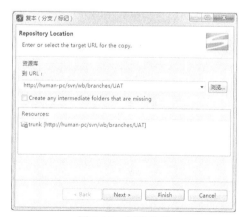

图 5-12 创建分支

而选中"切换工作副本为新的分支/标记"的意思是把工作副本切换到 UAT 分支，暂时不用选择

这个。创建好分支之后，可以选择继续在这个主分支下开发，也可以选择切换到从分支下开发。最后，可以选择合并功能，把主分支和从分支的代码合并到一起，这就是一套完整的分支开发流程。

5.5.2　Git 常用操作

使用 Git 需要安装它的客户端，打开 https://git-for-windows.github.io，点击 Download 按钮来下载 Git 软件，在这里选择版本 Git-2.14.1-64-bit.exe，Git 的安装界面如图 5-13 所示。

因为 Git 安装软件是纯英文的且选项较多，为了方便读者学习，本节会对安装的每个细节都做详细的讲解。接着选择安装路径，如 D:\Program Files\Git，点击下一步进入设置 Git 环境的界面。该步骤比较关键，其中有 3 个选项，如图 5-14 所示。第一个选项是只能选择命令行模式；第二个选项是同时支持 Windows 和 Linux，建议选择；第三个选项是只支持 Linux。

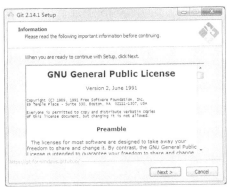

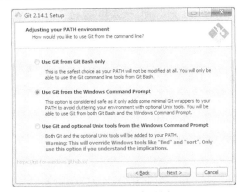

图 5-13　Git 安装界面　　　　　　　　　图 5-14　Git 环境设置

接着选择换行格式，同样有 3 个选项。第一个选项是推荐适用于 Windows 的；第二个选项是说明这是跨平台项目，意为同时支持 Windows 和 Linux；第三个选项是不做任何转换。在这里我们选择第三个选项，详情如图 5-15 所示。

接着需要选择 Git 的终端模式。第一个选项是默认的 MinTTY 模式，第二个选项是使用 Windows 风格的终端模式，此处选择默认的第一个即可，选项如图 5-16 所示。

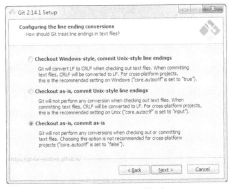

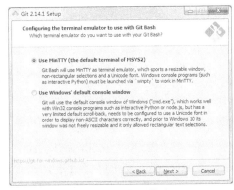

图 5-15　Git 换行格式　　　　　　　　　图 5-16　Git 终端模式

接着需要选择 Git 的其他设置，这步 Git 已经推荐了默认的设置，就是启用文件缓存和许可证管理，所以直接点击 Install 完成安装即可。安装成功后，其实已经可以正式使用 Git 了。打开 Git Bash 可以进入命令窗口模式，在这里可以通过输入 Git 命令来完成日常操作。当然，如果大家习惯使用图形界面的话推荐安装 TortoiseGit，具体的安装过程跟 TortoiseSVN 是差不多的，同时 TortoiseGit 仍然很好地支持了中文。

Git 的安装正式结束了，接下来我们进入 Git 命令的学习环节。在学习过程中还会穿插 Git GUI 的操作方法，把两者结合起来才能更好地理解 Git 的操作原理。首先进入 Git Bash 中的命令窗口模式，在该模式下可以进行 Git 命令的学习。

（1）创建用户：

```
Administrator@human-PC MINGW64 ~
$ git config --global user.name "wangbo"
Administrator@human-PC MINGW64 ~
$ git config --global user.email "453621515@qq.com"
```

解析：因为 Git 是分布式版本控制工具，所以需要填写用户名和邮箱作为标识。global 参数表示该计算机上所有仓库都使用以下配置。

（2）创建版本库。版本库就是代码仓库，针对版本库的所有操作都会被记录下来，这一点跟 SVN 是一样的。同时，如果在某个节点出现了问题，也可以进行还原操作。

```
Administrator@human-PC MINGW64 ~
$ cd e:
Administrator@human-PC MINGW64 /e
$ cd book
bash: cd: book: No such file or directory
Administrator@human-PC MINGW64 /e
$ mkdir book
Administrator@human-PC MINGW64 /e
$ cd book
Administrator@human-PC MINGW64 /e/book
$ pwd
/e/book
Administrator@human-PC MINGW64 /e/book
$ git init
Initialized empty Git repository in E:/book/.git/
```

解析：首先进入 E 盘，创建 book 文件夹，最后通过 Git 命令 git init 把 book 目录转变成 Git 仓库。与此同时，book 目录下也会出现.git 文件夹来存放所有与 Git 操作相关的内容。

（3）增加文件。在版本库 book 目录下新增文本文件 like.txt：

```
Administrator@human-PC MINGW64 /e/book (master)
$ git add like.txt
```

（4）提交文件：

```
Administrator@human-PC MINGW64 /e/book (master)
$ git commit -m "我喜欢的书籍"
[master (root-commit) 530fa87] 我喜欢的书籍
 1 file changed, 1 insertion(+)
 create mode 100644 like.txt
```

这时打开 Git GUI 工具，可以查看目前版本库的内容。使用 Open Existing Repository 打开 E 盘的 book 版本库。在菜单 Repository 选择 Browse master's Files 出现仓库主分支的内容，双击 like.txt 文件即可查看关于该文件的所有操作记录。同时，使用 TortoiseGit 也能完成类似的操作，详情如图 5-17 所示。

（5）查看版本库状态：

```
Administrator@human-PC MINGW64 /e/book (master)
$ git status
On branch master
nothing to commit, working tree clean
```

解析：git status 用于查看版本库的状态，而输出结果明确地显示了"没有需要提交的内容，工作空间很干净"，接下来我们可以修改 like.txt 文件的内容再次执行试试看。

图 5-17　仓库主分支

在命令行模式下，再次输入 git status 来查看版本库状态，结果发现已经有了改变，但并不知道改变的内容。

```
Administrator@human-PC MINGW64 /e/book (master)
$ git status
On branch master
Changes not staged for commit:
  (use "git add <file>..." to update what will be committed)
  (use "git checkout -- <file>..." to discard changes in working directory)
        modified:   like.txt
no changes added to commit (use "git add" and/or "git commit -a")
```

（6）查看修改内容：

```
Administrator@human-PC MINGW64 /e/book (master)
$ git diff like.txt
diff --git a/like.txt b/like.txt
index 4d6d014..ed4360d 100644
--- a/like.txt
+++ b/like.txt
@@ -1 +1,2 @@
-<A1><B6><B1><B1><C9>C<E3>U<C1><F7><A1><B7>
\ No newline at end of file
+<A1><B6><B1><B1><C9>C<E3>U<C1><F7><A1><B7>^M
+<A1><B6>U<CD><FE><B5><C4>l<C1>ŏ<B7>
\ No newline at end of file
```

解析：git diff 用于查看修改内容。执行的结果列出了修改内容，但因为中文无法显示，接下来我们加入英文符号试试看。

```
Administrator@human-PC MINGW64 /e/book (master)
$ git diff like.txt
diff --git a/like.txt b/like.txt
index 4d6d014..09a3d27 100644
--- a/like.txt
+++ b/like.txt
@@ -1 +1,4 @@
-<A1><B6><B1><B1><C9>C<E3>U<C1><F7><A1><B7>
\ No newline at end of file
+<A1><B6><B1><B1><C9>C<E3>U<C1><F7><A1><B7>^M
+<A1><B6>U<CD><FE><B5><C4>l<C1>ŏ<B7>^M
+^M
+ABC
\ No newline at end of file
```

解析：可以看到末尾显示增加了"ABC"字符，说明可以看到效果。接着再次修改文件，在 like.txt 文件末尾加入"666666"。

```
Administrator@human-PC MINGW64 /e/book (master)
$ git diff like.txt
diff --git a/like.txt b/like.txt
index 09a3d27..eabdce7 100644
--- a/like.txt
+++ b/like.txt
@@ -1,4 +1,5 @@
 <A1><B6><B1><B1><C9>C<E3>U<C1><F7><A1><B7>
 <A1><B6>U<CD><FE><B5><C4>l<C1>ծ<B7>

-ABC
\ No newline at end of file
+ABC^M
+666666
\ No newline at end of file
```

解析：可以看到末尾增加了"666666"。

（7）其他问题。刚才我们对 like.txt 文件进行了多次操作，接着对它进行一次提交却发现出现了问题。

```
Administrator@human-PC MINGW64 /e/book (master)
$ git commit like.txt
```

提交没有成功，只是进入了一个类似 Linux 编辑器的日志文件里。

```
# Please enter the commit message for your changes. Lines starting
#with '#' will be ignored, and empty message aborts the commit.
#
# On branch master
# Changes to be committed:
#       modified:   like.txt
#
```

解析：该提示信息的意思是在提交文件的时候必须加入注释，否则无法提交。要解决这个问题其实很简单，只需要稍微修改一下这段话使其发生变化即可。移动光标把英文字符前的#号去掉，输入:wq 保存文件。

```
# Please enter the commit message for your changes. Lines starting
#with '#' will be ignored, and empty message aborts the commit.
#
 On branch master
 Changes to be committed:
       modified:   like.txt
#
```

最后，使用 git commit 命令再次提交 like.txt，发现已经没有任何问题。

```
Administrator@human-PC MINGW64 /e/book (master)
$ git commit like.txt
[master 02e63df]  On branch master  Changes to be committed:    modified:   like.txt
 1 file changed, 1 insertion(+)
```

熟悉了这些命令的操作，相信读者已经对 Git 有了更深刻的认识。至于 Git 对于代码提交方面的诀窍，可以参考以下的要点。

- clone：克隆会把 Git 上最新的版本库完全检出到本地。
- commit：把代码提交到本地仓库。
- fetch：从 Git 服务器获取最新版本到本地，并不做 merge 操作。
- pull：从 Git 服务器获取最新版本到本地，并且做 merge 操作。
- push：把本地最新代码提交到 Git 服务器。

5.6 Visio 画图

Visio 是一款简易的画图工具，使用它可以轻松地画出项目中所需要的图表，而且上手容易，普通开发人员经过一阵摸索后也可以熟练使用。虽然 Visio 比较简单，但是如果使用得好一样可以画出非常专业的图表来。

架构师不但需要高超的编程技巧，同时还需要具备分析需求的能力。那么架构师是如何把原始的需求转交给程序员呢？这就需要考验架构师的绘图能力了。在这里推荐一款入门极其简单并且可以满足大部分绘图需求的软件，那就是 Microsoft Visio。架构师可以把自己对需求的分解，转变为 Visio 图表传达给程序员，以便程序员理解和开发，这就是架构师需要掌握 Visio 的意义。Visio 的安装非常简单，这里就不再赘述，只是讲解一个典型的例子，供大家学习即可。Visio 的版本高低其实并不重要，牢牢地掌握 Visio 的学习方法才是最重要的，接下来以 Visio 2003 来讲解一个典型的例子，Visio 界面如图 5-18 所示。

从图 5-18 可以看出 Visio 2003 版本虽然低，但从类别中已经列出了软件开发当中基本上用到的所有图表。这些内容非常简单，基本上都是傻瓜式操作，程序员们随便点点就可以学会。在这里还是讲解一个典型的例子吧，熟练掌握了这个画图例子，不论是任何系统、任何业务都可以用来借鉴。

在进行需求调研的时候，经常会涉及数据流向图，来表明业务的初始化数据最终走向何处？这种图表就可以使用 Visio 来做，例如，这个图标很典型地表明了一个简单的业务，就是用户通过 Web 服务器把数据写入 MySQL

图 5-18　Visio 界面

数据库的过程。而 Web 服务器的地址是：127.0.0.1:8080，而 MySQL 服务器的地址是：127.0.0.1:3306。这个图表的画法并没有任何错误，而程序员一眼就能明白这个图标的含义。但问题就来了，如何让这个图表变成程序员可以识别的需求呢？其实不妨把这个图表在 Web 服务器那里多加两个分支，一个分支是 Save() 保存数据的接口，另一个分支是 Update() 更新数据的接口，这样的话程序员就会明白，我们在做这个需求的时候，需要把保存功能的接口名称写成 Save()，更新功能的接口名称写成 Update()。

至于具体的画法，就是直接从图 5-18 的列表中选择合适的图形，直接拖入文档中即可完成绘图。

双击图形可以在内部添加文字，其他字体、颜色设置也跟 Office 系列的产品保持一致，是不是很简单？需要注意的是保持图形的格式大小很重要，这一点可以打开视图菜单下的"大小和位置窗口"，在该窗口里直接输入计算好的数值，就可以保持几个对应图形的大小一致。如果提示不能修改，可以点击该窗口的右键，在新弹出的小窗口中去掉"自动调整"的功能，Visio 画图如图 5-19 所示。

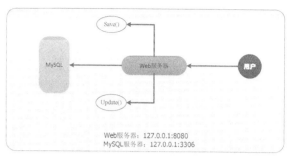

图 5-19　Visio 画图

5.7　Axure 原型设计

Axure RP 是一个专业的原型设计工具，主要用来绘制项目开发过程中需要的原型设计图。Axure RP 具有简单易用、专业高效的特点，能满足不同行业对于原型图、流程图等的绘制要求。Visio 可以做的事情 Axure RP 都可以实现，但两者的操作习惯不一样，而我们一般用 Axure RP 来做动态的原型图，以方便给客户演示。Axure RP 是英文的，如果需要汉化的话，可以把汉化包的 lang 文件夹复制到 Axure RP 的安装路径下即可，如 D:\Program Files (x86)\Axure\Axure RP 8，如果不再需要汉化，可以把该文件夹删除，Axure RP 界面如图 5-20 所示。

从图 5-20 中可以看到，Axure RP 的界面虽然与 Visio 不同，但在功能方面似乎有很多相似之处。例如，最为典型的就是左侧的基本元件

图 5-20　Axure RP 界面

里面出现了矩形，这跟 Visio 的类别提供的矩形是一样的。接着我们来画一个简单的 Axure RP 原型图，它的功能是实现登录，如图 5-21 所示。

这是一个极其简单的登录图，主要作用是来给客户演示。那么问题就来了，如果演示的话是否考虑登录验证的功能呢？如果说想把一个原型做得非常精致，那么肯定是要考虑的。例如，类似密码不满足 6 位数的情况，是不是就要提示登录失败呢？但是可以姑且不考虑这个问题，直接让它登录成功，本例的作用主要是讲解基本用法和学习思路。

Axure RP 提供的元素似乎比 Visio 好看一点，大家都习惯用 Axure RP 来做动态的联动事件。例如，登录按钮右上角有个 1，表明它有一个事件。接着，可以看看这个事件究竟链接到哪里去了？当我们选择登录按钮的时候可以观察右侧属性发生了变化。这时只需要在左侧的页面列表，选中登录界面这个主页面，右键选择添加"子页面"，名称叫作"登录成功"，再往里面输入一段文字"您已经成功登录本系统！"，就可以完成事件的设置，如图 5-22 所示。

图 5-21 登录界面

图 5-22 事件设置

在图 5-22 中矩形的用例 1 触发了事件从而打开登录成功的页面。如果想查看效果的话，需要选择菜单栏发布下的预览功能。点击预览功能后，这时 Axure RP 会自动打开浏览器，我们便可以在浏览器中查看效果，这时只要点击登录按钮，原型图就会自动跳转到之前设置好的登录成功页面，如图 5-23 所示。

图 5-23 预览功能

5.8　代码编辑器

在程序开发中，需要经常用到很多的编辑器来进行代码的查看和修改。这些编辑器的特点各有千秋，所谓尺有所短寸有所长。在选择这些编辑器的时候，需要针对它们的功能来选择最适合完成当前工作的一款。当然因为编辑器占用空间比较少，不妨把它们都安装在电脑中也不失为一个好的选择。

1. UltraEdit

UltraEdit 的功能非常强大，因此占用的内存也稍微大点。它基本上支持所有类型的编码操作，在内部也增加了很多实用的功能。UltraEdit 怕是很多 Java 工程师的入门级编辑器，不论是在学习还是工作阶段。如果计算机的内存足够大，可以用它来打开 GB 级容量的文本，这一点在处理 SQL 脚本的时候经常用到。说到这里可以联想一下，如果我们手上有一个数据库脚本，需要从这个全量脚本里找出所有用户名为"张三"的数据，再把它进行批量替换，而使用 UltraEdit 完全可以实现这种操作，这不但是因为它提供了这个功能，更重要的是它支持大容量文件的打开，替换功能如图 5-24 所示。

在这里选择全部替换，就可以实现该 SQL 脚本的正确修改。除了这个特点外，UltraEdit 还支持漂亮的语法着色功能，它会根据打开文件的后缀来启用不同的着色方案，这一点比使用记事本写代码要感觉好多了。最后，UltraEdit 还有一个不得不说的特点就是列模式，工作中需要经常用这个功能来做数据库脚本。例如，我想批量查询 A 表、B 表、C 表的数据情况，如果单独写的话需要逐个去写，但如果使用 UltraEdit 的列模式就会简单得多。

可以直接把 A、B、C 这 3 个表通过换行的方式写到编辑器里，再回到 A 的左侧，点击菜单的列功能再点击列模式切换过来。接着通过按下鼠标左键往下拉，并且同时选中这 3 列。接着对它们进行编辑的时候就可以完成按列编辑，是不是特别方便？当然这只是 3 个表，如果在项目中需要对几百张表进行编辑呢？是不是可以通过数据库导出表名再通过列模式，同时对这几百张表进行 SQL 编辑，写出符合需求的脚本呢？答案是可行的，这也是 UltraEdit 很好用的一个特色，列模式如图 5-25 所示。

图 5-24　替换功能

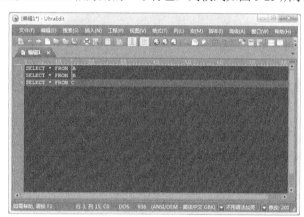

图 5-25　列模式

2．EditPlus

EditPlus 的功能和 UltraEdit 差不多，但它最大的特点是轻量级，占用内存少，编辑起来不卡顿。同时它也支持语法高亮、代码折叠等功能，有时候使用 UltraEdit 打开几十个文件进行编辑的话很慢，可使用 EditPlus 却不会有这种感觉，我们可以轻松地在这几十个文件中切换，进行代码的编写。但遗憾的是 EditPlus 对 GB 级的大文件支持得并不太好，有时候文件稍微大些就会无法打开！EditPlus 的界面如图 5-26 所示。

3．Sublime Text

Sublime Text 是一个非常棒的编辑器，但它区别于其他编辑器的最大特色是语法着色非常漂亮，这也导致了很多前端工程师的青睐。如果你是一个喜欢把代码写得很风骚的人，不妨试试这款编辑器，它绝对会符合你的审美。其实通过对 Sublime Text 菜单栏功能的逐个查看，可以看出 Sublime Text 提供的功能基本上和 UltraEdit、EditPlus 并无二致，只不过一些名称有所不同。但不论如何，选择哪种编辑器还是看个人喜好了，但 Sublime Text 绝对适合喜欢把代码写得精致的人，Sublime Text 界面如图 5-27 所示。

4．Dreamweaver

Dreamweaver 的中文名称是"梦想编织者"，它是曾经的"网页制作三剑客"之一，其他两款软件分别是 Fireworks、Flash。在那个静态网站的年代，如果不会这三个软件，你都不好意思说自己会制作网页，如果再加个作图工具 Photoshop 你就会变得完美无瑕。作者有幸使用过最早的 Dreamweaver

版本之一 Dreamweaver3.0。它发布于 1999 年 12 月，是个经典的版本，配置较差的机器也可以完美运行，速度很快且功能够用，而此时的 Dreamweaver 已经是一个集网页制作和站点管理两大利器于一身的超重量级的工具了。

　　　　图 5-26　EditPlus 界面　　　　　　　　　图 5-27　Sublime Text 界面

后来随着 Flash 的兴起，"网页制作三剑客"更是达到了炉火纯青的地步。十几年前的互联网有一阵是 Flash 的天下，因为当时的在线视频非常不清楚，人们根本不能忍受那种渣渣画质，所以没人愿意在几 MB 的带宽下观看又卡又烂的视频。于是 Flash 那种轻量级、速度快、画质高的品质很快受到了众多网友的青睐，那个年代被称作"Flash 动画的年代"。可随着 Web2.0 的兴起，交互性成了网站的必需，再加上宽带的提速和高清视频的涌现，Flash 最终被请下了神坛，靠 Flash 赖以生存的网站在短时间内烟消云散！

　　闲话不多说了，言归正传。Dreamweaver 之所以没有被淘汰的很大一个原因就是它对前端开发支持得特别好，例如，在学习 Java 开发的时候，老师们为了讲解 HTML，可能就会让学生打开 Dreamweaver 自己练习自己折腾。为什么呢？因为 Dreamweaver 有极好的语法提示功能，这正是学习前端所必备的，因为前端语法的复杂性甚至比后端都有过之而无不及！Dreamweaver 很好地利用了自己的这个优势，从而活到了现在。例如，使用 Dreamweaver 新建了一个 HTML 文件，可以直接切换到代码模式，显示出当前 HTML 页面的源码。例如，在当前 HTML 文件中输入了一个按钮，在按下空格的时候，Dreamweaver 会自动提示该按钮的所有属性，以供程序员选择，这是非常方便的利器！它不但降低了前端开发的难度，还使前端学习增加了乐趣。而制作好的 HTML 文件，还可以通过预览功能在浏览器中查看。

　　如果不懂 HTML 代码也可以切换到设计模式，在页面上画一个表格，这样的话再切换回代码模式的时候，Dreamweaver 就会自动把我们在设计模式下所有的属性、样式都以代码的形式展现出来，程序员便可以轻松地复制这段代码到 MyEclipse 中去进行项目的开发了，Dreamweaver 界面如图 5-28 所示。

5. Beyond Compare

Beyond Compare 严格意义上来说并不是代码编辑器，但如果硬要归到这里的话也是可以的，毕竟它支持代码的编写。该工具最大的作用是进行代码比较，并且以不同的颜色来显示差异，以供程序员甄别。在 MyEclipse 中通过 Team 下的"与资源库同步"是可以完成代码比较的功能，可是如果不在 IDE 中进行比较，那就需要借助其他工具了。Beyond Compare 在这方面做得非常出色，是程序员必须掌握的一个软件。有了它，在进行代码比较的时候会方便很多，代码只有在不出错的情况下才能够提交。

　　至于比较的方法也非常简单，打开 Beyond Compare 软件，把需要比较的两个文件分别拖入软件的界面即可。例如，A.java 和 B.java，B 文件比 A 文件多了一个 age 属性，这种区别可以轻松地比较出来，并且用颜色来标识，而在左下角会统计出共有多少个差异部分，代码比较如图 5-29 所示。

图 5-28　Dreamweaver 界面

图 5-29　代码比较

5.9　小结

　　本章主要讲解了架构师所需要的编程环境，该环境需要熟悉 Windows、Linux 以及这些操作系统下的常用命令，只有这样才能够适应不断变化的软件需求；熟悉 SVN 与 Git 版本控制工具，才可以做到在开发中有条不紊地管理好代码的各种分支；而熟悉 Visio 和 Axure RP 才可以在项目开发过程中，合理地画出需求的原型图和说明图；至于对不同编辑器的学习，则让我们在写代码的时候更加游刃有余。

　　编程环境的完善，是一个架构师应该具有的觉悟。否则面对那么多纷纭的代码，没有称手的工具怎么能应付得来？编程环境需要不停地完善，也需要顺应时代的发展。一些被淘汰的软件，可以逐渐取消关注；一些新兴的软件，则需要不断地学习。但不论如何，程序员前期对编程环境完善地越充分，后期的需求怎么改变都可以做到以不变应万变。

第 6 章

架构师思想

架构师和高级程序员还是有一定的区别的，首先架构师需要对整个项目的框架组成负责，而高级程序员有可能更多地是对他所开发的模块负责。大家可以联想一下，如果某个模块出现了问题，我们可以采取紧急地处理，要么修复好问题要么屏蔽该模块，这样项目仍然是可运行状态的。而框架出现了问题就不好处理了，例如，在项目运行平稳的情况下突然出现了高并发的现象，而架构师一开始并没有考虑到高并发的情况或者对此准备不充分，就会让整个项目崩溃。好点的情况是重启服务器恢复正常，严重的话就会影响到项目产生的利润了。所以本章会着重讲解架构师应该具备的思想和技能，为程序员进阶架构师打下坚实的基础。本章采用概念加实例的讲解模式，在学习之前需要梳理一下思路，例如，本章的代码会分别对应升级后的管理系统 manage 项目，还有专门的练习项目 practise，这一点需要读者留意，而涉及数据库安装的环节可以直接参考第 7 章的内容。

6.1 数据类型

Java 数据类型是一切编程的基础。数据类型的概念比较简单，但细节方面的内容就比较繁多也难以记住。但不论如何数据类型的概念是需要牢固掌握的，因为它是编程大厦的砖石。如果不能充分理解基本数据类型，对于实际需求的开发可能会做得千疮百孔。另外理解了数据类型对于新技术的学习也是极有帮助的，只要基础牢固才能够越发往上。首先我们需要明白，不论是增删改查还是其他通信编程，Java 中绝大部分的操作是基于内存的，如果没有内存一切都无法说起。而数据类型就是跟内存息息相关的事物，它会让我们合理地使用内存。说到数据类型就不得不说起变量，这两者在使用的时候通常会在一起。

举个例子：我们需要存储张三这个姓名，那么就必须为此开辟一块内存区域。用 Java 的语法来说就是 `String name = "张三"`。在这个简短的语句中，`String` 是数据类型，`name` 是变量名称，而张三就是对变量的赋值。理论上如果我们丢弃了 `String` 直接声明 `name = "张三"`，这样做在逻辑上是可以行得通的，因为确实是开辟了内存的一块区域并且存入了数据。但是数据类型是让我们合理地使用内存的，如果所有的变量都不使用数据类型来修饰，那么编程世界可就乱套了！只有对每个变量都声明数据类型，我们在编程的时候才能根据该变量的数据类型获取到针对该变量的操作方法，只有这样并然有序，编程的逻辑才能接着往下行走。这些基础的数据类型就像是 Java 世界的砖石，如果它们不可靠，那么我们投入精力构建的程序世界就会轰然倒塌！

在 Java 中数据类型意味着合理的内存空间和与之对应的一组操作，如类型转换的方法等。合理使用数据类型是编程的基础，也是架构师应该充分理解的内容。例如，一个项目有很多增删改查的操作，而这些操作就是针对数据的，合理的数据类型会把项目中所用到的数据分成若干分支，以便我们持续地科学地开发项目。例如，针对字符数据有与之对应的一套逻辑，针对布尔数据有与之对应的一套逻辑，针对日期数据有与之对应的一套逻辑，只有把它们分门别类才能进行有效地编程，这就跟我们一提起 Java Bean 就能明白它是数据模型类、数据传输类的概念是一个道理。

Java 的数据类型分为内置数据类型和引用数据类型。其中内置数据类型有 8 种，分别是 `byte`、`short`、`int`、`long`、`float`、`char`、`double` 和 `boolean`。而引用数据类型主要指在声明变量的时候就指定一个确定的类型，如 `Student`、`Employee` 等。而 `Student`、`Employee` 这些数据类型往往是我们自定义的，从现实世界中抽象出来的数据类型。例如，`Student stu = new Student()` 这段语句的意思是我们声明了一个学生类，而它对应的数据类型自然就是学生类型。

针对数据类型的取值范围，其实并不需要我们去刻意铭记，因为这些数值都已经以常量的形式封装在了数据类型里。例如，`Byte.SIZE`、`Byte.MIN_VALUE` 和 `Byte.MAX_VALUE` 等，我们只需要在使用的时候用 `System.out.println(Byte.SIZE)` 语句直接输出即可。

6.1.1　Object

`Object` 从英文单词的意思来说是物体、目标、对象的意思，但没有确切的指是哪一个具体的事物。所以 Java 使用 `Object` 作为所有类的超类，只有 `Object` 没有父类。这样的话如果某个数据没有指定明确的类型或者暂时不确定的话，都可以把它置为 `Object` 数据类型，可以理解为该类型兼容一切。无论什么样的数据类型都可以使用 `Object` 来接收，可以把它当作暂时的容器，等确定了数据类型后再把 `Object` 的数据转换成对应的数据类型即可。

`Object` 用来接收数据一般体现在与数据库交互后的结果集上，如果难以确定查询出来的数据结果的时候，可以先用 `Object` 来接收。而其他的操作，还是需要遵守 `Object` 提供的方法。例如，这段代码是无编译错误的，这就说明了 `Object` 类型可以存储任何数据，`ObjectDemo` 类 `Object` 部分如代码清单 6-1 所示。

代码清单 6-1　ObjectDemo.java

```
Object obj = new Object();
obj = "张三";
obj = 123;
Object[] obj2  = new Object[2];
obj2 [0] = new String("张三");
obj2 [1] = new Integer(123);
```

代码解析

第一块代码使用 `Object` 类型分别保存了字符数据和数值数据。第二块代码使用 `Object` 类型的数组来分别保存字符数据和数值数据。这两段代码均没有错误且能够顺利通过编译，说明了 `Object` 的特性和典型用法。

6.1.2 byte 和 Byte

byte 是 Java 中最小的整数类型，数据大小是 8 位，即 1 字节，取值范围是−128～127，默认值是 0。Byte 是它的封装类，为它提供一系列可操作的方法。需要注意的是它的取值范围比较小，如果赋值为 128 程序就会报错。如果想学习它们的用法，可以参考这个典型的例子，ObjectDemo 类 byte 部分如代码清单 6-2 所示。

代码清单 6-2　ObjectDemo.java

```java
byte by1 = 6;
System.out.println(by1);
Byte by2 = 8;
String test = by2.toString();
System.out.println(test);
System.out.println(test.getClass());
```

代码解析

本例同时声明了 by1 和 by2 两个变量，by1 是基本数据类型，by2 是封装类。by1 输出的结果是 6，但是它没有可用的方法。而 by2 的初始值是数值型数字 8，我们使用封装类提供的 toString() 方法即可把它转换成字符串再使用 test 来接收，这样输出 test 的值仍然是 8，但它的数据类型已经变成了字符串，这一点可以通过 getClass() 方法来验证，它的输出值是 class java.lang.String。

6.1.3 short 和 Short

short 是短整型，数据大小是 16 位，即 2 字节，取值范围是−32768～32767，默认值是 0。Short 是它的封装类，为它提供一系列可操作的方法。如果想学习它们的用法，可以参考这个典型的例子，ObjectDemo 类 short 部分如代码清单 6-3 所示。

代码清单 6-3　ObjectDemo.java

```java
short sh = 8;
System.out.println(sh);
Short sh2 = 8;
System.out.println(sh2);
```

代码解析

本例中同时声明了 short 原始类型和 Short 封装类型，对它们的赋值都是 8。

6.1.4 int 和 Integer

int 是整型，数据大小是 32 位，即 4 字节，取值范围是−2147483648～2147483647，默认值是 0。Integer 是它的封装类，为它提供一系列可操作的方法。如果想学习它们的用法，可以参考这个典型的例子，ObjectDemo 类 int 部分如代码清单 6-4 所示。

代码清单 6-4　ObjectDemo.java

```java
int int1 = 6;
Integer int2 = 8;
int int3 = int2.intValue();
System.out.println(int1);
System.out.println(int2);
```

```
System.out.println(int3);
System.out.println(int2.MAX_VALUE);
System.out.println(int2.MIN_VALUE);
```

代码解析

在这段代码中，`int1` 的输出值是 6，而我们对它也只是纯粹地声明变量并没有做其他事情，也不能做其他事情，因为基本数据类型没有任何可供运行的方法。`int2` 是封装类，它提供了一系列整型数据的操作方法。例如，典型地把 int2 转换成 `int` 类型，再使用 `int3` 来接收的这种场景。但是转换后 int3 仍然是没有任何方法的。最后，可以使用 MAX_VALUE、MIN_VALUE 这些静态常量来输出 int 数据类型的最大值和最小值。如果遗忘了概念，可以利用这些方法来及时查询。

6.1.5　long 和 Long

`long` 是长整型，数据大小是 64 位，即 8 字节，取值范围是−9223372036854775808～9223372036854775807，默认值是 0L。如果想学习它们的用法，可以参考这个典型的例子，`ObjectDemo` 类 `long` 部分如代码清单 6-5 所示。

代码清单 6-5　ObjectDemo.java

```
long long1 = 6;
Long long2 = 8L;
long long3 = long2.SIZE;
System.out.println(long1);
System.out.println(long2);
System.out.println(long3);
System.out.println(long2.MAX_VALUE);
System.out.println(long2.MIN_VALUE);
```

代码解析

在这段代码中声明了 3 个变量。long1 是基本数据类型，可以用来表示数值但没有方法。long2 是封装类，Java 为它提供了一系列可供选择的方法来满足编程需求。long3 的赋值是通过 long2 的静态变量 SIZE 来赋值的。其他的代码如 long2 的 MAX_VALUE 和 MIN_VALUE 分别表示了 long 数据类型的取值范围。注意：直接使用封装类赋值的时候，需要在数值后面加上对应的类型标识，例如，Long 的类型标识是 L，否则程序无法通过编译。

6.1.6　float 和 Float

`float` 是单精度浮点型，数据大小是 32 位，即 4 字节，取值范围是 1.4E-45～3.4028235E38，默认值是 0.0f。`Float` 是它的封装类，为它提供一系列可操作的方法。如果想学习它们的用法，可以参考这个典型的例子，`ObjectDemo` 类 `float` 部分如代码清单 6-6 所示。

代码清单 6-6　ObjectDemo.java

```
float float1 = 6;
Float float2 = 8F;
float float3 = float2.SIZE;
System.out.println(float1);
System.out.println(float2);
System.out.println(float3);
System.out.println(float2.MAX_VALUE);
System.out.println(float2.MIN_VALUE);
```

代码解析

在这段代码中声明了 3 个变量。float1 是基本数据类型，可以用来表示数值但没有方法。float2 是封装类，Java 为它提供了一系列可供选择的方法来满足编程需求。float3 的赋值是通过 float2 的静态变量 SIZE 来赋值的。其他的代码（如 float2）的 MAX_VALUE 和 MIN_VALUE 分别表示 float 数据类型的取值范围。注意：直接使用封装类赋值的时候，需要在数值后面加上对应的类型标识，例如 Float 的类型标识就是 F，否则程序无法通过编译。

6.1.7 char 和 Character

char 是字符型，数据大小是 16 位，即 2 字节，默认值是空。Character 是它的封装类，为它提供一系列可操作的方法。如果想学习它们的用法，可以参考这个典型的例子，ObjectDemo 类 char 部分如代码清单 6-7 所示。

代码清单 6-7 ObjectDemo.java

```
char c1 = 'f';
System.out.println(c1);
char c1 = 'ff';
System.out.println(c1);
```

代码解析

这段语句输出了 f 和 ff，演示了字符型数据的基本用法。但是这样会联想到一个问题，char 和 Character 为什么不能用来操作字符串呢？因为众所周知，在 Java 中我们是用 String 来操作字符串的，其实要想明白这个问题也不难。

首先 String 不属于 8 种基本数据类型，String 是一个引用类型的对象，它是专门用来处理字符数据的。那么 char 和 String 的区别到底在哪里呢？其实已经很明白了，char 是专门用来显示字符串的，并且只能够存储单个字符，因为它采用了 Unicode 编码，所以基本上可以容纳世界上所有的字符。而 String 是用来操作字符串的，所以 Java 为它提供了很多字符串的操作方法。

```
String str1 = "ab";
String str2 = "cd";
String str3 = str1.concat(str2);
System.out.println(str3);
String str4 = "a";
System.out.println(str1.contains(str4));
```

代码解析

concat() 方法是 String 对象提供的，用于拼接字符串。所以 str3 的结果是 "abcd"，而 contains() 方法则用来判断一个字符串中是否包含另一个字符串，因为 str1 里包含 str4，所以结果会输出 "true"。从这段代码可以看出，我们在日常工作当中跟字符串打交道是非常频繁的，而 String 类提供了常用的字符串操作，可以满足我们的需求。理解了这些数据类型和对象的用法后，也就自然明白了它们的区别。只有明白了这些基础内容，我们才可以往深处学习，例如，利用 API 去学习 String 对象的其他方法。

6.1.8 double 和 Double

double 是双精度浮点型，数据大小是 64 位，即 8 字节，取值范围是 4.9E-324～

1.7976931348623157E308，默认值是 0.0d。Double 是它的封装类，为它提供一系列可操作的方法。如果想学习它们的用法，可以参考这个典型的例子，ObjectDemo 类 double 部分如代码清单 6-8 所示。

代码清单 6-8　ObjectDemo.java

```
double double1 = 6;
Double double2 = 8D;
double double3 = double2.SIZE;
System.out.println(double1);
System.out.println(double2);
System.out.println(double3);
System.out.println(double2.MAX_VALUE);
System.out.println(double2.MIN_VALUE);
```

代码解析

double1 是基本数据类型，可以用来表示数值但没有方法。double2 是封装类，Java 为它提供了一系列可供选择的方法来满足编程需求。double3 的赋值是通过 double2 的静态变量 SIZE 来赋值的。其他的代码如 double2 的 MAX_VALUE 和 MIN_VALUE 分别表示了 double 数据类型的取值范围。注意：直接使用封装类赋值的时候，需要在数值后面加上对应的类型标识，例如 double 的类型标识就是 D，否则程序无法通过编译。

6.1.9　boolean 和 Boolean

boolean 是布尔类型，用于判断真（true）或假（false），默认值 false。Boolean 是它的封装类，为它提供一系列可操作的方法。如果想学习它们的用法，可以参考这个典型的例子，ObjectDemo 类 boolean 部分如代码清单 6-9 所示。

代码清单 6-9　ObjectDemo.java

```
boolean boolean1 = true;
Boolean boolean2 = false;
boolean boolean3 = boolean2.booleanValue();
System.out.println(boolean1);
System.out.println(boolean2);
System.out.println(boolean3);
System.out.println(boolean2.hashCode());
System.out.println(boolean2.getClass());
```

代码解析

boolean1 是基本数据类型，赋值为 true。boolean2 是封装类，赋值为 false。boolean3 是基本数据类型，但可以通过 boolean2 的获取当前数值的方式为它赋值。其他的方法也比较简单，hashCode 是获取变量的散列值，而 getClass 获取该实例的类型。

6.2　类与对象

如果想在编程之路上畅通无阻的话，就必须深刻地理解类与对象的概念。首先，Java 是面向对象的程序设计语言（OOP），这种编程理念区别于过去面向过程的编程思想。所谓的面向过程，可以简单地这样理解：它们类似于数据库的存储过程，把所有的变量、逻辑和循环，还有代码的各种分支都写在一个程序文件中，而没有 Java 这种类和对象的调用。

举个典型的例子。Java 语言中的类就是为了完成某种行为的集合，如学生类和员工类等。学生类作为一个数据模型，它的作用包含了学生的属性（年龄、性别和成绩等），还声明了这些属性的设置与获取方法。而对象则是完成某种业务的集合，例如，JDBC 对象是为了与数据库建立连接；容器对象是为了存储学生类的信息；文件对象是为了处理关于计算机文件的操作，如删除文件等。所以，Java 的面向对象编程理念就是把这些不同的类和对象通过特定的语法串联起来，进行符合逻辑的开发。因此，在一个项目的开始阶段，我们就必须考虑到该项目所需要的类与对象，并且在项目早期完成设计。在开发过程中，A 类如果因为业务需要调用 B 类，那么只需要给 B 类传入符合条件的参数即可，而 B 类的作用可能是获取学生的资金，也可能是获取学生的学籍信息等，那么它的入参很可能就是学生 ID，返回数据有可能就是符合条件的容器对象。

6.2.1 三大特性

Java 语言的三大特性是封装、继承和多态。接着我们以形象的语言来分别解释它们，不过在此之前需要理解抽象的概念。

不论是对过程抽象还是对数据抽象，我们需要理解的抽象概念，其实就是把一个事物中对当前项目有价值的东西获取出来。例如，针对学生管理系统做一个抽象的行为，我们首先需要明白的是要开发这个系统需要哪些东西？学生管理系统当然是需要学生的信息了，所以对学生的抽象分析就可以提取出学生的信息类，而不用去管老师的信息；如果后期因为需求的变化，在开发学生成绩这个模块的时候需要获取到老师的信息，那么就可以再对老师进行一次抽象行为。因为该模块只需要获取老师的姓名，所以老师的数据模型类中完全可以只定义 ID 和 Name 这两个属性。

- 封装：它是把一些项目中具体的行为封装成不同的类或者方法。例如，在学生管理系统中，我们有 3 个需求：第一是获取学生成绩；第二是获取学生费用；第三是获取学生宿舍。针对这 3 个需求，我们不能盲目地开发，而是先要进行一次很有头脑的设计。而封装的概念体现到这里就是把这 3 个需求分别设计成不同的方法，如 A、B 和 C 方法，完成这 3 个方法编码的过程即为封装行为。等封装完毕后，我们只需要传入学生 ID，即可从这 3 个方法中拿到有用的信息。
- 继承：它主要体现在代码开发中，让代码具有层次结构。继承的主要特点是父类与子类的关系，子类可以继承父类的一些特性，如方法和变量。举个典型的例子：当前有一个学生类，它拥有姓名、性别和年龄等属性，可接下来我们需要开发一个优秀班干部的类，因为优秀班干部其实也是学生，所以就可以继承学生类，得到学生类的一些方法，如获取姓名、性别和年龄等操作，而针对优秀班干部这个类，我们则可以再标新立异地开发出职务等属性，当然这只是一个范例，其实也可以把职务放到学生类里面。
- 多态：它主要体现在 Java 的重写（overriding）和重载（overloading）上面。重写是父类与子类之间的表现，如果子类的某个方法与父类的某个方法名称和参数一样，那么就是重写行为，子类在调用该方法的时候会忽略父类中的定义；如果在一个类中定义了多个同名的方法，但方法的参数和类型不同，这就是重载行为。

6.2.2 属性和方法

Java 类的属性和方法比较简单，它们可以是现实生活中抽象出来的任意事物。在项目开发的初期，需要对该项目所用到的很多数据模型类进行设计，而在使用它们的时候只需要传入对应的参数即可。属性和方法可以直接通过具体的实例来理解，Student 类如代码清单 6-10 所示。

代码清单 6-10　Student.java

```java
package com.manage.bean;

public class Student {
    private String id;
    private String name;
    private String sex;
    private int age;
    private float score;
    public Student() {
    }
    public Student(String name, int age) {
        this.name = name;
        this.age = age;
    }
    public String getId() {
        return id;
    }
    public void setId(String id) {
        this.id = id;
    }
    public String getName() {
        return name;
    }
    public void setName(String name) {
        this.name = name;
    }
    public int getAge() {
        return age;
    }
    public void setAge(int age) {
        this.age = age;
    }
    public String getSex() {
        return sex;
    }
    public void setSex(String sex) {
        this.sex = sex;
    }
    public float getScore() {
        return score;
    }
    public void setScore(float a, float b, float c) {
        this.score = a + b + c;
    }
}
```

代码解析

学生数据模型类中，我们定义的属性有 id（ID）、name（姓名）、sex（性别）、age（年龄）和 score（分数），定义的方法有针对这些属性的设置方法（如 setName）和获取方法（getName）。需要注意的是，分数的设置方法跟其他的不一样，这主要是对分数进行了自定义的设计，该分数是需要语文、数学和英语这 3 门成绩加起来的总分，所以在定义的时候为它传入了 3 个参数。

6.2.3 抽象类和接口

抽象类和接口是 Java 程序开发中极其重要的概念，而很多时候我们往往会把两者的概念混淆。接下来我们重点阐述一下两者的作用和区别，以帮助读者建立正确的理解。抽象类如代码清单 6-11 所示。

代码清单 6-11　Car.java

```java
package com.manage.bean;

public abstract class Car {
    public abstract void price();
    public static void main(String[] args) {
        Car BMW = new BMW();
        Car Benz = new Benz();
        BMW.price();
        Benz.price();
    }
}
class BMW extends Car {
    @Override
    public void price() {
        System.out.println("宝马 88 万");
    }
}
class Benz extends Car {
    @Override
    public void price() {
        System.out.println("奔驰 86 万");
    }
}
```

代码解析

在学习抽象类的时候需要注意，如果只是看概念很难明白透彻。与其去咬文嚼字，不如换个思路从代码的理解上学习。例如，Car 类就是一个抽象类，它有一个抽象方法是 price()，代表了不同车的价格。那么接下来，在定义 BMW 和 Benz 这两辆车的时候，并没有为它新建任何方法，但需要实现抽象类里的 price() 方法。当然，BMW 和 Benz 它俩的价格是不一样的，所以在它们对应的 price() 方法中都输出了不同的价格，这就是抽象类的典型应用。

可以归纳一下抽象类最主要的特点：抽象类不能实例化，需要子类继承它来实例化它的抽象方法。而抽象类的作用就是对事物的共性进行合理的设计，例如，在 Car 类可以对应很多的车，那么这些车的价格和颜色肯定都是不同的，因此我们就可以把车的价格、颜色声明在 Car 类中，而在它的子类中给出这些属性的具体数值。

新建接口 CarDemo，如代码清单 6-12 所示。

代码清单 6-12　CarDemo.java

```java
package com.manage.bean;

public interface CarDemo {
    public abstract void getSpeed();
    public Integer getPrice();
    public String getBrand();
}
```

代码解析

在本例中定义了一个关于汽车的接口，现在就来看看接口能做些什么。首先，接口跟抽象类不一样，它并没有父类与子类的这种设计思维。在 Car 类接口中，定义的 3 个方法可以去做任意的事情，例如，getSpeed() 是获取汽车速度，getPrice() 是获取汽车价格，getBrand() 是获取汽车品牌。理论上来说，这就是接口的定义了，它可以声明一些特定的方法去完成一些事情。这些事情最好是息息相关的，例如都是 Car 类的；也可以是不相关的，例如在汽车类中也可以新建一个 getTrain() 获取火车信息的方法。当然这只是设计逻辑的问题了，并不是说程序不允许。

可以归纳一下接口最主要的特点：接口是一种工具，可以在接口中定义一些方法，由子类去实现它们。至于抽象类和接口的区别，不妨把它理解成两种不同的设计工具或者设计理念就可以了。

6.3　数组

Java 中有 8 种基本的数据类型，在使用这些数据类型的时候，需要声明一个该类型的变量。这种方式似乎只适合于单个数据。试想一下，如果数据量在很大的情况下，使用变量的话需要声明多少个？如果需要处理 1000 个数据，难道需要声明 1000 个变量吗？这样的话，程序是非常容易崩溃的。因此 Java 创造了数组的概念，每个数组可以对应一种数据类型，像盒子一样存放一批这样的数据。

6.3.1　创建数组

一维数组的创建示例如代码清单 6-13 所示。

代码清单 6-13　ArrayOnePractise.java

```java
package com.manage.practise;

public class ArrayOnePractise {
    /**
     * @param args
     */
    public static void main(String[] args) {
        // 一维数组的创建
        int a[] = new int[50];
        System.out.println(a.length);
    }
}
```

本例中创建了一个容量为 50 的一维数组，通过 println 输出了 a 数组的长度，结果是 50。
多维数组的创建示例如代码清单 6-14 所示。

代码清单 6-14　ArrayOnePractise.java

```java
package com.manage.practise;

public class ArrayOnePractise {
    /**
     * @param args
     */
    public static void main(String[] args) {
        // 多维数组的创建
        int a[][] = new int[50][50];
```

```
        System.out.println(a.length);
    }
}
```

本例中，创建了一个容量为 50 的多维数组，通过 println 输出了 a 数组的长度，结果是 50。

6.3.2 数组的初始化

在本例中，将介绍数组的两种初始化方法：第一种是，在创建数组 a 的时候就初始化数据，因为初始化了 1 2 3 4 5，所以，数组 a 的长度也为 5；第二种是，在创建数组 b 的时候先将长度设置为 1，然后，又初始化下标为 0 的数组为 1。最后输出的结果是 2 1，具体如代码清单 6-15 所示。

代码清单 6-15 ArrayManyPractise.java

```java
package com.manage.practise;

public class ArrayManyPractise {
    /**
     * @param args
     */
    public static void main(String[] args) {
        // 数组的初始化
        int [] a = {1,2,3,4,5};
        int b[] = new int[1];
        b[0] = 1;
        System.out.println(a[1]);
        System.out.println(b[0]);
    }
}
```

6.3.3 数组的排序

本例中，数组 a 的初始化元素为 18 5 9 3 7 12 10，这是一组杂乱无章的数据。使用 sort 排序方法后，通过 for 循环输出排序后的数组元素，结果是 3579101218，具体如代码清单 6-16 所示。

代码清单 6-16 ArraySortPractise.java

```java
package com.manage.practise;
import java.util.Arrays;

public class ArraySortPractise {
    /**
     * @param args
     */
    public static void main(String[] args) {
        // 数组的排序
        int [] a = {18,5,9,3,7,12,10};
        Arrays.sort(a);
        for(int i=0; i<a.length; i++){
            System.out.println(a[i]);
        }
    }
}
```

6.4 集合类

Java 集合类对象是用来封装数据的基本。如果没有集合类，数据的前后端交互将非常麻烦。例如，可以直接使用基本数据类型来完成前后端的交互，但是那样的话，能做到的仅仅是单个数据的传输，更不要说是满足当前流行的大数据平台了，所以集合类的出现很好地解决了这个问题。

通过使用集合类，可以很方便地把海量的数据从数据库里读取出来，再利用合理的前端插件进行展示。而学习集合类，不但要明白它的运行原理，还需要明白不同集合类的关系、区别、差异，以方便我们在不同的场景里科学地使用集合类。因为数据和集合类是密不可分的，所以只有掌握了集合类才能够在 Java 的世界里畅通无阻，否则只会四处碰壁。如果没有集合类，项目的开发也就无从谈起了。因为集合类的内容比较繁杂，我们采取概念加练习的方法来各个击破，当读者把这些难点都理解透彻，也就自然掌握了集合类。

6.4.1 Collection 接口

Collection 位于 Java.util 包下，是一个比较上层的接口。该接口实现的子接口很多，但主要用到的有以下几个：List、Set 和 Queue。其中作为容器的话又以 List 和 Set 使用最多，也是我们学习的重点。一般来说，在工作当中不会直接使用 Collection 进行数据的存储，但是作为父接口它仍然支持这些操作。所以我们还是有必要进行学习。因为 Collection 是接口不能被实例化，所以我们可以利用它的一个子类来演示它的方法，具体如代码清单 6-17 所示。

代码清单 6-17　CollectionDemo.java

```java
package com.manage.container;
import java.util.ArrayList;
import java.util.Collection;

public class CollectionDemo {
    public static void main(String[] args) {
        Collection c1 = new ArrayList();
        c1.add("土豆");
        c1.add("菜花");
        c1.add("黄瓜");
        System.out.println(c1.size());
    }
}
```

代码解析

Collection 作为父接口，它所提供的方法子接口都会支持。所以在一定程度上，我们只需要掌握了它的所有方法，那么子接口的使用方法也就自然会了。到时候只需要在子接口中学习子接口的方法即可，至于详细的情况读者可以查询 API 来进行检索，这里只列出简单的、实用的方法。针对 Collection 接口的学习，如图 6-1 所示。

其中，HashSet 是无序的，而 TreeSet 是有序的。ArrayList 使用数组方式存储元素，适合做查询操作。LinkedList 使用双向链表的方式存储数据，适合做插入操作。Vector 是 ArrayList 的线程安全的实现，性能较 ArrayList 稍差。

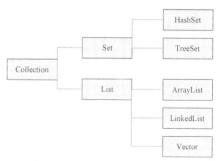

图 6-1　Collection 接口结构

6.4.2 Set 接口

Set 接口扩展自 Collection 接口，所以 Collection 提供的方法 Set 都是支持的。但与此同时，Set 有着自身的特性，这些特性是基于数据结构的，也是为了让我们适应更多的存储场景。首先 Set 接口不允许重复元素，也不区分先后顺序，但它允许元素是 null 值。

Set 接口的具体实现包括 HashSet 和 TreeSet。一般情况下，我们只要学会了这两个实现类，并且做到可以区分两者的不同，就可以算是学会 Set 集合了。从方法树来分析，Collection 和 Set 的方法是一样的，没有额外多出来的方法，这说明两者是同一容器只不过特性不一样。

1．HashSet

HashSet 是基于 Hash 算法实现的，其性能比 TreeSet 好，特点是增加删除元素比较快，具体如代码清单 6-18 所示。

代码清单 6-18　SetDemo.java

```
HashSet hs = new HashSet();
hs.add("格瑞");
hs.add("格瑞");
hs.add("夏尔");
hs.add("夏尔");
hs.add("动漫");
hs.add("动漫");
System.out.println(hs);
```

输出结果：

```
[格瑞，动漫，夏尔]
```

代码解析

Set 分支的集合中不能有重复的元素，所以 hs 集合中实际上只有 3 个元素，而且输出元素的顺序也与添加元素的顺序不同，说明它们是无序的。HashSet 每次添加新对象时，会使用 equals 方法，根据散列码来判断是否重复，可以通过 Object 的 hashCode() 方法来获取散列码。

2．TreeSet

TreeSet 集合中的元素除了没有顺序和不能重复外，还会自然排序，这便是该集合的特点。具体如代码清单 6-19 所示。

代码清单 6-19　SetDemo.java

```
TreeSet ts = new TreeSet();
ts.add("a");
ts.add("c");
ts.add("d");
ts.add("b");
ts.add("e");
System.out.println(ts);
```

输出结果：

```
[a, b, c, d, e]
```

代码解析

关于 TreeSet 的其他特性暂且不说，我们只需要关注最重要的自然排序。可以从结果看出来，TreeSet 把混乱的英文字母重新排序了。如果在工作中遇到需要排序的场景，便可以使用 TreeSet 来存储数据。TreeSet 默认是采用自然排序法，如果需要用户自定义排序，则需要建立一个数据模型类并实现 compareTo() 方法。

3. 自定义排序规则

首先建立数据模型类 Person，并且实现 compareTo() 方法，具体如代码清单 6-20 所示。

代码清单 6-20　Person.java

```java
package com.manage.container;

public class Person implements Comparable {
    String name;
    int age;
    @Override
    public String toString() {
        return "Person [name=" + name + ", age=" + age + "]";
    }
    public int compareTo(Object o) {
        Person p = (Person) o;
        if (this.age < p.age) {
            return -1; // 负整数 obj1 小于 obj2
        } else if (this.age > p.age) {
            return 1; // 正整数 obj1 大于 obj2
        } else {
            return 0; // 相等
        }
    }
}
```

代码解析

新建一个 Person 类，并且自定义规则按照 age 属性排序。首先该类需要实现 Comparable 接口。接着重写 compareTo() 方法，来制定排序规则。compareTo 的参数是需要传入的对象，在这里把它定义成了 Object 类型，但因为事先知道是拿 Person 类来做对比，所以使用类型转换再把 Object 转换成 Person。接着使用 if 语句对年龄进行判断，即可完成比较规则。如果 Objcet 等于 Objcet 参数，则返回 0 值；如果 Objcet 在数字上小于 Objcet 参数，则返回值-1；如果 Objcet 在数字上大于 Objcet 参数，则返回整数 1。

接下来，通过在 SetDemo 类中声明几个不同的 Person 实例对象，来进行自定义排序规则的测试，具体如代码清单 6-21 所示。

代码清单 6-21　SetDemo.java

```java
TreeSet ts = new TreeSet();
Person p1 = new Person();
Person p2 = new Person();
Person p3 = new Person();
p1.name = "张三";
p1.age = 18;
p2.name = "李四";
```

```
p2.age = 15;
p3.name = "王五";
p3.age = 12;
ts.add(p1);
ts.add(p2);
ts.add(p3);
System.out.println(ts);
```

输出结果:

```
[Person [name=王五, age=12], Person [name=李四, age=15], Person [name=张三, age=18]]
```

代码解析

在这段代码中，使用新建 TreeSet 集合的实例，再新建 3 个 Person 对象，接着把它们存放进集合中。因为之前已经在 Person 中编写好了自定义排序规则，所以在输出的结果中，这 3 个对象按照 age 进行排序了。

6.4.3　List 接口

List 接口继承了 Collection 接口用来定义允许重复元素的有序集合，该接口利用数组方式提供了获取、删除、修改元素的功能，也可以通过方法获取元素的位置。

1. ArrayList

ArrayList 是使用数组方式实现，其容量随着元素的增加可以自动扩张，特点是查询效率高，而增加、删除效率低，线程不安全，具体如代码清单 6-22 所示。

代码清单 6-22　ListDemo.java

```
List list = new ArrayList();
list.add("赵玲栎");
list.add("陈婉如");
list.add("李杭西");
System.out.println(list);
```

输出结果:

```
[赵玲栎, 陈婉如, 李杭西]
```

代码解析

因为 List 是接口，不能直接对它创建实例，所以需要它的实现类 ArrayList 来对它进行操作。ArrayList 是 List 的实现类，而 List 又是 Collection 的子接口，所以很多方法是通用的，通过结果可以看出 ArrayList 是有序的集合。

2. Vector

Vector 和 ArrayList 的存储特性基本上是一样的，只是 Vector 在线程安全方面进行了处理，因此它是同步的。例如，之前的例子，完全可以用 Vector 来改写，效果其实是一样的。但是如果需要对大量数据进行处理的话，ArrayList 因为是非线程安全的，查询效率肯定比 Vector 好，具体如代码清单 6-23 所示。

代码清单 6-23　ListDemo.java

```
List list = new Vector();
list.add("赵玲栎");
```

```
list.add("陈婉如");
list.add("李杭西");
System.out.println(list);
```

输出结果：

[赵玲栎, 陈婉如, 李杭西]

代码解析

输出结果和数据结构与 ArrayList 是一样的，另外需要注意的是，在元素扩容方面，Vector 会翻倍，而 ArrayList 是原始容量的 50%+1，这一区别在性能方面需要考虑周全。

3. LinkedList

LinkedList 是基于双向链表来实现的，它对元素的增加和删除操作支持得比较好，而对元素的查询操作则不如 ArrayList，另外它是线程不安全的，具体如代码清单 6-24 所示。

代码清单 6-24 ListDemo.java

```
List list = new LinkedList();
list.add("赵玲栎");
list.add("陈婉如");
list.add("李杭西");
list.remove("李杭西");
System.out.println(list);
```

输出结果：

[赵玲栎, 陈婉如]

代码解析

LinkedList 和 ArrayList 的方法基本上是差不多的，但存储结构不一样。LinkedList 使用双向链表，查询慢但增删效率高。也就是说在这段代码中，使用 add() 和 remove() 方法的效率要比在 ArrayList 集合中高。

6.4.4 Queue 接口

Queue 是 Collection 的子接口，它提供了一种先进先出的操作方式，只允许在队列的前端进行删除操作，队列的后端进行插入操作。另外，Queue 和 List 的实现方式是不一样的，具体如代码清单 6-25 所示。

代码清单 6-25 QueueDemo.java

```
Queue qu = new LinkedList();
qu.add("赵玲栎");
qu.add("陈婉如");
qu.add("李杭西");
System.out.println(qu.poll());
System.out.println(qu);
```

输出结果：

赵玲栎
[陈婉如, 李杭西]

代码解析

因为 Queue 队列是个接口，所以选择 LinkedList 作为它的具体实现类。往队列里添加 3 个元素后，使用 poll() 方法可以获取并删除此列表头的第一个元素，所以输出的结果第一个是被删除的元素赵玲栎，此时整个队列就只剩下其他的两个元素了。

6.4.5 Map 接口

首先 Map 接口并不是继承 Collection 接口的，Collection 接口及其子接口主要是存储一组元素，而 Map 接口及其实现类主要是存储键值对，两者在数据结构方面是不同的。举个例子，学生和学号就是一组典型的键值对，所以这类数据比较适合 Map 来存储，具体如代码清单 6-26 所示。

代码清单 6-26　MapDemo.java

```
Map map = new HashMap();
map.put(1, "宇宙");
map.put(2, "银河");
map.put(3, "地球");
System.out.println(map);
```

输出结果：

```
{1=宇宙, 2=银河, 3=地球}
```

代码解析

从输出结果来看 Collection 是直接输出数据，而 Map 则是输出键值对。另外，put() 方法是往 Map 里添加元素的意思。

针对 Map 接口的学习，建议参考图 6-2。

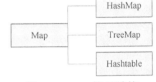

图 6-2　Map 接口结构

6.4.6 HashMap 实现类

HashMap 是基于散列表的 Map 接口的实现类，它的存储方式是键值对，特点是线程不安全，具体如代码清单 6-27 所示。

代码清单 6-27　MapDemo.java

```
HashMap map = new HashMap();
map.put(1, "宇宙");
map.put(2, "银河");
map.put(3, "地球");
System.out.println(map.get(1));
System.out.println(map);
```

输出结果：

```
宇宙
{1=宇宙, 2=银河, 3=地球}
```

代码解析

使用 HashMap 存储了 3 个数值，分别是宇宙、银河和地球。Map 的 get() 方法用来根据数据键来获取数据值。所以键 1 对应的值是宇宙，而直接输出 map 会输出所有键值对。

6.4.7 TreeMap 实现类

TreeMap 的实现方式是根据红黑树算法而来的, 这一点与 HashMap 完全不一样, 因此 TreeMap 支持自然排序, 具体如代码清单 6-28 所示。

代码清单 6-28 MapDemo.java

```java
TreeMap map = new TreeMap();
map.put(80, "宇宙");
map.put(50, "银河");
map.put(30, "地球");
System.out.println(map.get(80));
System.out.println(map);
```

输出结果:

```
宇宙
{30=地球, 50=银河, 80=宇宙}
```

代码解析

使用 TreeMap 存储了 3 个数值, 分别是宇宙、银河、地球。Map 的 get() 方法用来根据数据键来获取数据值。所以键 1 对应的值是宇宙。而直接输出 map 会输出所有键值对。另外, 从结果可以看出来 TreeMap 对元素的存储进行了自然排序。

6.4.8 Hashtable 实现类

Hashtable 类实现了 Map 接口, 它的实现方式同 HashMap 基本一致, 但是 Hashtable 是线程安全的集合, 具体如代码清单 6-29 所示。

代码清单 6-29 MapDemo.java

```java
Hashtable map = new Hashtable();
map.put(1, "宇宙");
map.put(2, "银河");
map.put(3, "地球");
System.out.println(map.get(1));
System.out.println(map);
```

输出结果:

```
宇宙
{3=地球, 2=银河, 1=宇宙}
```

代码解析

使用 Hashtable 存储了 3 个数值, 分别是宇宙、银河和地球。Map 的 get() 方法用来根据数据键来获取数据值。所以键 1 对应的值是宇宙, 而直接输出 map 会输出所有键值对。

6.4.9 Iterator 迭代器

迭代器的作用是输出元素, 其底层已经写好了算法, 程序员只需要学会使用即可。迭代器使用的典型场景是当我们需要对集合中的每一条元素进行处理的时候。

它有几个常用的方法: iterator() 方法用于声明一个迭代器, next() 方法用于获取下一个元素,

hasNext() 方法用于检查是否还有其他元素，remove() 方法用于删除集合中的元素。

List 迭代器具体如代码清单 6-30 所示。

代码清单 6-30 IteratorDemo.java

```java
// 新建 List 集合
List list = new ArrayList();
list.add("赵玲栎");
list.add("陈婉如");
list.add("李杭西");
// 使用迭代器遍历 List for 循环
for (Iterator iter = list.iterator(); iter.hasNext();) {
    String str = (String) iter.next();
    System.out.println(str);
}
// 使用迭代器遍历 List while 循环
Iterator iter = list.iterator();
while (iter.hasNext()) {
    String str = (String) iter.next();
    System.out.println(str);
}
```

输出结果：

```
赵玲栎
陈婉如
李杭西
赵玲栎
陈婉如
李杭西
```

代码解析

本例中我们先新建一个 List 集合，接着再存放 3 个元素到集合之中。在之前我们一般是通过 System.out.println 语句来输出集合元素的，但是那种做法不方便对单个元素进行处理。因此，我们使用 Iterator 迭代器来遍历元素。在代码中，str 便是输出的元素，如果需要对此处理的话，直接在 str 的代码行进行处理即可。同理，使用迭代器遍历 List 也可以使用 while 循环，所以结果中输出了两次。

Map 迭代器具体如代码清单 6-31 所示。

代码清单 6-31 IteratorDemo.java

```java
HashMap hm = new HashMap();
hm.put(1, "宇宙");
hm.put(2, "银河");
hm.put(3, "地球");
// keySet 遍历
Set set = hm.keySet();
Iterator it = set.iterator();
while (it.hasNext()) {
    Integer key = (Integer) it.next();
    System.out.println("键值: " + key + " 数值: " + hm.get(key));
}
// entrySet 遍历
Iterator iter = hm.entrySet().iterator();
while (iter.hasNext()) {
```

```
        Map.Entry entry = (Map.Entry) iter.next();
        Object key = entry.getKey();
        Object val = entry.getValue();
        System.out.println("键值: " + key + " 数值: " + hm.get(key));
}
```

输出结果:

```
键值: 1 数值: 宇宙
键值: 2 数值: 银河
键值: 3 数值: 地球
键值: 1 数值: 宇宙
键值: 2 数值: 银河
键值: 3 数值: 地球
```

代码解析

本例中先新建一个 HashMap 集合,接着再存放 3 个元素到集合之中。在之前我们一般是通过 System.out.println 语句来输出集合元素的,但是那种做法不方便对单个元素进行处理。所以此处使用迭代器来遍历元素。在代码中,key 是输出的键值,而 get() 方法获取到的便是数值,这一点在输出结果中已经很清楚了。HashMap 的遍历方式有两种,一种是 keySet 方式,另一种是 entrySet 方式,性能上没有太多的区别,具体要看开发人员怎么选择。

6.5 文件与流

Java 中对于文件的操作是离不开流的,涉及流的内容特别多,常用的类有 InputStream、OutputStream、Reader 和 Writer 等,而它们的子类更是达到了十几个,这样的话对于学习者来说比较困难,所以本章对流的内容做了精简,重点从概念和实例入手,带领读者掌握最核心的技能。

6.5.1 File 类

File 是专门用来处理文件的类,它提供了一系列方法,以满足程序员在不同的场景处理文件的需要。File 类有几个常用的方法:exists()用于判断文件或者目录是否存在,isFile()用于判断目标是否是文件,isDirectory()用于判断目标是否是目录,createNewFile()用于新建文件等。具体如代码清单 6-32 所示。

代码清单 6-32 FileDemo.java

```java
package com.manage.file;
import java.io.File;

public class FileDemo {
    public static void main(String[] args) {
        // 获取当前目录下的文件长度
        File files = new File(".");
        String[] list = files.list();
        for (int i = 0; i < list.length; i++) {
            File file = new File(list[i]);
            System.out.println(list[i] + "长度: " + file.length());
        }
        // 判断目标是否目录
        File file1 = new File("e:\\practise\\");
```

```
            if (file1.isDirectory()) {
                System.out.println("目录地址" + file1.getAbsolutePath());
            } else {
                System.out.println("不是目录");
            }
            // 判断目标是否文件
            File file2 = new File("e:\\practise\\test.txt");
            if (file2.isFile()) {
                System.out.println("文件地址" + file2.getAbsolutePath());
            } else {
                System.out.println("不是文件");
            }
            // 判断文件是否存在
            File file3 = new File("e:" + File.separator + "test");
            if (file3.exists()) {
                System.out.println(file3.getName());
            } else {
                System.out.println("不存在");
            }
        }
    }
```

输出结果:

```
.classpath 长度: 599
.myeclipse 长度: 0
.mymetadata 长度: 297
.project 长度: 1535
.settings 长度: 4096
src 长度: 0
WebRoot 长度: 0
目录地址 e:\practise
文件地址 e:\practise\test.txt
test
```

代码解析

本例综合演示了 File 文件类的使用方法。

（1）获取当前目录下的文件长度：这段代码综合演示了通过 File 获取当前目录下的文件长度。

（2）判断目标是否目录：判断 File 赋值的文件路径是否为目录，如果是就输出目录地址，如果不是则进入另一个分支。

（3）判断目标是否文件：判断 File 赋值的文件路径是否为文件，如果是就输出文件地址，如果不是则进入另一个分支。

（4）判断文件是否存在：判断 File 赋值的文件路径是否存在，如果是就输出文件名，如果不是则进入另一个分支。

6.5.2 字节流

Java 的字节流是用来处理字节数据的，主要依赖于 ASCII 编码表，它使用一个字节的单位来处理数据，本例以 FileInputStream 为主来演示字节输入流的用法，具体如代码清单 6-33 所示。

代码清单 6-33 FileInputStreamDemo.java

```
package com.manage.file;
import java.io.File;
```

```
import java.io.FileInputStream;
import java.io.FileNotFoundException;
import java.io.IOException;

public class FileInputStreamDemo {
    public static void main(String[] args) {
        // 读取文件中的内容
        File file = new File("e:\\practise\\test.txt");
        byte[] bt = new byte[(byte) file.length()];
        try {
            FileInputStream fis = new FileInputStream(file);
            fis.read(bt);
            for (int i = 0; i < bt.length; i++) {
                System.out.print((char) bt[i]);
            }
        } catch (FileNotFoundException e) {
            e.printStackTrace();
        } catch (IOException e) {
            e.printStackTrace();
        }
    }
}
```

输出结果：

abc

代码解析

本例综合演示了 File 文件类的使用方法和文件的字节流方法，通过读取 E 盘 practise 目录下的 test.txt 文件，并且把它存入 byte 数组中，最后通过 FileInputStream 类提供的 read() 方法，将文件里的内容读取出来。阅读这段代码需要注意类型转换，如果可以的话，建议使用调试方式来跟踪代码每一步的变量值，看数值是如何变化的。

本例以 FileOutputStream 为主来演示字节输出流的用法，具体如代码清单 6-34 所示。

代码清单 6-34 FileOutputStreamDemo.java

```
package com.manage.file;
import java.io.File;
import java.io.FileNotFoundException;
import java.io.FileOutputStream;
import java.io.IOException;

public class FileOutputStreamDemo {
    public static void main(String[] args) {
        FileOutputStream fos;
        try {
            fos = new FileOutputStream(new File("e:\\practise\\test.txt"));
            for (int i = 97; i < 123; i++) {
                fos.write((char) i);
                fos.flush();
            }
        } catch (FileNotFoundException e) {
            e.printStackTrace();
        } catch (IOException e) {
            e.printStackTrace();
        }
    }
```

```
            System.out.println("文件写入成功");
        }
    }
```

输出结果:

文件写入成功

代码解析

本例综合演示了 File 文件类的使用方法,通过获取 E 盘 practise 文件的 test.txt 文件,再通过循环的方法把对应的 26 个英文字母写入文件当中,i=97 代表 i 对应字符 ANSI 编码为 97,即字符 a。

6.5.3 字符流

Java 的字符流是用来处理字符数据的,主要依赖于 UNICODE 编码表(更适合国际化),它使用 2 字节的单位来处理数据,本例以 InputStreamReader 为主来演示字符输入流的用法,具体如代码清单 6-35 所示。

代码清单 6-35 InputStreamReaderDemo.java

```java
package com.manage.file;
import java.io.File;
import java.io.FileInputStream;
import java.io.FileNotFoundException;
import java.io.IOException;
import java.io.InputStream;
import java.io.InputStreamReader;

public class InputStreamReaderDemo {
    public static void main(String[] args) {
        File file = new File("e:\\practise\\test.txt");
        InputStream is = null;
        try {
            is = new FileInputStream(file);
        } catch (FileNotFoundException e) {
            e.printStackTrace();
        }
        InputStreamReader reader = new InputStreamReader(is);
        try {
            int i = 0;
            while ((i = reader.read()) > 0) {
                System.out.print((char) i);
            }
        } catch (IOException e) {
            e.printStackTrace();
        }
    }
}
```

输出结果:

abc

代码解析

本例依然是读取 test.txt 的文件,接着把它存入 InputStream 中,再使用 InputStreamReader 提供的 read() 方法逐行读取出来。

本例以 `OutputStreamWriter` 为主来演示字符输出流的用法，具体如代码清单 6-36 所示。

代码清单 6-36　OutputStreamWriterDemo.java

```java
package com.manage.file;
import java.io.File;
import java.io.FileNotFoundException;
import java.io.FileOutputStream;
import java.io.IOException;
import java.io.OutputStreamWriter;

public class OutputStreamWriterDemo {
    public static void main(String[] args) {
        String str = "银魂";
        try {
            OutputStreamWriter osw = new OutputStreamWriter(
                    new FileOutputStream(new File("e:\\practise\\test.txt")));
            osw.write(str, 0, str.length());
            osw.flush();
            osw.close();
            System.out.println("文件写入成功");
        } catch (FileNotFoundException e) {
            e.printStackTrace();
        } catch (IOException e) {
            e.printStackTrace();
        }
    }
}
```

输出结果：

文件写入成功

代码解析

本例使用 `FileOutputStream` 获取 `test.txt` 文件，再把它当作参数传入 `OutputStreamWriter` 字符输出流中，然后直接利用方法把字符串写入文件当中。

本例以 `FileReader` 为主来演示 Java 读取文件内容的用法，具体如代码清单 6-37 所示。

代码清单 6-37　FileReadDemo.java

```java
package com.manage.file;
import java.io.File;
import java.io.FileReader;
import java.io.FileWriter;
import java.io.IOException;

public class FileReadDemo {
    public static void main(String args[]) throws IOException {
        File file = new File("e:\\practise\\test.txt");
        // 创建文件
        file.createNewFile();
        // 创建 FileWriter
        FileWriter writer = new FileWriter(file);
        // 向文件写入内容
        writer.write("刘备");
        writer.flush();
        writer.close();
```

```
        // 创建 FileReader
        FileReader fr = new FileReader(file);
        char[] a = new char[20];
        // 读取数组中的内容
        fr.read(a);
        for (char c : a)
            // 输出
            System.out.print(c);
        fr.close();
    }
}
```

输出结果：

刘备

代码解析

首先利用 File 类直接创建文件，接着再使用 FileWriter 直接向文件里写入内容，最后使用 FileReader 直接读取文本文件的内容。

本例以 BufferedWriter 为主来演示 Java 使用缓冲区把字符串写入文件的过程，缓冲区可根据实际情况自定义大小，具体如代码清单 6-38 所示。

代码清单 6-38　BufferedWriterDemo.java

```
package com.manage.file;
import java.io.BufferedWriter;
import java.io.FileWriter;
import java.io.IOException;

public class BufferedWriterDemo {
    public static void main(String[] args) throws IOException {
        FileWriter fw = new FileWriter("e:\\practise\\test.txt");
        BufferedWriter bufw = new BufferedWriter(fw);
        bufw.write("刘备");
        bufw.flush();
        bufw.close();
    }
}
```

代码解析

在本例中使用缓冲区写入字符会有更高的效率，首先建立一个文件对象，再把它传入缓冲区对象当中，使用缓冲区对象提供的 write() 方法写入字符串，接着使用 flush() 方法把缓冲区的内容写入到文件中，最后关闭缓冲区。

本例以 PrintWriter 为主来演示 Java 向文件写入具有自定义格式的内容，具体代码如代码清单 6-39 所示。

代码清单 6-39　PrintWriterDemo.java

```
package com.manage.file;
import java.io.File;
import java.io.FileWriter;
import java.io.IOException;
import java.io.PrintWriter;
```

```
public class PrintWriterDemo {
    public static void main(String[] args) {
        PrintWriter pw = null;
        String name = "刘备";
        int age = 50;
        float score = 90f;
        char sex = '男';
        try {
            pw = new PrintWriter(new FileWriter(new File(
                "e:\\practise\\test.txt")), true);
            pw.printf("姓名: %s 年龄: %d 性别: %s 智力: %5.2f ", name, age, sex, score);
            pw.println("蜀国君主");
        } catch (IOException e) {
            e.printStackTrace();
        } finally {
            pw.close();
        }
    }
}
```

代码解析

本例中首先新建 4 个变量分别对应需要写入文件中的内容，接着使用 printf() 方法向文件中写入自定义格式的内容，其中%s 代表字符串，%d 代表十进制整数。

6.6 异常处理

Java 在虚拟机运行过程中会发生异常和错误，这是难以避免的情况。很多时候，我们需要做的不是逃避这些问题，而是需要在发生这些问题的时候学会处理它们。异常和错误是两个不同的概念，异常是 Exception 类，指程序运行过程中发生的运行错误，只要预先对这些错误进行了处理，就不会影响程序的运行；而错误是 Error 类，指系统崩溃、内存不足等这种严重的问题，对于这种问题的最好的处理方法是先关闭程序，再从根源处寻找原因。

6.6.1 try catch 捕获

针对异常我们可以使用 try catch 捕获的方式来进行处理，把可能会发生异常的代码写入 try 语句当中，把针对异常进行处理的语句写入 catch 当中，从而形成一个完整的异常捕捉机制，具体如代码清单 6-40 所示。

代码清单 6-40　ArithmeticExceptionDemo.java

```
package com.manage.exception;

public class ArithmeticExceptionDemo {
    public static void main(String[] args) {
        try {
            int result = 8 / 0;
            System.out.println(result);
        } catch (Exception e) {
            System.err.println("发生异常: " + e.toString());
            e.printStackTrace();
        }
```

```
    }
}
```

输出结果：

```
发生异常: java.lang.ArithmeticException: / by zero
java.lang.ArithmeticException: / by zero
    at com.manage.exception.ArithmeticExceptionDemo.main(ArithmeticExceptionDemo.java:6)
```

代码解析

因为除数是 0，所以肯定报错。按照 try catch 的语法把出错逻辑写成完整的代码块，这样我们预先知道 try 中的代码可能会发生某种错误的话，接着就可以在 catch 中对它进行处理，例如，输出提示信息，方便程序员排错。

刚才的例子比较简单，只针对一种情况处理了异常，而在实际的工作当中可能发生的异常情况有很多，这就需要嵌套异常处理机制了，具体如代码清单 6-41 所示。

代码清单 6-41　NestedExceptionDemo.java

```java
package com.manage.exception;

class NestedExceptionDemo {
    public void test(String[] args) {
        try {
            int num = Integer.parseInt(args[4]);
            try {
                int numValue = Integer.parseInt(args[0]);
                System.out.println("args[0] + 的平方是 " + numValue * numValue);
            } catch (NumberFormatException nb) {
                System.out.println("不是数字！");
            }
        } catch (ArrayIndexOutOfBoundsException ne) {
            System.out.println("索引越界！");
        }
    }
    public static void main(String[] args) {
        NestedExceptionDemo obj = new NestedExceptionDemo();
        args = new String[] { "xyz", "222" };
        obj.test(args);
    }
}
```

输出结果：

索引越界！

代码解析

首先 int num = Integer.parseInt(args[4]) 语句需要接受 5 个参数，而我们只给了两个，所以这种情况肯定会发生索引越界异常，为此我们在外层 catch 中提示了异常处理语句；如果把程序改成 int num = Integer.parseInt(args[1]) 就不会越界了，因为它需要的两个参数已经足够，但这样又会报另一个错误"不是数字"，因为对应的语句是进行数字转换计算，而字符串无法进行转换，所以自然会进入里层 catch 语句，这就是嵌套异常处理机制的典型用法。

6.6.2　throw throws 抛出

Java 对于异常处理的另一种方式就是通过 throw 或 throws 抛出，这两者在概念上稍有不同。throw 的作用是遇到异常会停止语句的执行，并且抛出异常，而上一级代码要处理该异常，必须在方法上 throws 声明异常类型，而 throws 就是声明异常类型的作用，很多时候程序会要求你强制增加，具体如代码清单 6-42 所示。

代码清单 6-42　ThrowDemo.java

```java
package com.manage.exception;

public class ThrowDemo {
    public static void main(String[] args) {
        try {
            throwChecked(1);
        } catch (Exception e) {
            System.out.println("上层处理: " + e.getMessage());
        }
        throwRuntime(1);
    }
    public static void throwChecked(int a) throws Exception {
        if (a > 0) {
            throw new RuntimeException("第一种异常");
        }
    }
    public static void throwRuntime(int a) {
        if (a > 0) {
            throw new RuntimeException("第二种异常");
        }
    }
}
```

输出结果:

```
上层处理: 第一种异常
Exception in thread "main" java.lang.RuntimeException: 第二种异常
    at com.manage.exception.ThrowDemo.throwRuntime(ThrowDemo.java:21)
    at com.manage.exception.ThrowDemo.main(ThrowDemo.java:10)
```

代码解析

本例中分别调用了两个方法产生了两条异常信息，它们的异常类型都是 RuntimeException，其中第一条异常因为使用了 throw 语句并且在该方法上也使用了 throws 关键字，所以该异常被抛出到了最上层的代码来处理；而第二条异常因为没有使用 throws 关键字，所以就在方法内部进行了处理。

6.6.3　自定义异常

Java 的异常处理机制已经可以满足大部分需求了，但是我们仍然可以使用 Java 提供的 API 进行自定义异常，它的实现过程稍微复杂，需要继承 NegativeArraySizeException 来写一些处理逻辑，具体如代码清单 6-43 至代码清单 6-45 所示。

代码清单 6-43　UserDefinedExceptionDemo.java

```java
package com.manage.exception;

class UserDefinedExceptionDemo {
```

```java
    public static void main(String[] arg) {
        arg = new String[] { "-1", "20" };
        ExceptionClass obj = new ExceptionClass(Integer.parseInt(arg[0]));
    }
}
```

代码解析

本例新建自定义异常处理类的传参入口，为 ExceptionClass() 方法传入一个字符串数组。

代码清单 6-44　ExceptionClass.java

```java
package com.manage.exception;

class ExceptionClass {
    ExceptionClass(int fun) {
        try {
            if (fun < 0) {
                throw new ArraySizeException();
            }
        } catch (ArraySizeException e) {
            System.out.println(e);
        }
    }
}
```

代码解析

本例是自定义异常的触发类，需要注意的是抛出自定义异常的语句 ArraySizeException()。

代码清单 6-45　ArraySizeException.java

```java
package com.manage.exception;

class ArraySizeException extends NegativeArraySizeException {
    ArraySizeException() {
        super("数组不正确! ");
    }
}
```

代码解析

本例继承了 NegativeArraySizeException，自定义异常信息为"数组不正确！"而整个实例的执行结果即为"数组不正确！"。

6.7　代码调试

代码调试是架构师必须掌握的技能，主要分为前端调试和后端调试，一般来说浏览器都会自带"开发者模式"以供程序员进行调试，而不论是哪一款开发 IDE，也都会有调试模式。学会了前端调试和后端调试之后，如果对自己有严格的要求，还可以去学习一些专业的调试工具。

6.7.1　Web 调试方式

如果 Web 没有调试，就很难做到精确，更谈不上对流程进行控制了。如果没有 Web 调试，很多前端的东西都需要依靠程序员的经验去猜测，或者使用 alert 方式输出值，这样开发出的程序是极不靠谱的。因此，基本上每个浏览器都提供了开发人员工具，以便让程序员可以对每一步操作所产生的变化都进行跟踪，从而得出正确的结论。Internet Explorer、Chrome 和 Firefox 这三大浏览器的调试方式基本上差不多，都需要在 JavaScript 文件中写"debugger"，只要浏览器开启了调试模式，程序就会在"debugger"处自动停下来，以便让程序员监测到此时前端所有的环境变量。

常用的调试方法具体如下。

（1）单击选择元素：用于选择 HTML 页面的元素，来查看该元素的构成。例如，跟踪样式、布局、属性，通过在调试模式下修改元素参数，可以在页面上直观地看到实时效果。

（2）清除浏览器缓存：有时会发现调试的时候，浏览器没有在断点处停下来，这可能是因为缓存的原因，没有及时生效。

（3）继续：程序直接执行，一般会在下一个 debugger 处暂停。

（4）逐语句：调试代码块的时候，逐条语句往下执行。

（5）逐过程：调试代码块的时候，逐个过程往下执行。

（6）跳出：如果程序进入一个引用的或者特别复杂的 JavaScript 中，逐语句或逐过程执行已经很难获取有效信息，此时，可以选择跳出，在当前需要的 JavaScript 中，继续选择逐语句或者逐过程调试。

浏览器调试界面如图 6-3 所示。

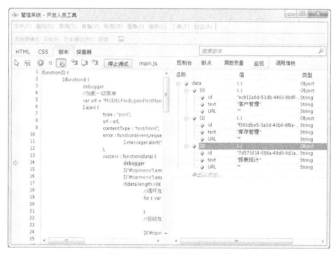

图 6-3　浏览器调试界面

6.7.2　Java 调试方式

利用 MyEclipse 的调试，可以方便地对 Java 程序执行在某个断点时的环境变量进行调试。程序会在运行到断点的时候停止下来，利用 MyEclipse 提供的调试功能，可以清楚直观地看到断点处某些变量的类型还有数值，方便程序员逐步跟踪，来定位问题或者实现功能。

MyEclipse 的调试方法跟浏览器的开发者工具的用法差不多，都是使用逐语句、逐过程、进入、跳出等方法来进行跟踪调试的，具体的做法很简单，这里就不赘述了。一般比较常见的技巧就是当程序在断点处停止下来的时候，利用好 Watch、Inspect、Display 这 3 个功能观察变量就可以了。只要知道了此时此刻 Java 程序中各种变量的数值，就可以明白下一步的做法了。

在 MyEclipse 中，还有一种比较另类的调试方法，值得一说。

举个例子，有时候，公司为了保护自己的产品，会把一些 Java 代码打成 JAR 包，让程序员直接使用里面的方法，但看不到源码，遇见这种情况，如果需要调试，岂不是很困难？因为不可能在 JAR 包里打断点啊？

所以，这个时候，如果正好有某个模块的原始工程的话，就可以导入工作空间，以项目引用的方式来调试程序。

具体的做法是这样的：首先，进入项目的"Properties"界面，选择"Project References"，在右边的列表中选择需要引入的项目，这样的话，就跟引入 JAR 一样，获得了该项目里面所有的功能；然后，选择项目的"Debug As"菜单，选择"Run Configurations..."功能，弹出调试配置对话框，在列表框中选择"Remote Java Application"选项，选择下面的项目，在右边的设置选项中，单击"Common"选项，切换到该功能的界面，找到"Display in favorites menu"，勾选"Debu"；然后，单击"Debug"就可以建立这种调试关系；最后，还需要以"Debug Server"的方式启动 Tomcat，才可以正式进行调试。只要在引入的项目中需要调试的地方打上断点就可以了，当主项目启动的时候，引入的项目也会跟着启动，以配合调试。MyEclipse 的调试界面如图 6-4 所示。

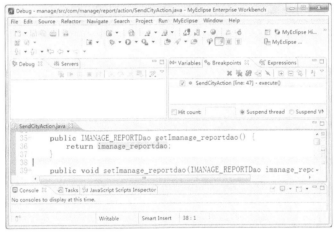

图 6-4　MyEclipse 的调试界面

6.8　多线程

在计算机编程中，进程和线程是两个比较重要的概念。一个进程可以包含多个线程，但不论这种从属包含关系具体怎样，它们都是为了执行程序而存在的。在 Java 中合理利用多线程就是可以让这些线程同时执行某些程序，从而进入并行的状态，可以使程序运行得更快、效率更高，然而对于多线程的利用会产生线程安全的问题，也就是多个线程会同时操作某个资源，从而引发数据问题，解决这种问题的渠道就是进行线程同步。

6.8.1　线程创建

理解了多线程的概念之后，其实会发现多线程的学习并不困难。那么学习多线程的第一步工作就是要学会创建线程。创建线程的方法有两种：第一种是继承 Thread 来实现，第二种是实现 Runnable 接口。接下来我们以具体的实例来讲述这两种创建线程的方法。

1. Thread 方式创建线程

Thread 方式创建线程如代码清单 6-46 所示。

代码清单 6-46　ThreadDemo.java

```
package com.manage.thread;

public class ThreadDemo extends Thread {
    public static void main(String[] args) {
        Thread th = Thread.currentThread();
        System.out.println("主线程: " + th.getName());
        ThreadDemo td = new ThreadDemo();
        td.start();
    }
    @Override
    public void run() {
        System.out.println("子线程: " + this.getName());
    }
}
```

输出结果:

```
主线程: main
子线程: Thread-0
```

代码解析

这段代码很好理解，首先但凡是程序执行都会涉及线程，因为它是最小的执行单位。那么在这段代码中，使用 currentThread 获取的就是 main() 方法的线程，而 ThreadDemo 是新建一个类的实例，再使用 start() 方法开始执行线程。不论如何都需要重写 run() 方法，因为它是自定义线程具体执行的内容，在这里我们使用 getName() 方法获取子线程的名称。

2. Runnable 方式创建线程

Runnable 方式创建线程如代码清单 6-47 所示。

代码清单 6-47　RunnableDemo.java

```
package com.manage.thread;

public class RunnableDemo implements Runnable {
    public static void main(String[] args) {
        Thread th1 = Thread.currentThread();
        System.out.println("主线程: " + th1.getName());
        RunnableDemo rd = new RunnableDemo();
        new Thread(rd, "第1个子线程").start();
        new Thread(rd, "第2个子线程").start();
        Thread th2 = new Thread(rd);
        th2.start();
    }
    public void run() {
        System.out.println(Thread.currentThread().getName());
    }
}
```

输出结果:

```
主线程: main
第1个子线程
第2个子线程
Thread-0
```

代码解析

使用 Runnable 方式新建线程，同样的第一步输出了主线程的名称，接下来新建线程类的实例，分别启动两个线程并且赋予名称。接着，使用第二种方式启动线程，但它们都会通过调用 run() 方法来输出名称。

6.8.2　线程调度

多线程并不是启动之后会维持一种状态，它也有自己的生命周期，而对线程的调度就是在线程生命周期内可以做的一些动作，如新建、就绪、运行、睡眠、等待、挂起、恢复、阻塞和死亡，在线程生命周期内修改线程的状态称作线程调度，如代码清单 6-48 所示。

代码清单 6-48　ThreadDispatchDemo.java

```java
package com.manage.thread;

public class ThreadDispatchDemo extends Thread {
    Thread th = null;
    public ThreadDispatchDemo() {
        th = new Thread(this);
        System.out.println("线程 th 状态是新建");
        System.out.println("线程 th 状态是已经就绪");
        th.start();
    }
    @Override
    public void run() {
        try {
            System.out.println("线程 th 状态是正在运行");
            Thread.sleep(5000);
            System.out.println("线程 th 状态是在睡眠 5 秒之后，重新运行");
        } catch (InterruptedException e) {
            System.out.println("线程 th 状态是被终端: " + e.toString());
        }
    }
    public static void main(String[] args) {
        ThreadDispatchDemo td = new ThreadDispatchDemo();
    }
}
```

输出结果：

```
线程 th 状态是新建
线程 th 状态是已经就绪
线程 th 状态是正在运行
线程 th 状态是在睡眠 5 秒之后，重新运行
```

代码解析

这段代码先是分别定义了 ThreadDispatchDemo 类的构造器，在构造器里新建一个线程并且正式启动。接着在重写的 run() 方法里，通过睡眠的方式完成线程的调度，而具体的程序入口在 main() 方法里，只需要新建一个 ThreadDispatchDemo 类的实例便可以完成触发。

6.8.3　线程同步

线程同步实际上就是实现线程安全的过程，在程序中使用多线程的时候，因为不同的线程可能会请求同一个资源，如果不加以控制就会引发数据问题，因此我们需要给合适的线程加上 synchronized 关键字使其同步化，表示该线程所处理的资源已经加锁，需要等处理完毕解锁后才

能被下一个线程处理。关于线程同步，我们使用购买者和生产者的概念来演示它，具体内容如代码清单 6-49（商品数据模型类）、代码清单 6-50（消费者操作类）、代码清单 6-51（生产者操作类）、代码清单 6-52（销售行为类）和代码清单 6-53（测试类）所示。

代码清单 6-49　Product.java

```java
package com.manage.synch;

public class Product {
    private int id;
    private String name;
}
```

代码解析

本类用于创建商品数据模型类，为它赋予 id 和 name 属性。

代码清单 6-50　Customer.java

```java
package com.manage.synch;

public class Customer implements Runnable {
    private Saleman saleman;
    public Customer(Saleman saleman) {
        this.saleman = saleman;
    }
    public void run() {
        for (int i = 0; i < 10; i++) {
            saleman.romoveProduct();
        }
    }
}
```

代码解析

本类用于消费者购买商品，使用 romoveProduct() 进行减法运算。

代码清单 6-51　Producter.java

```java
package com.manage.synch;

public class Producter implements Runnable {
    private Saleman saleman;
    public Producter(Saleman saleman) {
        this.saleman = saleman;
    }
    public void run() {
        for (int i = 0; i < 3; i++) {
            saleman.addProduct(new Product());
        }
    }
}
```

代码解析

本类用于生产者增加商品，使用 addProduct() 进行加法运算。

代码清单 6-52　Saleman.java

```java
package com.manage.synch;
import java.util.ArrayList;
import java.util.List;

public class Saleman {
```

```java
    private List products = new ArrayList();
    public synchronized void addProduct(Product product) {
        while (products.size() > 2) {
            System.out.println("货架已满，可以进行销售！");
            try {
                wait();
            } catch (InterruptedException e) {
                e.printStackTrace();
            }
        }
        products.add(product);
        System.out.println("销售员添加第" + products.size() + "个产品");
        notifyAll();
    }
    public synchronized void romoveProduct() {
        while (products.size() == 0) {
            System.out.println("当前货物已卖完，请等待上货！");
            try {
                wait();
            } catch (InterruptedException e) {
                e.printStackTrace();
            }
        }
        System.out.println("顾客买第" + products.size() + "产品");
        products.remove(products.size() - 1);
        notifyAll();
    }
}
```

代码解析

本类用于顾客购买和销售员上货这两种动作同时操作的场景，使用 synchronized 为不同的方法加锁，以防止引发数据问题。

代码清单 6-53　ShopDemo.java

```java
package com.manage.synch;

public class ShopDemo {
    public static void main(String[] args) {
        Saleman saleman = new Saleman();
        Producer producer = new Producer(saleman);
        Customer customer = new Customer(saleman);
        Thread producterOne = new Thread(producer);
        Thread customerOne = new Thread(customer);
        producterOne.start();
        customerOne.start();
    }
}
```

输出结果：

```
当前货物已卖完，请等待上货！
销售员添加第 1 个产品
销售员添加第 2 个产品
销售员添加第 3 个产品
顾客买第 3 产品
顾客买第 2 产品
顾客买第 1 产品
当前货物已卖完，请等待上货！
```

代码解析

程序入口用于同时开启消费者和生产者的线程，因为对销售员和顾客所对应的方法都进行了线程同步，所以从输出结果可以看出并没有出现数据问题。

6.9 监听器

监听器用于监听 Web 程序中各类事件，这些事件可以是对象的创建、销毁和修改等动作，当监听到这些动作发生时，可以在监听器的代码中进行自定义的处理。因为 Web 程序中的一些事件对于开发者而言基本上是看不到的，所以针对这些看不到的事件就可以采用监听器来获取了。

6.9.1 实现 Listener

首先 Listener 监听的范围是非常广泛的，我们没必要对 Web 程序中的所有事件都进行监听，一般而言进行监听也是根据业务需要。所以此处我们新建一个 Listener，用于监听项目启动和停止的动作，并且输出一些自定义信息。类似监听器和过滤器的程序最好在现有的项目中来测试，否则很难模拟出真实的情况，学习效果会大打折扣，只有把监听器配置在某个项目中，它才有真正的用武之地。

首先在 com.manage.util 包底下新建一个 LifeListener 监听类，用来监听管理系统的生命周期，如代码清单 6-54 所示。

代码清单 6-54　LifeListener.java

```java
package com.manage.util;
import javax.servlet.ServletContextEvent;
import javax.servlet.ServletContextListener;

public class LifeListener implements ServletContextListener {
    public void contextDestroyed(ServletContextEvent arg0) {
        // 项目停止运行
        System.out.println("项目运行停止");
    }
    public void contextInitialized(ServletContextEvent arg0) {
        // 项目开始运行
        System.out.println("项目开始运行");
    }
}
```

代码解析

监听器只要实现 ServletContextListener 接口，就可以通过提示来生成监听类的方法。至于 contextDestroyed 就是服务停止时触发的方法，我们可以把服务停止时触发的代码写在这个方法里；而 contextInitialized 就是项目开始运行时触发的方法，我们可以把服务开始时触发的代码写在这个方法里。

6.9.2 配置 Listener

监听器跟 Servlet 一样，只有通过合理的配置才会生效，而它的配置方法很简单，主要有两种：第一种方法是使用@WebListener 修饰 Listener 实现类即可，第二种方法是在 web.xml 中使用<listener>元素对来进行配置。接着我们分别演示这两种配置方法。

第一种方法如下：

```java
@WebListener
public class LifeListener implements ServletContextListener
```

代码解析

Servlet 3.0 提供 @WebListener 作为监听器的注解方法，只要在监听器中增加注解，就不用在 web.xml 中进行监听器的配置了。如果提示 @WebListener 报错，可以尝试把 Java EE 5 Libraries 升级成 Java EE 6 Libraries。

第二种方法如下：

```
<!-- 加载 spring 配置文件 applicationContext.xml -->
<listener>
<listener-class>org.springframework.web.context.ContextLoaderListener</listener-class>
</listener>
<!-- 加载项目生命周期的监听类 -->
<listener>
<listener-class>com.manage.util.LifeListener</listener-class>
</listener>
```

代码解析

注释信息为"加载项目生命周期的监听类"就是对刚才监听类的配置。<listener-class> 元素里写的是实现类地址。然而该项目中还有一个监听类，是监听 applicationContext.xml 文件的，这从框架搭建上来说是必需的，所以读者在日后搭建框架的时候，就可以明白这样做的原因，而这段 <listener-class> 引用的是 Spring 提供的 JAR 包里的 class 文件。

6.9.3　测试 Listener

配置好了 Listener，接下来就把 manage 项目发布到 Tomcat 里，实地观察一下监听器是如何运作的，启动服务器后，控制台开始输出日志信息。

```
项目开始运行
2017-10-12 22:38:34 org.apache.catalina.startup.HostConfig deployDirectory
信息: Deploying web application directory ROOT
2017-10-12 22:38:35 org.apache.coyote.http11.Http11AprProtocol start
信息: Starting Coyote HTTP/1.1 on http-8080
2017-10-12 22:38:35 org.apache.coyote.ajp.AjpAprProtocol start
信息: Starting Coyote AJP/1.3 on ajp-8009
2017-10-12 22:38:35 org.apache.catalina.startup.Catalina start
信息: Server startup in 4848 ms
```

代码解析

从 Tomcat 启动结果来看，项目启动成功。"项目开始运行"这段话出现在 Tomcat 的日志里，说明监听器生效，拦截到了服务器启动的动作。

接着我们尝试停止 Tomcat，试试销毁的例子。选择 Tomcat 服务器的 Stop Server 功能，控制台开始输出日志信息。

```
项目运行停止
2017-10-12 22:41:20 org.apache.catalina.core.ApplicationContext log
信息: Closing Spring root WebApplicationContext
2017-10-12 22:41:20 org.apache.coyote.http11.Http11AprProtocol destroy
信息: Stopping Coyote HTTP/1.1 on http-8080
2017-10-12 22:41:20 org.apache.coyote.ajp.AjpAprProtocol destroy
信息: Stopping Coyote AJP/1.3 on ajp-8009
```

代码解析

在停止 Tomcat 服务器的时候，成功输出了"项目运行停止"这段话，说明例子成功。

6.10　过滤器

　　Filter 过滤器的主要作用是针对客户端发出的请求在服务器端进行过滤（范围可设置），而过滤的动作可以自定义，例如，过滤非法用户、字符、统一设置编码格式等。在项目中使用 Filter 过滤器，需要实现 Filter 接口并且实现它的方法，还要通过注解的方式或者在 web.xml 中配置过滤器信息。

6.10.1　实现 Filter

　　首先需要明白 Filter 过滤器的范围可以是所有请求，也可以是自定义的某些请求，在这里我们暂且设置为所有请求。举个例子，针对登录请求这个 URL，我们的过滤器规则就可以设置为"限制某些用户"，也就是所谓的用户黑名单；而针对退出请求这个 URL，我们的过滤器规则就可以设置为"把当前用户的退出行为插入到表中"，也就是所谓的用户行为表。所以由此可见，过滤器的范围或者应用基本上都跟实际需求相关联。

　　在本节中，我们就确定一个简单的需求：在过滤器拦截到任意请求的时候，输出 Session 中的用户名。为了完成这个需求，我们需要建立一个 Filter。首先在 com.manage.util 包底下新建一个 LifeFilter 过滤类，用来过滤所有的客户端请求，如代码清单 6-55 所示。

代码清单 6-55　LifeFilter.java

```java
package com.manage.util;
import java.io.IOException;
import javax.servlet.Filter;
import javax.servlet.FilterChain;
import javax.servlet.FilterConfig;
import javax.servlet.ServletException;
import javax.servlet.ServletRequest;
import javax.servlet.ServletResponse;
import javax.servlet.annotation.WebFilter;
import javax.servlet.http.HttpServletRequest;
import javax.servlet.http.HttpSession;
import com.manage.platform.entity.MANAGE_USEREntity;

@WebFilter
public class LifeFilter implements Filter {
    @Override
    public void destroy() {
        // Filter 销毁
        System.out.println("请求销毁");
    }
    @Override
    public void doFilter(ServletRequest request, ServletResponse response,
        FilterChain chain) throws IOException, ServletException {
        // Filter 核心方法
        HttpServletRequest req = (HttpServletRequest) request;
        HttpSession session = req.getSession();
        if (session.getAttribute("user") != null) {
            MANAGE_USEREntity curUser = (MANAGE_USEREntity) session
                    .getAttribute("user");
            System.out.println("当前用户: " + curUser.getNAME());
        }
        chain.doFilter(request, response);
    }
    @Override
    public void init(FilterConfig arg0) throws ServletException {
        // Filter 初始化
```

```
            System.out.println("请求初始化");
        }
    }
```

代码解析

新建过滤器需要实现 Filter 接口，再通过提示生成过滤器的方法即可。程序默认生成的有 3
个方法：destroy()方法是销毁的意思，init()方法是初始化的意思，Filter 的核心类是
doFilter()方法，在这个方法体内，我们可以根据实际的业务需求来写一些代码。在本例中，我们
通过获取 Session 里的用户名，并且输出用户名来作为过滤器的业务内容。

6.10.2　配置 Filter

过滤器跟 Servlet 一样，只有通过合理的配置才会生效，而它的配置方法很简单，主要有两种方
法：第一种方法是使用@WebFilter 修饰 filter 实现类即可，第二种方法是在 web.xml 中使用
<filter>元素对来进行配置。接着我们分别演示这两种配置方法。

第一种方法如下：

```
@WebFilter
public class LifeFilter implements Filter
```

代码解析

Servlet 3.0 提供@WebFilter 作为过滤器的注解方法，只要在过滤器中增加注解，就不用在
web.xml 中进行过滤器的配置了。如果提示@WebFilter 报错，可以尝试把 Java EE 5 Libraries 升级
成 Java EE 6 Libraries。

第二种方法如下：

```
<!-- 配置 struts 过滤器 -->
<filter>
    <filter-name>struts2</filter-name>
    <filter-class>
        org.apache.struts2.dispatcher.ng.filter.StrutsPrepareAndExecuteFilter
    </filter-class>
</filter>
<filter-mapping>
    <filter-name>struts2</filter-name>
    <url-pattern>/*</url-pattern>
</filter-mapping>
<!-- 登录过滤器 -->
<filter>
    <filter-name>LoginFilter</filter-name>
    <filter-class>com.manage.platform.LoginFilter</filter-class>
</filter>
<filter-mapping>
    <filter-name>LoginFilter</filter-name>
    <url-pattern>*.action</url-pattern>
</filter-mapping>
<!-- 登录过滤器 -->
<filter>
    <filter-name>LifeFilter</filter-name>
    <filter-class>com.manage.util.LifeFilter</filter-class>
</filter>
<filter-mapping>
    <filter-name>LifeFilter</filter-name>
    <url-pattern>/*</url-pattern>
</filter-mapping>
```

代码解析

注释为"登录过滤器"的就是对刚才过滤类的配置。<filter-class>元素里写的是实现类地址，然而该项目中还有一个过滤类 LoginFilter，是针对用户登录验证的，与刚才的过滤器所不同的是，它使用通配符过滤所有 action 请求，而我们刚才写好的过滤所有请求，且名称是 struts2 的核心过滤器为 StrutsPrepareAndExecuteFilter。这一点是框架搭建 Strus 2 所必需的配置，也是作为架构师必须理解和掌握的内容。

6.10.3 测试 Filter

配置好了 Filter，接下来就把 manage 项目发布到 Tomcat 里，实地观察一下过滤器是如何运作的，启动服务器后，控制台开始输出日志信息。

```
项目开始运行
请求初始化
2017-10-12 23:45:01 org.apache.catalina.startup.HostConfig deployDirectory
信息: Deploying web application directory ROOT
2017-10-12 23:45:01 org.apache.coyote.http11.Http11AprProtocol start
信息: Starting Coyote HTTP/1.1 on http-8080
2017-10-12 23:45:01 org.apache.coyote.ajp.AjpAprProtocol start
信息: Starting Coyote AJP/1.3 on ajp-8009
2017-10-12 23:45:01 org.apache.catalina.startup.Catalina start
信息: Server startup in 4313 ms
```

代码解析

从 Tomcat 启动结果来看，项目启动成功。而"请求初始化"这段话，也出现在了 Tomcat 的日志里，说明监听器生效，成功地执行了过滤器的 init() 方法。

接着我们尝试停止 Tomcat，试试销毁的例子。选择 Tomcat 服务器的 Stop Server 功能，控制台开始输出日志信息。

```
请求销毁
项目运行停止
2017-10-12 23:46:06 org.apache.catalina.core.ApplicationContext log
信息: Closing Spring root WebApplicationContext
2017-10-12 23:46:06 org.apache.coyote.http11.Http11AprProtocol destroy
信息: Stopping Coyote HTTP/1.1 on http-8080
2017-10-12 23:46:06 org.apache.coyote.ajp.AjpAprProtocol destroy
信息: Stopping Coyote AJP/1.3 on ajp-8009
```

代码解析

在停止 Tomcat 服务器的时候，成功输出了"请求销毁"这段话，说明例子成功执行了过滤器的 destroy() 方法。

因为该过滤器默认的范围是所有的请求，所以我们在项目运行的时候随便做一些操作，都可以看到过滤器的输出效果。

```
com.manage.platform.entity.MANAGE_USEREntity@1629b99c
http://localhost:8080/manage/MODELFindLgoinSecondMenu.action
当前用户：张三
当前用户：张三
当前用户：张三
```

代码解析

因为我们已经使用张三登录进入了系统，而之前的过滤器默认是针对所有请求进行过滤的，所以每做一个操作，只要 Session 没有过期，都会在控制台输出"当前用户：张三"这段话，而在登录界面，如果输入错误的用户和密码是不会输出这段话的，因为当前的 Session 里没有存入用户名。

6.11 反射机制

Java 的反射机制是指在程序运行的时候，我们可以根据某个对象的名称，动态地获取该 class 的完整结构，如对象实体、属性、方法等，而要实现这种功能需要依靠 Java 自身的 Reflection 特性。

6.11.1 ReflectDemo

反射的概念理解起来简单，但想要彻底掌握它的用法则必须通过实际的例子才能实现，接下来我们开发几个类来演示它的用法，具体代码如代码清单 6-56 和代码清单 6-57 所示。

代码清单 6-56　Student.java

```java
package com.manage.reflection;

class Student {
    private Long id;
    private String name;
    private int age;
    public Student() {
    }
    public Student(String name, int age) {
        this.name = name;
        this.age = age;
    }
    public Long getId() {
        return id;
    }
    public void setId(Long id) {
        this.id = id;
    }
    public String getName() {
        return name;
    }
    public void setName(String name) {
        this.name = name;
    }
    public int getAge() {
        return age;
    }
    public void setAge(int age) {
        this.age = age;
    }
}
```

代码解析

新建数据模型类 Student，并且为它声明 id、name 和 age 这 3 个属性。

代码清单 6-57　ReflectDemo.java

```java
package com.manage.reflection;
import java.lang.reflect.Field;
```

```java
import java.lang.reflect.Method;

public class ReflectDemo {
    public Object getObject(String name) {
        Object obj = null;
        try {
            Class classType = Class.forName(name);
            obj = classType.newInstance();
        } catch (ClassNotFoundException e) {
            e.printStackTrace();
        } catch (InstantiationException e) {
            e.printStackTrace();
        } catch (IllegalAccessException e) {
            e.printStackTrace();
        }
        return obj;
    }
    public Object copy(Object object) throws Exception {
        // 获得对象的类型
        Class<?> classType = object.getClass();
        System.out.println("class 名称:" + classType.getName());
        // 通过默认构造方法创建一个新的对象
        Object objectCopy = classType.getConstructor(new Class[] {})
                .newInstance(new Object[] {});
        Object objectCopyTemp = classType.newInstance();
        // 输出原对象
        System.out.println(object);
        // 输出复制对象
        System.out.println(objectCopy);
        System.out.println(objectCopyTemp);
        // 获得对象的所有属性
        Field fields[] = classType.getDeclaredFields();
        for (int i = 0; i < fields.length; i++) {
            Field field = fields[i];
            String fieldName = field.getName();
            String firstLetter = fieldName.substring(0, 1).toUpperCase();
            // 获得 get 方法的名称
            String getMethodName = "get" + firstLetter + fieldName.substring(1);
            // 获得 set 方法的名称
            String setMethodName = "set" + firstLetter + fieldName.substring(1);
            // 通过名称生成 get 方法
            Method getMethod = classType.getMethod(getMethodName,
                    new Class[] {});
            // 通过名称生成 set 方法
            Method setMethod = classType.getMethod(setMethodName,
                    new Class[] { field.getType() });
            // 获得原对象的数据
            Object value = getMethod.invoke(object, new Object[] {});
            System.out.println(fieldName + ": " + value);
            // 调用复制对象的 set 方法赋予原对象的数据
            setMethod.invoke(objectCopy, new Object[] { value });
        }
        return objectCopy;
    }
    public static void main(String[] args) throws Exception {
        Student student = new Student("张三", 20);
        student.setId(new Long(1));
        Student studentCopy = (Student) new ReflectDemo().copy(student);
        System.out.println("复制后的 student 数据: " + studentCopy.getId() + " "
```

```
                          + student.getName() + " " + studentCopy.getAge());
            ReflectDemo demo = new ReflectDemo();
            // 生成新的 Student 类
            Object obj = demo.getObject("com.manage.reflection.Student");
            System.out.println(obj);
            // 把 Object 类型转换成 Student 类型
            Student stu = (Student) obj;
            stu.setName("李四");
            System.out.println("转换后的 student 数据: " + stu.getName());
        }
    }
```

输出结果:

```
class 名称:com.manage.reflection.Student
com.manage.reflection.Student@527c6768
com.manage.reflection.Student@65690726
com.manage.reflection.Student@525483cd
id: 1
name: 张三
age: 20
复制后的 student 数据: 1 张三 20
com.manage.reflection.Student@3fbefab0
转换后的 student 数据: 李四
```

代码解析

本例通过 ReflectDemo 来演示反射机制的主要用法, 我们忽略不相干的代码, 主要分析一下涉及反射的内容。

首先在程序的 main() 方法中, 通过 Student student = new Student("张三", 20) 语句新建了一个学生实体, 接着使用 Student studentCopy = (Student) new ReflectDemo().copy(student) 语句获取到了学生实体类的复制信息, 这个过程就是通过反射机制得来的, 所以接下来分别输出了复制后的学生数据 id 是 1, name 是张三, age 是 20。

在执行 copy() 方法的时候, 把之前新建的 Student 实体当作参数传入了方法内部, 又通过 Class<?> classType = object.getClass() 语句获取到了反射后的信息, 所以接下来就可以使用 classType.getName() 获取到 "class 名称:com.manage.reflection.Student", 而通过 Object objectCopyTemp = classType.newInstance() 语句则可以获取到 **Student** 类的副本, 这些就是反射机制的典型用法。

6.11.2　InvokeDemo

本例主要使用 invoke() 方法来演示反射机制的高级用法, 该方法通过接收符合条件的参数来调用原始类中的方法, 并且根据传入的参数完成逻辑处理。这么讲解恐怕有点儿难以理解, 还是通过具体的实例来演示吧, 如代码清单 6-58 所示。通过本例的演示, 相信读者可以更加深入地理解 Java 反射机制。

代码清单 6-58　InvokeDemo.java

```
package com.manage.reflection;
import java.lang.reflect.Method;

public class InvokeDemo {
    public int add(int param1, int param2) {
```

```
            return param1 + param2;
        }
        public String echo(String msg) {
            return "喜欢: " + msg;
        }
        public static void main(String[] args) throws Exception {
            Class<?> classType = InvokeDemo.class;
            Object invokeDemo = classType.newInstance();
            // 第二种方法
            // Object InvokeDemo = classType.getConstructor(new
            // Class[]{}).newInstance(new Object[]{});
            // 为 add 方法赋予数据类型
            Method addMethod = classType.getMethod("add", new Class[] { int.class,
                    int.class });
            // 调用 InvokeDemo 类的 add 方法，并且赋予具体的数值。
            Object result = addMethod.invoke(invokeDemo, new Object[] { 100,
                    new Integer(200) });
            // 输出加法运算的结果
            System.out.println((Integer) result);
            // 调用 InvokeDemo 类的 echo 方法，并且赋予具体的数值。
            Method echoMethod = classType.getMethod("echo",
                    new Class[] { String.class });
            result = echoMethod.invoke(invokeDemo, new Object[] { "可乐" });
            // 输出字符串的结果
            System.out.println((String) result);
        }
    }
```

输出结果：

```
300
喜欢: 可乐
```

代码解析

本例的原始类 InvokeDemo 中定义了两个方法，它们分别是 add() 进行加法运算，echo() 进行输出运算。在 main() 方法中，首先通过 Class<?> classType = InvokeDemo.class 语句获取到原始类的 classType 信息；再通过 Object invokeDemo = classType.newInstance() 语句获取到原始类的副本；最后通过 Object result = addMethod.invoke(invokeDemo, new Object[] { 100, new Integer(200) }) 语句传入 invoke() 方法所需的 3 个参数，它们分别是 invokeDemo，还有涉及加法计算的两个参数 100 和 200，这样的话就能得到运算结果是 300 了。但是话说回来，这个操作能够计算成功的前提是必须通过 classType.getMethod 获取到原始类的 add() 方法才可以。

6.12 XML

XML 是可扩展标记语言，和 HTML 语言是两个完全不同的概念。XML 语言的主要作用是自定义数据格式、类型，以方便数据在计算机之间的传输，而 HTML 语言的作用是前端展示。因为 XML 语言有着跨平台的优势，它有属于自己的一套标准，任何语言都可以通过相同的规范来获取 XML 数据，所以程序员必须掌握 XML 相关的知识，否则就很难去做第三方的交互。

6.12.1 创建 XML

创建 XML 比较简单，读者可以通过记事本或者代码编辑器来完成，具体内容如代码清单 6-59

和代码清单 6-60 所示。

代码清单 6-59　student1.xml

```
<?xml version="1.0" encoding="UTF-8"?>
<student>
    <name>张三</name>
    <sex>男</sex>
    <name>李四</name>
    <sex>女</sex>
</student>
```

代码解析

因为 XML 语言没有预定义格式，所以本例中的信息全部是自定义的。<student>元素是学生的意思，<name>是姓名，<sex>是性别，而本例定义了两条这样的数据。

代码清单 6-60　student2.xml

```
<?xml version="1.0" encoding="UTF-8"?>
<students>
    <student studID="1">
        <studName>张三</studName>
        <studAddress>小寨</studAddress>
    </student>
    <student studID="2">
        <studName>李四</studName>
        <studAddress>锦里</studAddress>
    </student>
</students>
```

代码解析

本例再一次进行了自定义操作，<students>代表了学生集合，该集合里定义了两个学生<student>信息，还定义了他们的 studID、studName 和 studAddress 信息。

6.12.2　解析 XML

XML 语言的学习分为两个步骤：第一个步骤是学会定义，能够封装数据；第二个步骤是把定义好的 XML 数据传输到目标后的解析工作。只有掌握这两个步骤，才能够完成 XML 的学习。为什么要解析 XML 呢？举个例子，如果我拿到了学生数据的 XML 文件，只有把它解析成对应的学生数据模型类，才能够把它保存到学生管理系统的数据库里，这就是解析 XML 的意义，具体过程如代码清单 6-61 所示。

代码清单 6-61　ResolveXML.xml

```
package com.manage.xml;
import java.io.FileInputStream;
import java.io.IOException;
import java.io.InputStream;
import javax.xml.parsers.DocumentBuilder;
import javax.xml.parsers.DocumentBuilderFactory;
import javax.xml.parsers.ParserConfigurationException;
import org.w3c.dom.Document;
import org.w3c.dom.Element;
import org.w3c.dom.Node;
import org.w3c.dom.NodeList;
import org.xml.sax.SAXException;
```

```java
public class ResolveXML {
    public static void readXMLDOM() {
        try {
            // 得到 DOM 解析器实例
            DocumentBuilderFactory factory = DocumentBuilderFactory
                    .newInstance();
            // 从工厂获得 DOM 解析器
            // 使用静态方法 newDocumentBuilder 得到 DOM 解析器
            DocumentBuilder builder = factory.newDocumentBuilder();
            // 读取 XML 文档并且转换为输入流
            InputStream is = new FileInputStream(
                    "E:\\manage\\practise\\src\\com\\manage\\xml\\student3.xml");
            // 解析 XML 文档的输入流得到 Document
            Document doc = builder.parse(is);
            doc.normalize();
            // 得到 XML 文档的根结点
            Element root = doc.getDocumentElement();
            // 显示根结点名称
            System.out.println(root.getNodeName());
            // 得到结点的子结点
            NodeList nodeList = doc.getElementsByTagName("学生");
            if (nodeList != null) {
                for (int i = 0; i < nodeList.getLength(); i++) {
                    Node node = nodeList.item(i);
                    if (node.getNodeType() == Node.ELEMENT_NODE) {
                        // 循环输出结点
                        System.out.println("姓名: "
                                + doc.getElementsByTagName("姓名").item(i)
                                        .getFirstChild().getNodeValue());
                        System.out.println("性别: "
                                + node.getAttributes().getNamedItem("性别")
                                        .getNodeValue());
                        System.out.println("年龄: "
                                + doc.getElementsByTagName("年龄").item(i)
                                        .getFirstChild().getNodeValue());
                        System.out.println("电话: "
                                + doc.getElementsByTagName("电话").item(i)
                                        .getFirstChild().getNodeValue());
                    }
                }
            }
            is.close();
        } catch (ParserConfigurationException e) {
            e.printStackTrace();
        } catch (IOException e) {
            e.printStackTrace();
        } catch (SAXException e) {
            e.printStackTrace();
        }
    }
    public static void main(String[] args) {
        ResolveXML.readXMLDOM();
    }
}
```

结果：

学生册
姓名：张三
性别：男

```
年龄：18
电话：100
姓名：李四
性别：男
年龄：19
电话：200
姓名：王五
性别：男
年龄：20
电话：300
```

代码解析

本例主要通过 DOM 解析器来对 XML 文件进行解析。具体的做法是读取 student3.xml 这个已经自定义好的 XML 格式文件，再通过 JDK 提供的方法来获取该文件中的不同结点，并且通过循环的方式输出元素。其实，DOM 解析器的方法看似复杂，实际上只要理解了思路掌握了那几个解析的方法就没什么难度了。当我们获得元素数据的时候，就可以把它们封装在 Bean 里，然后再完成入库操作。

学生信息类的 XML 文件如代码清单 6-62 所示。

代码清单 6-62 student3.xml

```xml
<?xml version="1.0" encoding="UTF-8"?>
<学生册>
    <学生 性别="男">
        <姓名>张三</姓名>
        <年龄>18</年龄>
        <电话>100</电话>
    </学生>
    <学生 性别="男">
        <姓名>李四</姓名>
        <年龄>19</年龄>
        <电话>200</电话>
    </学生>
    <学生 性别="男">
        <姓名>王五</姓名>
        <年龄>20</年龄>
        <电话>300</电话>
    </学生>
</学生册>
```

代码解析

本例自定义了 XML 的格式，根元素是学生册，它包含了 3 个学生元素，每个学生元素包含姓名、年龄和电话这 3 个属性。

6.13 WebService

WebService 是一个基于 SOAP 协议的跨平台传输技术，其本质仍然是依靠 HTTP 传输，但需要用 XML 进行数据的封装。因为互联网的普及，各种信息都被保存在数据库里，并且展示在 Web 页面上，但信息与信息之间仍然存在着距离，那就是它们可能保存在不同的数据库里。那么这就产生了一个问题，A 公司在做某个项目的时候可能会用到 B 公司的数据，解决这个问题的方法很多，但如果数据量不是特别大，通常大家会选择使用 WebService 来进行数据的传输。造成这种局面的主要原因有两点：第一，WebService 是轻量级的，可以不用部署即可依靠 XML 文件完成传输；第二，WebService 学习简单，开发起来比较容易，并且已经成为业界规范。如果需要进行大数据传输，建议使用 Socket 技术。

6.13.1　实现服务端

首先在工作空间中新建 manageWebService 的项目，并且新建 com.manage.service 包，需要在这个包底下新建 3 个文件，分别是完成 WebService 传输需要编写的代码。下面，我们来阐述一下该 WebService 服务的需求——根据用户来查询他喜欢的游戏。

（1）服务端"查询游戏"方法的内容如代码清单 6-63 所示。

代码清单 6-63　WebService.java
```
package com.manage.service;
import javax.jws.WebMethod;

@javax.jws.WebService
public interface WebService {
    @WebMethod
    String findGame(String name);
}
```

代码解析

这段代码非常简单，只需要加上 WebService 规定的注解即可，如@javax.jws.WebService 标识了它是 WebService 服务，@WebMethod 标识了它是服务的方法。

（2）服务端"查询游戏"方法的具体实现如代码清单 6-64 所示。

代码清单 6-64　WebServiceImpl.java
```
package com.manage.service;

@javax.jws.WebService
public class WebServiceImpl implements WebService {
    public String findGame(String name) {
        String game = "王者荣耀";
        return game;
    }
}
```

代码解析

本来依然使用了 WebService 规定的注解，除此之外该类需要实现之前定义好的 WebService 接口，并且实现该接口中定义的方法 findGame()，并且为其编写详细的逻辑代码。在本类中定义的逻辑是当传入用户名的时候，返回该用户喜欢的游戏。

（3）服务端 WebService 接口发布过程如代码清单 6-65 所示。

代码清单 6-65　WebServicePublish.java
```
package com.manage.service;
import javax.xml.ws.Endpoint;

public class WebServicePublish {
    public static void main(String[] args) {
```

```
    // 定义 WebService 发布地址接口最好跟业务相关，如 findGame 查询游戏
    String address = "http://localhost:8888/WS_Server/findGame";
    // 使用 Endpoint 类来发布 WebService 服务
    Endpoint.publish(address, new WebServiceImpl());
    System.out.println("WebService 服务发布成功！");
    }
}
```

代码解析

本类的主要作用是把已经完全定义好的 WebService 服务内容整体进行发布，主要代码是 Endpoint.publish(address, new WebServiceImpl())，参数的含义如下：address 是地址，WebServiceImpl 是查询游戏服务的实现类。在完成该类的编写后，使用 Java Application 运行一次，即可完成服务的发布。

注意，在更新 WebService 接口后必须重新发布一次服务，这样的话重新生成的代码才会是最新的。

```
2017-10-15 16:01:12 com.sun.xml.internal.ws.model.RuntimeModeler getRequestWrapperClass
信息: Dynamically creating request wrapper Class com.manage.service.jaxws.FindGame
2017-10-15 16:01:12 com.sun.xml.internal.ws.model.RuntimeModeler getResponseWrapperClass
信息: Dynamically creating response wrapper bean Class com.manage.service.jaxws.FindGameResponse
WebService 服务发布成功!
```

6.13.2　实现客户端

实现了服务端，说明请求 WebService 已经可以获得我们所需要的数据了。但是，我们还需要实现客户端，这样才可以向服务端发出请求来完成整个完整的工作链。

新建 manageWebClicent 项目，再新建两个包：第一个是 com.manage.client，用来编写客户端测试类；第二个是 com.manage.service，用来接收自动生成的代码。理论上测试类可以和自动生成的代码写在一个包里，但为了代码的简洁，也为了方便学习和调试，最好把它们分开。

com.manage.service 包下的内容由 wsimport 命令自动生成，下面是自动生成代码的步骤。

（1）确保 WebService 服务发布成功。

（2）在浏览器地址栏输入 http://localhost:8888/WS_Server/findGame?wsdl，请求成功如图 6-5 所示。

（3）使用 C:\>wsimport -s E:\manage\manageWebClient\src -keep http://localhost:8888/WS_Server/findGame?wsdl 命令生成 WebService 服务所需要的类，执行成功如图 6-6 所示。

图 6-5　WSDL 页面

图 6-6　wsimport 生成类

接下来刷新 manageWebClient 项目，点开 com.manage.service 包就会出现 6 个文件，关于这些文件的内容读者有兴趣可以看看源码，大概也能理解它们的意思。这些类的主要作用是完成 WebService 请求和响应之间的数据通道，只要服务端和客户端代码编写得没有问题，这个数据通道的内容就一定是正确的。

（4）开发测试类。打开 com.manage.client 包并且新建 WebClient 类，具体内容如代码清单 6-66 所示。

代码清单 6-66　WebClient.java

```java
package com.manage.client;
import com.manage.service.WebServiceImpl;
import com.manage.service.WebServiceImplService;

public class WebClient {
    public static void main(String[] args) {
        // 创建程序使用的实例
        WebServiceImplService factory = new WebServiceImplService();
        // 通过实例调用接口中对应的远程地址也就是找到相应的接口
        WebServiceImpl wsImpl = factory.getWebServiceImplPort();
        // 通过实例调用接口中的方法
        String resResult = wsImpl.findGame("张三");
        System.out.println("最喜欢的游戏是: "+resResult);
    }
}
```

结果：

最喜欢的游戏是：王者荣耀

代码解析

客户端的测试类就是用来远程调用服务端的入口，因为服务端是根据用户名来查询游戏，所以客户端在调用 findGame() 方法的时候传入了"张三"，这样服务端就会把"王者荣耀"作为响应内容，返回给客户端，客户端拿到数据后进行输出。当然，这只是一个最简单的逻辑，主要用来演示 WebService 的整个过程，读者如果需要继续编写的话就可以在合理的类中继续增加逻辑了，一般在开发 WebService 的时候都是事先调通整个服务，接下来才继续完善逻辑的。

6.14　Ajax 传递

Ajax 作为数据通道，是实现 Web 前端到后端的桥梁。数据的提交主要有两种方式：第一种是传统的表单提交；第二种是后期发展迅速的 Ajax 传递。在没有 Ajax 的时代，网站的动态交互只能靠表单提交，而表单提交有个缺点是必须刷新整个页面，而 Ajax 的出现弥补了这个缺点，它使网站做到了真正意义上的局部提交。

6.14.1　Ajax 是什么

Ajax 全称 Asynchronous JavaScript and XML，即异步 JavaScript 和 XML。它不是新的编程语言，而是把异步 JavaScript 和 XML 综合起来的新方法。其实，时至今日，Ajax 已经不算新了，它已经活跃在 Web 的开发领域中，到了不能离开它的程度。

在没有 Ajax 的时候，如果 Web 网页需要更新内容，就必须进行表单提交，重载整个页面。这种方式，虽然可以解决问题，但随着时间的飞逝，人们对互联网的认知越来越深，这种方式的弊端也就显现出来。简而言之，就是用户的体验非常差劲。不断地重载整个页面让人感觉到死板、崩溃，这时候，就迫切地需要新的技术来解决这个弊端，果然，Ajax 诞生了。

说得形象一点，Ajax 技术的应用更像是把整个 Web 页面分成了若干区块，需要哪一块则与后端服务器进行交互的时候，只需要专注于那一块即可，不用把整个页面的信息都传递过去。其实，这就是所谓的异步更新，通过大量的 Ajax 应用，也可以使 Web 页面变得更加动态。

在讲述 Ajax 的时候，有必要了解一下互联网的发展历史。最初，美国的几个顶尖的科研机构设计了最早的 Internet 网络，目的只是为了开展科学研究，方便信息共享交流。但是，有句话说得好，无心插柳柳成荫。Internet 是一个新生事物，虽然刚刚开始发展，但嗅觉灵敏的工程师们，很快意识到了这个新生事物将在未来叱咤风云。

于是，Web 发展的早期，总是有一些工程师们孜孜不倦地改进着它。例如，利用 HTML 解决页面展现的问题；利用 JavaScript 解决前端逻辑处理的问题；利用 DOM 模型解决 HTML 层次化的问题。这些技术，都有其产生的原因。可以说，Web 早期有点儿像古代诸侯割据的情况，很多公司，都对 Web 抱有浓厚的兴趣，并且根据自己的定义，发布了一系列 Web 产品和标准。这些令人感到紊乱的标准促进了 Web 的飞速发展，也产生了很多问题，例如，不同浏览器之间肯定存在着兼容性问题。如果这种各自为战的局面不加以控制，后果不堪设想。

果然，W3C 这个类似于武林盟主的组织出现了。W3C 成立于 1994 年，主要致力于标准化。不管是心悦诚服还是委曲求全，总之，后来 Web 方面标准化的东西都统一交给 W3C 来处理了。以至于前几年软件工程师在面试的时候，基本上有 80% 的概率会被问道："你写的代码符合 W3C 标准吗？"其实，符合不符合，对于一般的开发人员来说，并不重要。一般的开发人员，尤其是近几年，都养成了一个习惯，在开发软件的时候，会打开 W3C 网站，主要是检索需要用到的资料。因为经过多年的发展，W3C 发布的标准已经到了让人应接不暇的程度。其实，很多人是把 Web 开发的技术统一归纳到了 W3C 里。

现在，浏览器的兼容性问题仍然没有完全解决，也不可能解决。占领浏览器市场的软件主要是微软公司的 Internet Explorer，内核为 Trident；谷歌公司的 Chrome，内核为 Webkit；Mozilla 基金会的 Firefox，内核为 Gecko。在国际上，大概如此；国内的话，近年来又兴起了一股国产浏览器的旋风，不知道是心血来潮，还是有意跟风？大概是从 360 发布 360 安全浏览器、360 极速浏览器之后，很多江湖大佬似乎看到了前景，也不甘心市场被一家独大，纷纷投入资金来研发浏览器，浩浩荡荡的浏览器大战开始了，一时间万马奔腾，众说纷纭。据不完全统计，活跃在国内市场上的浏览器有十几种，典型的有 360 系列、猎豹浏览器、傲游浏览器、百度浏览器、腾讯浏览器、淘宝浏览器、搜狗浏览器，甚至做导航出身的 2345，也推出了自己的 2345 浏览器。

单独提到浏览器主要是阐述它的内核。在实际开发当中，开发人员可能要面对这几十款浏览器，综合起来考虑程序的兼容性。如果根据浏览器来处理，如此庞大的任务，几乎不可能完成。所以，我们只需要专注于浏览器的 3 种内核即可。在开发过程中，可以针对 3 种内核的浏览器，做一个简单的 if-else 判断就可以解决问题了。

前面说到，Ajax 的核心是解决浏览器重载的问题。这个问题，由来已久，大概可以追溯到十几年前。当时，W3C 组织已经解决了很多 Web 开发标准化的问题。但是，随着应用网站的不断增多、网络传输速率的大幅度提高，以及交互性需求的增加，就产生了一个瓶颈。客户端与服务端如此多的信息交互，用户执行某个操作，每次都需要把客户端的信息全都往服务端传送一遍，既浪费资源又浪费时间，等服务端返回到了数据，当前的页面还需要丢弃原来的内容，重新加载一遍，这从用户体验上来说，简直不能忍受！为了解决这个瓶颈，很多公司开始尝试把目前热门的几种技术结合起来，制造一种新的技术？很幸运，他们找到了 Ajax。谷歌是最早应用 Ajax 技术的公司之一，比较典型的例子就是在使用谷歌搜索引擎的时候，键入关键字时，输入栏下面就弹出了相关的内容。

　　Ajax 主要依赖于 4 种技术，即 JavaScript、CSS、DOM、XMLHttpRequest 对象。前 3 种技术都是开发人员耳熟能详的。

- JavaScript：通用的脚本语言，可以直接嵌入 HTML。在程序开发过程中，主要充当了解释器的角色。JavaScript 可以与浏览器的内置功能进行交互。Ajax 也是用 JavaScript 语言开发的。
- CSS：级联样式表，主要作用是控制 HTML 的样式。在开发中，HTML 自身提供了一些设置样式的属性。但通过 HTML 自身来设置属性，往往会让整个 Web 程序的展现和样式混杂在一起，增加了代码量，也不利于统一更改。CSS 提倡展示页面和样式分离，HTML 只负责展示，对样式的控制则统一交给 CSS 文件。当然，这种趋势是好的，但也不能完全覆盖。
- DOM：文档对象模型，把 HTML 分解成 DOM 树和结点。HTML 的不同元素，体现在 DOM 中就是不同结点，通过 JavaScript，可以方便地控制这些结点，动态地更改页面展示。
- XMLHttpRequest：Ajax 技术的核心。该对象可以在不向服务器提交整个页面的情况下，通过开发人员手动设置需要传递的参数，与服务器端进行交互，从而实现网页的局部更新。当页面全部加载完毕后，客户端通过该对象向服务器请求数据，服务器端接收数据并处理后，向客户端反馈数据。XMLHttpRequest 与传统表单提交一样，支持 GET 请求和 POST 请求。

　　Web 1.0 代表着走向标准化、大统一的格局。网站似乎是在主动地把信息推送给用户，极尽其能地找出用户感兴趣的内容，通过巨大的单击率来实现盈利。而 Web 2.0，则更好地专注于交互性，用户既是浏览者，也是创造者。这一点在博客、SNS 社交网站上体现得淋漓尽致。如果没有 Ajax，仅沿用之前的技术，这种无所不在的交互性将不可能实现。如果要给 Ajax 在互联网领域的贡献做一个总结，那它可能就是 Web 1.0 迈向 Web 2.0 的天梯。

6.14.2　Ajax 的 JavaScript 语法

　　Ajax 的核心是 JavaScript 的对象 XmlHttpRequest，因为是用 JavaScript 编写的，所以在使用 XmlHttpRequest 的时候，可以直接写在<script></script>标签中。

　　XmlHttpRequest 对象在 Internet Explorer 5 中首次引入，已经有相当长的历史了。曾经有一段时间，直接使用 XmlHttpRequest 对象在 JavaScript 文件中发送请求非常频繁，也非常热门。很多程序员，把能够使用 XmlHttpRequest 对象当作自豪的事情。尽管如此，却也符合事实。在那个表单提交流行的年代，能够使用异步操作是一件相当光彩的事情，也是每个程序员的梦想。

　　XMLHttpRequest 对象可以在执行的时候，通过 HTTP 请求，直接跟服务器通信。用户完全不用等待服务器响应，在这段时间里，可以继续在当前页面上做一些别的事情（传统表单提交会重载页面）。直到服务器返回数据，客户端把数据展现在页面上的时候，用户可以根据当前情况，继续下一步操作。这种无阻塞的趋势，几乎改变了人们在使用网络时的认知。

　　首先，创建一个 txt 文本文件，打开记事本，输入以下信息：

Ajax 的 XmlHttpRequest 语法实例。学习 Ajax 可以让我们在 Web 开发当中如鱼得水，让我们一起携手走向 Web 3.0 时代！

将文件命名为 1.txt，保存在 other 目录下。

然后，在 manage 项目的 example 目录下创建 XMLHttpRequest.jsp 文件，具体内容如代码清单 6-67 所示。

代码清单 6-67　XMLHttpRequest.jsp

```
<%@ page language="java" import="java.util.*" pageEncoding="UTF-8"%>
<meta http-equiv="Content-Type" content="text/html; charset=UTF-8" />
<!DOCTYPE html>
<html>
<head>
  <script type="text/javascript">
  var xmlHttp;
  function createXMLHttpRequest(){
    if(window.ActiveXObject){
      xmlHttp = new ActiveXObject("Microsoft.XMLHTTP");
    }
    else if(window.XMLHttpRequest){
      xmlHttp =new XMLHttpRequest();
    }
  }
  function send(){
    // GET 方式
    createXMLHttpRequest();
    var url = "../other/1.txt?name="+"zhangsan"+"&value="+"one";
    xmlHttp.open("GET", url, true);
    xmlHttp.onreadystatechange=callback;
    xmlHttp.send(null);
    // POST 方式
    createXMLHttpRequest();
    var params = "name="+"zhangsan"+"&value="+"one";
    var url = "../other/1.txt";
    xmlHttp.open("POST", url, true);
    xmlHttp.onreadystatechange=callback;
    xmlHttp.send(params);
  }
  function callback(){
    if(xmlHttp.readyState==4){
      var str=xmlHttp.responseText;
      var strpin="<p>"+str+"</p>";
      var strall=document.getElementById("send");
      strall.innerHTML = strpin;
      alert(xmlHttp.responseText);
    }
  }
  </script>
</head>
<body>
  <h1>XMLHttpRequest 实例</h1>
  <input type="button" size="10" value="请求" onClick="send();"/>
  <div id="send"></div>
</body>
</html>
```

打开浏览器，依次选择"插件实例"→"Ajax 实例"→"Ajax 的 XmlHttpRequest 实例"。弹出实例功能页面，单击"请求"按钮，就可以看到通过 XmlHttpRequest 方式发送 Ajax 请求的结果，如图 6-7 所示。

简要分析一下 XmlHttpRequest 对象发送 Ajax 请求的代码。

图 6-7 Ajax 请求界面

先利用最简单的 HTML 语言创建一个页面。页面元素包括一个用于发送请求的按钮，用于展示返回结果的 div。单击发送按钮，触发 send() 方法。在该方法中，基于浏览器内核判断了应该使用哪种方式创建 XmlHttpRequest 对象。如果是 IE 浏览器，调用 ActiveXObject 来创建；如果是其他浏览器，使用本地 JavaScript 对象来创建。

代码解析

（1）xmlHttp 创建成功之后，就可以使用它的方法来发送请求。

（2）xmlHttp.open("GET", url, true);：open() 方法的 3 个参数分别代表 GET 方式、url 路径和是否异步。

（3）xmlHttp.onreadystatechange=callback;：如果 xmlHttp.readyState 的属性值改变，回调 callback() 方法。如果 xmlHttp.readyState==4，说明请求已完成，Ajax 请求已经从 1.txt 文件中拿到了需要的数据。这时，就可以组装动态 HTML，利用页面的 div 进行显示了。

readyState 属性值的具体含义如表 6-1 所示。

表 6-1　**readyState 属性值的具体含义**

状　态	含　义
0	请求未初始化（在调用 open 之前）
1	请求已提出（在调用 send 之前）
2	请求已发送（这里通常可以从响应得到内容头部）
3	请求处理中（响应中通常有部分数据可用，但是服务器还没有完成响应）
4	请求已完成（可以访问服务器响应并使用它）

向服务器发送请求主要有 GET 和 POST 两种方式。从数据传递角度来说，这两种方式几乎一样，都是把参数编码为键/值，类似于 name=value 的方式来传递。主要区别还是在于 GET 是显式传递，POST 是隐式传递。在发送一个 URL 请求的时候，GET 方式会把携带的参数追加到 URL 中去，可以从地址栏中直观地看到完整的 URL。POST 方式会把携带的参数放在请求域中发送，URL 中不会显示参数键值，但可以通过浏览器的开发模式在调试状态下查看到。因此，GET 在安全性方面是不如 POST 的。使

用 GET 方式传递的话，该请求可以被收藏为书签，使用 POST 方式传递则不能。另外，还有一个主要的区别是 GET 方式传递参数的长度有限，而 POST 方式对数据的长度在理论上是没有要求的。

XmlHttpRequest 的常用方法如表 6-2 所示。

表 6-2　XmlHttpRequest 的常用方法

属　性　名	功　　能
abort()	取消当前请求
open()	创建 HTTP 请求
send()	发送 HTTP 请求
getAllResponseHeaders()	获取响应的所有 HTTP 头
getResponseHeader()	从响应信息中获取指定的 HTTP 头

6.14.3　Ajax 的 jQuery 语法

通过学习 XmlHttpRequest，我们成功地尝试了 Ajax 请求的完整过程。但仔细研究就会发现，通过 XmlHttpRequest 对象创建 Ajax 请求的话，整个代码有点儿生涩冗长。如果是经验丰富的开发人员，还可以逐步分析，领悟其中的道理，但对新手来说，犹如天书。众所周知，jQuery 一直以简洁有效著称，在处理 Ajax 请求的时候，也对传统的 XmlHttpRequest 对象方式进行了简化，逐步发展出了符合 jQuery 语法的 Ajax 创建方法。下面，我们通过实例来学习 Ajax 的 jQuery 创建方法。

从本质上说，Ajax 的 jQuery 创建方式只是针对 XMLHttpRequest 对象的简写，这些内容在 jQuery 源码中可以看到。为了更好地理解 Ajax 的 jQuery 语法，可以把之前的例子修改一下。

```
// GET 方式
$.ajax({
  type: "GET",
  url: "../other/1.txt?name="+"zhangsan"+"&value="+"one",
  async: "true",
  dataType: "text ",
  success: function(msg){
    var str=msg;
    var strpin="<p>"+str+"</p>";
    var strall=document.getElementById("send");
    strall.innerHTML = strpin;
    alert(xmlHttp.responseText);
  }
});

// POST 方式
$.ajax({
  type: "POST",
  url: "../other/1.txt",
  data: "name="+"zhangsan"+"&value="+"one",
  async: "true",
  dataType: "text ",
  success: function(msg){
    var str=msg;
    var strpin="<p>"+str+"</p>";
    var strall=document.getElementById("send");
    strall.innerHTML = strpin;
    alert(xmlHttp.responseText);
  }
});
```

从代码中可以看到，Ajax 的 jQuery 语法很简单，只用了短短几行代码，就实现了刚才的功能。从整体上看，代码的简洁程度已经达到了最佳，一眼看过去，很容易理解每行代码的意思。所以，在创建 Ajax 的时候，应该尽量采用 jQuery 的方式，这样便于自己处理逻辑，也便于别人阅读。Ajax 的 jQuery 语法中还有很多用于设置细节的属性和方法，这些基本上都跟 XmlHttpRequest 对象中的内容是对应的，也就是说，不管是学好了 XmlHttpRequest 对象还是 jQuery.ajax，都可以做到融会贯通。

Ajax 的 jQuery 的常用参数如表 6-3 所示。

表 6-3 Ajax 的 jQuery 的常用参数

参 数 名	功 能	默 认 值
type	请求类型，GET 或者 POST	
url	请求地址，可以是一个页面也可以是配置好的 Action	
data	请求数据，可以是一连串参数，经常用作查询条件	
success	请求成功之后触发，可以在方法里写入一些逻辑处理	
cache	缓存当前页面	true
async	默认情况下，所有请求均为异步请求。如果需要发送同步请求，需要设置为 false。同步请求将锁住浏览器，用户的其他操作必须等待请求完成才可以执行	true

6.15 JSP 内置对象

JSP 中一共预先定义了 9 个内置对象，它们分别为 request、response、session、application、out、pagecontext、config、page 和 exception。首先，我们需要明白一点，JSP 的内置对象脱离了 Web 程序是没有用武之地的，所以在学习它们的时候，仍然需要借助 Java EE 的项目来运行，并且完成练习。因此，我们可以使用管理系统的升级版本来学习，因为 JSP 内置对象比较简单，在这里只需要学习常用的方法即可，其他的方法读者可以自行参考调试，查看输出结果即可明白其中的含义。

6.15.1 request

request 对象代表了客户端的请求信息，主要用于接受通过 HTTP 协议传送到服务器的数据，具体包括请求头、方法参数等信息，因为 HTTP 请求是无状态的短连接，在请求发出后就会关闭该连接，所以每一次请求生成的 request 信息都有可能是不一样的。

request 常用方法如表 6-4 所示。

表 6-4 **request** 常用方法

方 法	返 回 值	说 明
getParameter(String name)	String	获得参数名为 name 的数据
getParameterNames()	Enumeration	获得所有参数的名称
getParameterValues(String name)	String[]	获得参数名为 name 的所有数据
getParameterMap()	Map	获得所有参数封装的 Map 实例

在 practise 项目的 WebRoot 目录下创建 RequestFrom.jsp 文件，具体内容如代码清单 6-68 所示。

代码清单 6-68　RequestFrom.jsp

```
<%@ page language="java" import="java.util.*" pageEncoding="utf-8"%>
<html>
<head>
<title>用户</title>
</head>
<body>
    <form action="RequestDemo.jsp" method="post">
        用户名：<input type="text" name="userName"> <input type="submit"
            value="提交">
    </form>
</body>
</html>
```

代码解析

典型的 Form 表单提交方式，采用了 Post 类型，该提交会自动生成 request 对象并且向其中保存数据。

在 practise 项目的 WebRoot 目录下创建 RequestDemo.jsp 文件，具体内容如代码清单 6-69 所示。

代码清单 6-69　RequestDemo.jsp

```
<%@ page language="java" import="java.util.*" pageEncoding="utf-8"%>
<html>
<head>
<title>request 内置对象</title>
</head>
<body>
    <!-- 使用 request 对象接收参数 -->
    <%
        request.setCharacterEncoding("utf-8");
        String userName = request.getParameter("userName");
        out.println("用户名：" + userName);
    %>
</body>
</html>
```

输出结果：

用户名：张三

代码解析

如果在 RequestFrom.jsp 的请求页面中输入用户名"张三"即可发送一次 HTTP 请求，而 RequestDemo.jsp 会使用 getParameter() 方法获取 request 对象中 userName 文本框的数据。

6.15.2　response

response 对象代表的是对客户端做出的响应，主要是将 JSP 服务端处理过的对象返回到客户端，返回的信息主要有标题、状态码等。

response 常用方法如表 6-5 所示。

表 6-5　**response** 常用方法

方　　法	返回值	说　　明
addCookies(Cookie cookie)	void	增加 Cookie 信息
addHeader(String name,String value)	void	增加一个标题名称为 name 的头信息，其值为字符串类型
setStatus(int sc)	void	设置状态码
sendRedirect(URL)	void	页面重定向

在 practise 项目的 WebRoot 目录下创建 ResponseDemo.jsp 文件,具体内容如代码清单 6-70 所示。

代码清单 6-70　ResponseDemo.jsp

```
<%@ page language="java" import="java.util.*" pageEncoding="utf-8"%>
<html>
<head>
<title>response 内置对象</title>
</head>
<body>
    <!-- 使用 response 实现跳转 -->
    <%
        response.sendRedirect("TargetPage.jsp");
    %>
</body>
</html>
```

代码解析

本例主要讲述通过 response 的 sendRedirect() 方法实现跳转,其目标页面是 TargetPage.jsp。

在 practise 项目的 WebRoot 目录下创建 TargetPage.jsp 文件，具体内容如代码清单 6-71 所示。

代码清单 6-71　TargetPage.jsp

```
<%@ page language="java" import="java.util.*" pageEncoding="utf-8"%>
<html>
<head>
<title>目标页面</title>
</head>
<body>
    <h3>跳转到目标页面</h3>
</body>
</html>
```

输出结果:

跳转到目标页面

代码解析

当从浏览器进入 ResponseDemo.jsp 页面的时候,response 的 sendRedirect() 方法开始生效,页面随即进入 TargetPage.jsp，而 TargetPage.jsp 只是在页面上输出了几行字。

6.15.3　session

session 对象的生效范围是当前页面,一般用来存储用户信息,起到跟踪用户状态的作用。而当前页面如果关闭，该 session 则会失效；如果当前页面一直维持，session 的生效时间根据生命参数决定。

session 常用方法如表 6-6 所示。

表 6-6　session 常用方法

方　　法	返　回　值	说　　明
getId()	String	获得 session 的 ID
getCreationTime()	long	获得 session 生成的时间
invalidate()	void	清空 session 内容
setMaxInactiveInterval()	void	设置 session 生命周期

在 practise 项目的 WebRoot 目录下创建 SessionInit.jsp 文件，具体内容如代码清单 6-72 所示。

代码清单 6-72　SessionInit.jsp

```
<%@ page language="java" import="java.util.*" pageEncoding="utf-8"%>
<html>
<head>
<title>session 内置对象</title>
</head>
<body>
    <!-- 初始化 session 信息-->
    <%
        session.setAttribute("name", "路飞");
        session.setMaxInactiveInterval(1500);
    %>
</body>
</html>
```

代码解析

设置初始化 session 信息，以方便需要的时候加载。例如，该页面设置了往 session 对象中保存了一个名称为"name"，数值为"路飞"的数据，而 setMaxInactiveInterval 则设置了 session 的生命周期为 1500 s。

在 practise 项目的 WebRoot 目录下创建 SessionDemo.jsp 文件，具体内容如代码清单 6-73 所示。

代码清单 6-73　SessionDemo.jsp

```
<%@ page language="java" import="java.util.*" pageEncoding="utf-8"%>
<html>
<head>
<title>session 内置对象</title>
</head>
<body>
    <!-- 获取 session 信息-->
    <%
        out.println(session.getId());
        out.println(session.getAttribute("name"));
        out.println(session.getCreationTime());
        out.println(session.getLastAccessedTime());
        out.println(session.getMaxInactiveInterval());
    %>
</body>
</html>
```

输出结果:

170AC15460BD63861A59B35328612C09 路飞 1513202404169 1513204710757 1500

代码解析

本例输出了 session 的信息,但需要注意的是要输出正确的信息必须先执行 SessionInit.jsp 页面对 session 对象进行初始化,接着再执行 SessionDemo.jsp 才可以正确输出,例如,getMaxInactiveInterval()方法获取到了 session 过期时间是 1500 s。

6.15.4 application

application 对象的生命周期是从服务器启动开始,直到服务器关闭。作为应用级别的域,application 对象中通常保存着整个项目生命周期中都需要使用的变量。

application 常用方法如表 6-7 所示。

表 6-7 **application 常用方法**

方　　法	返　回　值	说　　明
getMajorVersion()	int	获得主要的 Servlet API 版本
getMinorVersion()	int	获得次要的 Servlet API 版本
getServerInfo()	String	获得服务器版本
getMimeType()	String	获得指定文件的 MIME 类型

在 practise 项目的 WebRoot 目录下创建 ApplicationDemo.jsp 文件,具体内容如代码清单 6-74 所示。

代码清单 6-74　ApplicationDemo.jsp

```
<%@ page language="java" import="java.util.*" pageEncoding="utf-8"%>
<html>
<head>
<title>application 内置对象</title>
</head>
<body>
    <!-- 获取 application 信息-->
    <%
        out.println(application.getMajorVersion());
        out.println(application.getMinorVersion());
        out.println(application.getServerInfo());
        out.println(application.getContextPath());
        out.println(application.getRealPath("/"));
        String test = application.getContextPath();
    %>
    <%="测试=" + test%>
</body>
</html>
```

输出结果:

2 5 Apache Tomcat/6.0.48 /practise E:\apache-tomcat-6.0.48\webapps\practise\ 测试
=/practise

代码解析

本例主要输出了 application 对象中默认存在的变量数据,如主要的 Servlet API 版本、次要的 Servlet API 版本、服务器版本等信息，因为这些信息或保存在项目中或保存在服务器上，只要服务器启动便可以获得对应的数据。

6.15.5 out

out 对象用于在 Web 浏览器内输出信息，并且管理输出信息的缓冲区。在使用 out 对象输出数据时，可以对数据缓冲区进行操作，如清理缓冲区内容等，数据输出完毕后，要及时关闭输出流。

out 常用方法如表 6-8 所示。

表 6-8　out 常用方法

方　　法	返　回　值	说　　明
clear()	void	清除网页上输出的内容
clearBuffer()	void	清除缓冲区内容
close()	void	关闭缓冲区
print()	void	进行页面输出
println()	void	进行页面输出并且换行

在 practise 项目的 WebRoot 目录下创建 OutDemo.jsp 文件，具体内容如代码清单 6-75 所示。

代码清单 6-75　OutDemo.jsp

```
<%@ page language="java" import="java.util.*" pageEncoding="utf-8"%>
<html>
<head>
<title>out 内置对象</title>
</head>
<body>
    <!-- 使用 out 实现输出 -->
    <%
        out.println("我");
        out.println("爱你");
        out.println("中国");
    %>
</body>
</html>
```

输出结果：

我　爱你　中国

代码解析

本例使用 out 对象输出中文字符。

6.15.6 pageContext

pageContext 对象的作用是取得任何范围的参数，通过它可以获取 JSP 页面的 out、request、respones、session 和 application 等对象。pageContext 对象的创建和初始化都是由容器来完成的，在 JSP 页面中可以直接使用 pageContext 对象。

pageContext 常用方法如表 6-9 所示。

表 6-9 **pageContext** 常用方法

方　　法	返　回　值	说　　　明
getException()	Exception	获得当前的 exception 内置对象
getOut()	JspWriter	获得当前的 out 内置对象
getPage()	Object	获得当前的 page 内置对象
getRequest()	ServletRequest	获得当前的 request 内置对象

在 practise 项目的 WebRoot 目录下创建 PageContextDemo.jsp 文件，具体内容如代码清单 6-76 所示。

代码清单 6-76　PageContextDemo.jsp

```
<%@ page language="java" import="java.util.*" pageEncoding="utf-8"%>
<html>
<head>
<title>pageContext 内置对象</title>
</head>
<body>
    <!-- 获取 pageContext 信息-->
    <%
        pageContext.setAttribute("sh", "香克斯");
        String name = (String) pageContext.getAttribute("sh");
        Object exist = pageContext.findAttribute("sh");
    %>
    <%="姓名=" + name%>
    <%="姓名=" + exist%>
</body>
</html>
```

输出结果：

姓名=香克斯　姓名=香克斯

代码解析

本例演示了 pageContext 对象的作用和使用方法。首先通过 pageContext 设置数据保存在变量 sh 中，接着又使用 pageContext 提供的 getAttribute() 方法获取变量值，最后通过 findAttribute() 方法获取该域中是否存在 sh 变量，如果存在就输出变量值。

6.15.7　config

config 对象的主要作用是取得服务器的配置信息，通过 pageConext 对象的 getServletConfig() 方法可以获取 config 对象。当一个 Servlet 初始化时，容器会把某些信息保存在 config 之中以便程序员使用，具体的信息大多通过 web.xml 来进行初始化配置。

config 常用方法如表 6-10 所示。

表 6-10 **config** 常用方法

方　　法	返　回　值	说　　　明
getInitParameter(name)	String	获得 Servlet 初始化参数
getInitParameterNames()	Enumeration	获得 Servlet 所有初始化参数名称
getServletContext()	ServletContext	获得 Appliaction Context
getServletName()	String	获得 Servlet 名称

在 practise 项目的 WebRoot 目录下创建 ConfigDemo.jsp 文件，具体内容如代码清单 6-77 所示。

代码清单 6-77　ConfigDemo.jsp

```
<%@ page language="java" import="java.util.*" pageEncoding="utf-8"%>
<html>
<head>
<title>config 内置对象</title>
</head>
<body>
    <!-- 获取 config 信息-->
    <%
        String name = config.getServletName();
    %>
    <%=name%>
</body>
</html>
```

输出结果：

```
jsp
```

代码解析

本例通过 config 对象的 getServletName() 方法来获取 Servlet 名称并且把它输出到页面上，同理也可以获取其他的信息。

6.15.8　page

page 对象代表当前 JSP 页面本身，因为 page 对象是 JSP 编译成 Java 代码后的类型，所以很多方法在使用上可能比较难以理解。

page 常用方法如表 6-11 所示。

表 6-11　page 常用方法

方　　法	返　回　值	说　　明
toString()	String	获得该对象的 String 类型
hashCode()	int	获得该对象的散列码
wait()	void	设置线程为等待状态
notify()	void	设置线程为唤醒状态

在 practise 项目的 WebRoot 目录下创建 PageDemo.jsp 文件，具体内容如代码清单 6-78 所示。

代码清单 6-78　PageDemo.jsp

```
<%@ page language="java" import="java.util.*" pageEncoding="utf-8"%>
<html>
<head>
<title>page 内置对象</title>
</head>
<body>
    <!-- 获取 page 信息-->
    <%
    String pageDemo = page.toString();
    int hashCode = page.hashCode();
```

```
    %>
    <%=pageDemo%>
    <%=hashCode%>
</body>
</html>
```

输出结果:

```
org.apache.jsp.PageDemo_jsp@ecf2c09 248458249
```

代码解析

本例演示了通过 page 对象的 toString() 方法获取了该页面的 String 类型,通过 hashCode() 获取了该页面的散列码。

6.15.9 exception

exception 对象的作用是显示异常信息,只有在设置 isErrorPage="true"的页面中才可以使用,否则一般的 JSP 页面中使用该对象将无法编译 JSP 文件。使用该对象的时候需要注意在设置 errorPage 属性的值为指定的错误处理页面。

exception 常用方法如表 6-12 所示。

表 6-12 **exception 常用方法**

方　　法	返　回　值	说　　明
toString()	String	获得该对象的 String 类型
hashCode()	int	获得该对象的散列码
wait()	void	设置线程为等待状态
notify()	void	设置线程为唤醒状态

在 practise 项目的 WebRoot 目录下创建 ExceptionDemo.jsp 文件,具体内容如代码清单 6-79 所示。

代码清单 6-79 ExceptionDemo.jsp

```
<%@ page language="java" import="java.util.*" pageEncoding="utf-8"
    isErrorPage="true"%>
<html>
<head>
<title>exception 内置对象</title>
</head>
<body>
    <!-- 获取 exception 信息-->
    <%=exception%>
    <%=exception.getMessage()%>
</body>
</html>
```

输出结果:

```
java.lang.ArrayIndexOutOfBoundsException: 8 8
```

代码解析

通过该页面来输出错误信息,分别输出 exception 对象的完整信息和使用 getMessage()输出关键错误值。

在 practise 项目的 WebRoot 目录下创建 ExceptionInit.jsp 文件，具体内容如代码清单 6-80 所示。

代码清单 6-80　ExceptionInit.jsp

```
<%@ page language="java" import="java.util.*" pageEncoding="utf-8"
    errorPage="ExceptionDemo.jsp"%>
<html>
<head>
<title>exception 内置对象</title>
</head>
<body>
    <!-- 制造错误信息-->
    <%
        String test[] = { "a", "b", "c" };
        out.println(test[8]);
    %>
</body>
</html>
```

代码解析

通过该页面来制造错误信息，因为新建的 test 变量只有 3 个数值，而在输出的时候却传入下标为 8，肯定会报非法索引的错误。

6.16　Log4j 配置

Log4j 是 Java 中最常用的日志开源组件，通过在项目中配置 Log4j 我们可以很方便地把项目中产生的各种日志信息输送到控制台、文件等目标处。另外，Log4j 的优点很多，如部署简单，可以控制日志输出格式，可以自定义日志级别等，而且这些操作都在 Log4j 自身的配置文件中处理，不用修改程序里的代码，Logback 是 Log4j 的升级版本。

除了配置外，Log4j 和 Logback 需要关注的就是日志级别了。一般来说，我们只需要明白和使用 4 种级别即可，分别是 ERROR、WARN、INFO 和 DEBUG。

6.16.1　配置 Log4j

1．Log4j 的配置方法

首先我们需要在 manage 的 src 目录下新建 log4j.properties 文件，具体内容如代码清单 6-81 所示。

代码清单 6-81　log4j.properties

```
log4j.appender.stdout=org.apache.log4j.ConsoleAppender
log4j.appender.stdout.layout=org.apache.log4j.PatternLayout
log4j.appender.stdout.layout.ConversionPattern=[MANAGE] %p [%t] %C.%M(%L) | %m%n
log4j.appender.file=org.apache.log4j.DailyRollingFileAppender
log4j.appender.file.File=E:\\apache-tomcat-6.0.48\\logs\\log4j\\manage.log
log4j.appender.file.layout=org.apache.log4j.PatternLayout
log4j.appender.file.layout.ConversionPattern=%d-[TS] %p %t %c - %m%n
log4j.rootLogger=info, stdout,file
#log4j.logger.com.manage=DEBUG
```

代码解析

log4j.rootLogger=info, stdout,file 定义最初的根配置结点，它的作用是输出 INFO 级别的日志，输出模式对应 stdout 和 file 两种类型。

stdout 类型对应的日志设置选项具体说明如下。

（1）`log4j.appender.stdout=org.apache.log4j.ConsoleAppender`：控制台输出模式。

（2）`log4j.appender.stdout.layout=org.apache.log4j.PatternLayout`：控制台自定义输出格式。

（3）`log4j.appender.stdout.layout.ConversionPattern`：控制台自定义输出格式的内容。

file 类型对应的日志设置选项具体说明如下。

（1）`log4j.appender.file=org.apache.log4j.DailyRollingFileAppender`：日志文件的模式。

（2）`log4j.appender.file.File=E:\\apache-tomcat-6.0.48\\logs\\log4j\\manage.log`：日志地址。

2. Log4j 的使用方法

在这里以"发货城市统计"模块为测试功能，当点击查询的时候，管理系统会与数据库交互进行查询操作。这时，我们就可以使用 Log4j 输出查询语句来方便调试，具体内容如代码清单 6-82 所示。

代码清单 6-82　MANAGE_REPORTDaoImpl.java

```java
public static final Logger logger4j = Logger
        .getLogger(MANAGE_REPORTDaoImpl.class);
public List<Map<String, Object>> findData(StringBuffer sql, int start,
        int count) {
    sql = pageSql(sql, start, count);
    logger4j.info("log4j=" + sql.toString());
    List<Map<String, Object>> list = namedjdbcTemplate.getJdbcOperations()
            .queryForList(sql.toString());
    return list;
}
```

代码解析

这段代码忽略其他无关内容，只讲解与日志信息相关的内容。在使用 Log4j 的日志输出的时候，我们需要定义 `public static final Logger logger4j = Logger.getLogger (MANAGE_REPORTDaoImpl.class)` 这条语句，它的意思是定义一个静态的变量，参数是需要输出日志的类。接着在代码中使用 `logger4j.info("log4j=" + sql.toString())` 语句就可以输出日志了。

执行结果：

```
[MANAGE] INFO [http-8080-1] com.manage.report.dao.impl.MANAGE_REPORTDaoImpl.findData(
33) | log4j= select * from (      select * from (SELECT CITY,
        GOODS,
        AMOUNT,
        RECEIVER,
        TAKEDATE,
        SENDDATE,
        REMARK,
        ROWNUM AS ROW_NUMBER
    FROM GOODS_SENDCOUNT          ) p      where p.row_number >= 1) q   where rownum <= 20
```

日志解析

在 Java 文件中编写好了日志相关的代码后，程序在运行该模块的时候就会触发它们。这样的话，在控制台或者日志中就会输出我们事先定义好的 SQL 语句。因为这些 SQL 语句是携带参数的完整语句，所以我们可以直接复制它们到 PLSQL 中去执行，这样就可以查询到符合条件的数据了，从而以此来判断查询是否执行正确。

6.16.2 配置 Logback

使用 Log4j 还有一些缺点，例如，在每个需要输出日志的类中都需要定义 `getLogger()` 方法，因此可以使用它的升级版本 Logback 来管理日志。

1. Logback 的配置方法

首先我们需要在 manage 的 src 目录下新建 logback.xml 文件，具体内容如代码清单 6-83 所示。

代码清单 6-83　logback.xml

```xml
<?xml version="1.0" encoding="UTF-8" ?>
<!DOCTYPE configuration>
<configuration>
    <contextName>loginterface</contextName>
    <!-- 配置环境变量设置相对路径 -->
    <property name="LOG_HOME" value="${catalina.base}/logs/loginterface" />
    <!-- 控制台输出 -->
    <appender name="STDOUT" class="ch.qos.logback.core.ConsoleAppender">
        <Encoding>UTF-8</Encoding>
        <layout class="ch.qos.logback.classic.PatternLayout">
            <pattern>%d{HH:mm:ss.SSS} [%thread] %-5level %logger{50} - %msg%n
            </pattern>
        </layout>
    </appender>
    <!-- 按照每天生成日志文件 -->
    <appender name="FILE"
        class="ch.qos.logback.core.rolling.RollingFileAppender">
        <rollingPolicy class="ch.qos.logback.core.rolling.TimeBasedRollingPolicy">
            <FileNamePattern>${LOG_HOME}/loginterface.log.%d{yyyy-MM-dd}.log
            </FileNamePattern>
            <MaxHistory>31</MaxHistory>
        </rollingPolicy>
        <layout class="ch.qos.logback.classic.PatternLayout">
            <Pattern>
                %d{yyyy-MM-dd HH:mm:ss.SSS} -%msg%n
            </Pattern>
        </layout>
    </appender>
    <!--设置日志级别-->
    <logger name="interfaceLogger" level="DEBUG" />
    <logger name="com" level="DEBUG" />
    <logger name="org" level="INFO" />
    <root>
        <level value="DEBUG" />
        <appender-ref ref="STDOUT" />
        <appender-ref ref="FILE" />
    </root>
</configuration>
```

代码解析

本例配置信息有点多，但比较重点的有以下几个。

（1）<property name="LOG_HOME" value="${catalina.base}/logs/ loginterface" />：配置日志环境变量。

（2）<appender name="STDOUT" class="ch.qos.logback.core.Console Appender">：配置控制台输出。

（3）<appender name="FILE" class="ch.qos.logback.core.rolling.RollingFile-Appender">：配置文件输出。

2. Logback 的使用方法

在这里以"发货城市统计"模块为测试功能，当点击查询的时候，管理系统会与数据库交互进行查询操作。这时，我们就可以使用 Logback 输出查询语句来方便调试，具体内容如代码清单 6-84 和代码清单 6-85 所示。

代码清单 6-84　DaoImplBase.java

```java
public class DaoImplBase {
    protected JdbcTemplate jdbcTemplate;
    protected NamedParameterJdbcTemplate namedjdbcTemplate;
    protected static final Logger logger = LoggerFactory.getLogger("interfaceLogger");
}
```

代码解析

在这个类中定义了 Logback 的用法，protected static final Logger logger = LoggerFactory.getLogger("interfaceLogger")读取配置文件，生成 Logger 静态变量。

代码清单 6-85　MANAGE_REPORTDaoImpl.java

```java
public List<Map<String, Object>> findData(StringBuffer sql, int start,
        int count) {
    sql = pageSql(sql, start, count);
    logger.info("logback=" + sql.toString());
    //logger4j.info("log4j=" + sql.toString());
    List<Map<String, Object>> list = namedjdbcTemplate.getJdbcOperations()
            .queryForList(sql.toString());
    return list;
}
```

代码解析

Logback 和 Log4j 引用的 JAR 包不一样，为了安全起见，把 logger4j 的日志输出暂时注释掉。logger.info("logback=" + sql.toString())使用 Logback 输出日志。因为 logger 静态变量在 DaoImplBase 类中已经定义过，所以此处可以直接使用。

执行结果：

```
23:04:36.880 [http-8080-1] INFO  interfaceLogger - logback= select * from (select *
from (SELECT CITY, GOODS, AMOUNT, RECEIVER, TAKEDATE, SENDDATE, REMARK, ROWNUM AS ROW
NUMBER FROM GOODS_SENDCOUNT) p where p.row_number >= 1) q where rownum <= 20
```

日志解析

在 Java 文件中编写好了日志相关的代码后，程序在运行该模块的时候就会触发它们。这样的话，在控制台或者日志中就会输出我们事先定义好的 SQL 语句，因为这些 SQL 语句是携带参数的完整语句，所以我们可以直接复制它们到 PLSQL 中去执行，这样就可以查询到符合条件的数据了，从而以此来判断查询是否执行正确。另外，可以去 E:\apache-tomcat-6.0.48\logs 目录看到这里已经生成了日志文件 loginterface.log.2017-10-22 了。

6.17　小结

本章的主要内容是学习 Java 架构师需要的编程技能，主要有数据类型、类与对象、数组、集合类、文件与流、异常处理和代码调试等内容，这些编程技能非常重要，如果哪一项学习得不太清楚都可能会影响到实际的工作。编程技能的数量远远不止这些，本章只是做了一个浓缩，力争甄选出近年来最为流行、实用的技术，以方便读者快速提高 Java 开发水平。当然，从另一个方面来讲，在学习编程技能的时候也需要领悟编程思想，只有领悟了编程思想，才能更简单地学习编程技能，也能更加容易地把这些技能应用到实际的项目当中去。

通过对本章的学习，读者应该能够掌握绝大部分 Java 架构师需要的编程技能了，而接下来的学习则会侧重于数据库和开源框架。只有熟练掌握了后面的内容，才能更好地与本章结合进入项目实战，彻底告别通过模拟数据来进行学习的模式。

第 7 章

数据库

Java 领域的开发跟数据库是息息相关的，如果没有数据库，在学习 Java 的时候只能依靠模拟数据来进行，例如，把模拟的数据保存在 List 之中，来完成业务逻辑的开发。但是这种学习方式只能单纯满足 Java 编程技能的学习，如果应用到项目实战开发中则会显得捉襟见肘，所以要进行项目实战的前提就是掌握数据库，这样才能把所有的知识串联起来，在实战中不断地理解和强化自己的 Java 开发水平。

7.1 MySQL

MySQL 是一个关系型数据库，是由瑞典 MySQL AB 公司开发的，后来被 Oracle 收购。MySQL 最大的特点是软件体积较小，同时又拥有不错的执行效率，所以受到了广大中小企业的欢迎，也成为了个人学习技术的首选数据库。成功安装 MySQL 后，搭配可视化工具可以轻松地实现 MySQL 的诸多功能，即便是数据库经验尚少的人也能轻松做到，而且作为开源软件，MySQL 也为企业节省了不少成本，很多项目前期都是使用 MySQL 数据库的，到后期随着业务复杂度的增加还有数据量的大幅增长才会考虑切换到 Oracle 数据库。

7.1.1 安装

首先需要下载 MySQL 的安装文件到硬盘上，可以选择官网下载，也可以选择第三方平台，接着打开安装文件，界面如图 7-1 所示。

点击 Next，进入安装类型的选择，界面如图 7-2 所示。

第 1 个选项是默认类型，第 2 个选项是服务器，第 3 个是客户端，第 4 个是完整版，第 5 个是定制版，此处选择第 1 个开发版本就可以了，接着选择安装路径，建议安装在非系统盘。

点击下一步，会列出检查界面，直接点击 Next，会提示所有的安装选项已经就绪，界面如图 7-3 所示。

点击 Execute 开始安装，等待所有的安装完成之后，点击 Next 开始进行产品配置，界面如图 7-4 所示。

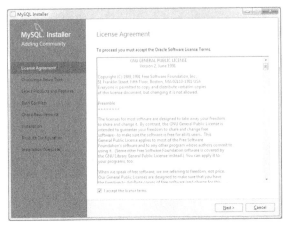

图 7-1　MySQL 安装界面

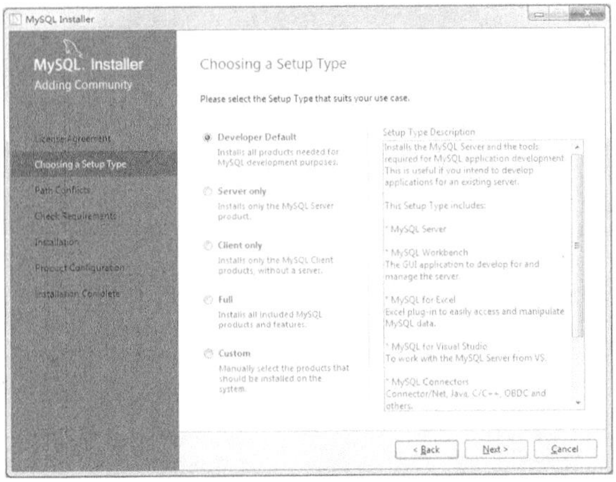

图 7-2　MySQL 安装类型

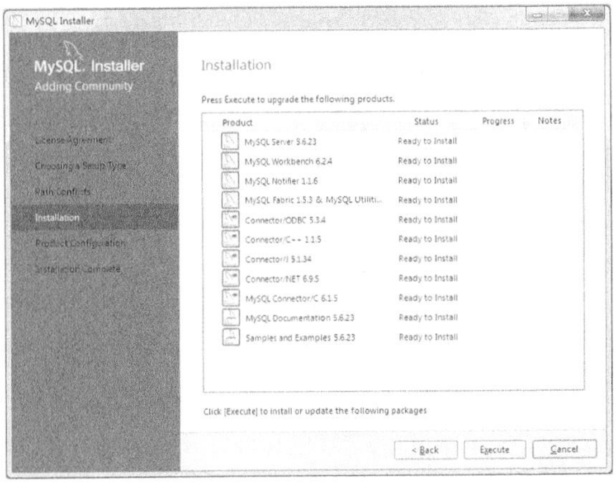

图 7-3　MySQL 安装就绪

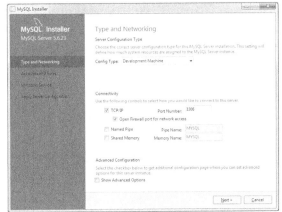

图 7-4　MySQL 产品配置

产品配置的第 1 项选择开发模式，其他选项保持不变，点击 Next 进行账户角色配置，界面如图 7-5 所示。

新建任意用户，如 zhangsan，点击 Next 进入服务配置界面，该界面可以对服务进行常规的配置，如设置服务名等操作，保持默认并点击 Next，进入应用服务配置界面，直接点击 Execute，当界面的服务全部标绿的时候即为配置成功，点击 Finish 完成配置，结束 MySQL 的安装工作，界面如图 7-6 所示。

MySQL 安装完毕后，可以使用自带的 IDE 管理工具来对数据库进行操作，如 MySQL Workbench 6.2 CE 版本，打开该工具，界面如图 7-7 所示。

在管理工具里，我们可以做的事情很多，基本上关于数据库常规的操作都可以实现，例如，连接好数据库对其中的某一张表进行查询，具体操作如图 7-8 所示。

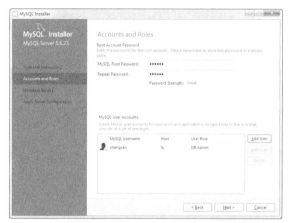

图 7-5　MySQL 账户角色配置　　　　　图 7-6　MySQL 服务配置成功

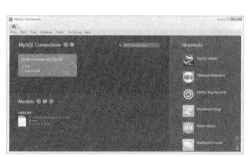

图 7-7　MySQL 管理工具

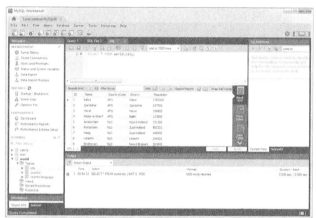

图 7-8　MySQL 管理工具查询表

7.1.2　命令

数据库有图形化的管理工具，自然也会有命令模式，对于 MySQL 这种短小精悍的数据库也不例外。下面我们正式开始学习一些常用的 MySQL 命令，在操作之前可以进入 Windows 的服务列表，关闭 MySQL56 服务，让 MySQL 停止运行。

在 DOS 窗口下操作 MySQL 需要进入它的 bin 目录。注意：和 DOS 命令不同，任意的 MySQL 环境下执行的命令都需要按照数据库的语法，在命令末尾带一个分号作为结束符，以标识这是一条完整的命令语句。

（1）启动 MySQL 服务：

```
D:\Program Files (x86)\MySQL\MySQL Server 5.6\bin>net start MYSQL56
MySQL56 服务正在启动.
MySQL56 服务已经启动成功。
```

（2）关闭 MySQL 服务：

```
D:\Program Files (x86)\MySQL\MySQL Server 5.6\bin>net stop MYSQL56
```

```
MySQL56 服务正在停止.
MySQL56 服务已成功停止。
```

解析：还有另一种关闭 MySQL 服务的方法就是进入 Windows 服务列表手动选择关闭。

（3）连接 MySQL：启动服务后，才可以对 MySQL 中的数据库进行各种常规操作，但在此之前需要对数据库进行连接。

```
D:\Program Files (x86)\MySQL\MySQL Server 5.6\bin>
D:\Program Files (x86)\MySQL\MySQL Server 5.6\bin>mysql -u root -p
Enter password: ******
```

按回车键后会看到很多提示信息，如果启动成功，DOS 系统的盘符会变成 mysql>，表示可以输入 MySQL 命令了。

还有一种情况是需要连接一个远程地址的数据库（假设地址是 127.0.0.2），它的操作命令是这样的：

```
mysql -127.0.0.2 -u root -p 123456
```

（4）修改密码：

```
D:\Program Files (x86)\MySQL\MySQL Server 5.6\bin>mysqladmin -uroot -p123456 pas
sword 123
Warning: Using a password on the command line interface can be insecure.
```

（5）增加新用户：

```
mysql> CREATE USER 'lisi'@'%' IDENTIFIED BY '123456';
Query OK, 0 rows affected (0.00 sec)
```

解析：本例新建用户名是 lisi，@代表登录本机，密码是 123456。

（6）用户授权：

```
mysql> GRANT SELECT, INSERT ON test.user TO 'lisi'@'%';
Query OK, 0 rows affected (0.00 sec)
```

解析：授予 lisi 查询、插入权限，生效范围是数据库 test，表名 user。注意：如果对新用户不进行授权，该用户是无法做任何操作的，甚至不能登录。

```
mysql> REVOKE INSERT ON *.* FROM 'lisi'@'%';
Query OK, 0 rows affected (0.00 sec)
```

解析：之前已经授予 lisi 对于 test 数据库下 user 表的查询、插入权限，但该权限太小以至于不方便管理数据库，所以可以使用通配符*.*授予 lisi 所有数据库所有表的插入权限。

（7）设置用户密码：

```
mysql> SET PASSWORD FOR 'lisi'@'%' = PASSWORD("lisi");
Query OK, 0 rows affected (0.00 sec)
```

解析：设置 lisi 的用户密码为 lisi。

（8）删除用户：

```
mysql> DROP USER 'lisi'@'%';
Query OK, 0 rows affected (0.00 sec)
```

解析：删除用户 lisi。

（9）新建数据库：

```
mysql> create database manage;
Query OK, 1 row affected (0.01 sec)
```

解析：新建数据库 manage。

（10）显示数据库：

```
mysql> show databases;
+--------------------+
| Database           |
+--------------------+
| information_schema |
| mysql              |
| performance_schema |
| sakila             |
| test               |
| world              |
+--------------------+
6 rows in set (0.00 sec)
```

解析：该命令显示当前用户下的所有数据库。

（11）删除数据库：

```
mysql> drop database manage;
Query OK, 0 rows affected (0.10 sec)
```

解析：删除数据库 manage。

（12）使用数据库：

```
mysql> use test;
Database changed
```

解析：在 MySQL 中如果想针对某个数据库进行操作，必须先使用它。

（13）查询 MySQL 版本号：

```
mysql> select version();
+------------+
| version()  |
+------------+
| 5.6.23-log |
+------------+
1 row in set (0.00 sec)
```

（14）查询系统时间：

```
mysql> select now();
+---------------------+
| now()               |
+---------------------+
| 2017-10-26 01:58:52 |
+---------------------+
1 row in set (0.03 sec)
```

（15）新建表：

```
mysql> create table student(
    -> id INT(6) NOT NULL PRIMARY KEY AUTO_INCREMENT,
```

```
      -> name CHAR(50) NOT NULL);
Query OK, 0 rows affected (0.45 sec)
```

解析：使用 create 命令可以完成表的新建，但这种操作建议使用图形化界面来完成。

（16）插入表：

```
mysql> insert into student values(1,'王超'),(2,'李娜'), (3,'赵飞');
Query OK, 3 rows affected (0.05 sec)
Records: 3  Duplicates: 0  Warnings: 0
```

解析：使用 insert into 在 student 表中插入 3 条数据。

（17）查询表：

```
mysql> select * from student;
+----+------+
| id | name |
+----+------+
|  1 | 王超 |
|  2 | 李娜 |
|  3 | 赵飞 |
+----+------+
3 rows in set (0.00 sec)
```

解析：使用 select 语句查询 student 表的数据。

（18）删除数据：

```
mysql> delete from student where id=3;
Query OK, 1 row affected (0.04 sec)
```

解析：使用 delete 语句删除 student 表中 id 为 3 的数据。

（19）修改数据：

```
mysql> update student set name='王涛' where id=2;
Query OK, 1 row affected (0.05 sec)
Rows matched: 1  Changed: 1  Warnings: 0
```

解析：使用 update 语句修改 student 表中 id 为 2 的数据，把它的 name 设置为新值。

（20）增加字段：

```
mysql> alter table student add score float(4);
Query OK, 0 rows affected (0.86 sec)
Records: 0  Duplicates: 0  Warnings: 0
```

解析：使用 alter 语句的 add 命令为 student 表增加字段 score，它的数据类型是 float，长度是 4。

（21）删除字段：

```
mysql> alter table student drop score;
Query OK, 0 rows affected (1.36 sec)
Records: 0  Duplicates: 0  Warnings: 0
```

解析：使用 alter 语句的 drop 命令为 student 表删除字段 score。

（22）新建主键索引：

```
mysql>  alter table student add primary key(id);
```

```
Query OK, 0 rows affected (0.80 sec)
Records: 0  Duplicates: 0  Warnings: 0
```

解析：设置 student 表的主键索引为字段 id，设置主键索引的意义重大，不但可以保证学生 id 的唯一性，使其不会出现重复数据，还能提高对学生数据的查询速度，因为索引会使用基于数据结构的算法，单独开辟一块空间来存储和维护索引。

（23）新建普通索引：

```
mysql> alter table student add index student_name (name);
Query OK, 0 rows affected (0.40 sec)
Records: 0  Duplicates: 0  Warnings: 0
```

解析：MySQL 的普通索引基于 B 树，为除主键外的其他常用字段（如 name）建立普通索引依然会大幅度提高查询效率。

（24）新建唯一索引：

```
mysql> alter table student add unique student_card(card);
Query OK, 0 rows affected (0.35 sec)
Records: 0  Duplicates: 0  Warnings: 0
```

解析：student 表除了字段 id 不能重复外，学生身份证 card 也是不能重复的，但又不能把身份证设置为主键 ID，所以就只能把身份证 card 设置成唯一索引了。

（25）删除索引：

```
mysql> alter table student drop index student_name;
Query OK, 0 rows affected (0.15 sec)
Records: 0  Duplicates: 0  Warnings: 0
```

解析：在实际应用中，student 表的 name 字段建立普通索引的意义是不大的，因为已经有主键 ID 的存在了，所以我们使用 drop 命令删除 name 字段的索引。

（26）导出数据库：

```
D:\Program Files (x86)\MySQL\MySQL Server 5.6\bin>mysqldump -uroot -p123456 tes
t>E:\备份\test.sql
```

解析：使用 mysqldump 工具在 DOS 窗口下，导出 test 数据库的全量脚本并且保存在 E 盘。因为导出的文件是 SQL 脚本，所以可以直接拿代码编写工具来打开查看。

（27）导出表：

```
D:\Program Files (x86)\MySQL\MySQL Server 5.6\bin>mysqldump -uroot -p test stude
nt > E:\备份\student.sql
Enter password: ******
```

解析：使用 mysqldump 工具在 DOS 窗口下，导出 test 数据库中的 student 表的全量数据并且保存在 E 盘。因为导出的文件是 SQL 脚本，所以可以直接拿代码编写工具来打开查看。

（28）数据库还原：

```
D:\Program Files (x86)\MySQL\MySQL Server 5.6\bin>mysql -uroot -p123456 test < E:
\备份\test.sql
Warning: Using a password on the command line interface can be insecure.
```

解析：使用 mysql 工具可以直接恢复保存在 E 盘的全量数据库脚本，但在此之前最好删除 student

表以检测还原成果。

7.1.3　profiling

在熟练掌握 MySQL 的命令之后，我们已经可以对 MySQL 数据库进行诸多常规操作了。但作为架构师只是掌握 MySQL 的常规操作还是远远不够的，因为在项目中很可能会遇到很多数据库性能问题，如遇见查询特别慢的 SQL，如果已经在 Java 代码上确认没有任何问题了，而且它的执行时间仍然特别长，问题就有可能出在 SQL 语句自身上；还有之前我们建立索引只是凭借常识和经验来建立的，如果要发挥和提升 MySQL 更多的性能，则需要专业的工具来帮我们从数据库层面分析，为此我们可以借助 profiling 工具。

profiling 工具的典型应用场景：当一条查询语句执行完之后，我们只是直观地看到了它所呈现的结果，但却无法看到这条查询语句所消耗的详细资源，如 IO 操作有多少？CPU 占用有多少？还有如 IPC、SWAP 等更多的参数，简单的 SQL 语句可以不去关注这些，但遇见特别慢的 SQL 语句如果不去分析这些参数就无法找到问题的根源所在，也自然谈不上去突破性能的瓶颈了。因此，使用 profiling 工具来查看这些参数是解决这类问题的最好方式，接着我们就通过示例来学习 profiling 工具的用法。

（1）show variables like '%profiling%';的使用示例如图 7-9 所示。

解析：该命令用于查看 profiling 自身的信息。

（2）set profiling=1;。

解析：因为 profiling 工具默认是关闭的，所以需要先开启，把它设置为 1。

（3）select * from servant;的使用示例如图 7-10 所示。

```
mysql> show variables like '%profiling%';
+------------------------+-------+
| Variable_name          | Value |
+------------------------+-------+
| have_profiling         | YES   |
| profiling              | OFF   |
| profiling_history_size | 15    |
+------------------------+-------+
3 rows in set (0.00 sec)
```

图 7-9　列出 profiling 工具的使用情况

```
mysql> select * from servant;
+----+----------------+------+--------+
| id | name           | card | remark |
+----+----------------+------+--------+
|  1 | 阿尔托利亚     |  520 | Saber  |
|  2 | 莫德雷德       |  521 | Saber  |
|  3 | 齐格飞         |  522 | Saber  |
|  4 | 库丘林         |  523 | Lancer |
|  5 | 赫克托尔       |  524 | Lancer |
|  6 | 迪卢木多奥迪那 |  525 | Lancer |
|  7 | 红A            |  526 | Archer |
|  8 | 吉尔伽美什     |  527 | Archer |
|  9 | 喀戎           |  528 | Archer |
+----+----------------+------+--------+
9 rows in set (0.00 sec)
```

图 7-10　执行查询语句

解析：执行一条查询语句，作为性能分析的载体。

（4）show profiles;的使用示例如图 7-11 所示。

解析：执行该语句，即可分析之前的查询语句所消耗的详细资源，例如，结果中列出了 select * from servant 语句的 Query_ID 是 2，消耗时间是 0.00059400。

（5）多语句分析的使用示例如图 7-12 所示。

解析：因为之前只有两条语句，难以对比出执行结果的差异，所以我们再次执行 select * from servant where id = 1 后再次执行 show profiles 就可以得出针对同一张表 servant 的两条分析结果。可以看出 Query_ID 是 3 的语句的执行时间明显比 Query_ID 是 2 的语句少，因为 Query_ID 是 3 的语句加了查询条件，但即便如此也只是从持续时间来分析，接着我们来分析更多的参数。

```
mysql> show profiles;
+----------+------------+-------------------------+
| Query_ID | Duration   | Query                   |
+----------+------------+-------------------------+
|        1 | 0.00026550 | SELECT DATABASE()       |
|        2 | 0.00059400 | select * from servant   |
+----------+------------+-------------------------+
2 rows in set, 1 warning (0.00 sec)
```

图 7-11　分析性能

```
mysql> show profiles;
+----------+------------+-----------------------------------+
| Query_ID | Duration   | Query                             |
+----------+------------+-----------------------------------+
|        1 | 0.00026550 | SELECT DATABASE()                 |
|        2 | 0.00059400 | select * from servant             |
|        3 | 0.00046025 | select * from servant where id = 1 |
+----------+------------+-----------------------------------+
3 rows in set, 1 warning (0.00 sec)
```

图 7-12　分析性能

（6）`show profile for query 2;`的使用示例如图 7-13 所示。

解析：该语句可以列出 `Query_ID` 是 2 的语句所消耗的资源详情，左边是资源项目，右边是持续时间。如果把这些持续时间全部加起来的话，应该基本上要等于 `0.00059400`，但与此同时我们就可以分析出该列表中占用时间最长的选项，并且针对此选项可以进行性能优化了。

（7）`show profile cpu for query 2;`的使用示例如图 7-14 所示。

```
mysql> show profile for query 2;
+----------------------+----------+
| Status               | Duration |
+----------------------+----------+
| starting             | 0.000119 |
| checking permissions | 0.000016 |
| Opening tables       | 0.000077 |
| init                 | 0.000031 |
| System lock          | 0.000016 |
| optimizing           | 0.000008 |
| statistics           | 0.000023 |
| preparing            | 0.000019 |
| executing            | 0.000003 |
| Sending data         | 0.000173 |
| end                  | 0.000007 |
| query end            | 0.000010 |
| closing tables       | 0.000011 |
| freeing items        | 0.000058 |
| cleaning up          | 0.000024 |
+----------------------+----------+
15 rows in set, 1 warning (0.00 sec)
```

图 7-13　根据 Query_ID 分析性能

```
mysql> show profile cpu for query 2;
+----------------------+----------+----------+------------+
| Status               | Duration | CPU_user | CPU_system |
+----------------------+----------+----------+------------+
| starting             | 0.000119 | 0.000000 |   0.000000 |
| checking permissions | 0.000016 | 0.000000 |   0.000000 |
| Opening tables       | 0.000077 | 0.000000 |   0.000000 |
| init                 | 0.000031 | 0.000000 |   0.000000 |
| System lock          | 0.000016 | 0.000000 |   0.000000 |
| optimizing           | 0.000008 | 0.000000 |   0.000000 |
| statistics           | 0.000023 | 0.000000 |   0.000000 |
| preparing            | 0.000019 | 0.000000 |   0.000000 |
| executing            | 0.000003 | 0.000000 |   0.000000 |
| Sending data         | 0.000173 | 0.015600 |   0.000000 |
| end                  | 0.000007 | 0.000000 |   0.000000 |
| query end            | 0.000010 | 0.000000 |   0.000000 |
| closing tables       | 0.000011 | 0.000000 |   0.000000 |
| freeing items        | 0.000058 | 0.000000 |   0.000000 |
| cleaning up          | 0.000024 | 0.000000 |   0.000000 |
+----------------------+----------+----------+------------+
15 rows in set, 1 warning (0.00 sec)
```

图 7-14　根据 Query_ID 分析 CPU 性能

解析：该语句可以单独分析 `Query_ID` 是 2 的语句的 CPU 执行情况，另外除了 CPU 外，还能把参数替换为 memory 来分析内存情况。总之，本例所揭示的意义就是在性能优化的时候需要对症下药，例如，遇到执行特别慢的 SQL 语句的时候，我们通过 `show profile` 系列的语句分析出了该语句在内存方面占用了较大的时长，那么我们就可以查看服务器的内存是否过小，如果服务器的内存只有 4 GB，我们是否可以考虑将它升级成 8 GB 后再做一轮测试呢？同理，在软件方面也可以尝试为该表做针对性的索引，再使用 `show profile` 做一轮测试，如果执行时间变小了，这样就说明我们的优化是成功的！

（8）`set profiling = 0;`关闭 profiling 工具。

解析：使用 profiling 分析完成 SQL 性能后，最好使用该语句关闭 profiling 工具。

（9）性能优化概括。

解析：本节通过学习 profiling 来对数据库进行性能优化，profiling 可检测的范围很多，包括了 `block io`、`cpu`、`memory`、`source`、`swaps` 等参数，读者可以使用 `show profile` 分别对这些参数做一轮测试，直到找出问题的根源所在，总结出最好的优化方案。另外，在数据库方面还需要特别地注重索引，因为索引是最直接地提升查询速度的手段。可以总结一下，数据库索引就是在数据库里单独开辟出一段空间来保存索引数据，而这些索引数据就是利用结构算法来提高查询效率的，正确的索引可以提升查询速度，而错误的索引反而会降低性能，而且索引越多会影响到插入和更新操作的执行效率，因为这两种操作不但需要更新数据字段，还需要更新该数据字段对应的索引信息，可以形象地把索引理解为数据库的指针，用于快速定位到某条记录。主索引、普通索引、唯一索引、外键索引、全文索引的合理利用可以让表与表之间的连接更为科学紧密，例如，具有外键索引的字段就不能直接删除，这一点也可以保证数据库操作的正确性。

7.1.4　SQLyog

MySQL 可以通过命令的方式来进行管理和操作，但纯粹地使用命令并不直观，而且对程序员自身的素质要求特别高，如果技术不够过硬，可能很容易地出现操作失误，造成难以挽回的损失！所以本节我们来学习 SQLyog，使用图形化界面来操作数据库。图形化界面的好处不止操作简单、提高效率，更重要的是它能够防止程序员因为对命令不熟悉而造成的错误操作。

SQLyog 的安装特别简单，这里不再赘述。打开 SQLyog，选择连接功能，即可出现连接数据库的对话框，如图 7-15 所示。

点击连接操作后，如果用户名和密码没有问题，就会进入数据库操作界面。SQLyog 可以做的事情有很多，它不但可以完成数据库的常规操作，例如，对数据表的增删改查，还有它自身提供的一些新功能，如最常用的 SQL 优化。新建一个查询窗口，如果输入或者复制进来的 SQL 语句特别冗长，就可以选中这条语句，点击　来进行 SQL 优化，把冗长的 SQL 语句优化成更易让人阅读的格式，从而方便程序员调试。

针对用户角色、权限等在命令行模式下不方便实现的功能，在 SQLyog 中也可以轻松实现，可以直接从菜单里选择用户，进行图形化操作。在该界面我们可以直接地通过提示信息在每一栏内输入正确的数值即可完成设置，如图 7-16 所示。

图 7-15　SQLyog 连接数据库　　　　图 7-16　SQLyog 用户管理

最为主要的一点是数据库的函数、游标、存储过程等内容都可以在 SQLyog 中实现，它既可以管理数据库，也可以作为数据库相关脚本的编辑器，利用 SQLyog 来写这些脚本会显得游刃有余，且会出现各种提示信息，包括语法错误、编译错误等。如果出现了错误，我们就可以根据错误提示信息来找出正确的解决方案，直到编译通过。而在 DOS 下也有类似的提示信息，但很不直观，就连把提示信息复制出来都特别麻烦。

最后，来讲解一下 SQLyog 的特色功能吧，SQLyog 可以通过可视化界面完成对数据库的备份和还原，非常方便，且各种参数都会通过中文来进行提示，以勾选的方式供程序员选择，很大程度上降低了维护的难度。

选中 test 数据库，右键选择"备份/导出"下的"备份到数据库，转储到 SQL"功能。在弹出的对话框中根据提示进行选择，左边的列表中罗列了数据库的组成部分，可以选择导出的内容，例如，只导出表和视图，而忽略存储过程和函数，也可以全部勾选；右边的选项罗列出了一些导出相关的设置，可以根据实际情况来选择。这些内容通过 MySQL 命令也可以完成，但那些都是纯英文命令的编写，一不留神就会出错，如果设置选项过于繁多，还不知道要写多少行代码，所以这类操作最好还是通过 SQLyog 来做吧，SQLyog 数据库备份界面如图 7-17 所示。

在完成数据库备份之后，还可以在 SQLyog 界面中选择还原数据库。选中 test 数据库，右键选择"导入功能"下的"执行 SQL 脚本"，选择之前备份好的全量数据库脚本，再点击执行即可完成数据库的还原，如图 7-18 所示。

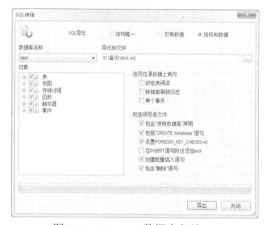

图 7-17　SQLyog 数据库备份

图 7-18　SQLyog 数据库还原

另外，MySQL 数据库有不同的引擎，这些引擎可以从本质上影响到数据库的存储结构。在对数据库引擎的操作和测试方面都比较困难，但在 SQLyog 界面中我们可以通过手动删除，并且快速新建数据库的操作来测试不同数据库引擎的特性。

例如，测试 InnoDB 数据库引擎和 CSV 数据库引擎，新建两个不同的数据库，在对应的数据库里新建不同的表，通过对比这些表的存储内容的直观呈现，就可以理解这两种不同的数据库引擎的差异了。当然，在数据库事务方面的测试使用 SQLyog 也更加方便，例如，通过对比读取未提交、读取已提交、可重读、可串行化这些隔离级别在表中的不同展现就可以明白它们的区别了。

7.2　Oracle

Oracle 数据库是美国甲骨文公司的产品，在世界范围内处于领先地位。首先 Oracle 适合数据量庞大的系统，这已经是业界形成的共识，其次 Oracle 的安全性特别高，这也是众多大企业选择它的原因之一。虽然，在学习上使用 MySQL 已经足够，但作为架构师如果不会 Oracle 肯定是不行的，因为很多项目对数据库的选型并没有做过专业的评估，可能该项目更适合 MySQL，但公司选择了 Oracle 也是可以完成任务的，所以国内的项目大部分不是 Oracle 就是 MySQL，把两种数据库都熟练掌握是最好的选择了。

7.2.1 安装

首先需要下载 Oracle 的安装文件到硬盘上，接着打开安装文件，如图 7-19 所示。

点击下一步，进入安装模式的选择，此处选择"基本安装"，并且选中"创建启动数据库"，全局数据库名设置为 manage，数据库口令设置为 manage，如图 7-20 所示。

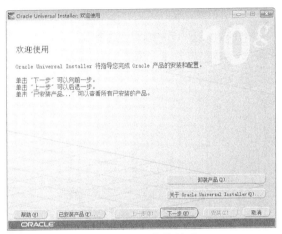

图 7-19　Oracle 安装界面　　　　　　　图 7-20　Oracle 安装模式

点击下一步，进入"准备安装"界面，等待一段时间，如果没有出现问题的话，会进入"产品特定的先决条件检查"界面，一些警告的信息可以忽略，检查完毕如图 7-21 所示。

点击下一步，会出现 Oracle 安装的概要信息，包括全局设置、产品语言、空间要求等信息，确认无误后点击安装，如图 7-22 所示。

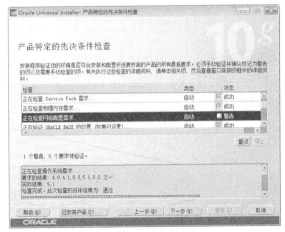 

图 7-21　Oracle 环境检查　　　　　　　图 7-22　Oracle 安装过程

等 Oracle 的安装过程结束后，系统会弹出 Oracle 创建启动数据库的界面，如图 7-23 所示。

在创建启动数据库的时候管理账户，进行解锁口令的操作。点击口令管理，为需要解锁的账户输入密码，接着继续进行下一步的操作，直到启动数据库创建成功，系统提示 Oracle 已经安装结束，如图 7-24 所示。

图 7-23 Oracle 创建启动数据库

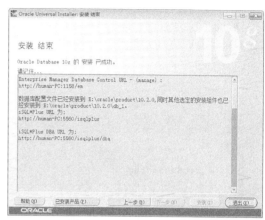

图 7-24 Oracle 安装结束

安装结束的界面会显示出 Oracle 的一些功能清单和地址，如控制台地址、配置文件安装地址、组件安装地址等信息，最好把这些信息复制到专门的文本文件中，以方便后期访问。

Oracle 的控制台是一个特别全面的功能界面，能够从任何层面来管理数据库，但如果不是 DBA 一般不建议去更改 Oracle 的底层设置，不过我们可以登录该地址做一个简单的浏览。打开 IE 浏览器，在地址栏中输入 http://human-pc:1158/em，进入控制台界面，如图 7-25 所示。

输入 manage 的用户名和密码，点击登录进入数据库功能列表，如图 7-26 所示。

图 7-25 Oracle 控制台登录

图 7-26 Oracle 控制台管理

从图 7-26 中可以看到 Oracle 控制台管理界面包含了很多功能，如 Oracle 的"调度备份""执行恢复""备份设置""恢复设置""克隆数据库""应用补丁程序"等，关于这些功能的使用，因为都是中文操作，读者可以自行尝试，但建议在个人电脑上尝试，以免操作失误影响到生产数据。

7.2.2　命令

Oracle 的命令需要在 SQL Plus 环境下执行，因为 Oracle 在安装的时候会自动配置环境变量，所以我们只需要启动 DOS 窗口，在根目录直接输入 sqlplus 命令即可进入 SQL Plus 程序。

（1）启动 SQL Plus：

```
C:\>sqlplus
SQL*Plus: Release 10.2.0.1.0 - Production on 星期五 10 月 27 00:57:26 2017
Copyright (c) 1982, 2005, Oracle.  All rights reserved.
请输入用户名: system
输入口令:
连接到:
Oracle Database 10g Enterprise Edition Release 10.2.0.1.0 - Production
With the Partitioning, OLAP and Data Mining options
SQL>
```

解析：在输入用户名和密码之后，如果没有报错并且出现了 SQL>结构的标识符，就说明 Oracle 正式进入 SQL Plus 程序的环境下了。

（2）获取当前数据库：

```
SQL> select name from v$database;
NAME
---------
MANAGE
```

解析：该命令用于获取当前用户下的数据库。

（3）新建用户：

```
SQL> create user admin identified by admin;
用户已创建。
```

解析：该命令用于新建 admin 用户。

（4）修改密码：

```
SQL> alter user admin identified by manage;
用户已更改。
```

解析：该命令用于修改 admin 的密码为 manage。

（5）授权：

```
SQL> grant create session to admin;
授权成功。
SQL> grant unlimited tablespace to admin;
授权成功。
SQL> grant create table to admin;
授权成功。
SQL> grant drop any table to admin;
授权成功。
```

```
SQL> grant insert any table to admin;
授权成功。
SQL> grant update any table to admin;
授权成功。
```

解析：新建 admin 用户后，使用该用户登录，在数据库里进行一些常规的操作。但是因为该用户没有进行任何授权，所以执行常规操作的时候会提示"权限不足"。为了解决这种问题，就必须对 admin 用户进行授权操作，这些授权操作分别是：赋予登录权限、使用表空间的权限、创建表的权限、删除表的权限、插入表的权限、修改表的权限。只有这些权限授予成功，才能进行相应的操作。而取消该用户的某些权限是用 revoke 命令，其他的语法格式保持不变。

（6）角色：

```
SQL> create role adminRole;
角色已创建。
SQL> grant create session to adminRole;
授权成功。
SQL> grant adminRole to admin;
授权成功。
SQL> drop role adminRole;
角色已删除。
```

解析：对 admin 用户授权成功后，使其可以进行数据库的常规操作，但是如果再次新建一个用户后又得重新授权，这种情况比较麻烦，所以我们可以使用角色的概念。角色即是权限的集合，可以把一个角色授予用户，主要作用是进行批量授权。本例中新建 adminRole 角色，为该角色授予登录权限，再把该角色授予 admin 用户，如果有多个用户，就可以直接继续授权。

（7）查看权限：

```
select * from dba_sys_privs where grantee = 'ADMIN';
select * from dba_role_privs where grantee = 'ADMIN';
```

解析：如果想判定某个用户的角色是否授予成功，那么除了直接进行某些操作外，还可以使用该语法查看用户拥有的权限。

（8）新建表：

```
SQL> create table SERVANT
  2  (
  3    ID      NUMBER(6),
  4    NAME    VARCHAR2(50),
  5    CARD    NUMBER(20),
  6    REMARK  VARCHAR2(200)
  7  );
表已创建。
```

解析：Oracle 建表时需要考虑的参数很多，如果对性能没有特别的要求，可以先使用本例中的简单语法来新建表，只是它会把其他参数置为默认，例如，对于表空间的选择，但后期仍然可以通过语句来进行修改。

（9）删除表：

```
SQL> drop table servant;
表已删除。
```

（10）清除表数据：

```
SQL> truncate table servant;
表被截断。
```

解析：在操作 Oracle 数据库的时候，往往需要单纯地清除表数据而不是删除该表。

（11）新增列：

```
SQL> alter table servant add address varchar2(50);
表已更改。
```

（12）删除列：

```
SQL> alter table servant drop column address;
表已更改。
```

（13）插入数据：

```
SQL> insert into servant values (1, '阿尔托利亚', 520, 'Saber');
已创建 1 行。
SQL> commit;
提交完成。
```

（14）更新数据：

```
SQL> update servant set remark = 'Ruler' where id = 1;
已更新 1 行。
SQL> commit;
提交完成。
```

（15）删除数据：

```
SQL> delete from servant where id = 1;
已删除 1 行。
SQL> commit;
提交完成。
```

（16）创建主键索引：

```
SQL> alter table servant add constraint pk_id primary key(id);
表已更改。
```

（17）创建唯一索引：

```
SQL> create unique index servantCard on servant(card);
索引已创建。
```

（18）创建普通索引：

```
SQL> create index servantName on servant(name);
索引已创建。
```

（19）创建视图：

```
SQL> create or replace view servantView as select * from servant;
视图已创建。
```

（20）删除视图：

```
SQL> drop view servantview;
视图已删除。
```

（21）备份表：对 Oracle 数据进行备份的时候有多种方法，大多表现为备份附加的参数不同，而且执行备份的前提是：在 Dos 窗口进入 Oracle 目录下面，如 E:\oracle\product\10.2.0\db_1\BIN。

（a）按表备份：

```
exp userid=system/manage@manage tables=(servant) file=E:/备份/servant.dmp
```

解析：如果没有出错，会列出表名和导出记录数量，说明备份成功。

（b）按表还原：

```
imp system/manage@manage file= E:/备份/servant.dmp tables=(servant)
```

解析：为了方便查看还原效果，可以在还原之前删除 servant 表，如果操作结束该表的数据出现，说明还原成功。

（c）按用户备份：

```
exp system/manage@manage file= E:/备份/admin.dmp owner=(admin)
```

解析：使用 owner 参数设置备份 admin 用户下的所有内容，如果没有出错会列出视图、存储过程、触发器等该用户下的项目和记录数量，说明备份成功。

（d）按用户还原：

```
imp system/manage@manage file= E:/备份/admin.dmp fromuser=admin
```

解析：如果没有出错，执行完毕后会列出导入项目和记录数量，说明还原成功，fromuser 选项是 dmp 文件中的对应的用户名。

（e）按条件备份：

```
exp system/manage@manage file= E:/备份/servant.dmp tables=(servant)query=\" where card = 520 \"
```

解析：将数据库中的表 servant 中的字段 card 以"520"开头的数据导出，导入方法参考按表还原命令。

（f）备份所有数据：

```
exp system/manage@manage file= E:/备份/manage.dmp full=y
```

解析：把数据库 manage 内的所有内容全部导出，需要加入参数 full=y。

（g）还原所有数据：

```
imp system/manage@manage file= E:/备份/manage.dmp full=y
```

解析：还原 manage 数据库，需要加入参数 full=y。该操作可能会出现错误，因为如果在导入之前没有清洗 manage 数据库，就会出现数据重复的问题，为了解决这种问题，可以在语句末尾加上 ignore=y 参数。

7.2.3 PLSQL

对于 Oracle 这样庞大的数据库，如果在 DOS 窗口下进行日常管理和开发就太难了。因此，Oracle 有很多可视化的操作工具，其中最为常用的就是 PLSQL，本节我们就对 PLSQL 做一个入门的学习，PLSQL 的登录界面如图 7-27 所示。

　　PLSQL 登录成功后，直接打开 SQL 窗口，在窗口里输入一段
SQL 语句，点击执行即可完成对应的操作，如图 7-28 所示。

　　这是 PLSQL 最经典的界面了，左侧列出了 Oracle 数据库的诸
多信息，如 Functions、Procedures、Jobs、Tables、Views、Users 等，
其中最常用的就是 Tables 了，它列出了我们数据库里所有的表。右
侧的 SQL 执行窗口用来输入 SQL 语句，而下方的窗口则用来显示
SQL 语句运行的结果，基本上我们通过 Oracle 命令完成的操作使用
PLSQL 都可以做到。

图 7-27　PLSQL 登录界面

　　PLSQL 也提供了一些其他的特色工具，如代码优化器，它可以将杂乱的代码一键优化，以方便
程序员阅读和调试。实现代码优化功能可以点击工具栏的 按钮，除了该功能外，PLSQL 还提供了
经典的函数、存储过程、游标等编写界面，在这里编写和调试脚本会非常方便，而在 DOS 窗口中就
显得太难了，如果出错了都不知道怎么解决。另外，使用 PLSQL 管理权限、角色要比在 DOS 窗口
中使用命令简单多了，如图 7-29 所示。

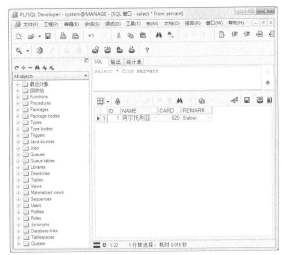

图 7-28　PLSQL 命令窗口

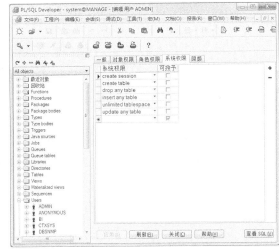

图 7-29　PLSQL 权限设置

　　最后一个比较常用的功能就是导出和导入了，在工具菜单中选择"导出表"功能即可弹出该功
能界面，可以在列出的表中选择需要导出的内容，也可以在 Oracle 导出窗口中设置缓冲区大小，增
加 Where 字句条件等，如图 7-30 所示。

　　导出 dmp 文件后，如果数据库出现了问题就可以使用该 dmp 文件来还原数据库，具体的做法是
选择工具菜单中的"导入表"功能，在弹出的窗口中设置诸如"提交""约束""授权""索引"等参
数，以及缓冲区大小等选项，从硬盘中选择 dmp 文件后，点击导入按钮即可开始还原操作，如图 7-31
所示。

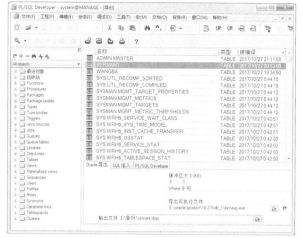

图 7-30　PLSQL 导出功能

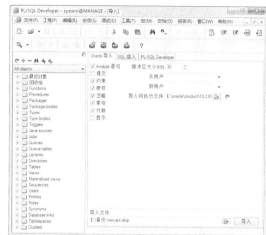

图 7-31　PLSQL 导入功能

7.3　NoSQL

NoSQL 泛指非关系型数据库，它的主要代表是 Hadoop、MongoDB、Redis 等，它们区别于传统的关系型数据库如 Oracle、MySQL 等，其最主要的特点是数据的保存形式发生了变化，例如，关系型数据库的存储格式是 Name 字段下保存张三这条数据，而 NoSQL 则是把字段和数据以键值对的方式同时保存在单条记录里，如{"Name":"张三"}这样的格式，这样做的好处是可以更加方便地获取数据，而弊端是这样的存储格式可能需要修改大量的 Java 后端逻辑代码。总之，使用关系型数据库还是非关系型数据是仁者见仁智者见智的事情，这种争论尚未落下帷幕。

提出 NoSQL 的概念其实就是为了彻底改变数据库，但在实际项目中的应用则是利弊参半。这种事情谁也无法定论，但坚持 NoSQL 的人始终认为传统的关系型数据库无法满足超大规模和高并发的系统，但是业界采用 Oracle 来支持这种系统的情况仍然很多，所以这种争论也会长期存在下去。

7.3.1　MongoDB

MongoDB 的宗旨是为项目提供更加高性能的数据存储方案，同时有着关系型数据库和非关系型数据库的特点。它的数据保存格式就是类似 JSON 的键值对，所以不论是多么复杂的数据都可以转换成 MongoDB 中保存的格式。它的语法和关系型数据库非常相似，因此熟悉 SQL 的程序员很容易学习。另外，MongoDB 支持索引，支持针对集合的存储。

进入 MongoDB 官网，点击右上角的 Download 进入下载页面，打开 Community Server 选项，如图 7-32 所示。

这里有 3 个选项，我们选择第一个版本下载，该选项对应的是"适合 64 位的 Windows Server2008 及之后的版本，支持 SSL 加密。"而其他两个版本分别是不支持 SSL 加密和支持 SSL 加密但不支持 Windows 7。

点击下载之后的文件，正式进入安装界面，如图 7-33 所示。

图 7-32　MongoDB 下载　　　　　　　　　　图 7-33　MongoDB 安装界面

点击 Next 选择同意协议，继续点击 Next，进入安装模式的选择。在这里可以选择完整安装，也可以选择自定义，在这里我们选择 Custom 点击 Next，选择好安装路径之后，就可以点击 Next 开始安装了。安装结束后，跟其他的数据库略有不同，MongoDB 需要在安装路径里新建数据保存目录，打开 DOS 窗口，切换到 E 盘的安装路径，输入以下命令建立数据保存目录。

```
E:\MongoDB>md E:\MongoDB\data\db
```

目录建立成功后，继续输入启动命令，正式启动 MongoDB 数据库的服务。

```
E:\MongoDB>E:\MongoDB\Server\3.4\bin\mongod.exe --dbpath E:\MongoDB\data\db
```

启动成功后在浏览器的地址栏中输入 `http://localhost:27017`，如图 7-34 所示。

图 7-34　MongoDB 启动成功

如果每次都要输入命令启动 MongoDB 服务不太方便，因此可以将 MongoDB 的服务进行安装，接着就可以在 Windows 的服务列表中设置启动模式了，例如，可以设置为自动运行。在 E:\MongoDB 目录下新建 mongod.cfg 配置文件，它的内容如下：

```
dbpath = E:\MongoDB\data\db
logpath = E:\MongoDB\data\log\mongod.log
```

接着使用以下命令进行服务的安装：

```
C:\>"E:\MongoDB\Server\3.4\bin\mongod.exe" --config "E:\MongoDB\mongod.cfg" --install
```

启动 MongoDB 服务后，再来安装 MongoDB 的可视化操作工具 Robo 3T，登录 Robo 3T 官方网站，选择支持 Windows64 位的版本进行下载，接着打开安装文件，如图 7-35 所示。

Robo 3T 的安装过程比较简单，一直点击下一步即可完成。安装结束后，点击桌面图标打开软件，在弹出的对话框中选择新建连接，分别输入管理系统的各类完整信息，如图 7-36 所示。

图 7-35　Robo 3T 安装界面

图 7-36　Robo 3T 新建连接

点击 Sava 后，再点击 Connect 进行连接。可以看到目前有两个数据库 admin 和 local，再建立一个 manage 数据库，以方便学习和测试，如图 7-37 所示。

点击 Create，完成数据库 manage 的建立，接着我们就在 manage 数据库里进行一些常规的操作，从而来学习 MongoDB 的用法。选择 manage 下的 Collections 右键选择 "Collections Statistics"，会在右侧新建一个选项卡，该选项卡下面列出了连接信息，如端口号和数据库名称。右键选择 "Create Collection"，可以新建集合。当然，也

图 7-37　Robo 3T 建立数据库

可以使用命令来操作。具体的是选择数据库，右键选择 "Open Shell" 功能，在弹出的对话框中就可以输入命令了。

```
use manage
show collections
db.user.save({"name":"张三"})
db.user.insert({"name":"李四"})
db.user.insert({"name":"李四","address":"西安"})
db.user.find()      //查找 users 集合中所有数据
db.user.findOne()    //查找 users 集合中的第一条数据
db.user.find({"name":"张三"})      //查找 users 集合中所有数据
```

使用 Robo 3T 操作 MongoDB 数据库如图 7-38 所示。

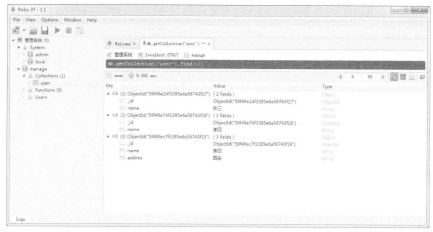

图 7-38　Robo 3T 常规操作

学会了这些基础的操作，如果想进一步开发 MongoDB，就可以像学习 JDBC 那样，写一个 Java 连接 MongoDB 的测试类，并且从中获取数据，再进行增删改查即可熟练掌握。

7.3.2 Redis

Redis 和 Memcached 都属于 NoSQL 类型的非关系型数据库，主要用于分布式系统，它们可以把一些常用的数据保存在内存中，在使用这些数据的时候无须直接从数据库里读取，而是直接从内存中获取，极大地提高了项目的性能，减轻了 Web 服务器的负载。

Redis 和 Memcached 都支持 key 和 value 的存储结构，这是典型的键值对，和 Java 中的 HashMap 容器类似，然而这些只是相似点，它们的区别还有很多，主要体现在支持数据类型、维护等方面，另外 Memcached 在跟 Java 项目集成的时候需要复制很多 JAR 包且很容易出错，而 Redis 相对简单，所以这也是近年来 Redis 更加流行的原因之一。

首先登录 Redis 官方网站，选择 Windows 版本的下载。选择 Windows 版本会跳转到 GitHub 页面，点击保存到本地。下载的软件是压缩文件，进行解压缩后，选择合适的版本，把文件夹复制到 E 盘根目录，如 E:\redis64-3.0.501。

接着打开 DOS 窗口，并且进入 E:\redis64-3.0.501 目录下，输入 `redis-server redis.windows.conf` 命令即可启动 Redis，如图 7-39 所示。

看到这个界面说明 Redis 已经成功启动了，因为 Redis 的启动每次都需要在 DOS 窗口下进行，关掉窗口 Redis 就停止了，所以最好把 Redis 设置成 Windows 的服务，以方便程序员开发和学习。

图 7-39　Redis 启动成功

Redis 服务安装命令：

```
redis-server.exe --service-install redis.windows.conf --loglevel verbose
```

Redis 服务卸载命令：

```
redis-server --service-uninstall
```

Redis 开启服务：

```
redis-server --service-start
```

Redis 停止服务：

```
redis-server --service-stop
```

Redis 操作测试：

```
E:\redis64-3.0.501>redis-cli.exe
127.0.0.1:6379> set name zs
OK
127.0.0.1:6379> get name
"zs"
127.0.0.1:6379>
```

解析：进入 Redis 的操作工具后，使用 `set` 命令设置 name 变量，把变量值 zs 保存在内存中，接着使用 `get name` 从内存中获取变量值。

当然，这只是一个简单的测试。关于 Redis，很多人都知道它可以从内存中获取数据，例如，读取电商排行榜的数据，就比直接从数据库中获取要节省 IO 开销。因为电商排行榜的数据需要从不同的数据表中读取，再进行整合，如果事先把它们做好并且保存在 Redis 中，当成千上万的用户同时访问的时候就不必建立成千上万的 JDBC 连接了，也就会节省大量 IO 资源。但是这样就会产生另一个问题，例如，当项目有两个及以上的 Tomcat 的时候，使用 Redis 如何保持 Session 的一致性呢？例如，张三登录了系统是 Tomcat A 操作的，当张三执行报表查询的时候是 Tomcat B 操作的，如果 Session 不一致，很可能就会提示没有权限进行操作，所以接着我们做一个简单的例子来解决 Redis 中 Session 一致性的问题。

分别建立两个 JSP 文件，用来存放到不同 Tmocat 的 ROOT 文件夹里，以便同时访问它们，具体内容分别如代码清单 7-1 和代码清单 7-2 所示。

代码清单 7-1　session.jsp

```jsp
<%@ page language="java" contentType="text/html; charset=UTF-8" pageEncoding="UTF-8"%>
<!DOCTYPE html>
<html>
<head>
<meta http-equiv="Content-Type" content="text/html; charset=UTF-8">
<title>session 一致性测试</title>
</head>
<body>
    <br>session id=<%=session.getId()%>
    <br>tomcat6
</body>
</html>
```

代码清单 7-2　session.jsp

```jsp
<%@ page language="java" contentType="text/html; charset=UTF-8" pageEncoding="UTF-8"%>
<!DOCTYPE html>
<html>
<head>
<meta http-equiv="Content-Type" content="text/html; charset=UTF-8">
<title>session 一致性测试</title>
</head>
<body>
    <br>session id=<%=session.getId()%>
    <br>tomcat7
</body>
</html>
```

代码解析

在访问之前需要修改另一个 Tomcat 的端口号，可以把第 1 个 Tomcat 保持不变，第 2 个 Tomcat 的端口号分别改为 18005、18080、18009 以方便调试。同时启动两个 Tomcat，分别访问不同的 session.jsp 文件，却发现 Session 并不一致。

解决这个问题需要修改两个 Tomcat 的 context.xml 文件，在<Context>元素里增加关于 Redis 的配置信息，让 Redis 托管 Session，才能起到共享 Session 的作用。

```
<Valve className="com.radiadesign.catalina.session.RedisSessionHandlerValve" />
<Manager className="com.radiadesign.catalina.session.RedisSessionManager"
        host="localhost"
        port="6379"
        database="0"
        maxInactiveInterval="600" />
```

输出结果:

session id=EE4C9EAB45E248C55BC5D7299A65D0CE

接着再进行 Redis 关于 Session 一致性的测试,打开浏览器,在地址栏中分别输入 http://localhost:8080/
session.jsp 和 http://localhost:18080/session.jsp,可以看到两个 Tomcat 得出的 session id 是一样的,
说明 Session 共享成功。

7.4　MyBatis

　　MyBatis 原本是 Apache 的一个开源项目 iBATIS,2010 年,这个项目由 Apache 软件基金会迁移
到了 Google Code,并且改名为 MyBatis。2013 年 11 月,又迁移到了 Github。iBATIS 一词来源于 internet
和 abatis 的组合,是一个基于 Java 的持久层框架。

　　MyBatis 的主要特点是延用了 JDBC 的一些优点,例如,可以动态、灵活地传递 SQL 语句所需
要的参数。并且,不建议将拼接的 SQL 语句写在 Java 代码里,而是采用映射 XML 的方式,将所有的
SQL 语句写在一个 XML 文件里,统一管理。这样的方式,既不同于传统的 JDBC,也不同于 Hibernate。
可以说,它比 JDBC 更加具有条理,因为 JDBC 需要将大量 SQL 语句写在 Java 代码里,尽管我们会
将 SQL 语句写在三层架构的最后一层,可仍然免不了阅读困难的情况。与 Hibernate 相比,两者的运
行速度、对象管理、缓存机制等方面都各有千秋,但最大的不同,仍然是开发理念方面的,MyBatis
坚持开发人员来编写 SQL 操作持久层,Hibernate 坚持以操作对象的方式与数据库交互。

7.4.1　MyBatis 环境搭建

　　MyBatis 作为持久层操作对象的话,跟 JDBC 或者 JdbcTemplate 是不一样的。如果非要做个
比较,它有点儿像 Hibernate。在持久化操作对象这一层面上,除了需要熟练掌握 JDBC、
JdbcTemplate 之外,最好还是对 MyBatis 有个大概的了解,以便于做到融会贯通。因此,这里做
一个简单的 MyBatis 示例。虽然这个示例很简单,但 MyBatis 的完整流程是比较麻烦的,如果不认
真思考,就很容易出错。该示例从搭建 MyBatis 最基础的环境开始做起,一步一个操作,只要读者
循序渐进反复斟酌,就可以明白其中的道理。

　　(1)去 MyBatis 官方网站下载需要的 JAR 包。

　　(2)将 MyBatis 核心 JAR 包复制到 manage 项目的 lib 文件夹中,如 mybatis-3.2.2.jar、
mybatis-spring-1.1.1.jar 等,如果使用的时候不足可以按需下载。

　　(3)在 Oracle 的 manage 数据库中新建一个简单的 CUSTOM 表。

```
create table CUSTOM
(
    ID    NUMBER,
    NAME VARCHAR2(100),
```

```
    SEX   VARCHAR2(10),
    AGE   NUMBER
)
```

（4）在 src 目录下新建 config.xml 配置文件，内容如代码清单 7-3 所示。

代码清单 7-3　config.xml

```xml
<!DOCTYPE configuration PUBLIC "-//mybatis.org//DTD Config 3.0//EN"
    "http://mybatis.org/dtd/mybatis-3-config.dtd">
<configuration>

<!-- 类别名定义 -->
    <typeAliases>
      <typeAlias type="com.manage.data.bean.Custom" alias="Custom"/>
    </typeAliases>
    <!-- 配置 Mybatis 的环境事务及数据源 -->
    <environments default="development">
        <environment id="development">
            <transactionManager type="JDBC" />
            <dataSource type="POOLED">
                <property name="driver" value="oracle.jdbc.driver.OracleDriver" />
                <property name="url" value="jdbc:oracle:thin:@127.0.0.1:1521:manage" />
                <property name="username" value="system" />
                <property name="password" value="manage" />
            </dataSource>
        </environment>
    </environments>

    <!-- 指定映射文件或者映射类 -->
    <mappers>
        <mapper resource="com/manage/data/dao/impl/CustomMapper.xml" />
    </mappers>
</configuration>
```

（5）创建数据库客户表 CUSTOM 对应的 Bean 类 Custom 文件，如代码清单 7-4 所示。

代码清单 7-4　Custom.java

```java
package com.manage.data.bean;
import java.io.Serializable;

public class Custom implements Serializable {
    private static final long serialVersionUID = 1L;
    private int id;
    private String name;
    private String sex;
    private int age;
    public int getId() {
        return id;
    }
    public void setId(int id) {
        this.id = id;
    }
    public String getName() {
        return name;
    }
    public void setName(String name) {
        this.name = name;
    }
    public String getSex() {
```

```
        return sex;
    }
    public void setSex(String sex) {
        this.sex = sex;
    }
    public int getAge() {
        return age;
    }
    public void setAge(int age) {
        this.age = age;
    }
    public String toString(){
        return "ID: "+this.getId()+",姓名："+this.getName()+",性别："+this.getSex()+
            ",年龄："+this.getAge();
    }
}
```

（6）CustomMapper 接口如代码清单 7-5 所示。

代码清单 7-5　CustomMapper.java

```java
package com.manage.data.dao;

import com.manage.data.bean.Custom;

public interface CustomMapper {
    public Custom getCustomById(Integer id);
}
```

（7）CustomMapper 映射文件如代码清单 7-6 所示。

代码清单 7-6　CustomMapper.xml

```xml
<?xml version="1.0" encoding="UTF-8"?>
<!DOCTYPE mapper PUBLIC "-//mybatis.org//DTD Mapper 3.0//EN"
    "http://mybatis.org/dtd/mybatis-3-mapper.dtd">

<mapper namespace="com.manage.data.dao.CustomMapper">

    <select id="getCustomById" parameterType="int" resultType="Custom">
        select * from custom where id = #{id}
    </select>

</mapper>
```

（8）测试 MyBatis 的配置。先手动在 CUSTOM 表中输入一条记录，然后，使用 MyBatis 的测试类，通过 CustomMapper 映射文件来获取数据库中的值。如果获取到了，就说明之前的配置完全成功了，如代码清单 7-7 所示。

代码清单 7-7　TestCustomMapper.java

```java
package com.manage.data.action;

import java.io.Reader;

import org.apache.ibatis.io.Resources;
import org.apache.ibatis.session.SqlSession;
import org.apache.ibatis.session.SqlSessionFactory;
```

```
import org.apache.ibatis.session.SqlSessionFactoryBuilder;

import com.manage.data.bean.Custom;
import com.manage.data.dao.CustomMapper;

public class TestCustomMapper {

    private SqlSession session=null;

    public void setUp() throws Exception {
        String resource = "config.xml";
        Reader reader = Resources.getResourceAsReader(resource);
        SqlSessionFactory sqlMapper = new SqlSessionFactoryBuilder().build(reader);
        session = sqlMapper.openSession();
    }

    public void testSelectCustom(){
        CustomMapper mapper = session.getMapper(CustomMapper.class);
        Custom custom =mapper.getCustomById(1);
        System.out.println(custom.toString());
    }

    public static void main(String[] args) throws Exception {
        TestCustomMapper test = new TestCustomMapper();
        test.setUp();
        test.testSelectCustom();
    }
}
```

输出结果：

ID:1,姓名：菲斯,性别：女,年龄：1

代码解析

通过测试可以看到，MyEclipse 控制台输出了"ID：1,姓名：菲斯,性别：女,年龄：1"。这就说明，在 CustomMapper 映射文件中，我们通过传入 ID 是 1 的参数来查询 CUSTOM 表，成功获取到了符合条件的数据。因此说明，MyBatis 已经成功配置好了。

其实，这个示例中 MyBatis 的配置并没有与 Spring 结合。因为 MyBatis 是近年来才流行开的持久化框架，Spring 并没有及时地对它予以支持，相信在以后的版本中会很快升级。当然，还是有很多方法可以做到 MyBatis 与 Spring 两者之间的结合，只是需要更加认真地研究技术，毕竟，在这一方面，并没有一个确切的答案，每个人都有自己的框架搭建方式。

7.4.2 MyBatis 配置参数

打开 src 目录下的 config.xml 配置文件，可以看到，MyBatis 对事务和数据源进行了配置。MyBatis 配置元素如表 7-1 所示。

表 7-1 MyBatis 配置元素

元　素	描　述
configuration	根元素
properties	定义配置外在化

续表

元　　素	描　　述
Settings	全局性的配置
typeAliases	为一些类定义别名
environments	配置 Mybatis 的环境
transactionManager	事务管理器
dataSource	数据源
mappers	映射文件或映射类

构成 config.xml 配置文件的主要结构有以下几种。

（1）configuration：是 Mybatis 配置文件里的根元素，所有的配置信息都要被包含在这个标签里。

（2）properties：定义配置外在化，也就是通过引用文件的方式，来配置数据源信息。在 config.xml 文件中，关于数据源的配置是固定的，使用 properties 就可以引用某个具体的文件，从而来完成配置。

（3）settings：表 7-2 所示的都是极其重要的参数，它们会修改 MyBatis 在运行时的行为方式。

表 7-2　设置信息及其含义和默认值

设置参数	描　　述	有效值	默认值
cacheEnabled	这个配置使全局的映射器启用或禁用缓存	true 或 false	true
lazyLoading Enabled	全局启用或禁用延迟加载。当禁用时，所有关联对象都会即时加载	true 或 false	true
aggressiveLazyLoading	当启用时，有延迟加载属性的对象在被调用时将会完全加载任意属性。否则，每种属性将会按需要加载	true 或 false	true
multipleResultSetsEnabled	允许或不允许多种结果集从一个单独的语句中返回（需要适合的驱动）	true 或 false	true
useColumnLabel	使用列标签代替列名。不同的驱动在这方面表现不同。参考驱动文档或充分测试两种方法来决定所使用的驱动	true 或 false	true
useGeneratedKeys	允许 JDBC 支持生成的键。需要适合的驱动。如果设置为 true，则这个设置将强制驱动使用生成的键，尽管一些驱动（如 Derby）拒绝兼容但仍然有效	true 或 false	false
autoMappingBehavior	指定 MyBatis 如何自动映射列到字段/属性。PARTIAL 只会自动映射简单的、没有嵌套的结果。FULL 会自动映射任意复杂的结果（嵌套的或其他情况）	NONE、PARTIAL、FULL	PARTIAL

续表

设 置 参 数	描　　　述	有效值	默认值
defaultExecutorType	配置默认的执行器。SIMPLE 执行器没有什么特别之处。REUSE 执行器重用预处理语句。BATCH 执行器重用语句和批量更新	SIMPLE、REUSE、BATCH	SIMPLE
defaultStatementTimeout	设置超时时间，它决定驱动等待一个数据库响应的时间	任何正整数	未设置（null）

（4）typeAliases：可以为 Java 类型命名一个短的别名。它只和 XML 配置有关，用来进行别名配置。例如：

```
<!-- 类别名定义 -->
<typeAliases>
    <typeAlias type="com.manage.data.bean.Custom" alias="Custom"/>
</typeAliases>
```

这段为 Xml 代码，会对应具体的数据模型类 Custom，这样的话在类似的代码中就可以直接引用别名了，使这段 SQL 执行成功后直接返回对应的数据类型 Custom。

```
<select id="getCustomById" parameterType="int" resultType="Custom">
    select * from custom where id = #{id}
 </select>
```

（5）environments：可以配置多个运行环境，但是每个 SqlSessionFactory 实例只能选择一个运行环境。

（6）transactionManager：MyBatis 有以下两种事务管理类型。

- JDBC：这个配置直接简单地使用了 JDBC 的提交和回滚设置。它依赖于从数据源得到的连接来管理事务范围。
- MANAGED：这个配置几乎没做什么。它从来不提交或回滚一个连接，它会让容器来管理事务的整个生命周期，默认情况下，它会关闭连接。然而一些容器并不希望这样，因此，如果你需要从连接中停止它，那么可以将 closeConnection 属性设置为 false。

例如：

```
<transactionManager type="MANAGED">
    <property name="closeConnection" value="false"/>
</transactionManager>
```

（7）dataSource：使用标准的 JDBC 数据源接口来配置 JDBC 连接对象源。MyBatis 内置了以下 3 种数据源类型。

- UNPOOLED：这个数据源的实现是，每次被请求时简单打开和关闭连接。它有一点慢，这是对简单应用程序的一个很好的选择，因为它不需要及时的可用连接。不同的数据库对这个的表现也是不一样的，所以对某些数据库来说配置数据源并不重要，这个配置也是闲置的。UNPOOLED 类型的数据源仅仅用来配置以下 5 种属性。
  - ◆ driver：JDBC 驱动的 Java 类引用名称。
  - ◆ url：数据库的 JDBC URL 地址。

- ♦ username：登录数据库的用户名。
- ♦ password：登录数据库的密码。
- ♦ defaultTransactionIsolationLevel：默认的连接事务隔离级别。

如果需要设置传递数据库驱动的属性，可以让属性的前缀以 driver 开头，如 driver.encoding=UTF8。这样就会以值 UTF8 来传递属性 encoding，它是通过 DriverManager.getConnection (url, driverProperties) 方法传递给数据库驱动的。

- POOLED：是 JDBC 连接对象的数据源连接池的实现，用来避免创建新的连接实例时必要的初始连接和认证时间。这是一种当前 Web 应用程序用来快速响应请求很流行的方法。除了上述（UNPOOLED）的属性之外，还有很多属性可以用来配置 POOLED 数据源。
  - ♦ poolMaximumActiveConnections：在任意时间存在的活动（也就是正在使用的）连接的数量。默认值为 10。
  - ♦ poolMaximumIdleConnections：任意时间存在的空闲连接数。
  - ♦ poolMaximumCheckoutTime：在被强制返回之前，池中连接被检查的时间。默认值为 20000 ms（也就是 20 s）。
  - ♦ poolTimeToWait：这是给连接池一个打印日志状态机会的低层次设置，还有重新尝试获得连接，这些情况下往往需要很长时间（为了避免连接池没有配置时静默失败）。默认值为 20000 ms。
  - ♦ poolPingQuery：发送到数据的侦测查询，用来验证连接是否正常工作，并且准备接受请求。默认值是 NO PING QUERY SET，这会引起许多数据库驱动连接由一个错误信息而导致失败。
  - ♦ poolPingEnabled：这个属性用于开启或禁用侦测查询。如果开启，必须用一个合法的 SQL 语句设置 poolPingQuery 属性。默认值为 false。
  - ♦ poolPingConnectionsNotUsedFor：这个属性用于配置 poolPingQuery 多长时间被调用一次。这可以用来设置数据库的连接超时时间，以避免不必要的侦测。默认值为 0（也就是所有连接每一时刻都被侦测，但只有当 poolPingEnabled 为 true 时适用）。
- JNDI：这个数据源的实现是为了使用如 Spring 或应用服务器这类的容器，容器可以集中或在外部配置数据源，然后放置一个 JNDI 上下文的引用。这个数据源配置只需要以下两个属性。
  - ♦ initial_context：这个属性用来从初始上下文中寻找环境。这是可选属性，如果被忽略，那么 data_source 属性将会直接以 initialContext 为背景再次寻找。
  - ♦ data_source：这是引用数据源实例位置的上下文的路径。它会以由 initial_context 查询返回的环境为背景来查找，如果 initial_context 没有返回结果，则直接以初始上下文为环境来查找。

和其他数据源配置相似，它也可以通过名为 env 的前缀直接向初始上下文发送属性。例如，env.encoding=UTF8，在初始化之后，就会以值 UTF8 向初始上下文的构造方法传递名为 encoding 的属性。

（8）mappers：指明 MyBatis 映射的 SQL 语句配置文件。可以使用类路径中的资源引用，或者使用字符，输入确切的 URL 引用。

7.5 Hibernate

Hibernate 是一个对象关系映射框架，对 JDBC 进行了轻量级的对象封装，使得 Java 程序员可以以操作对象的编程思维来操作数据库。简单通俗来说，程序员以前对数据库的操作是通过封装好的 SQL 语句直接调用 JDBC 接口来完成的，也就是说，JDBC 必须把 SQL 语句传递到数据库，在数据库里运行一遍后再运行回来，程序员与数据库之间是隔着一条河的。如果使用 Hibernate，程序员就可以直接以操作 Java 对象的方式，例如，使用 get()方法来获得需要的数据了，当然，要做到这一点的前提是 Hibernate 必须与数据库建立一个连接配置，将数据库中需要用到的表映射到 Java 中，动态生成与之对应的 Java 对象。

Hibernate 的核心思想是非常不错的，如果与 Struts、Spring 结合，形成一个 SSH 框架，可以堪称经典。这也正是 SSH 框架流行的原因。但是实际上，在对持久层操作方面，有些人喜欢 Hibernate 的思想，有些人喜欢传统的 JDBC，如果使用传统的 JDBC 不够简洁的话，会采用 Spring 提供的持久化接口，总之，可以根据具体的项目和爱好来进行选择了。

7.5.1 Hibernate 环境搭建

Hibernate 的性质跟 MyBatis 差不多，它们都是轻量级的 ORM 框架，专门用于管理对象关系映射，使 Java 开发更加简易高效。针对 Hibernate 和 MyBatis 的学习的代码最好是越少越好，这样再配合注释就能很容易掌握它们。因此，本节我们依然做一个简单的 Hibernate 示例，把它集成在 manage 项目中以方便读者学习。

（1）去 Hibernate 官方网站下载需要的 JAR 包。

（2）将 Hibernate 核心 JAR 包复制到 manage 项目的 lib 文件夹中，如核心包 hibernate3.jar、cglib-2.2.jar、dom4j-1.6.1.jar 等，因为本例需要连接 MySQL 数据库，所以还需要使用 MySqlDriver.jar，如果 JAR 包不足，可以按需下载。

（3）在 MySQL 的 test 数据库中新建一个简单的 `user` 表。

```
CREATE TABLE `user` (
  `id` varchar(100) DEFAULT NULL,
  `name` varchar(200) DEFAULT NULL,
  `pwd` varchar(200) DEFAULT NULL
)
```

（4）在 src 目录下新建 hibernate.cfg.xml 配置文件，内容如代码清单 7-8 所示。

代码清单 7-8　hibernate.cfg.xml

```
<?xml version='1.0' encoding='UTF-8'?>
<!DOCTYPE hibernate-configuration PUBLIC
        "-//Hibernate/Hibernate Configuration DTD 3.0//EN"
        "http://hibernate.sourceforge.net/hibernate-configuration-3.0.dtd">
<hibernate-configuration>
    <session-factory>
        <property name="dialect">
            org.hibernate.dialect.MySQLDialect
        </property>
        <property name="connection.url">
```

```
            jdbc:mysql://127.0.0.1:3306/test
        </property>
        <property name="connection.username">root</property>
        <property name="connection.password">123456</property>
        <property name="connection.driver_class">
            com.mysql.jdbc.Driver
        </property>
        <property name="myeclipse.connection.profile">
            com.mysql.jdbc.Driver
        </property>
        <mapping resource="com/xk/hibernate/User.hbm.xml" />
    </session-factory>
</hibernate-configuration>
```

（5）创建数据库客户表 User 对应的 Bean 类 User 文件，如代码清单 7-9 所示。

代码清单 7-9　User.java

```java
package com.manage.hibernate;

public class User implements java.io.Serializable {
    private String id;
    private String name;
    private String pwd;
    public User() {
    }
    public User(String name, String pwd) {
        this.name = name;
        this.pwd = pwd;
    }
    public String getId() {
        return this.id;
    }
    public void setId(String id) {
        this.id = id;
    }
    public String getName() {
        return this.name;
    }
    public void setName(String name) {
        this.name = name;
    }
    public String getPwd() {
        return this.pwd;
    }
    public void setPwd(String pwd) {
        this.pwd = pwd;
    }
}
```

（6）User 数据模型类映射文件如代码清单 7-10 所示。

代码清单 7-10　User.hbm.xml

```xml
<?xml version="1.0" encoding="utf-8"?>
<!DOCTYPE hibernate-mapping PUBLIC "-//Hibernate/Hibernate Mapping DTD 3.0//EN"
"http://hibernate.sourceforge.net/hibernate-mapping-3.0.dtd">
<hibernate-mapping>
    <class name="com.xk.hibernate.User" table="user" catalog="test">
        <id name="id" type="java.lang.String">
```

```
                <column name="id" length="100" />
                <generator class="assigned" />
            </id>
            <property name="name" type="java.lang.String">
                <column name="name" length="200" />
            </property>
            <property name="pwd" type="java.lang.String">
                <column name="pwd" length="200" />
            </property>
        </class>
</hibernate-mapping>
```

（7）测试 Hibernate 的配置。使用 Hibernate 的测试类，通过 User 映射文件来向 MySQL 的 test 的数据库的 user 表插入一条数据，如果可以新增，就说明之前的配置完全成功了，如代码清单 7-11 所示。

代码清单 7-11　TestCustomMapper.java

```
package com.manage.hibernate;
import org.hibernate.Session;
import org.hibernate.SessionFactory;
import org.hibernate.Transaction;
import org.hibernate.cfg.Configuration;

public class HibernateTest {
    public static void main(String[] args) {
        Configuration conf = new Configuration().configure();
        SessionFactory sf = conf.buildSessionFactory();
        Session session = sf.openSession();
        Transaction tx = null;
        try {
            tx = session.beginTransaction();
            User user = new User();
            user.setId("1");
            user.setName("暮晨");
            user.setPwd("520");
            session.save(user);
            tx.commit();
            System.out.println("数据新增成功！");
        } catch (Exception e) {
            if (null != tx) {
                tx.rollback();
            }
            e.printStackTrace();
        } finally {
            session.close();
        }
    }
}
```

输出结果：

数据新增成功！

代码解析

看数据已经新增成功了，接着使用 SQLyog 打开 MySQL，直接查询 test 数据库的 user 表，发现该表中已经新增了一条数据，数据值与程序中设定的完全一致，因此说明 Hibernate 测试程序已经开发好了。

7.5.2 Hibernate 配置参数

打开 src 目录下的 hibernate.cfg.xml 配置文件,可以看到,Hibernate 对事务和数据源进行了配置。构成该配置文件的主要结构有以下几种。

(1) `hibernate-configuration`:是 Hibernate 配置文件里的根元素,所有的配置信息都要被包含在这个元素里。

(2) `session-factory`:完整的 Session 配置工厂,其中设置该工厂的所有包含信息。

(3) `property`:Session 配置工厂内部可以设置的属性,如数据库方言、URL、登录名、密码、驱动等信息都需要设置在该工厂元素内部。

(4) `mapping`:设置对应的资源信息为一个对应的 XML 文件,如本项目中的 User.hbm.xml,它的作用是使用 Hibernate 操作数据模型类的时候,可以直接使该数据模型类对应的数据库表也发生改变,即事先建立这种匹配的关系。建立关系的时候需要设置几个参数,例如,`<class name="com.xk.hibernate.User"`直接对应数据模型类,`table` 对应数据库表,该表的字段、类型、长度都需要进行设置。

Hibernate 配置元素如表 7-3 所示。

表 7-3　Hibernate 配置元素

元　　素	描　　述
`hibernate-configuration`	根元素
`session-factory`	完整的 Session 配置工厂
`property`	属性
`mapping`	映射 XML 配置文件

7.6　函数

函数的作用与存储过程类似,都是为了完成某些业务而把所有涉及该业务的逻辑使用数据库能识别的语言描述出来,其中可以包括程序中常见的逻辑,如变量、循环、条件等,把这些逻辑代码综合起来实现了某种功能需求,并且提供合理的参数以方便程序员调用。

在数据库中,我们会用到很多函数。这些函数大致分为两种。一种是系统函数,例如,MySQL 提供的控制流程函数 CASE WHEN、IF 等,字符串函数 CONCAT、FORMAT 等,这些函数是系统提供的,我们只需要调用即可,调用方法也很简单。另一种函数类型就是自定义函数,下面我们将使用 MySQL 的语法创建一个自定义函数,并且讲述它的用法,如代码清单 7-12 所示。

代码清单 7-12　FN_GET_TITLE

```
DELIMITER $$
USE `manage`$$
DROP FUNCTION IF EXISTS `FN_GET_TITLE`$$
CREATE DEFINER=`admin`@`%` FUNCTION `FN_GET_TITLE`(CITY CHAR(32))
    RETURNS VARCHAR(500) CHARSET utf8
BEGIN
  DECLARE i INT;
```

```
      SET i = 0;
      SET @result = '';
      SET @CITY = CITY;
      SET @cityCount = 0;
      SET @goodsTitle = '';
      SELECT COUNT(*) INTO @cityCount FROM goods_sendcount goods WHERE goods.city = @CITY;
      IF @cityCount = 1 THEN
        SELECT goods.goods INTO @goodsTitle FROM goods_sendcount goods WHERE goods.city = @CITY;
        SET @result = @goodsTitle;
      ELSE
        WHILE i < @cityCount DO
          SELECT goods.goods INTO @goodsTitle FROM goods_sendcount goods
              WHERE goods.city = @CITY LIMIT i, 1;
          SET @result = CONCAT(@result,@goodsTitle,",");
          SET i = i + 1;
        END WHILE;
      END IF;
      RETURN @result;
    END$$
    DELIMITER ;
```

代码解析

这个自定义函数的作用是用来获取商品的名称，先传入城市名称 CITY，通过查询该城市的商品来判断执行哪一条语句。如果产品只有一件，就返回这件产品的名称。如果有多件，就使用循环来获取产品名称。很明显，自定义存储过程是为了完成某个逻辑而创建的。函数的作用很重要，一般用来完成某个特定的业务需求，例如，根据 ID 获取某个员工的信息，这明显是一个业务需求，如果业务比较简单，就可以从数据库中获取一些特定的字段，返回到 Java 后端也可以再次处理。但有时，我们可能会希望获取的这些员工都是经过层层筛选的精英，这样，就不是几条 SQL 语句可以解决的问题。所以，可以把这个特定的业务需求写成一个自定义函数，每当需要获取符合条件的员工信息时，就调用这个函数，非常有效。

7.7 游标

游标（cursor）是一个缓冲区，主要存放 SQL 语句的执行结果，也可以将其看作是一个数据库操作时的中间过渡区。游标的典型应用场景是可以通过 SQL 语句逐一获取记录，并且对其进行操作。举个简单的例子，如果需要查询 10 条记录，有时候，我们往往只能查到这个 10 条记录的结果集，将它呈现在面前，或者将其保存到一个临时表中。那么，只获取到这 10 条记录的结果集，并不能完全解决问题，关键是我们需要对 10 条记录的每一条都进行一次操作，例如，将符合某个条件的记录删掉等，这就需要对每一条记录进行逻辑判断，游标的作用就体现在这里。下面我们将使用 MySQL 的语法创建一个游标，并且讲述它的用法，如代码清单 7-13 所示。

代码清单 7-13　SC_TITLE_VALIDAT

```
DELIMITER $$
USE `manage`$$
DROP PROCEDURE IF EXISTS `SC_TITLE_VALIDAT`$$
CREATE DEFINER=`admin`@`%` PROCEDURE `SC_TITLE_VALIDAT`(IN city CHAR(32), OUT success INT)
BEGIN
  DECLARE no_more_record INT DEFAULT 0;
```

```
DECLARE pValue CHAR(32);

DECLARE cur_record CURSOR FOR select goods from goods_sendcount t where city = city;
DECLARE CONTINUE HANDLER FOR NOT FOUND
SET   no_more_record = 1;
select count(goods)into @goodsCount from goods_sendcount t where city = city;
IF @goodsCount = 1;
  SET success = 1;
ELSE
  OPEN   cur_record;
  FETCH   cur_record INTO pValue;

  WHILE no_more_record != 1 DO
    SELECT sum(AMOUNT) AS AMOUNT INTO @goodsTemp FROM goods_sendcount WHERE goods = pValue;
    SET @goodsCount = @goodsCount + @goodsTemp;
    FETCH   cur_record INTO pValue;
  END WHILE;
  CLOSE   cur_record;
  CASE WHEN @goodsCount > 10 THEN
    SET success = 10;
    WHEN @goodsCount > 100 THEN
      SET success = 100;
  END CASE;
END IF;
END$$
DELIMITER ;
```

代码解析

该游标的作用是求某个城市产品的总量。首先，求出某个城市产品的种类，如果种类为 1，就返回 1。如果种类大于 1，就利用游标求出该城市所有的种类，并且把所有种类的数量加起来，如果种类大于 10，返回 10，如果种类大于 100，返回 100，游标最主要的作用是可以对一个结果集的每条记录都进行运算。在查询数据库的时候，如果返回的查询记录只有一条，就可以通过 INTO 语句来把它赋予某个变量，接下来，就可以对这个变量进行下一步的处理。但如果返回的记录有多条，显然不能直接用 INTO 语句来赋值，在这种情况下，就需要使用游标对每一条记录进行 INTO 语句赋值。

7.8   存储过程

存储过程（stored procedure）是大型数据库系统用于完成特定功能的 SQL 语句集，存储在数据库中，经过第一次编译后，再次调用不需要再次编译，用户通过指定存储过程的名字并给出参数（如果该存储过程带有参数）来执行它。存储过程是数据库中的一个重要对象，一般适用于业务复杂、操作繁多的场景。例如，针对一个订单的状态写一个存储过程，就需要对这个状态进行多次判断。如果该订单付款怎么办？退款怎么办？用户在签收快递的时候，订单的状态应该怎么同步？这些复杂的、互相关联的业务，就可以通过写在一个存储过程里来实现。下面我们将使用 MySQL 的语法创建一个存储过程，并且讲述它的用法，如代码清单 7-14 和代码清单 7-15 所示。

代码清单 7-14   SC_DELETE

```
DELIMITER $$
USE `manage`$$
DROP PROCEDURE IF EXISTS `SC_DELETE`$$
CREATE DEFINER=`admin`@`%` PROCEDURE `SC_DELETE`(IN CITY CHAR(32), OUT success CHAR(2))
```

```
BEGIN
  delete goods_sendcount where city = CITY;
  SET success=1;
END$$
DELIMITER ;
```

代码解析

这是一个最简单的存储过程，传入参数是城市名称。然后以城市名称作为条件，删除该表符合条件的记录。在学习存储过程的时候，把握最基本的格式就可以顺利地写出存储过程。只要存储过程的格式正确，写逻辑处理的过程就跟写 Java 代码没什么两样，写得多了自然得心应手。

代码清单 7-15　SC_LIST

```
DELIMITER $$
USE `manage`$$
DROP PROCEDURE IF EXISTS `SC _LIST `$$
CREATE DEFINER=`admin`@`%` PROCEDURE `SC_ LIST `(IN CITY CHAR(32), OUT totalRecords INT)
BEGIN
  SET @CITY = CITY;
  SET @sql = CONCAT('select * from goods_sendcount where city = ?');
  PREPARE _stmt FROM @sql;
  EXECUTE _stmt USING @CITY;
  DEALLOCATE PREPARE _stmt;
END$$
DELIMITER ;
```

代码解析

这是一个预处理参数的存储过程，用于查询发货表。在封装 SQL 语句的时候，使用 "?" 作为条件占位符，在封装 SQL 语句完毕后，使用 PREPARE _stmt FROM @sql 来触发封装好的 SQL 语句，使用 EXECUTE_stmt USING @CITY 来传递参数，使用 DEALLOCATE PREPARE_stmt 来执行 SQL 语句。

存储过程的写法就跟套公式一样，只要掌握了它的基本格式，写得多了，就会非常流利。建议大家从最基本、最简单的存储过程开始写起，如书中的这两个例子。等写得熟练了，就可以驾驭几百行甚至几千行、业务逻辑非常复杂的存储过程了。

7.9　小结

本章的主要内容是学习 Java 架构师需要掌握的数据库技能，主要内容有关系型数据库 MySQL、Oracle 的安装、常用命令、可视化工具等，通过对这些内容的学习，可以满足工作当中的大部分需求；而针对非关系型数据库 NoSQL 的学习则比较简单，只是大致演示了它们的用法，主要还是因为绝大多数项目仍然使用关系型数据库，而非关系型数据库如 Redis 只是充当了缓存数据库的角色，来实现某些特定的业务，如从内存中读取电商销售排行榜这类数据。另外，通过把与数据库相关的 ORM 框架 MyBatis、Hibernate 整合到 manage 项目中，不但可以使读者做到熟练应用框架对应的数据库交互方法，还极大地提高了读者搭建框架的能力。最后，通过对函数、游标、存储过程的学习则可以使读者在面对项目中纷繁复杂的需求时多了一些解决方案。

通过本章的学习，读者应该具有了相当成熟的 Java 开发和数据库技能，但如何把它们结合起来进行项目实战就是接下来需要解决的问题了。

第 8 章

Struts Spring Hibernate

我们已经通过 MyEclipse 成功地开发了 Servlet 版本的管理系统，但该管理系统存在很多纰漏，已经不能满足日益繁多的需求。因此，本章我们决定开发最新版本的管理系统，决定采用 Struts、Spring 框架集合再使用传统的 JDBC 进行数据库操作。在开发的过程中，需要关注这些框架的搭配，还有重点需求的代码编写。

8.1 框架搭建

框架搭建的过程比较复杂，但在此之前，我们可以通过对项目进行总体的分析和布局。从整体规划方面，来讲述项目的主要需求，这些需求包括权限设计、报表导出等；因为管理系统采用了 Struts、Spring 和 Hibernate 框架组合，而这些组合又依赖于 MVC 思想，所以本节对 MVC 思想进行详细地解说。

8.1.1 整体规划

管理系统的需求并不复杂，无非是个典型的 Java EE 项目，拥有组织架构和报表开发两大特色。首先，它需要有一个登录界面。接着，我们可以使用不同权限的用户登录进去，就会看到不同的菜单配置。当然，这些菜单配置是提前需要设置好的。

管理系统的界面分为 Banner、菜单栏、导航栏、功能模块和 Bottom 等。这些界面的位置相对固定，但是左侧菜单树的展示则是根据权限来控制的。当然，用户点击某个具体的功能，就在右侧显示出该功能的界面，以便可以更深入、详细地开展业务，例如，点击查询后，就在右侧较大的区域中显示报表的详情，以供使用者获取需要的数据信息。

业务拓展主要分为两部分，一部分是横向菜单栏，另一部分是竖向导航菜单栏。横向菜单栏可以自定义比较大的模块，如库存管理、资金管理、报表统计等，竖向导航菜单栏对应横向菜单栏的某个具体的功能的实现，例如，点击报表统计，左侧会自动显示出报表统计菜单下的所有功能。然而这一切都是基于业务的，如果在开发的过程中，负责需求的人员不断地对需求进行渐进明细地分解，那么在统计报名的后面可能还会出现预算管理等模块。而控件实例看似与需求没有关系，但是它却可以在开发阶段放置出来，当作程序员学习和借鉴的参考。总之，要做到一切都是灵活的、可配置的，而不是传统意义上的把代码写死。

其他界面可以根据用户需求来定义，如欢迎界面、时间显示和退出功能等，如图 8-1 所示。

然而，这些都是站在普通用户的角度来分析的。要开发这样一套系统，肯定是需要权限系统的，也就是该企业的组织架构，其一般呈树状显示。这个功能就需要我们认真开发了，也比较耗费时间。通常，我们通过管理员登录后就会进入管理员界面。管理员的操作权限是最大的，主要就是针对组织架构进行合理的配置，以及为不同权限的账户分配与之匹配的菜单和权限。当然，管理员还应该拥有修改密码、找回密码等功能，如图 8-2 所示。

图 8-1　普通用户界面

图 8-2　管理员界面

这些原型图作为程序员的参考，被分配到每个项目组成员的手中，大家就可以各司其职，来进行软件开发的迭代工作了。而接下来的环节，就是技术选型了。在本例中，我们选择了 SSJ 组合，当然如果需要拓展的话也可以继承 Hibernate，做到 SSH，集成的方法在 7.5 节已经详细叙述过了，重点集成 SSH 后，仍然需要改写大量的持久层代码，还有基础 Hibernate Session 等类的修改，最好的做法是可以把 Hibernate 相关的代码做成一个典型的实例，以供负责不同模块的程序员来参考开发，以提高效率。

接着，我们就逐个对其进行分析。不论是 SSH 还是 Spring MVC 都是基于 MVC 设计模式的。要想充分把这些概念理解透彻，就需要对这些理念进行学习。在前端插件方面，为了最大地节省项目迭代时间，我们选择了 jQuery EasyUI，使用该插件提供的默认样式。而在对前端界面的开发方面，我们主要采用传统的 JavaScript 和 jQuery 技术。

8.1.2　MVC 理念

MVC 指的是 Model View Controller，它是一种设计模式。说到软件开发，也许很多人会觉得高深莫测。其实，软件开发并不是想象中的那么困难，也不是想象中的那么简单。程序员们把软件开发当作自己的工作，也当作了自己的兴趣，更把这当作了自己的事业。很难想象，在没有 MVC 设计模式之前，软件开发究竟有多么混乱？老程序员们深有体会，但很多程序员，都是最近几年才接触的新手，他们并没有经历那些混乱的日子，他们只是站在了一个井然有序的平台上来发挥才华开发软件。

如果没有 MVC 这个经典的设计模式，就好比我们在开发某一个项目的时候，从头到尾毫无规则地乱写代码。有些功能实现了，又被改坏了；有些功能明明很简单，却碍于整体架构的紊乱不好去开发；拆东墙补西墙，到头来什么都做不好。这样，就充分体现了一个道理，做什么都需要设计。很幸运，前辈们为我们踏过了荆棘覆盖的丛林，找到了 MVC，以至于我们现在不用走太多弯路。

MVC 产生于 1982 年，M 代表的是模型（Model），V 代表的是视图（View），C 代表的是控制器（Controller）。很明显，MVC 的意图就是把这三者结合起来，开发程序的时候遵守 MVC 规则。这个具体的规则，就是用一种业务逻辑、数据、界面等分离的方法来设计程序框架，组织程序代码。将业务逻辑聚集到一个部件里面，封装成一块，在定制界面 UI 或者处理用户交互的时候，都不需要重新编写业务逻辑。简而言之，就是分块处理，把庞大的程序代码分成若干部件，互相依赖却不会因为修改某处造成不好的影响，破坏了整体。在 Java Web 开发中，经常需要做一些日常操作，如建立在界面 UI 上的输入、处理、输出这个完整的过程，也可以当作 MVC 的一种应用。举个例子，当用户在提交某个表单的时候，控制器接收到了这个事件，会自动调用相应的模型和视图去完成整个需求。控制器本身不会去做具体的处理，而是将这种处理的需求转发给相应模型和视图去完成。如此看来，它的作用就更加明显，决定了调用哪些模型和视图的组合去完成任务，具体应该怎样完成任务，例如，涉及了某些细节。按照 MVC 的规则去开发项目，就算在前期没有把项目做好，但因为整体架构符合 MVC 模式，在后期也可以利用一些方法对项目进行改版、补救，例如，招聘水平更高的软件工程师。如果项目的前期就没有按照 MVC 的规则去做，后期也很难通过各种手段来弥补。所以，MVC 模式也可以说是一个保障项目扩展性的安全模式。

MVC 经过了长期的发展和大量的实践，被证明是可行的，也完全适用于 Java Web 开发领域。近些年来，MVC 的定义被不断地延伸。但一般来说，模型（Model）主要指的是业务逻辑（不用管该业务逻辑的实际载体是什么，只要明确是业务逻辑）；视图（View）主要指的是界面显示，如 HTML、EasyUI、ExtJS、Avalon 这样的前端插件，以及 jQuery（虽然它是前端控制语言，但也可以笼统地归纳在这里）；控制器（Controller）主要是指对业务逻辑、前端插件、程序架构、数据库接口等的综合掌控，如 Struts、Spring、Hibernate 等框架，不用追求多么细致的划分，它们都可以归纳到控制器当中。说到这里，其实应该给这种情况定义一个更加准确的称呼，那就是 MVC 框架。

最典型的 MVC 应用场景是 JSP+Servlet+Javabean 的模式，也是入门级的。JSP 是界面显示，Servlet 承担了控制器的角色，JavaBean 自然就是业务逻辑了。总之，在软件开发过程中，一些经验欠妥的程序员可能无法掌握大局观，他们的角色往往是某个模块的开发者。如果架构师采用 MVC 模式来设计项目，就不用担心程序员因为经验的问题而导致的一些错误。因为在 MVC 模式下，很多错误都是可以挽救的。

Struts 是一个不错的开源框架，在没有 Struts 之前，Java Web 开发非常依赖于 Servlet。在早期的软件项目中，Servlet 扮演了重要的角色，但随着 Java Web 技术的发展，Servlet 的缺点也日益暴露出来，因为 Servlet 从配置到处理客户端请求都显得力不从心，尤其是当项目逐渐变大的时候。举个最简单的例子，web.xml 里应该配置项目最基础的东西，把 Servlet 的标签放进去，会显得不合时宜。而 Servlet 在页面处理上面也没有自己的标签。使用 Servlet 最大的好处就是可以轻松地和 JSP 结合起来，完成对项目的整体控制，但 Servlet 对项目的控制程度明显不如 Struts。

Servlet 的生命周期是从客户端请求开始的，当接收到客户端请求时，Servlet 首先会调用 `init()` 方法进行初始化；接着，Servlet 会调用 `service()` 方法来获得关于请求的信息，并且触发 `doGet()` 或者 `doPost()` 方法，也可以调用程序员自己写的方法；最后，当这个请求处理完毕之后，Servlet 会调用 `destroy()` 进行销毁。这是一个完整的 Servlet 生命周期。如果有多个请求的话，Servlet 仍然重复以上步骤，但不再调用 `init()` 方法。另外，Servlet 的线程安全问题也让一些架构师比较担心，每一个 Servlet 对象在 Tomcat 服务器中都是单例模式生成的，如果出现高并发的情况，很多请求都有可能访问同一个 Servlet，如访问管理系统的"发货城市统计"功能，因为该功能是查询，即便是非线程安全的情况也不会出什么问题；但是如果这些并发请求访问的时候是对基础数据的录入模块，如"增加商品"功能，这就有可能产生巨大的隐患，因为它们会同时并发地调用 Servlet 的 `service()` 方法，当然也可以在这些方法里加入线程同步的技术，但这些需要增加工作量，相应的人力成本也会上升。

Struts 的一个特点就是融合了 Servlet 和 JSP 的优点，符合 MVC 标准。在配置上，Struts 将配置内容放在 web.xml 文件中，涉及程序控制的业务逻辑，则统一放在 struts.xml 文件中，该文件会在项目初始化运行的时候被加载。

Struts 采用了 JSP 的 Model2。所谓的 Model1 和 Model2，指的是 JSP 的应用架构。在 Model1 中，JSP 直接处理客户端发送的请求，并且以 JavaBean 处理若干应用逻辑，这样的话，在 Model1 中 JSP 就要担任 MVC 中的 View 和 Controller 的角色，勉强可以处理简单的用户请求。在 Model2 中，引入了一个控制器的概念，就是把客户端的请求集中发送给 Servlet，由它统一管理这些请求，再把处理结果通过 ServletResponse 对象响应给客户端。

Struts 采用了 Model2，虽然增加了一些复杂度，却解决了很多棘手的问题。例如，使用 struts.xml 文件来集中管理请求，并将请求分发给对应的 Action，由此做到了接收请求、转发请求、处理请求这样有条不紊的逻辑顺序。这样的逻辑，不但方便了开发，也明显降低了维护成本。Struts 2 引入了拦截器的机制来处理请求，在程序接口方面，基本上做到了完全脱离 Servlet，逐步发展成为一个成熟的开源框架。

在 Struts 2 的配置文件中，除了一些基本配置外，剩下的都是关于 Action 的配置。举一个典型的例子：

```
<action name="SendCity" class="SendCityAction">
    <result type="json">
        <param name="root">dataMap</param>
    </result>
</action>
```

这段代码就是对一个 Action 的完整配置。在该配置中，Struts 2 的拦截器会自动拦截到 SendCity 的请求，并且将控制权交给 SendCityAction，而 SendCityAction 对应的类在 Spring 的配置文件中，这就是 Struts 2 与 Spring 的一次完美结合。至于结果类型，则指的是该 Action 的数据返回值类型，本例中返回 JSON。基本上，Struts 2 对应 Action 的配置都是这样的，对每一个请求配置一个对应的控制类，可以在这里配置具体类路径，也可以交给 Spring 去管理。

最主要的是：Struts 2 是线程安全的，因为在 Tomcat 服务器进行处理的时候，Struts 2 会对每一个请求都产生一个新的实例，每个线程分别处理它对应的模块代码，即从 Action 到持久层的数据通道，这样即便是高并发项目，也不会存在线程安全的问题。

Spring 是一个轻量级的开源框架，致力于解决 J2EE 开发中的复杂度。其实，如果软件项目应用了 Struts，就已经将 MVC 思想发挥得淋漓尽致了，如果再融合 Spring，那就称得上是锦上添花了。和 Struts 一样，Spring 相关的配置内容写在 web.xml 中，而 applicationContext.xml 文件是 Spring 的核心文件。

在 applicationContext.xml 文件中，我们可以做很多事情。例如，将项目所使用的连接数据库的配置信息写在该文件中，配置它的驱动、地址、用户名、密码、连接池等信息，并且使用 Spring 提供的 bean 对象来完成对该组件的注解。

如果不使用 Spring，在 struts.xml 中，就需要在 action 中写明 class 所对应的完整路径，可如果使用了 Spring，就只需要写明 applicationContext.xml 文件中所对应的 bean 即可。这样的话，Spring 就可以当作一个类管理工厂来使用。这一点是 Spring 最主要的作用，当然，Spring 还有一些其他的作用，如 AOP 编程、直接将 Struts 和 Spring 的优点结合起来的 Spring MVC。

Spring 对 Java 类的管理是非常优秀的，通过把项目中的诸多配置信息统一放在 applicationContext.xml 文件中来管理，极大地方便了开发和维护。Spring 可以通过逐层注解的方式，在配置文件中标明 Java 各层之间的关系，当 Java 在某一层需要使用某个类和它的方法时，就不用过多地关心类的对象新建问题，因为这些关系早已经在配置文件里标明了，在一个类中使用另一个类，可以直接调用，让 Spring 去实现类的新建和类的关系问题，所以 Spring 也可以称作类工厂。

说到这里，需要回顾一下没有 Spring 时，我们是怎么写代码的，这样，才可以更加理解使用 Spring 的好处。以前，如果在 Java 开发时需要使用某个类，必须手动使用关键字 new 来创建这个类的对象。然后，才可以使用该类下的方法。而现在，有了 Spring 这个类工厂，就可以省略这一步了。

这样做的好处是毋庸置疑的，举个最明显的例子，如果 Java 中的业务逻辑很多，那么是不是在每次使用某个类的时候都要用 new 来创建一次对象？这样做，相当于被动地增加了很多代码量。如果在以后需要对这些用 new 创建出来的对象做改动，是不是要每一个都检查一遍？这样做是非常麻烦的，也容易出现错误。而使用 Spring，只需要从源头上做出修改即可。总之，Spring 真正实现了解耦。

在 Spring 的配置文件中，最主要的事情就是数据源和管理事务。

```xml
<bean id="dataSource" class="org.apache.commons.dbcp.BasicDataSource">
    <property name="driverClassName" value="${driverClassName}">
    </property>
    <property name="url" value="${url}">
    </property>
    <property name="username" value="${username}"></property>
    <property name="password" value="${password}"></property>
    <!-- 连接池启动时的初始值 -->
    <property name="initialSize" value="${initialSize}"></property>
    <!-- 连接池的最大值 -->
    <property name="maxActive" value="${maxActive}"></property>
    <!-- 最大空闲值，当经过一个高峰时间后，连接池可以慢慢将已经用不到的连接慢慢释放一部分，直至减少到
    maxIdle 为止 -->
    <property name="maxIdle" value="${maxIdle}"></property>
    <!-- 最小空闲值，当空闲的连接数少于阈值时，连接池就会预申请一些连接，以免洪峰来时来不及申请 -->
    <property name="minIdle" value="${minIdle}"></property>
</bean>
```

可以看到，Spring 建立了一个名为 dataSource 的 bean，这个 bean 就是用来与数据库建立连接，它对应的实现类是 org.apache.commons.dbcp.BasicDataSource，已经封装在 Spring 的 JAR 包里。其余的 property 则用来设置数据库的属性，如地址、用户名、密码、连接池等。

后期在进行持久化操作的时候，要使用 jdbcTemplate 和 namedjdbcTemplate 这两个 Spring 的封装类。如果想要使用这两个类，也必须在 Spring 的配置文件中，进行注入。此处，使用构造函数注入。

```xml
<bean id="jdbcTemplate" class="org.springframework.jdbc.core.JdbcTemplate" autowire="default">
    <property name="dataSource">
```

```
        <ref local="dataSource" />
    </property>
</bean>
<bean id="namedjdbcTemplate" class="org.springframework.jdbc.core.namedparam.Named
    ParameterJdbcTemplate">
    <constructor-arg ref="dataSource" />
</bean>
```

只有注入了实体，在使用这些类的时候才不用使用关键字 new，这正是 Spring 的方便之处。

数据库事务有以下 4 个特性。

- 原子性：事务是数据库的逻辑工作单位，事务中包括的诸操作要么全做，要么全不做。
- 一致性：事务执行的结果必须是使数据库从一个一致性状态变到另一个一致性状态。
- 隔离性：一个事务的执行不能被其他事务干扰。
- 持续性：一个事务一旦提交，它对数据库中数据的改变就应该是永久性的。

在进行持久化操作的时候，必须使用数据库事务，这样，才能始终保持数据库中的数据是正确的。因此，有必要在 Spring 的配置文件里，配置事务管理器。

```
<!-- 声明使用注解式事务 -->
<bean id="transactionManager" class="org.springframework.jdbc.datasource.DataSource
    TransactionManager">
    <property name="dataSource" ref="dataSource"></property>
</bean>
<!-- 对标注@Transaction 注解的 Bean 进行事务管理 -->
<!-- 定义事务通知 -->
<tx:advice id="txAdvice" transaction-manager="transactionManager">
    <!-- 定义方法的过滤规则 -->
    <tx:attributes>
        <!-- 所有方法都使用事务 -->
        <tx:method name="*" propagation="REQUIRED" />
        <!-- 定义所有 get 开头的方法都是只读的 -->
        <tx:method name="find*" read-only="true" />
    </tx:attributes>
</tx:advice>
<!-- 定义 AOP 配置 -->
<aop:config>
    <!-- 定义一个切入点 -->
    <aop:pointcut expression="execution (* com.manage.platform.service.impl..*.*(..))" id=
        "services" />
    <!-- 对切入点和事务的通知，进行适配 -->
    <aop:advisor advice-ref="txAdvice" pointcut-ref="services" />
</aop:config>
```

这段配置的作用，是建立一个名为 transactionManager 的 bean，它对应的 class 是 org.springframework.jdbc.datasource.DataSourceTransactionManager，已 经 封 装 在 了 Spring 的 JAR 包里。这样做的意思是，我们需要对所有数据库操作都开启事务，来始终保证数据的正确性。然后，通过设置属性，让所有的方法都使用事务。最后，利用 Spring 的 AOP 进行切面设置，让其在 com.manage.platform.service.impl 包下的所有接口，都开启事务，也就是设置事务的生效范围。

使用事务最大的好处就是确保数据的正确性，因为在没有事务控制的时候，数据库极可能因为并发或者其他原因产生脏数据，这是不应该发生的情况，也比较难以处理。而事务可以做到从框架级别杜绝这种现象的发生，例如，某个导出操作需要在插入数据后完成，如果插入数据的操作失败了，那么导出的数据肯定是不正确的，为了解决这个问题，就需要对这两个方法进行事务控制，如果一旦插入数据的操作失败，数据库依靠事务进行回滚，在程序代码上可以加入这样的逻辑：当插入失败，数据进行回滚的时候，就不执行导出操作。

Spring 的另一个主要功能是作为类工厂来管理类。可以从一组完整的配置来了解 Spring 的这种管理机制，下面通过刚才在 Struts 2 中的 class 值 SendCityAction 来搜索 Spring 的配置文件。

```
<bean id="SendCityAction" class="com.manage.report.action.SendCityAction">
    <property name="imanage_reportdao" ref="MANAGE_REPORTDao"></property>
</bean>
<bean id="MANAGE_REPORTDao" class="com.manage.report.dao.impl.MANAGE_REPORTDaoImpl">
    <property name="jdbcTemplate" ref="jdbcTemplate"></property>
    <property name="namedjdbcTemplate" ref="namedjdbcTemplate"></property>
</bean>
<bean id="jdbcTemplate" class="org.springframework.jdbc.core.JdbcTemplate" autowire=
    "default">
    <property name="dataSource">
    <ref local="dataSource" />
    </property>
</bean>
<bean id="namedjdbcTemplate" class="org.springframework.jdbc.core.namedparam.Named
    ParameterJdbcTemplate">
    <constructor-arg ref="dataSource" />
</bean>
```

可以看到，Spring 对类的管理是使用了 ref 属性来逐层完成 bean 的注入，从 MANAGE_REPORTDao 到 jdbcTemplate、namedjdbcTemplate，最后到 dataSource，以这种方式，来表明这些类之间的关系，dataSource 就说明注入了持久层，也就可以进行数据库的操作了。如果使用了 Spring，但却没有配置好类的直接关系，很容易出现 Java 代码没错，但控制台始终提示 Spring 出错的情况。当然，在这种情况下，程序极有可能是无法正常运行的，如果对 Spring 的配置不了解，很难找到出错的原因。

Hibernate 是一个对象关系映射框架，对 JDBC 进行了轻量级的对象封装，使得 Java 程序员可以以操作对象的编程思维来操作数据库。简单通俗来说，程序员以前对数据库的操作是通过封装好的 SQL 语句直接调用 JDBC 接口来完成的，也就是说，JDBC 必须把 SQL 语句传递到数据库，在数据库里运行一遍后再运行回来，程序员与数据库之间是隔着一条河的。如果使用 Hibernate，程序员就可以直接以操作 Java 对象的方式，例如，使用 get() 方法来获得需要的数据了，当然，要做到这一点的前提是，Hibernate 必须与数据库建立一个连接配置，将数据库中需要用到的表映射到 Java 中，动态生成与之对应的 Java 对象。

Hibernate 的核心思想是非常不错的，如果与 Struts、Spring 结合，形成一个 SSH 框架，可以堪称经典。这也正是 SSH 框架流行的原因。但是实际上，在对持久层操作方面，有些人喜欢 Hibernate 的思想，有些人喜欢传统的 JDBC，如果使用传统的 JDBC 不够简洁的话，会采用 Spring 提供的持久化接口，总之可以根据具体的项目和爱好来进行选择。

正是有了 Struts、Spring、Hibernate 等框架的存在，才使得我们今天的 Java Web 开发没有过去那样费劲。如果将这 3 个框架结合起来，所产生的效果将更加明显。Java Web 的发展日益成熟，一方面，我们需要进一步努力，将这些框架灵活应用；另一方面，我们需要仔细斟酌，设计出更加符合时代发展的框架模式。随着 MVC 思想和 SSH 框架的使用，一个清晰的数据传递模式浮现出水面。

不管是 Servlet 还是 Struts，数据传递的核心都是依赖于 HTTP 协议，一般情况下，我们使用的都是 HTTP 协议提供的 GET 和 POST 请求。只有客户端发出这些请求，并且携带所需要的参数，服务器端才可以将请求转发给控制器，控制器再根据某种规则，将处理权交给对应的 Java 类（Struts 中指的是 Action），Java 处理类经过三层架构，调用持久层将数据写入数据库，或者从数据库查询出需要的数据，再返回到前端，呈现给客户。

这个清晰的数据传递模式，造就了 Java Web 领域的辉煌，也正是这条迅捷的传输通道，才让数据在网络中畅通无阻地行走。所谓的信息时代，也就是如此，从信息时代延伸出的大数据、超大数据等概念，将会对我们的生活产生更多的影响。只有明白了数据通道的概念，我们才能在 Java Web 开发中无往不利。

8.2 框架集成

工欲善其事，必先利其器。在 Java Web 开发中，之所以采用 MyEclipse，并且采用最流行的 MVC 架构来开发，就是因为 MyEclipse 的扩展性。它可以说是无限扩展的，需要什么就安装什么，这些来自第三方的插件，可以非常方便地为项目服务，提供强大的功能。而 Tomcat 也可以成功解析这些插件。这样，既可以为程序员开发提供便利，又可以节省开发成本，何乐而不为呢？

在 manage 项目中，需要搭建一个 SSH 开发框架。SSH 是 Struts+Spring+Hibernate 的一个集成框架，是目前较流行的一种 Web 开发模式，因为在集成基础框架的时候，JDBC 和 Spring 提供的 JDBC 都已经顺便集成到了 manage 项目中，所以此处讲解 SSH 的集成。

首先，需要去网上下载这些框架。具体的下载方法就不赘述了，基本上在百度搜索它们，都可以搜索到符合条件的下载地址。可以到这些框架的官方网站下载，官方网站不但提供 JAR 包，还会提供源码和参考文档。如果英文不好，可以选择在 CSDN 下载。注意：在进行框架集成的时候有两种方法：第一种是本节讲述的利用 MyEclipse 工具自带的方式集成，使用这种方式集成起来非常简单，也不会有缺失 JAR 包的情况，但是弊端也比较明显，就是不同版本的 MyEclipse 可能无法识别集成好的框架，可能需要再次集成，不然会报大量找不到类的错误；第二种是直接复制相应的 JAR 包到 lib 文件夹中（参见 7.4 节和 7.5 节），这种集成的好处是可以按需集成，例如，有些不需要的 JAR 包就不用复制进去，缺点是如果架构师对需要集成的 JAR 包不熟悉的话可能会出现错误，而且所有的 JAR 包堆叠在该文件夹里也不方便管理，但可以使用自建 JAR 库的方式弥补。

8.2.1 Struts 2 的集成

第一种集成方式是将 Struts 2.x 包里需要的 JAR 包导入/WebRoot/WEB-INF/lib 目录下，再新建一个 struts.xml 配置文件到 src 目录下即可。使用这种方式集成 Struts 2 会让所有的 JAR 文件都集成在 Web App Libraries 这个库文件夹下。如果还要集成其他 JAR 包的话，那么随着 JAR 包集成得越来越多，这个库文件夹下的文件也会越来越多，这样非常不利于管理，也会显得凌乱。

第二种集成方式是打开项目的"Build Path"，配置"Build Path"，选择"Add Library"→"MyEclipse

Libraries", 此时, 会列出所有 MyEclipse 自带的 JAR 库。从列表中, 找到 "Struts 2 Core Libraries", 单击 "完成"。此时, MyEclipse 会自动生成一个 Struts 2 Core Libraries 库文件夹来管理这些 JAR 文件。从项目的构建路径可以看到, 单独把一些 JAR 文件放到一个库文件夹中管理非常有条理, 也显得很专业。受到了这种启发, 我们会想, 如何让自己手动导入的 JAR 文件, 也可以做到这样呢?

第三种集成方式是打开项目的 "Build Path", 配置 "Build Path", 选择 "Add Library"。此时, 会弹出一个新的对话框, 从列表中选择 "User Library"。再次弹出一个新对话框, 单击 "User Libraries" 按钮。此时, 就可以新建用户库了。

单击 "New" 按钮, 输入名称 Struts2。

单击 "Add JARs", 找到 Struts2 文件夹, 选中需要添加的文件, 单击 "确定"。

此时, 我们手动添加的 JAR 文件也可以被统一放到 Struts2 文件夹中管理了。一般来说, 初学者可能更倾向于第一种集成方式, 但作为一个成熟的开发人员, 最好还是把一类 JAR 文件放入一个文件夹中管理。

不论以哪种方式集成 Struts 2, 都需要在 src 目录下建立一个 struts.xml 文件, 用于配置 Struts 的业务逻辑。在 web.xml 里需要配置 Struts 2 用到的核心过滤器。

```
<filter>
    <filter-name>struts2</filter-name>
    <filter-class>org.apache.struts2.dispatcher.FilterDispatcher</filter-class>
</filter>
<filter-mapping>
    <filter-name>struts2</filter-name>
    <url-pattern>/*</url-pattern>
</filter-mapping>
```

8.2.2　Spring 3 的集成

第一种方式是打开项目的 "Build 路径", 配置 "Build 路径", 选择 "Add Library" → "MyEclipse Libraries", 此时, 会列出所有 MyEclipse 自带的 JAR 库。从列表中, 找到 "Spring 3.0 Core Libraries", 单击完成。

在 src 目录下建立一个 applicationContext.xml 文件, 用于配置。在 web.xml 里需要配置 Spring 用到的监听器。

```
<listener>
    <listener-class>org.springframework.web.context.ContextLoaderListener</listener-class>
</listener>
```

添加 Struts 2 和 Spring 整合的插件 struts2-spring-plugin-2.0.12.jar。如果不使用这个插件, 则需要在 struts.xml 里加入一些配置。

```
<constant name="struts.objectFactory" alue="org.apache.struts2.spring.StrutsSpring
ObjectFactory" />
```

如果采用第一种方式集成 Spring 3, 其实已经完成了 Struts 2 和 Spring 3 搭配的过程, 但如果需要再搭配 Hibernate, 就需要采用第二种方式了。

将鼠标定位到 manage 项目名称上, 单击右键, 依次选择菜单 "MyEclipse" → "Add Spring

Capabilities…", 在弹出的对话框里勾选 "Spring 3.0 AOP" "Spring 3.0 Core" "Spring 3.0 Persistence Core" "Spring 3.0 Persistence JDBC" "Spring 3.0 Web" 等 5 个核心库, 注意将它们复制到 /WebRoot/WEB-INF/lib 目录下, 再单击 "Next", 配置存放 Spring 配置文件的路径与名称, 将 JAR 包放在 WebRoot/WEB-INF/lib 下, 配置文件放在 src 下即可, 配置文件名为 applicationContext.xml。

创建数据源, 切换到 "MyEclipse Database Explorer" 窗口。在左边 "DB Browser" 的窗口里, 右击选择 "New", 新建一个数据源。在弹出的窗口中, 根据自己项目所建的数据库来选择配置, 引入连接驱动 JAR 包。

```
sshDriver
jdbc:oracle:thin:@localhost:1521:manage
```

配置好之后, 单击 "Test Driver" 来测试配置连接是否成功。成功了再进行下一步操作。

"Schema Details" 选择连接映射的数据库, 没必要将全部数据库连接进来。根据用户名选择需要连接的数据库, 连接成功后可以查看表结构。

配置好以后, 选中它, 将它的 "Open connection" 打开看一看, 看能否将数据连接过来。

8.2.3　Hibernate 的集成

搭建好了 Struts 2 和 Spring 3 这两个框架, 可以很好地帮助我们控制项目的请求转向和管理实体类。现在, 让我们搭建项目数据通道的最后一层——持久层 Hibernate, 搭建好这一层, 目前业内最流行的 SSH 框架就建立起来了。

（1）将鼠标定位到 Web Project 项目名称上, 单击右键, 依次选择菜单 "MyEclipse" → "Add Hibernate Capabilities…"。

（2）选择 "Hibernate 3.3", 注意将库复制到/WebRoot/WEB-INF/lib 目录下。

（3）在对话框中选择 "Spring configuration file", 表示希望将 Hibernate 托管给 Spring 进行管理, 这是将 Hibernate 与 Spring 进行整合的基础。然后单击 "Next"。

（4）在出现的对话框中选择 "Existing Spring configuration file"。因为之前已经添加了 Spring 的配置文件, 所以这里选择的是已存在的配置文件。MyEclipse 会自动找到存在的那个文件。然后在 "SessionFactory Id" 中输入 Hibernate 的 SessionFactory 在 Spring 配置文件中的 Bean ID 的名字, 这里输入 sessionFactory 即可。然后单击 "Next"。

（5）在出现的对话框中的 "Bean ID" 里面输入数据源在 Spring 中的 Bean ID 的名字, 这里输入 dataSource。然后在 "DB Driver" 里面选择刚刚配置好的 ssh, MyEclipse 会将其余的信息自动填写到表格里面。然后单击 "Next"。

（6）在出现的对话框中取消 "Create SessionFactory class", 单击 "Finish" 即可。

Hibernate 的主要作用就是跟数据库建立联系, 通过配置的方式, 在项目中生成以类的方式来管理表的形式, 方便在开发过程中直接使用, 不用手动去写。但如果数据库中的表过多, Hibernate 会在项目文件夹下生产过多的映射文件, 也就是.hbm.xml 文件, 这算是一个美中不足吧。总之, 我们只是事先把 Hibernate 框架集成到项目当中, 至于用不用, 是另外一回事。到这里, 整个项目的框架搭建就算是初步成形了。

Hibernate Reverse Engineering 反向生成 Pojo 类, 自动生成映射关系。

（1）再次进入"MyEclipse Database Explorer"视图，全选所有的表，右击选择"Hibernate Reverse Engineering..."操作。

（2）单击"Java src folder"右边的"Browse..."选项，设置到自己新建好的包下面。

（3）再选择*.hbm.xml 和 POJO 映射，建议不用选择"Create abstract class"。不然，会生成大量抽象类文件。

（4）下一步再选择"Id Generator"的生成策略，选择"native"。

（5）接下来，保持默认选项，直接单击"Finish"完成这项操作。

（6）最后回到"MyEclipse JavaEnterprise"视图，查看是否已成功生成映射文件。

到这里，已经将 SSH 整合的所有操作都做好了，接下来就是进行编码工作，修改相应的 XML 配置文件，直到最后完成整个项目的开发。发布 Web 项目，启动 Tomcat 服务器，可以测试之前的配置工作是否成功。如果成功的话，直接访问地址 http://localhost:8080/manage/会解析成功，显示页面的内容；如果失败了，可以留意一下控制台输出的错误信息，并根据错误信息来定位问题。

8.2.4 前端插件的集成

jQuery EasyUI 开发环境的搭建比较简单。因为 jQuery EasyUI 属于前端插件，所以只需要在写前端页面的时候引入它们的 JavaScript 文件即可，其余不用什么复杂的配置。相比之下，前端开发环境的配置要比后端简单得多。如果不引用相应的 JavaScript 文件，直接在页面中写入代码，会报前台 JavaScript 错误，一般都是缺少对象。

为了管理方便，我们需要在 WebRoot 目录下建立一个 jquery 文件夹，统一存放使用 jQuery 所需要的 JavaScript 文件。同样的，也需要在 WebRoot 目录下建立一个 easyui 文件夹，用于存放 EasyUI 所需要的 JavaScript 文件。

引入 jQuery 的代码如下：

```
<script src="scripts/jquery.js" type="text/javascript"></script>
```

引入 EasyUI 的代码如下：

```
<link rel="stylesheet" type="text/css" href="../themes/default/EasyUI.css">
<link rel="stylesheet" type="text/css" href="../themes/icon.css">
<link rel="stylesheet" type="text/css" href="demo.css">
<script type="text/javascript" src="../jquery-1.7.2.min.js"></script>
<script type="text/javascript" src="../jquery.EasyUI.min.js"></script>
```

因为 EasyUI 引入的文件比较多，所以一般直接复制 EasyUI 提供的文件夹即可。引入的时候，要合理安排目录结构。这样，可以做到让引入的文件清晰明了，不会让人迷茫。在确定目录结构之后，在后面的开发过程中，只要写前端页面都要引入这段代码，所以合理安排目录结构有着不同寻常的意义。另外，如果需要在本项目中集成其他前端插件，如 Bootstrap、ExtJS 等也可以参照本章的方法进行，只是它们需要引入的文件不一样，这一点可以参考官方文档。

至此，整个管理系统的开发框架，还有前端插件的引用都已经完成了。下面就可以正式进行开发了。

8.3 权限管理

权限设计的概念比较简单，但具体实施起来却比较困难。它的标准含义是：在项目中加入符合业界规范或者自定义的安全机制，以防止没有授权的用户访问。归根结底，就是说用户只能访问自己被授权的资源，在访问非授权的资源的时候可能会被提示没有操作权限。当然，概念比较简单做起来就难了，例如，典型的我们需要设计用户规则（包括超级管理员）、用户行为、关联关系等逻辑，并且针对这些逻辑进行编码，只有把这些逻辑无缝串联起来，才能成为标准的权限设计。

用户规则可以分为超级管理员、管理员、普通用户等，针对每个不同的用户需要对应不同的权限。

用户行为主要指每个用户在进行各自权限范围内的操作之时所触发的代码逻辑，这些逻辑都需要符合人的思想理念，如超级管理员可以删除管理员、管理员可以删除普通用户、普通用户无法删除自己等，至于细节方面的问题就太多了，数不胜数。

管理员和普通用户因为权限的不同，登录后所看到的操作界面也不同，这仍然是需要开发人员进行分别处理的，甚至需要美工设计不同的界面；而管理员在对用户进行操作的时候，还需要参考数据库中关于授权的角色概念（不参考也行），以便对用户进行批量授权。而普通用户之间可能还存在不同的关系，如上下级等，这些都是权限设计需要考虑的范畴。还有一个令人头疼的问题，组织架构的树形结构如何设计，就算项目经理画出了原型图，架构师又该通过哪种技术进行实现呢？

关联关系是把用户规则、用户行为之间所有的操作所涉及的依赖全部考虑进去，不但需要在程序代码上进行合理的设计，还需要对数据库进行合理的设计（如主键、外键关系），等把这些关系彻底梳理好之后，才能进入开发阶段。

理解了权限设计，还需要理解权限管理的概念：用户访问项目的时候，它可以操作的功能都是提前设计好的权限，例如，它拥有哪些功能菜单，可以执行哪些操作，而进行授权的操作即为权限控制。权限管理的大概过程主要是：针对用户选择合理的角色（角色需要设置权限），再进行资源之间的关联关系匹配，最后进行保存。

8.3.1　业务设计

不论权限系统有多么复杂，我们都可以根据现有的业务进行简化。另外，在对权限系统的业务进行设计的时候还需要结合项目的实际情况，切勿盲目跟风。在管理系统的权限设计中，我们把管理员用户的业务设计分割成 4 个模块，它们分别是地市管理、人员管理、菜单管理和系统角色。

- 地市管理：对应部门的树形组织架构，如销售总部下可以新建华北销售区域、西北销售区域等分部，而它们的组织编码需要有包含关系，例如，通过销售总部可以获取到它所有的子 ID 部门。
- 人员管理：人员管理即为用户管理，例如，销售总部下可以有管理员和张三两个用户，在对不同用户进行授权的时候需要点击右侧的"设置角色"功能，而它支持的操作还有"编辑""删除"。
- 菜单管理：列出管理系统下所有的树形功能菜单和详细信息，可以针对单个菜单进行设置，设置内容主要有名称、上级、级别、网址，通过对每个菜单进行设置，做出完整的菜单树形界面（数据关系），以方便它们在任何用户登录的时候可以根据该用户的权限合理显示。
- 系统角色：列出管理系统当前的所有系统角色，支持的操作有"编辑""删除""分配权限"，其中"分配权限"功能即是给不同的角色分配不同的权限（如它可以操作的功能），分配完成后再通过人员管理即可完成数据同步。

管理系统的权限设计经过了多次讨论，最终总算是确定了方案，它的权限管理界面如图 8-3 所示。

8.3.2 程序设计

完成了权限管理的业务设计和数据库设计后，我们先来讲解权限管理的程序设计，正式开发权限管理模块相关的代码，因为这部分代码特别多，所以我们选择"人员管理"模块的"新增"功能来演示权限管理的具体过程，看在该过程中是如何做到针对权限操作最难的部分"关联关系"的。

首先，我们以建立李四账户为基准。通过 admin 进入权限管理界面，点击"人员管理"菜单下的"新增"按钮，弹出的对话框如图 8-4 所示。

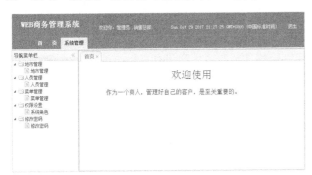

图 8-3 权限管理

图 8-4 新增账户

在对话框中分别填入需要的数据后，点击"保存"按钮，可以看看究竟会触发哪些事件？与之相关的逻辑又是如何判断的？首先需要在 manage 项目 WebRoot 目录的 framework 目录下新建 useredit.jsp 文件，用于进行新建用户的展示界面，具体内容如代码清单 8-1 所示。

代码清单 8-1 useredit.jsp

```
<%@ page language="java" import="java.util.*" pageEncoding="UTF-8"%>
<!DOCTYPE html>
<html>
<head>
<meta http-equiv="Content-Type" content="text/html; charset=UTF-8">
<title>区域管理</title>
<link rel="stylesheet" type="text/css"
    href="../easyui/themes/default/easyui.css">
<link rel="stylesheet" type="text/css" href="../easyui/themes/icon.css">
<link rel="stylesheet" type="text/css" href="../css/demo.css">
<link rel="stylesheet" type="text/css" href="../css/fw.css"></link>
<script type="text/javascript" src="../easyui/jquery-1.7.2.min.js"></script>
<script type="text/javascript" src="../easyui/jquery.easyui.min.js"></script>
<script type="text/javascript" src="../easyui/easyui-lang-zh_CN.js"></script>
<script type="text/javascript" src="../js/common.js"></script>
<script type="text/javascript" src="../js/JQuery-formui.js"></script>
<script type="text/javascript" src="useredit.js"></script>
</head>
<body>
    <div data-options="fit:true">
        <!-- 内容栏 -->
        <div class="editcontent"
            style="padding:10px;background:#fff;border:1px solid #ccc;height:200px;">
            <div id="maindata">
                <!-- 不需要显示的字段 -->
```

```
<div style="display:none;">
    <input id="ICODE" type="text"> <input id="NO" type="text">
</div>
<table class="table table-hover table-condensed">
    <tr>
        <th>区域</th>
        <td>
            <%--<select id="PARENTICODE" class="span2" style="width:1
                30px;" data-options="required:true">
        </select>--%> <input id="AREAICODE" type="text"
            class="easyui-combotree span2"
            data-options="url:'AREAFindTree.action',required:true"></td>
        <th>姓名</th>
        <td><input id="NAME" type="text"
            class="easyui-validatebox span2" data-options="required:true">
        </td>
    </tr>
    <tr>
        <th>登录账号</th>
        <td><input id="LOGINNAME" type="text"
            class="easyui-validatebox span2"></td>
        <th>登录密码</th>
        <td><input id="PASSWORD" type="text"
            class="easyui-validatebox span2"></td>
    </tr>
    <tr>
        <th>联系电话</th>
        <td colspan="3"><input id="PHONE" type="text" class="span2">
        </td>
    </tr>
    <tr>
        <th>电子邮箱</th>
        <td colspan="3"><input id="EMAIL" type="text" class="span5"
            style="width:322px;"></td>
    </tr>
</table>
    </div>
</div>
<!-- 保存按钮栏 -->
<div style="text-align:center;padding:5px 0;">
    <a id="btnSave" class="easyui-linkbutton"
        data-options="iconCls:'icon-ok'">保 存</a>     
         <a id="btnCancel" class="easyui-linkbutton"
        data-options="iconCls:'icon-cancel'">取 消</a>
</div>
    </div>
</body>
</html>
```

代码解析

该 JSP 页面的主要功能是利用 EasyUI 提供的样式,快速开发新建用户的模块界面,内容比较简单,主要是通过在 table 元素中新建文本框来获取用户填写的数据,注意的是需要引入 EasyUI 样式,最后,在 id 为 btnSave 的按钮中编码保存事件,触发的方法在该页面引用的 JavaScript 文件 useredit.js 中。

接着需要在 manage 项目 WebRoot 目录的 framework 目录下新建 useredit.js 文件,用于进行新建用户的展示界面的各种动作事件,具体内容如代码清单 8-2 所示。

代码清单 8-2　useredit.js

```
(function($) {
    $(function() {
        // 获取参数
        var icode = JUDGE.getURLParameter("icode");
        // alert(icode);
        // icode
        if (!JUDGE.isNull(icode)) {
            var url = "USERFindByUUID.action?maindatauuid=" + icode;
            $.ajax({
                type : "post",
                url : url,
                contentType : "text/html",
                error : function(event, request, settings) {
                    $.messager.alert("提示消息", "请求失败!", "info");
                },
                success : function(data) {
                    $("#maindata")
                            .fromJsonString(JSON.stringify(data.maindata));
                }
            });
        }
        $("#btnCancel").click(function() {
            window.parent.$('#wedit').window('close');
        });
        $("#btnSave").click(
                function() {
                    // 表单验证
                    if (!$('#maindata').form('validate')) {
                        $.messager.alert("提示消息", "信息填写不完整!", "info");
                        return;
                    }
                    // 主表
                    var maindata = $("#maindata").toJsonString();
                    // alert(maindata);
                    $.ajax({
                        type : "post",
                        url : "USERSave.action",
                        dataType : "json",
                        data : maindata,
                        contentType : "text/html",
                        error : function(event, request, settings) {
                            // 请求失败时调用函数。
                            $.messager.alert("提示消息", "请求失败!", "info");
                        },
                        success : function(data) {
                            if (data.returncount > 0) {
                                // 自身主键刷新，不要出现重复保存的情况
                                if (data.savetype == "insert") {
                                    $.messager.alert("提示消息", "新增保存成功!", "info",
                                            function() {
                                                window.parent.$('#dataview')
                                                        .treegrid('reload');
                                                window.parent.$('#wedit')
                                                        .window('close');
                                            });
                                } else {
```

```
                                    $.messager.alert("提示消息", "编辑保存成功!", "info",
                                        function() {
                                            window.parent.$('#dataview')
                                                .treegrid('reload');
                                            window.parent.$('#wedit')
                                                .window('close');
                                        });
                                }
                            } else {
                                $.messager.alert("提示消息", "保存失败!", "info");
                            }
                        }
                    });
                });
            });
})(window.jQuery);
```

代码解析

本 JavaScript 文件编写了大量的脚本，主要语法以 jQuery 为主，作用是完成与用户相关的动作事件，我们可以忽略无关的内容，直接找到与当前操作相关的 btnSave 按钮的单击事件来看代码。首先，这段代码进行了简单验证，接着使用 Ajax 请求的方式来完成用户数据的保存，其 Action 对应 USERSave.action，等待完成了用户数据的插入，再返回当前页面提示保存成功、编辑成功或者操作失败。

接着需要在 manage 项目 src 目录下的 struts.xml 配置文件中增加与保存用户相关的 Action 配置信息，具体内容如代码清单 8-3 所示。

代码清单 8-3　struts.xml

```xml
<action name="USERSave" class="MANAGE_USERAction" method="save">
    <result type="json">
        <param name="root">dataMap</param>
    </result>
</action>
```

解析：本例通过新增一个 Action 实例，它的元素 name 表示 Action 名称，class 表示在 Spring 配置文件中托管的类名称，method 表示进入该 Action 时需要使用的方法是 save()，其他的 result type 表示返回数据是 JSON 类型，param name 表示获取一个名称为 root 封装好的 dataMap 数据给前端。

接着需要在 manage 项目 src 目录下的 com.manage.platform.action 包下新建 MANAGE_USERAction.java 文件，来作为与用户操作相关的 Action 入口类，例如，实现 save() 方法，在该方法里编写新建用户的逻辑，相关内容如代码清单 8-4 所示。

代码清单 8-4　MANAGE_USERAction.java

```java
/**
 * 保存表单信息功能
 * */
public String save() {
    try {
        HttpServletRequest request = ServletActionContext.getRequest();
        ReadUrlString urlString = new ReadUrlString();
        String dataString = urlString.streamToString(request.getReader());
        String jsonString = URLDecoder.decode(dataString, "UTF-8");
```

```
        MANAGE_USEREntity maindata = (MANAGE_USEREntity) JsonUtil.toBean(
                jsonString, MANAGE_USEREntity.class);
        if (null == maindata.getICODE() || maindata.getICODE().isEmpty()) {
            maindata.setICODE(UUID.randomUUID().toString());
            // 公用字段
            // InitCreate(maindata);
            int returncount = imanage_userservice.insert(maindata);
            dataMap.put("maindatauuid", maindata.getICODE());
            dataMap.put("savetype", "insert");
            dataMap.put("returncount", returncount);
        } else {
            // 公用字段
            // InitModidy(maindata);
            int returncount = imanage_userservice.update(maindata);
            dataMap.put("savetype", "update");
            dataMap.put("returncount", returncount);
        }
    } catch (IOException e) {
        e.printStackTrace();
    }
    return SUCCESS;
}
```

代码解析

本类作为用户相关的 Action 入口类，包含了很多关于操作用户的方法，但此处我们可以忽略无关的部分，来重点分析 save()方法。在该方法中，使用 maindata 作为封装好的数据直接传入 insert()和 update()方法中，因为本例是演示插入操作，所以通过获取 ICODE 的数值来区分是保存还是更新操作。如果 ICODE 为 null，说明用户还没有组织架构中对应的 ICODE，所以自然进入插入代码段。另外，在进行 ICODE 判断之前还进行了一些其他的操作，例如，设置字符编码等，具体的内容最好通过 Debug 来调试。

接着需要在 manage 项目 src 目录下的 com.manage.platform.dao.impl 包下新建 MANAGE_USERDao Impl.java 文件，来作为持久层的开发。在该方法里编写新建用户的持久层逻辑，相关内容如代码清单 8-5 所示。

代码清单 8-5　MANAGE_USERDaoImpl.java

```
public int insert(MANAGE_USEREntity entity) {
    try {
        String sql = "insert into
            MANAGE_USER(ICODE,NO,NAME,PHONE,EMAIL,STOPFLAG,LOGINNAME,PASSWORD,AREAICODE)" +
            " VALUES(:ICODE,:NO,:NAME,:PHONE,:EMAIL,:STOPFLAG,:LOGINNAME,:
        PASSWORD,:AREAICODE)";
        SqlParameterSource namedParameters = new BeanPropertySqlParameterSource(entity);
        return this.namedjdbcTemplate.update(sql, namedParameters);
    } catch (Exception e) {
        e.getMessage();
    }
    return 0;
}
public int update(MANAGE_USEREntity entity) {
    StringBuffer  sql = new StringBuffer();
    sql.append(" UPDATE MANAGE_USER SET ");
    sql.append(" NO =:NO,");
    sql.append(" NAME =:NAME,");
```

```
sql.append(" PHONE =:PHONE,");
sql.append(" EMAIL =:EMAIL,");
sql.append(" STOPFLAG =:STOPFLAG,");
sql.append(" LOGINNAME =:LOGINNAME,");
sql.append(" PASSWORD =:PASSWORD,");
sql.append(" AREAICODE =:AREAICODE ");
sql.append(" WHERE ICODE=:ICODE");
SqlParameterSource namedParameters = new BeanPropertySqlParameterSource(entity);
return this.namedjdbcTemplate.update(sql.toString(), namedParameters);
}
```

代码解析

本类作为用户相关的持久层类,包含了很多关于操作用户的方法,但此处我们可以忽略无关的部分,重点分析 insert()方法。在该方法中新建一个 sql 变量,内容是向 MANAGE_USER 表插入数据的 SQL 语句,需要的参数皆为上层封装好的内容。本例中直接使用 BeanPropertySqlParameter Source() 方法把 entity 数据模型类转换成了 Spring JDBC 需要的参数格式,并且同时把 sql、namedParameters 作为参数传入 NamedParameterJdbcTemplate 提供的 update()方法中去,以完成插入数据的操作。另外,本例中的 update()方法也出现在了上层的代码中,是根据 ICODE 值是否为空来进入条件分支的。

新建用户的操作完成了,但因为该用户尚未有任何权限,所以即使登录成功了,也不能在项目中做任何操作。因此,接着我们还需要为该用户进行角色授权,这是权限管理中最核心的代码,只有掌握了这块代码才算是真正学会了权限管理。

首先,通过 admin 进入权限管理界面,点击"系统角色",在打开的页面中选择"管理员"对应的"分配权限"功能,弹出的对话框如图 8-5 所示。

因为这里默认已经有了数据,我们可以不用做任何操作,只需要点击保存即可传输当前页面的数据到后端,来模拟一次真实的授权操作。点击保存按钮,可以看看究竟会触发哪些事件?与之相关的逻辑又是如何判断的?首先需要在 manage 项目 WebRoot 目录的 framework 目录下新建 permissionedit.jsp 文件,用于进行分配权限的展示界面,具体内容如代码清单 8-6 所示。

图 8-5　分配权限

代码清单 8-6　permissionedit.jsp

```
<%@ page language="java" import="java.util.*" pageEncoding="UTF-8"%>
<!DOCTYPE html>
<html>
<head>
<meta http-equiv="Content-Type" content="text/html; charset=UTF-8">
<title>角色管理</title>
<link rel="stylesheet" type="text/css"
    href="../easyui/themes/default/easyui.css">
<link rel="stylesheet" type="text/css" href="../easyui/themes/icon.css">
<link rel="stylesheet" type="text/css" href="../css/demo.css">
<link rel="stylesheet" type="text/css" href="../css/fw.css"></link>
```

```
<script type="text/javascript" src="../easyui/jquery-1.7.2.min.js"></script>
<script type="text/javascript" src="../easyui/jquery.easyui.min.js"></script>
<script type="text/javascript" src="../easyui/easyui-lang-zh_CN.js"></script>
<script type="text/javascript" src="../js/common.js"></script>
<script type="text/javascript" src="../js/JQuery-formui.js"></script>
<script type="text/javascript" src="permissionedit.js"></script>
</head>
<body>
    <div data-options="fit:true">
        <!-- 内容栏 -->
        <div class="editcontent"
            style="padding:10px;background:#fff;border:1px solid #ccc;height:200px;">
            <div id="maindata">
                <!-- 不需要显示的字段 -->
                <div style="display:none;">
                    <input id="LEVEL" type="text"> <input id="ICODE"
                        type="text">
                </div>
                <table class="table table-hover table-condensed">
                    <tr>
                        <th>分配权限</th>
                        <td colspan="3">
                            <ul id="tt2" class="easyui-tree" data-options="checkbox:true"></ul>
                        </td>
                    </tr>
                </table>
            </div>
        </div>
        <!-- 保存按钮栏 -->
        <div style="text-align:center;padding:5px 0;">
            <a id="btnSave" class="easyui-linkbutton"
                data-options="iconCls:'icon-ok'">保 存</a>     
                 <a id="btnCancel" class="easyui-linkbutton"
                data-options="iconCls:'icon-cancel'">取 消</a>
        </div>
    </div>
</body>
</html>
```

代码解析

分配权限的 JSP 页面比较简单，跟之前的页面类似，基本上保持了 EasyUI 的开发风格。需要注意的是，该界面中显示的权限属性菜单是通过 EasyUI 提供的 Tree 来显示的，具体做法是在 permissionedit.js 中获取权限树，显示在页面名为 tt2 的 ul 元素中。保存依然对应的是 btnSave，可以在 permissionedit.js 中看到原始代码。

接着需要在 manage 项目 WebRoot 目录的 framework 目录下新建 permissionedit.js 文件，用于进行分配权限的各种行为事件的逻辑处理，具体内容如代码清单 8-7 所示。

代码清单 8-7　permissionedit.js

```
(function($) {
    $(function() {
        // 获取参数角色 id
        var icode = JUDGE.getURLParameter("icode");
        // 加载这个角色已有权限到树
        $('#tt2').tree(
```

```
                    {
                        url : 'PERMISSIONFindByUUID.action?maindatauuid='
                            + JUDGE.getURLParameter("icode")
                    });
        // 获取选中的结点
        function getChecked() {
            var nodes = $('#tt2').tree('getChecked');
            var s = '';
            for ( var i = 0; i < nodes.length; i++) {
                if (s != '')
                    s += ',';
                s += nodes[i].text;
            }
            alert(s);
        }
        // 保存
        $("#btnSave").click(
                function() {
                    // 获取选中的菜单（多个中间用逗号隔开）
                    var nodes = $('#tt2').tree('getChecked');
                    var models = '';
                    for ( var i = 0; i < nodes.length; i++) {
                        if (models != '')
                            models += '|';
                        models += nodes[i].id;
                    }
                    // 获取参数中的角色icode
                    var roleicode = JUDGE.getURLParameter("icode");
                    // 拼装数据
                    var maindata = "{'ROLEICODE':'" + roleicode
                            + "','MODELS':'" + models + "'}";
                    // 保存
                    $.ajax({
                        type : "post",
                        url : "PERMISSIONSave.action",
                        dataType : "json",
                        data : maindata,
                        contentType : "text/html",
                        error : function(event, request, settings) {
                            // 请求失败时调用函数。
                            $.messager.alert("提示消息", "请求失败!", "info");
                        },
                        success : function(data) {
                            $.messager.alert("提示消息", "保存成功!", "info",
                                    function() {
                                        window.parent.$('#dataview').datagrid(
                                                'reload');
                                        window.parent.$('#wedit').window(
                                                'close');
                                    });
                        }
                    });
                });
        // 取消
        $("#btnCancel").click(function() {
            window.parent.$('#wedit').window('close');
        });
    });
}) (window.jQuery);
```

代码解析

本 JavaScript 文件编写了大量的脚本，主要语法以 jQuery 为主，作用是完成分配权限相关的动作事件，我们可以忽略无关的内容，直接找到与当前操作相关的 btnSave 按钮的单击事件来看代码。首先，这段代码进行了简单验证，并且使用 maindata 变量来封装后端需要的数据，接着使用 Ajax 请求的方式来完成分配权限的操作，其 Action 对应 PERMISSIONSave.action，等待完成了分配权限的操作，再返回当前页面提示保存成功或者操作失败。另外，与 tt2 相关的内容是对 EasyUI 树控件的封装操作。

接着需要在 manage 项目 src 目录下的 struts.xml 配置文件中增加与保存用户相关的 Action 配置信息，具体内容如代码清单 8-8 所示。

代码清单 8-8　struts.xml

```xml
<action name="PERMISSIONSave" class="MANAGE_PERMISSIONAction" method="save">
    <result type="json">
        <param name="root">dataMap</param>
    </result>
</action>
```

代码解析

本例通过新增一个 Action 实例，它的元素 name 表示 Action 名称，class 表示在 Spring 配置文件中托管的类名称，method 表示进入该 Action 时需要使用的方法是 save()，其他的 result type 表示返回数据是 JSON 类型，param name 表示获取一个名称为 root 封装好的 dataMap 数据给前端。

接着需要在 manage 项目 src 目录下的 com.manage.platform.action 包下新建 MANAGE_PERMISSIONAction.java 文件，来作为与分配权限操作相关的 Action 入口类，例如实现 save() 方法，在该方法里编写分配权限的逻辑，相关内容如代码清单 8-9 所示。

代码清单 8-9　MANAGE_PERMISSIONAction.java

```java
/**
 * 保存表单信息功能
 * */
public String save() {
    try {
        //获取参数
        HttpServletRequest request = ServletActionContext.getRequest();
        ReadUrlString urlString = new ReadUrlString();
        String dataString = urlString.streamToString(request.getReader());
        String jsonString = URLDecoder.decode(dataString, "UTF-8");
        //拆分参数
        JSONObject obj = JSONObject.fromObject(jsonString);
        String ROLEICODE =obj.containsKey("ROLEICODE")? obj.getString("ROLEICODE"):"";
        String MODELS =obj.containsKey("MODELS")? obj.getString("MODELS"):"";
        int returncount = 0;
        if(null!=ROLEICODE  && ROLEICODE .length()>0){
            //删除旧数据
            imanage_PERMISSIONservice.deleteByRoleicode(ROLEICODE);
            //增加新数据
            String[] modelarr = MODELS.split("\\|");
            for (int i = 0; i < modelarr.length; i++) {
                MANAGE_PERMISSIONEntity entity = new MANAGE_PERMISSIONEntity();
                entity.setICODE(UUID.randomUUID().toString());
                entity.setMODELICODE(modelarr[i]);
```

```
                entity.setROLEICODE(ROLEICODE);
                returncount += imanage_PERMISSIONservice.insert(entity);
            }
        }
        dataMap.put("returncount", returncount);
    } catch (IOException e) {
        e.printStackTrace();
    }
    return SUCCESS;
}
```

代码解析

本类作为用户相关的 Action 入口类，包含了很多关于分配权限的方法，但此处我们可以忽略无关的部分，来重点分析 save()方法。在该方法中，总共分为 4 个步骤来完成分配权限的业务逻辑处理：第一步是获取参数，主要依靠 HttpServletRequest 对象；第二步是拆分参数，主要依靠 JSONObject 对象；第三步是删除旧数据，因为设置权限的关联关系特别复杂，如果使用更新的话就太难了，不妨使用简单的做法，把原来的关联关系删除，再增加新的关联关系；第四步是增加新数据，把新的权限关联关系保存进数据库中。

接着需要在 manage 项目 src 目录下的 com.manage.platform.dao.impl 包下新建 MANAGE_PERMISSIONDaoImpl.java 文件，来作为持久层的开发。在该方法里编写分配权限的持久层逻辑，相关内容如代码清单 8-10 所示。

代码清单 8-10 MANAGE_PERMISSIONDaoImpl .java
```
public int insert(MANAGE_PERMISSIONEntity entity) {
    try {
        String sql = "insert into MANAGE_PERMISSION(ICODE,ROLEICODE,MODELICODE)" +
            " VALUES(:ICODE,:ROLEICODE,:MODELICODE)";
        SqlParameterSource namedParameters = new BeanPropertySqlParameterSource(entity);
        return this.namedjdbcTemplate.update(sql, namedParameters);
    } catch (Exception e) {
        e.getMessage();
    }
    return 0;
}
```

代码解析

本类作为分配权限的持久层类，包含了很多关于分配权限的方法，但此处我们可以忽略无关的部分，来重点分析 insert()方法。在该方法中，新建一个 sql 变量，内容是向 MANAGE_PERMISSION 表插入数据的 SQL 语句，需要的参数皆为上层封装好的内容。本例中直接使用了 BeanPropertySqlParameterSource()方法来把 entity 数据模型类转换成了 Spring JDBC 需要的参数格式，并且同时把 sql 和 namedParameters 作为参数传入 NamedParameterJdbcTemplate 提供的 update()方法中去，以完成插入数据的操作。

完成了新增用户和分配权限的操作后，权限系统的核心功能就已经开发完毕了，至于其他的功能，读者可以参考源码使用 Debug 来进行调试，以实际的操作练习方能更好地理解权限系统的知识。

8.3.3 数据库设计

在完成用户规则、用户行为的设计之后，接着就需要考虑权限管理的关联关系的设计了。关联关系的核心是把用户规则、用户行为之间所有的操作所设计到的依赖全部考虑进去，不但需要在程序代码上进行合理的设计，还需要对数据库进行合理的设计（如主键、外键关系），等把这些关系彻底梳理好之后，才能进入开发阶段。所谓的权限管理，主要是在执行业务操作的同时执行相应的数据库操作。

　　首先，我们从数据库的一条单独的数据来解析管理系统的权限设计，只要熟练地掌握了这条数据通道，就可以掌握权限系统的真谛。所有的权限系统的信息都保存在 6 张表里，管理员账号 admin，密码 admin，普通用户账号 zhangsan，密码 zhangsan。

1.　MANAGE_AREA

角色表如图 8-6 所示。

图 8-6　角色表

数据分析

　　这条初始化数据脚本里只有一条记录，是销售总部的信息。我们使用管理员账号登录后，可以在区域管理功能中看到这条记录对应的列表展示。所谓区域管理，就是权限系统中所对应的区域，不论是销售总部还是西北区等都可以称作区域。例如，在本例中所需要用到的销售总部。那么，如果当一个用户被设定为销售总部的角色后，就会自动匹配该角色下所有的权限，这样极为方便，例如，销售总部这个角色下有 100 个权限，我们不可能针对用户张三单独授权 100 次，但理论上还是必须授权 100 次的。那么，一种可复用的最好的做法就是，我们针对"销售总部"这个角色一次性授权 100 次，接下来，不论是张三还是李四，我们在赋予他"销售总部"权限的时候，就只需要操作一次了。这样不但节省系统资源也利于操作，最主要的是它符合人的惯性思维。

　　我们看到了销售总部这个角色，是不是很容易联想到该角色下的用户呢？我们假定采取白盒测试的方式来理解这个思路。目前为止，销售总部对应的用户确定是张三，接下来，我们只需要对它进行分析即可。实际上，在程序代码中仍然可以使用其他的控制，例如，直接通过 Name 来进入不同的代码分支，这当然是一个可选的参数，例如，这段代码：

```
MANAGE_AREAEntity usercode = (MANAGE_AREAEntity)session.getAttribute("area");
if(usercode.getNAME().equals("销售总部")){
    System.out.println("销售总部的代码分支");
}
```

2.　MANAGE_USER

用户表如图 8-7 所示。

	ICODE	NO	NAME	PHONE	EMAIL	STOPFLAG	LOGINNAME	PASSWORD	AREAICODE
1	fab9ff72-159a-4474-8431-4b2976434e14		张三			0	zhangsan	zhangsan	1
2	1		管理员			0	admin	admin	1

图 8-7　用户表

数据分析

　　我们暂且不用关注管理员的角色分配，本例中，我们以张三作为参考。只要明白了张三这个树形结构中处在中间的叶子结点的所有含义，就能理解与之相关的所有内容了。而管理员账号作为树形结构的最上层，是更加简单的。

从表中的数据可以看到，张三这条数据的信息，LOGINNAME 和 PASSWORD 分别是用户名和密码，也可以忽略。AREAICODE 是角色信息，因为是销售总部，涉及菜单的显示，所以需要与角色表中菜单的 ID 保持一致。那么，这条数据里最有价值的信息就是 ICODE 数据"fab9ff72-159a-4474-8431-4b2976434e14"了。

3. MANAGE_USER_ROLE

用户角色设置表如图 8-8 所示。

	ICODE	USERICODE	ROLEICODE
1	32d0e009-15bf-4db8-9cf8-b4ce562a32c1	fab9ff72-159a-4474-8431-4b2976434e14	e5490a87-2248-47ec-aa79-5cf06fabf35f
2	a32d8257-b96f-4bf1-8c96-a8b9c01419f0	b9e45f7c-6329-496c-b2c7-0b1edae3a226	834c2722-be2f-4d7c-b3e4-879371ae6069

图 8-8　用户角色设置表

数据分析

可以看到 MANAGE_USER 表中张三对应的 ICODE 数据"fab9ff72-159a-4474-8431-4b2976434e14"正好是 MANAGE_USER_ROLE 表中的 USERICODE。那么接着，我们就需要去另一张表中找到该条数据对应的 ROLEICODE 数据"e5490a87-2248-47ec-aa79-5cf06fabf35f"。

4. MANAGE_PERMISSION

角色成员关联表如图 8-9 所示。

	ICODE	ROLEICODE	△ MODELICODE
3	65a3050e-52b1-46ed-b6c2-c523d1105a32	e5490a87-2248-47ec-aa79-5cf06fabf35f	7d573014-556a-48d0-9d1a-150e412ebfa4
4	cb8cf273-2ee5-411f-bd46-4c1fd5402644	e5490a87-2248-47ec-aa79-5cf06fabf35f	c1bddbe2-b908-45af-8e5a-257012c03dae

图 8-9　角色成员关联表

数据解析

从 MANAGE_USER 的 ROLEICODE 对应的数据再找到 MANAGE_PERMISSION 匹配的数据。ROLEICODE 的数据是"e5490a87-2248-47ec-aa79-5cf06fabf35f"对应的字段是 MODELICODE 成员有两个，分别是两个具体权限功能的 ICODE。

5. MANAGE_MODEL

成员表如图 8-10 所示。

	ICODE	NAME	URL	PARENTICODE	LEVEL1
1	7d573014-556a-48d0-9d1a-150e412ebfa4	报表统计			一级菜单=一级菜单
2	c1bddbe2-b908-45af-8e5a-257012c03dae	发货统计		7d573014-556a-48d0-9d1a-150e412ebfa4	二级菜单=二级菜单

图 8-10　成员表

数据解析

可以看出，MANAGE_MODEL 表的 ICODE 对应的正是 MANAGE_PERMISSION 表的 MODELICODE。而这些内容决定了使用张三登录到项目后，管理系统显示的菜单和功能。接着，我们可以通过二级菜单找到它对应的功能，如图 8-11 所示。

	ICODE	NAME	URL	PARENTICODE	LEVEL1
1	36d257ad-42e4-4898-a7ed-279753ff416a	发货城市统计	report/sendcity.jsp	c1bddbe2-b908-45af-8e5a-257012c03dae	具体功能菜单=具体功能菜单
2	1763ddbe-cbbd-4b7f-a900-ad31669a03db	发货数量统计	report/sendamount.jsp	c1bddbe2-b908-45af-8e5a-257012c03dae	具体功能菜单=具体功能菜单

图 8-11　成员表父子关系

从图 8-11 可以看出，它们的 PARENTICODE 都等于表 MANAGE_MODEL 的 ICODE 数据"c1bddbe2-

b908-45af-8e5a-257012c03dae"，这就说明"发货统计"菜单下一共有两个功能，它们分别是"发货城市统计"和"发货数量统计"。

其实，这些数据在 MANAGE_PERMISSION 中就已经可以查到了，MANAGE_PERMISSION 中查到的是所有的菜单，不论是一级、二级还是具体功能菜单。这样做的好处是更方便维护，当然，在 MANAGE_MODEL 表中，这种父子关系还是要维护进来的。毕竟，数据库设计得越完整越好。

6. MANAGE_ROLE

角色信息表如图 8-12 所示。

数据解析

该表只是维护角色的基本信息，对应管理员界面的"系统角色"显示列表，并没有参与具体的角色交互业务。

图 8-12　角色信息表

8.4　架构设计

因为框架的搭建是一个不断积累和尝试的过程，所以关于本章 SSJ 框架搭建和学习，我们采取了类似白盒测试的方法。就是假定框架是已经搭建好的模式，接着我们通过合理地、科学地拆分，带领读者从最简单的入手，一步一个脚印，深入浅出地了解框架学习的过程。当然，如果读者想使用类似黑盒测试的方法来学习，可以直接阅读 8.4.6 节，然后再从 8.4.1 节开始学习。

在进行架构设计之前，我们很有必要讲讲三层架构的设计思想。

很多公司，都有自己的开发架构。这些分层，很大程度上，是基于公司项目的整体分解而来的。例如，A 公司的层次，符合 A 公司的所有项目，只要是根据这种层次编写的代码，很容易维护。以此类推，都是如此。用 PMP 的理念，就是该公司的项目架构，在公司的事业环境因素下，积累的组织过程资产。这些资源，往往是可以复用的。有些公司是三层架构；有些公司是四层架构；还有的公司竟然达到了六层架构，甚至更多。

对于每个架构层次的命名，各公司也不尽相同，可谓是仁者见仁智者见智。其实，架构层次并不是越多越好，例如，六层架构的开发模式，我也做过，得出的观点就是该公司的项目扩展性很好，我们可以轻易地把一些新的逻辑写入符合条件的某一层，却不会影响其他的代码。但是，六层架构的缺点也暴露出来了，在开发某个具体需求的时候，程序员要从头到尾写六层代码，稍不留神，就会出现混乱，导致开发时间严重不足。所以，我认为典型的 Java 开发架构层次，只要三层就足够了。如果业务比较复杂，在未来的某个时间点，可能需要在每个流程中增加逻辑，也可以开发四层架构。

8.4.1　逻辑层

在 Java 处理之前，前端的数据是通过 Ajax 或者表单提交进入后端的，这条路径，是前端通往后端的桥梁。这条数据桥梁就是前端和后端的分水岭。项目整体上遵循了 MVC 框架，也就是模型 Model、视图 View、控制器 Controller。且不说其他两个模式，就单说一下控制器 Controller，很明显控制器扮演着 MVC 框架控制的角色，也就是说，不论前端发生什么情况，都要经过控制器的导向。例如，前端发送了一个 Ajax 请求，这个请求会被控制器接收，然后，控制器告诉这个请求应该去哪里？在管理系统中，控制器是 Struts 2 扮演的，只要前端发送 Ajax 请求，控制器就会去 struts.xml 文件中寻找对应的 action 组件，从而跳转到 action 的对应类。

在 acion 的对应类中，MVC 框架的作用就可以告一段落。此时，Web 程序将控制权交给了 Java。一般来说，这个 acion 组件的对应类会实现 Struts 2 提供的 Action 底层接口。在该类中，开发人员可以抛弃前端的东西，只需要专注于前端传递过来的数据，使用 Java 代码进行大量的逻辑处理，可以把这个过程统称为逻辑层。在逻辑层中，完成了需要做的事情，就可以进入下一个层次。

逻辑层需要处理的东西很多，主要是根据某个具体需求的内容而定。例如，某个需求是从数据库查询记录，从前端传递过来的数据是查询条件，我们就需要对这些查询条件进行一些处理，包括编码、分页、处理时间参数、传入查询条件等。

下面通过管理系统的"发货数量统计功能"来具体讲述逻辑层。

SendAmountAction 类的完整内容如代码清单 8-11 所示。

代码清单 8-11　SendAmountAction.java

```java
package com.manage.report.action;
import java.io.UnsupportedEncodingException;
import java.util.List;
import java.util.Map;
import java.util.UUID;
import javax.servlet.http.HttpServletRequest;
import javax.servlet.http.HttpSession;
import net.sf.json.JSONArray;
import net.sf.json.JSONObject;
import org.apache.struts2.ServletActionContext;
import com.fore.util.JsonUtil;
import com.manage.platform.action.ActionBase;
import com.manage.platform.entity.MANAGE_AREAEntity;
import com.manage.report.dao.IMANAGE_REPORTDao;
import com.opensymphony.xwork2.Action;

public class SendAmountAction extends ActionBase  implements Action {
    private IMANAGE_REPORTDao imanage_reportdao;
    public IMANAGE_REPORTDao getImanage_reportdao() {
        return imanage_reportdao;
    }
    public void setImanage_reportdao(IMANAGE_REPORTDao imanage_reportdao) {
        this.imanage_reportdao = imanage_reportdao;
    }

    public String execute() throws Exception {
        HttpServletRequest request = ServletActionContext.getRequest();
        HttpSession session = (request).getSession(true);
        MANAGE_AREAEntity usercode = (MANAGE_AREAEntity)session.getAttribute("area");
        // 其他权限预留方法
        if(usercode.getNAME().equals("成都")){}

        // 销售总部
        if(usercode.getNAME().equals("销售总部")){
            dataMap.clear();
            // 当前页
            int intPage = Integer.parseInt((page == null || page == "0") ? "1": page);
            // 每页显示条数
            int pageCount = Integer.parseInt((rows == null || rows == "0") ? "20": rows);
            int start = (intPage - 1) * pageCount + 1;
            // 界面输入的参数
```

```
        if (null != condition && condition.length() > 0) {
            try {
                condition = java.net.URLDecoder.decode(condition, "UTF-8");
            } catch (UnsupportedEncodingException e) {
                e.printStackTrace();
            }
        }
        // 查询条件
        StringBuffer sbwhere = new StringBuffer();
        if(null!=condition && !condition.isEmpty()){
            JSONObject obj = JSONObject.fromObject(condition);
            String dateStart =obj.containsKey("dateStart")? obj.getString("dateStart"):"";
            String dateEnd =obj.containsKey("dateEnd")? obj.getString("dateEnd"):"";
            dateStart = dateStart.replace("-", "");
            dateEnd = dateEnd.replace("-", "");
            if((null!=dateStart  && dateStart .length()>0)&&(null!=dateEnd  &&
                dateEnd .length()>0) ){
                sbwhere.append(" WHERE to_char(SENDDATE,'yyyymmdd')>="+"'"+dateStart
                    +"'"+"and to_char(TAKEDATE,'yyyymmdd')<="+"'"+dateEnd+"'" );
            }
        }
        // 查询数据的 SQL 语句
        StringBuffer sbfind = new StringBuffer();
        sbfind.append(
        "SELECT CITY,\n" +
        "       GOODS,\n" +
        "       AMOUNT,\n" +
        "       RECEIVER,\n" +
        "       SENDDATE,\n" +
        "       TAKEDATE,\n" +
        "       REMARK,\n" +
        "       ROWNUM AS ROW_NUMBER\n" +
        "   FROM GOODS_SENDCOUNT"
        +sbwhere);
        // 查询总条数的 SQL 语句
        StringBuffer sbcount = new StringBuffer();
        sbcount.append(
        "SELECT count(1)\n" +
        "  FROM (SELECT *\n" +
        "          FROM GOODS_SENDCOUNT"
        +sbwhere+")");
        // 查询列表
        List<Map<String, Object>> list = imanage_reportdao.findData(sbfind, start, pageCount);
        JSONArray jsonlist = JsonUtil.fromObject(list);
        int count = imanage_reportdao.count(sbcount);
        dataMap.put("rows", jsonlist);
        dataMap.put("total", count);
        // 数据导出预留方法
        if(exportflag!=null){
        }
    }
    // 清空查询条件
    exportflag = null;
    condition = null;
    return SUCCESS;
    }
}
```

代码解析

（1）这段代码主要是声明业务层的实例，因为采用了 Spring 配置的方式，在使用到具体业务层类的时候，必须声明，以完成注解，方便该类中的调用。

```
private IMANAGE_REPORTDao imanage_reportdao;
public IMANAGE_REPORTDao getImanage_reportdao() {
    return imanage_reportdao;
}
public void setImanage_reportdao(IMANAGE_REPORTDao imanage_reportdao) {
    this.imanage_reportdao = imanage_reportdao;
}
```

（2）execute()方法基本实现了所有的方法体。这个方法是 Struts 2 提供的，可以在继承 Struts 2 的类中自动执行，只要把需要处理的逻辑写在该方法中即可，不用担心如何执行它。

```
public String execute() throws Exception{}
```

（3）下面这段代码主要用于处理从 Ajax 传递过来的参数，将其转换为 UTF-8 的格式。

```
if (null != condition && condition.length() > 0) {
    try {
        condition = java.net.URLDecoder.decode(condition, "UTF-8");
    } catch (UnsupportedEncodingException e) {
        e.printStackTrace();
    }
}
```

（4）下面这段代码主要用于将前端页面传递过来的时间参数，分别截取为开始时间和结束时间。然后，如果时间不为空，就将其封装在 SQL 语句的查询条件中。

```
if(null!=condition && !condition.isEmpty()){
    JSONObject obj = JSONObject.fromObject(condition);
    String dateStart =obj.containsKey("dateStart")? obj.getString("dateStart"):"";
    String dateEnd =obj.containsKey("dateEnd")? obj.getString("dateEnd"):"";
    dateStart = dateStart.replace("-", "");
    dateEnd = dateEnd.replace("-", "");
    if((null!=dateStart  && dateStart .length()>0)&&(null!=dateEnd  && dateEnd .length()>0) ){
        sbwhere.append(" WHERE to_char(SENDDATE,'yyyymmdd')>="+"'"+dateStart+"'"+
        " and to_char(TAKEDATE,'yyyymmdd')<="+"'"+dateEnd+"'" );
    }
}
```

（5）下面这段代码主要封装了查询的 SQL 语句，分别封装了查询数据的 SQL 语句和查询总条数的 SQL 语句。一般来说，当今流行的分页写法就是这样的，一条 SQL 语句查询展示数据，另一条 SQL 语句查询总数。然后，同时返回给前端页面，分页的计算是离不开记录总数的。

```
// 查询数据的 SQL 语句
StringBuffer sbfind = new StringBuffer();
sbfind.append(
    "SELECT CITY,\n" +
    "       GOODS,\n" +
    "       AMOUNT,\n" +
    "       RECEIVER,\n" +
    "       SENDDATE,\n" +
    "       TAKEDATE,\n" +
    "       REMARK,\n" +
```

```
"         ROWNUM AS ROW_NUMBER\n" +
"  FROM GOODS_SENDCOUNT"
+sbwhere);
```
// 查询总条数的 SQL 语句
```
StringBuffer sbcount = new StringBuffer();
sbcount.append(
    "SELECT count(1)\n" +
    "  FROM (SELECT *\n" +
    "          FROM GOODS_SENDCOUNT"
    +sbwhere+")");
```

（6）下面这段代码就是使用之前声明好的业务层执行类，调用其查询方法，并且传递之前封装好的 3 个参数，最后返回一个 List<Map<String, Object>>类型的 list 容器。

```
List<Map<String, Object>> list = imanage_reportdao.findData(sbfind, start, pageCount);
JSONArray jsonlist = JsonUtil.fromObject(list);
int count = imanage_reportdao.count(sbcount);
dataMap.put("rows", jsonlist);
dataMap.put("total", count);
```

（7）在逻辑层书写代码的时候，一定需要从 Web 前端拿到传递过来的数值。如果使用 Struts 2，可以使用 HttpServletRequest request = ServletActionContext.getRequest();语句来获得 Request 请求的所有信息。假如，前端使用一个表单来提交数据的话，在这里，就可以使用下面的代码来获取前端传递过来的数值。

```
String CITY = request.getParameter("CITY");
String GOODS = request.getParameter("GOODS");
String AMOUNT = request.getParameter("AMOUNT");
String RECEIVER = request.getParameter("RECEIVER");
String SENDDATE = request.getParameter("SENDDATE");
String TAKEDATE = request.getParameter("TAKEDATE");
String REMARK = request.getParameter("REMARK");
String flag = request.getParameter("flag");
```

当我们获取到这些数值的时候，就可以把它们封装到与之对应的 JavaBean 里面，以方便开发过程中的使用。有了 JavaBean，自然也可以非常容易地使用 Java 容器来封装处理大量的数据了。除了这种方式，还有两种方式可以获得 Request 对象，可以通过实现 ServletRequestAware 接口或使用 ActionContext 来获取。

通过对完整代码的解析可以发现，逻辑层的主要作用还是做一些基于业务的常规处理。例如，从前端传递过来的时间参数，如果不做转码处理，极有可能出现乱码；做完了转码处理，还需要将完整的时间参数截取为开始时间和结束时间，这样才能在封装 SQL 语句的时候，作为一个变量传入 SQL 中去。从宏观上讲，逻辑层一般需要处理的问题包括分页变量的声明以及计算方法、查询 SQL 语句的组装、为其他功能预留代码分支等。如果需求比较复杂，还需要做一些其他处理。但是，这些处理最好都是轻量级的，符合逻辑层宗旨的。

SendAmountAction 类的代码量其实不多，但从整体上看，还是显得比较混乱。究其原因，是因为犯了一个非致命的错误。该类把组装 SQL 的代码放到了逻辑层，其实，这是不妥的。封装 SQL 本身就是一件极其烦琐的事情，放在逻辑层里，会占用大量的空间，显得逻辑层没有条理。如果是该例中简单的 SQL 还好，要是遇见复杂的 SQL，可能占用的空间更多，要是遇见改动 SQL 的需求，也有可能把逻辑层的其他功能改坏。所以，不提倡将封装 SQL 放在逻辑层，在后面的例子中，会将

SendAmountAction 类重新改写。从这个例子中，也可以看出，Java 的架构层次是有讲究的，一般遵循将前端的、易处理的逻辑放在前面的层次，将困难的、涉及数据库的逻辑放在后面的层次。

8.4.2 业务层

当逻辑层处理完数据后，程序运行到可以触发下一层的方法时，就会进入业务层。

例如，从 imanage_reportdao.findData(sbfind, start, pageCount) 语句进入业务层。业务层的代码量往往非常简洁，主要是根据逻辑层传递下来的数据，来进行下一步的封装。例如，SendAmountAction 逻辑层处理好了数据，就需要把这些数据当作参数，与数据库进行交互。根据 SendAmountAction 逻辑层的需求，findData() 和 count() 两个接口是必须要在业务层建立的。这两个方法一个用于查询数据列表，一个用于查询记录总数。

IMANAGE_REPORTDao 类的完整内容如代码清单 8-12 所示。

代码清单 8-12 IMANAGE_REPORTDao.java

```java
package com.manage.report.dao;
import java.util.List;
import java.util.Map;
import java.util.UUID;

public interface IMANAGE_REPORTDao {
    /**
     * @author wangbo
     * @despcription 根据条件查询数据列表
     */
    public abstract List<Map<String, Object>> findData(StringBuffer sql, int start, int count);
    public abstract List<Map<String, Object>> findCount(StringBuffer sql);

    /**
     * @author wangbo
     * @despcription 根据条件查询数据条数
     */
    public abstract int count(StringBuffer sql);

    /**
     * @author wangbo
     * @despcription 导出功能
     */
    public abstract String export(List<Map<String, Object>> list, String fileName, UUID uuid);
}
```

代码解析

（1）在业务层分别建立了 findData() 和 count() 这两个必须要有的接口，参数类型与逻辑层保持一致。

（2）为了拓展业务层的功能，分别建立了 findCount() 和 export() 这两个备用接口。

（3）业务层只建立持久层需要用到的接口，并不去实现它。

（4）在逻辑层，我们把前端传递过来的参数基本上都做了应有的处理，也就是说，完成了它们的逻辑规则。那么在业务层，实际上，我们要做的就是利用逻辑层传递过来的有用的参数，进行业务拓展，例如，我有插入业务，就需要写一个插入业务的方法；我有查询业务，就需要写一个查询业务的方法等。把这些归纳起来，这一层就叫作业务层了。试想一下，如果我有 1 000 个业务，是不是也可以统一放在业务层呢？答案是：可以的。

8.4.3 持久层

持久层是 Java 三层架构的最后一层，用于直接与数据库建立联系。这种联系的方式，有很多种。从最初的 JDBC 到现在的 MyBatis，连库的方式也跟 Web 一样，从未停止过发展。在管理系统的持久层里，使用 Spring 提供的 JdbcTemplate 和 NamedParameterJdbcTemplate 类来进行持久化操作。首先，持久层的 MANAGE_REPORTDaoImpl 类先是继承了 DaoImplBase 类，又实现了 IMANAGE_REPORTDao 接口。这意味着 MANAGE_REPORTDaoImpl 类可以使用 DaoImplBase 类中提供的方法，也必须实现 IMANAGE_REPORTDao 接口中建立的方法。

持久层必须实现业务层所定义的所有方法，但不用具体实现，只是必须有一个方法体。也就是说，如果业务层有 1000 个业务，持久层也必须有 1000 个与之对应的方法体。

MANAGE_REPORTDaoImpl 类的完整内容如代码清单 8-13 所示。

代码清单 8-13　MANAGE_REPORTDaoImpl.java

```java
package com.manage.report.dao.impl;
import java.util.List;
import java.util.Map;
import java.util.UUID;
import com.manage.platform.dao.impl.DaoImplBase;
import com.manage.report.dao.IMANAGE_REPORTDao;

public class MANAGE_REPORTDaoImpl extends DaoImplBase implements IMANAGE_REPORTDao {
    public List<Map<String, Object>> findData(StringBuffer sql, int start, int count) {
        sql = pageSql(sql, start, count);
        logger.info(sql.toString());
        List<Map<String, Object>> list =
        namedjdbcTemplate.getJdbcOperations().queryForList(sql.toString());
        return list;
    }
    public List<Map<String, Object>> findCount(StringBuffer sql) {
        List<Map<String, Object>> list = (List<Map<String, Object>>)
        namedjdbcTemplate.getJdbcOperations().queryForList(sql.toString());
        return list;
    }
    public int count(StringBuffer sql) {
        return namedjdbcTemplate.getJdbcOperations().queryForInt(sql.toString());
    }
    public String export(List<Map<String, Object>> list, String fileName, UUID uuid) {
        return null;
    }
}
```

DaoImplBase 类的完整代码如代码清单 8-14 所示。

代码清单 8-14　DaoImplBase.java

```java
package com.manage.platform.dao.impl;
import org.slf4j.Logger;
import org.slf4j.LoggerFactory;
import org.springframework.jdbc.core.JdbcTemplate;
import org.springframework.jdbc.core.namedparam.NamedParameterJdbcTemplate;
/**
```

```
 * @author wangbo
 * @despcription 持久层类
 */
public class DaoImplBase {
protected JdbcTemplate jdbcTemplate;
protected NamedParameterJdbcTemplate namedjdbcTemplate;
protected static final Logger logger = LoggerFactory.getLogger("interfaceLogger");
/**
 * @return the jdbcTemplate
 */
public JdbcTemplate getJdbcTemplate() {
    return jdbcTemplate;
}
/**
 * @param jdbcTemplate the jdbcTemplate to set
 */
public void setJdbcTemplate(JdbcTemplate jdbcTemplate) {
    this.jdbcTemplate = jdbcTemplate;
}
/**
 * @return the namedjdbcTemplate
 */
public NamedParameterJdbcTemplate getNamedjdbcTemplate() {
    return namedjdbcTemplate;
}
/**
 * @param namedjdbcTemplate the namedjdbcTemplate to set
 */
public void setNamedjdbcTemplate(NamedParameterJdbcTemplate namedjdbcTemplate) {
    this.namedjdbcTemplate = namedjdbcTemplate;
}
public StringBuffer pageSql(StringBuffer sql_in,int start, int count) {
    StringBuffer sql = new StringBuffer();
    sql.append("select * from (");
    sql.append("select * from (");
    sql.append(sql_in);
    sql.append(" ) p ");
    sql.append(" where p.row_number >= " + start + ") q ");
    sql.append(" where rownum <= " + count + " ");
    return sql;
}
}
```

代码解析

（1）持久层所需要的操作数据库的实体，已经在 DaoImplBase 中声明了。在该类中，可以直接使用。

（2）持久层分别实现了 IMANAGE_REPORTDao 接口中定义的所有方法。例如，在 findData() 方法中，使用下面的语句进行持久化操作：

```
List<Map<String, Object>> list = namedjdbcTemplate.getJdbc
    Operations().queryForList(sql.toString())
```

并且返回 List<Map<String, Object>>类型的 list 容器。在 count()方法中，使用下面的语句返回一个 int 类型的数据，也就是记录总数：

```
return namedjdbcTemplate.getJdbcOperations().queryForInt(sql.toString())
```

（3）持久层是 Java 架构层次的最后一层，Java 通过持久化对象直接与数据库建立联系，进行持久化操作。例如，向数据库写入数据。或者，从数据库查询数据，然后，以某种类型返回。理论上来讲，Java 作为一种成熟的语言，完全可以继续开发下去，让持久化对象也通过开发者定义的方式呈现出来，为此，也可以再写一层代码。但是，Java 为持久化对象提供了现成的接口，到了持久层，开发人员只需要调用持久化接口，并传入正确的参数即可完成工作，不用关心其具体实现。这一方面可以减轻开发人员的压力，另一方面，也可以让 Java 以一个并不复杂的姿态展现在大众面前，让它既是一个开发工具，也是一个使用工具。

8.4.4 架构优化

前面说过，SendAmountAction 类把组装 SQL 的代码也放到了逻辑层，这是极为不妥的。为此，我们需要改一下逻辑层，把 SQL 组装的语句放到合适的地方。这样，既可以为逻辑层瘦身，也可以体现出 Java 架构分层的好处。

因为改造涉及的代码较多，此处只对 findData 进行改造，为读者呈现一个完整的过程，以便了解这样做的理由。

（1）在 SendAmountAction 类中新建一个 listResult 变量，传入查询条件和分页参数。

```
List<Map<String, Object>> listResult = imanage_reportdao.findDataResult
    (condition, start, pageCount);
```

（2）在 IMANAGE_REPORTDao 接口中，新建 findDataResult() 方法。

```
public abstract List<Map<String, Object>> findDataResult(String condition, int start, int count);
```

（3）在 MANAGE_REPORTDaoImpl 类中，实现 findDataResult() 方法。从代码中可以看出，我们在逻辑层对 condition 变量的处理只进行了转码，就让它作为参数，传递到了持久层。然后，把所有关于 condition 的处理，还有组装 SQL 的处理都放在了持久层。这样一来，逻辑层的代码量减少了很多，但持久层的增加了。虽然代码量整体上是差不多的，但这种做法无疑是对的。

```
public List<Map<String, Object>> findDataResult(String condition, int start, int count) {
    StringBuffer sbwhere = new StringBuffer();
    if(null!=condition && !condition.isEmpty()){
        JSONObject obj = JSONObject.fromObject(condition);
        String dateStart =obj.containsKey("dateStart")? obj.getString("dateStart"):"";
        String dateEnd =obj.containsKey("dateEnd")? obj.getString("dateEnd"):"";
        dateStart = dateStart.replace("-", "");
        dateEnd = dateEnd.replace("-", "");
        if((null!=dateStart  && dateStart .length()>0)&&(null!=dateEnd  && dateEnd .length()>0) ){
            sbwhere.append(" WHERE to_char(SENDDATE,'yyyymmdd')>="+"'"
                +dateStart+"'"+" and to_char(TAKEDATE,'yyyymmdd')<="+"'"+dateEnd+"'" );
        }
    }
    StringBuffer sql = new StringBuffer();
    sql.append(
        "SELECT CITY,\n" +
        "        GOODS,\n" +
        "        AMOUNT,\n" +
        "        RECEIVER,\n" +
        "        SENDDATE,\n" +
        "        TAKEDATE,\n" +
```

```
"          REMARK,\n" +
"          ROWNUM AS ROW_NUMBER\n" +
"   FROM GOODS_SENDCOUNT"
+sbwhere);
sql = pageSql(sql, start, count);
logger.info(sql.toString());
List<Map<String, Object>> list =
    namedjdbcTemplate.getJdbcOperations().queryForList(sql.toString());
return list;
}
```

8.4.5 架构拓展

到目前为止，管理系统的 Java 架构层次分别是逻辑层、业务层、持久层，这 3 种架构层次是 Java 中最基本的。随着需求的不断变化，可能需要在 3 层的基础上增加层数，常见的有服务层、代理层等，对层的命名每个公司都不尽相同，但最基本、最常见的也就是之前提到的那几种。Java 架构层次的作用非常重要，这不但关系着项目的生命周期，还关系到开发人员的成长。如果在一个注重 Java 代码质量的公司里发展，肯定对职业生涯也是一种帮助。否则，如果在一个对 Java 代码质量漠不关心的公司里发展，长此以往，就会养成为实现某个需求而放弃程序员修养的坏习惯。

之前，我们完成了管理系统的若干个查询功能，但一个好的系统只有查询功能肯定是不行的。而且，这种查询功能的数据来源，总不能依靠手动在数据库中添加吧。所以，接下来，我们需要做一个数据录入功能。这既是开发新功能，也是对 Java 架构的拓展。

单击"库存管理"，在导航菜单栏里，单击"增加商品"，就会在首页的右侧弹出"增加商品"的详细页面，如图 8-13 所示。

这个界面的功能有两个，一个是查询，另一个是新增。首先，可以单击"查询"，这样就会列出目前发货表中的数据。这个结果集取的是数据库中的最新数据，可以把当前的数据情况记录下来，然后，再通过单击"增加"来为发货表增加几条记录，最后，再次单击"查询"，就可以明显地对比出增加前和增加后的情况了，也可以验证增加记录是否成功。

单击"查询"按钮，查看当前数据库中的记录，如图 8-14 所示。

在对应的输入框中，输入需要录入数据库中的数值。然后，单击"增加"按钮，就可以把当前的这条记录插入发货表中。接着，再次单击"查询"按钮，验证数据是否增加成功，如图 8-15 所示。

图 8-13 "增加商品"界面

很明显，我们当前的增加操作成功了。通过查询，可以看到，数据库中增加了一条记录。这个增加功能该如何实现呢？下面通过对代码的逐步分析来领略其中的开发技术。

打开 addgoods.jsp 页面，完整内容如代码清单 8-15 所示。

图 8-14　增加商品前的查询结果　　　　图 8-15　增加商品后的查询结果

代码清单 8-15　addgoods.jsp

```jsp
<%@ page language="java" import="java.util.*" pageEncoding="UTF-8"%>
<!DOCTYPE html>
<html>
<head>
  <title>增加商品</title>
  <link rel="stylesheet" type="text/css" href="../easyui/themes/default/easyui.css">
  <link rel="stylesheet" type="text/css" href="../easyui/themes/icon.css">
  <link rel="stylesheet" type="text/css" href="../css/demo.css">

  <script type="text/javascript" src="../js/jquery-1.8.2.min.js"></script>
  <script type="text/javascript" src="../easyui/jquery.easyui.min.js"></script>
  <script type="text/javascript" src="../js/My97DatePicker/WdatePicker.js"></script>
  <script type="text/javascript" src="../js/JQuery-formui.js"></script>
  <script type="text/javascript" src="../js/common.js"></script>

  <style type='text/css'>
    body{margin:0px;padding:0px;}
  </style>
</head>
<body>
  <!-- 查询条件 -->
  <div id="formdata" class="demo-info">
    <a href="#" id="btnAdd" class="easyui-linkbutton"
      data-options="iconCls:'icon-add'">查询</a>
    <a href="#" id="btnAddGoods" class="easyui-linkbutton"
      data-options="iconCls:'icon-add'">增加</a>
  </div>
  <div>
    <form id="addgoods" method="post">
      <label for="CITY">城市: </label>
      <input  type="text" name="CITY"  />
      <label for="GOODS">产品: </label>
      <input  type="text" name="GOODS"  />
      <label for="AMOUNT">数量: </label>
      <input  type="text" name="AMOUNT"  />
      <label for="RECEIVER">接收人: </label>
      <input  type="text" name="RECEIVER"  />
      <label for="SENDDATE">发送时间: </label>
      <input  type="text" name="SENDDATE"  onclick="WdatePicker();"/>
      <label for="TAKEDATE">接收时间: </label>
      <input  type="text" name="TAKEDATE"  onclick="WdatePicker();"/>
```

```
      <label for="REMARK">备注: </label>
      <input  type="text" name="REMARK"  />
      <input type="hidden" name="flag" value="add" />
    </form>
  </div>
<!-- 显示结果 -->
<table id="datagrid"></table>
<script type="text/javascript">
$(function(){
  // 查询按钮
  $("#btnAdd").click(function(){
    binddatagrid();
  });
  // 增加商品
  $("#btnAddGoods").click(function(){
    $("#addgoods").form("submit", {
      url:"AddGoods.action",
      onSubmit: function(){
      },
      success:function(data){
        // binddatagrid();
      }
    });
  });
  // 随窗体缩放
  $(window).resize(function(){
    $('#datagrid').datagrid('resize');
  });
  // 绑定数据列表
  function binddatagrid(condition) {
    // 获取查询条件
    var condition =$("#formdata").toJsonString();
    condition = escape(encodeURIComponent(condition));
    // Ajax 查询数据
    var url="AddGoods.action";
    if(condition && condition.length>0)
      url += "?condition="+condition;
    $('#datagrid').datagrid({
      nowrap : true,
      fitColumns : true,
      pageList : [ 20, 50,100 ],
      singleSelect : true,
      collapsible : false,
      url : url,
      frozenColumns : [ [ {
        field : 'ck',
        checkbox : true
      } ] ],
      columns : [ [
      {
        field : 'CITY',
        title : '城市',
        width : 100,
        sortable : true
      },
      {
        field : 'GOODS',
        title : '产品',
        width : 100,
```

```
                 sortable : true
           },
           {
              field : 'AMOUNT',
              title : '数量',
              width : 100,
              rowspan : 2
           },
           {
              field : 'RECEIVER',
              title : '接收人',
              width : 100,
              sortable : true,
              rowspan : 2
           },
           {
              field : 'SENDDATE',
              title : '发送时间',
              width :150,
              sortable : true,
              rowspan : 2
           },
           {
              field : 'TAKEDATE',
              title : '接收时间',
              width : 150,
              sortable : true,
              rowspan : 2
           },
           {
              field : 'REMARK',
              title : '备注',
              width :100,
              sortable : true,
              rowspan : 2
           }
        ] ],
        pagination : true,
        rownumbers : true
     });
     $('#datagrid').datagrid('getPager').pagination( {
       beforePageText : '第',
       afterPageText : '页 共 {pages} 页',
       displayMsg : '当前显示从{from}到{to}共{total}条记录',
       onBeforeRefresh : function(pageNumber, pageSize) {
         $('#datagrid').datagrid('clearSelections');
       }
     });
  };
});
$("#btnSaveFile").click(function(){
  $.messager.progress({
    title:'请等待',
    msg:'数据处理中……'
  });
  var condition = $("#formdata").toJsonString();
  var exportflag = "yes";
  condition = escape(encodeURIComponent(condition));
  var url='AddGoods.action?condition='+condition+'&exportflag='+exportflag;
```

```
$.ajax( {
  type : "post",
  url : url,
  error : function(event,request, settings) {
    $.messager.alert("提示消息", "请求失败", "info");
  },
  success : function(data) {
    $.messager.progress('close');
    var name = data.rows;
    window.location.href = "FileDownload.action?number=1&fileName="+name;
  }
  });
});
</script>
</body>
</html>
```

代码解析

（1）这个页面的代码与其他查询页面的代码基本一致，使用复制粘贴的方式开发功能也是很方便的。唯一的不同之处就是加入了一个 ID 为 addgoods，利用 POST 方式提交数据的表单。这个表单中的信息，就对应着发货表中的字段。

（2）下面这行语句在页面上加入了一个"增加"按钮，用来触发增加数据的动作：

```
<a href="#" id="btnAddGoods" class="easyui-linkbutton"
    data-options="iconCls:'icon-add'">增加</a>
```

（3）下面这行语句通过 hidden 类型的文本框来传递增加商品的判断标识：

```
<input type="hidden" name="flag" value="add" />
```

主要用来区分查询与增加的逻辑。这种做法在 Java Wen 开发中经常用到，是一个不错的技巧。

（4）使用 EasyUI 的语法来进行表单的提交，并且通过 Struts 2 的拦截机制找到对应的 Action，从前端进入后端。

AddGoodsAction 类的完整代码如代码清单 8-16 所示。

代码清单 8-16 AddGoodsAction.java

```
package com.manage.data.action;
import java.io.UnsupportedEncodingException;
import java.text.SimpleDateFormat;
import java.util.Date;
import java.util.List;
import java.util.Map;
import java.util.UUID;
import javax.servlet.http.HttpServletRequest;
import javax.servlet.http.HttpSession;
import net.sf.json.JSONArray;
import net.sf.json.JSONObject;
import net.sf.json.JsonConfig;
import org.apache.struts2.ServletActionContext;
import com.fore.util.DateJsonValueProcessor;
import com.fore.util.JsonUtil;
import com.manage.data.bean.Send;
import com.manage.platform.action.ActionBase;
import com.manage.platform.entity.MANAGE_AREAEntity;
```

```java
import com.manage.report.dao.IMANAGE_REPORTDao;
import com.opensymphony.xwork2.Action;

public class AddGoodsAction extends ActionBase  implements Action {
    private IMANAGE_REPORTDao imanage_reportdao;
    public IMANAGE_REPORTDao getImanage_reportdao() {
        return imanage_reportdao;
    }
    public void setImanage_reportdao(IMANAGE_REPORTDao imanage_reportdao) {
        this.imanage_reportdao = imanage_reportdao;
    }
    public String execute() throws Exception {
        HttpServletRequest request = ServletActionContext.getRequest();
        HttpSession session = (request).getSession(true);
        MANAGE_AREAEntity usercode = (MANAGE_AREAEntity)session.getAttribute("area");
        // 其他权限预留方法
        if(usercode.getNAME().equals("成都")){}
        // 销售总部
        if(usercode.getNAME().equals("销售总部")){
            String CITY = request.getParameter("CITY");
            String GOODS = request.getParameter("GOODS");
            String AMOUNT = request.getParameter("AMOUNT");
            String RECEIVER = request.getParameter("RECEIVER");
            String SENDDATE = request.getParameter("SENDDATE");
            String TAKEDATE = request.getParameter("TAKEDATE");
            String REMARK = request.getParameter("REMARK");
            String flag = request.getParameter("flag");
            SimpleDateFormat format = new SimpleDateFormat("yyyy-MM-dd");
            Date sendDate = null;
            sendDate = format.parse(SENDDATE);
            Date takeDate = null;
            takeDate = format.parse(TAKEDATE);
            Send send = new Send();
            send.setCity(CITY);
            send.setGoods(GOODS);
            send.setAmount(AMOUNT);
            send.setReceiver(RECEIVER);
            send.setSenddate(SENDDATE);
            send.setTakedate(TAKEDATE);
            send.setRemark(REMARK);
            if(flag!=null && flag.equals("add")){
                boolean addFlag = imanage_reportdao.addGoods(send);
                dataMap.put("total", 0);
                dataMap.put("rows", "sdfsdf");
                return null;
            }else{
                dataMap.clear();
                // 当前页
                int intPage = Integer.parseInt((page == null || page == "0") ? "1": page);
                // 每页显示条数
                int pageCount = Integer.parseInt((rows == null || rows == "0") ? "20": rows);
                int start = (intPage - 1) * pageCount + 1;
                // 界面输入的参数
                if (null != condition && condition.length() > 0) {
                    try {
                        condition = java.net.URLDecoder.decode(condition, "UTF-8");
                    } catch (UnsupportedEncodingException e) {
                        e.printStackTrace();
                    }
```

```
        }
        // 查询条件
        StringBuffer sbwhere = new StringBuffer();
        if(null!=condition && !condition.isEmpty()){
            JSONObject obj = JSONObject.fromObject(condition);
            String dateStart=obj.containsKey("dateStart")? obj.getString("dateStart"):"";
            String dateEnd=obj.containsKey("dateEnd")? obj.getString("dateEnd"):"";
            dateStart = dateStart.replace("-", "");
            dateEnd = dateEnd.replace("-", "");
            if((null!=dateStart  && dateStart .length()>0)&&(null!=dateEnd
                && dateEnd .length()>0) ){
                sbwhere.append(" WHERE to_char(SENDDATE,'yyyymmdd')>="+"'"+dateStart+"'"+
                    " and to_char(TAKEDATE,'yyyymmdd')<="+"'"+dateEnd+"'" );
            }
        }
        // 查询数据的 SQL 语句
        StringBuffer sbfind = new StringBuffer();
        sbfind.append(
            "SELECT CITY,\n" +
            "       GOODS,\n" +
            "       AMOUNT,\n" +
            "       RECEIVER,\n" +
            "       SENDDATE,\n" +
            "       TAKEDATE,\n" +
            "       REMARK,\n" +
            "       ROWNUM AS ROW_NUMBER\n" +
            "  FROM GOODS_SENDCOUNT"
            +sbwhere);

        // 查询总条数的 SQL 语句
        StringBuffer sbcount = new StringBuffer();
        sbcount.append(
            "SELECT count(1)\n" +
            "  FROM (SELECT *\n" +
            "          FROM GOODS_SENDCOUNT"
            +sbwhere+")");
        // 增加商品
        //boolean flag = imanage_reportdao.addGoods();
        // 查询列表
        List<Map<String,Object>> list = imanage_reportdao.findData(sbfind,start,pageCount);
        // 改造
        // List<Map<String,Object>> listResult=imanage_reportdao.findDataResult
            (condition,start, pageCount);
        JSONArray jsonlist = JsonUtil.fromObject(list);

        int count = imanage_reportdao.count(sbcount);
        dataMap.put("rows", jsonlist);
        dataMap.put("total", count);
        // 数据导出预留方法
        if(exportflag!=null){
        }
    }
}
// 清空查询条件
exportflag = null;
condition = null;
return SUCCESS;
    }
}
```

代码解析

（1）在这个名为 AddGoodsAction 的控制类中，使用了下面的语句来获取 Request 上下文对象：

```
HttpServletRequest request = ServletActionContext.getRequest();
```

并且通过该对象提供的 getParameter() 方法分别获取了前端传递进来的参数。

（2）Send send = new Send(); 生成一个新的 Send 对象，用来以实体 Bean 的方式，分别存放与之对应的前端参数。例如，send.setCity(CITY); 语句会将 CITY 变量存入实体 Bean 的 city 中。send.setGoods(GOODS); 语句会将 GOODS 变量存入实体 Bean 的 goods 中。send.setAmount(AMOUNT); 语句会将 AMOUNT 变量存入实体 Bean 的 amount 中等。

（3）使用 flag 变量的值来决定程序应该走哪条分支。因为从前端传递过来的 flag 的变量的值是 add，所以程序进入了 add 分支，以完成对发货表增加数据的操作。如果 flag 是其他数值，则会进入另一个分支，也就是查询。

（4）boolean addFlag = imanage_reportdao.addGoods(send); 语句调用增加商品的方法，传递的参数是一个已经封装好的实体 Bean。

商品实体 Bean 的代码如代码清单 8-17 所示。

代码清单 8-17 Send.java

```java
package com.manage.data.bean;

public class Send {
    private String city;
    private String goods;
    private String amount;
    private String receiver;
    private String senddate;
    private String takedate;
    private String remark;
    public String getCity() {
        return city;
    }
    public void setCity(String city) {
      this.city = city;
    }
    public String getGoods() {
        return goods;
    }
    public void setGoods(String goods) {
        this.goods = goods;
    }
    public String getAmount() {
        return amount;
    }
    public void setAmount(String amount) {
        this.amount = amount;
    }
    public String getReceiver() {
        return receiver;
    }
    public void setReceiver(String receiver) {
        this.receiver = receiver;
```

```
    }
    public String getSenddate() {
        return senddate;
    }
    public void setSenddate(String senddate) {
        this.senddate = senddate;
    }
    public String getTakedate() {
        return takedate;
    }
    public void setTakedate(String takedate) {
        this.takedate = takedate;
    }
    public String getRemark() {
        return remark;
    }
    public void setRemark(String remark) {
        this.remark = remark;
    }
}
```

当我们把前端传递进来的参数，顺利地封装成一个对应的实体 Bean 的时候，就可以把这个 Bean 用作参数，来调用增加商品的方法。

MANAGE_REPORTDaoImpl 类的部分内容如代码清单 8-18 所示。

代码清单 8-18　MANAGE_REPORTDaoImpl.java

```
public boolean addGoods(Send sendEntity) {
String sql = "INSERT INTO GOODS_SENDCOUNT(CITY,GOODS,AMOUNT,RECEIVER,TAKEDATE, SENDDA
    TE,REMARK)"
    +"VALUES("+"'"+sendEntity.getCity()+"'"+","
    +"'"+sendEntity.getGoods()+"'"+","
    +"'"+sendEntity.getAmount()+"'"+","
    +"'"+sendEntity.getReceiver()+"'"+","
    +"to_date("+"'"+sendEntity.getSenddate()+"'"+","+"'YYYY-MM-DD'"+")"+","
    +"to_date("+"'"+sendEntity.getTakedate()+"'"+","+"'YYYY-MM-DD'"+")"+","
    +"'"+sendEntity.getRemark()+"'"+")";
    jdbcTemplate.update(sql);
    return true;
}
```

代码解析

（1）这段代码只是从 MANAGE_REPORTDaoImpl 类中提取了关于 addGoods 的完整代码。因为很多方法都是在 MANAGE_REPORTDaoImpl 中实现的，所以贴出完整代码反而会干扰我们对程序的分析。

（2）addGoods()方法是非常简单的，直接利用类 Send 中提供的 getXXX()方法来获取数值，并且将它拼装在动态 SQL 语句中。

（3）使用 jdbcTemplate.update(sql);语句来完成增加商品的持久化操作，并且返回 true。

到这里，整个增加商品功能的代码就讲解完毕了。总结一下，Java 中有很多实用的技巧，例如刚才的利用隐藏域来传值并且在后端利用隐藏域的值改变代码分支的做法。有时候，这些看似很简单的细节，却能为我们解决很多棘手的问题。在 Java 开发中，基础很重要，有时候代码的基础越好，在开发复杂功能的时候，整个功能模块的设计才会越稳固。

8.4.6 配置文件

本节主要详细讲解 SSJ 框架的配置文件，以及这些配置文件之间是如何通过协作来保证整个框架的正常运行的。配置文件的学习非常重要，在搭建框架的时候，第一个重要的步骤是导入 JAR 包，集成框架；第二个重要的步骤就是完成这些框架的配置文件，只有正确地对它们的参数进行设置，框架组合才能发挥作用，否则即便完成了框架集成，也是没有作用的。

本节我们来学习 Java 架构师必备的技能——编写配置文件。前面的几节，我们已经学习了系统架构的分层思想。那么，如何将这些分层串联起来呢？发挥作用的正是项目中的配置文件。

1. JSP 配置

重点内容如代码清单 8-19 所示。

代码清单 8-19　JSP 配置

```
<link rel="stylesheet" type="text/css" href="../easyui/themes/default/easyui.css">
<link rel="stylesheet" type="text/css" href="../easyui/themes/icon.css">
<link rel="stylesheet" type="text/css" href="../css/demo.css">
<link rel="stylesheet" type="text/css" href="../css/fw.css"></link>
<script type="text/javascript" src="../easyui/jquery-1.7.2.min.js"></script>
<script type="text/javascript" src="../easyui/jquery.easyui.min.js"></script>
<script type="text/javascript" src="../easyui/easyui-lang-zh_CN.js"></script>
<script type="text/javascript" src="../js/common.js"></script>
<script type="text/javascript" src="../js/JQuery-formui.js"></script>
<script type="text/javascript" src="permissionedit.js"></script>
```

代码解析

这部分代码讲述了一个 JSP 页面的配置文件，说得更加透彻一些就是引用文件。<link>标签是引用 CSS 文件的，而 CSS 文件则是美工开发的。那么，美工在项目中开发好了 CSS 文件，程序员要怎么拿来使用呢？就是通过这些引用方式而来的。

<script>标签引用了 jQuery EasyUI 的 JavaScript 脚本，以便我们在项目中可以使用它。接着，它又引用了 permissionedit.js，这个 JavaScript 文件是我们单独开发的，用于与 permissionedit.jsp 文件配套。其实，所有的 JavaScript 代码可以写到 permissionedit.jsp 里面，只不过这样做就太烦琐了，不利于程序的开发和阅读。

2. struts.xml

struts.xml 是 Struts 2 的配置文件，负责所有与 Struts 2 相关的设置，如 Struts 2 拦截器配置、Struts 2 异常处理、Action 业务配置等信息，内容如代码清单 8-20 所示。

代码清单 8-20　Struts2.xml

```
<?xml version="1.0" encoding="UTF-8" ?>
<!DOCTYPE struts PUBLIC "-//Apache Software Foundation//DTD Struts Configuration 2.1/
    /EN" "http://struts.apache.org/dtds/struts-2.1.dtd">
<struts>
    <constant name="struts.ui.theme" value="simple" />
    <!-- 将 Struts 2 的核心控制器转发给 Spring 中是我的实际控制器 -->
    <constant name="struts.objectFactory" value="spring"></constant>
    <constant name="struts.locale" value="zh_CN"></constant>
    <constant name="struts.il8n.encoding" value="UTF-8"></constant>
    <constant name="struts.devMode" value="false"></constant>
    <constant name="struts.configuration.xml.reload" value="true"></constant>
```

```xml
<!-- 定义资源文件的位置和类型 -->
<!-- 将 Struts 2 的核心控制器转发给 Spring 中是我的实际控制器 -->
<constant name="struts.objectFactory" value="spring"></constant>
<!-- 项目架构 -->
<package name="json" extends="json-default">
    <interceptors>
        <interceptor name="LoginInterceptor" class="com.manage.platform.LoginInte
            rceptor"></interceptor>
        <interceptor-stack name="mystack">
            <interceptor-ref name="LoginInterceptor"></interceptor-ref>
        </interceptor-stack>
    </interceptors>
    <!-- 人员角色关系 -->
    <action name="USERROLEFind" class="MANAGE_USER_ROLEAction"
        method="find">
        <result type="json">
            <param name="root">dataMap</param>
        </result>
    </action>
    <action name="USERROLESave" class="MANAGE_USER_ROLEAction"
        method="save">
        <result type="json">
            <param name="root">dataMap</param>
        </result>
    </action>
    <action name="USERROLEFindByUUID" class="MANAGE_USER_ROLEAction"
        method="findByUUID">
        <result type="json">
            <param name="root">dataMap</param>
        </result>
    </action>
    <action name="USERROLEDelete" class="MANAGE_USER_ROLEAction"
        method="delete">
        <result type="json">
            <param name="root">dataMap</param>
        </result>
    </action>
    <!-- 权限赋值 -->
    <action name="PERMISSIONFind" class="MANAGE_PERMISSIONAction"
        method="find">
        <result type="json">
            <param name="root">dataMap</param>
        </result>
    </action>
    <action name="PERMISSIONSave" class="MANAGE_PERMISSIONAction"
        method="save">
        <result type="json">
            <param name="root">dataMap</param>
        </result>
    </action>
    <action name="PERMISSIONFindByUUID" class="MANAGE_PERMISSIONAction"
        method="findByUUID">
        <result type="json">
            <param name="root">jsonarr</param>
        </result>
    </action>
    <action name="PERMISSIONDelete" class="MANAGE_PERMISSIONAction"
        method="delete">
        <result type="json">
```

```xml
                <param name="root">dataMap</param>
            </result>
    </action>
    <!-- 角色列表 -->
    <action name="ROLEFind" class="MANAGE_ROLEAction" method="find">
        <result type="json">
            <param name="root">dataMap</param>
        </result>
    </action>
    <action name="ROLESave" class="MANAGE_ROLEAction" method="save">
        <result type="json">
            <param name="root">dataMap</param>
        </result>
    </action>
    <action name="ROLEFindByUUID" class="MANAGE_ROLEAction" method="findByUUID">
        <result type="json">
            <param name="root">dataMap</param>
        </result>
    </action>
    <action name="ROLEDelete" class="MANAGE_ROLEAction" method="delete">
        <result type="json">
            <param name="root">dataMap</param>
        </result>
    </action>
    <!-- 菜单 -->
    <action name="MODELFindLgoinFirstMenu" class="MANAGE_MODELAction"
        method="findLgoinFirstMenu">
        <result type="json">
            <param name="root">jsonarr</param>
        </result>
    </action>
    <action name="MODELFindLgoinSecondMenu" class="MANAGE_MODELAction"
        method="findLgoinSecondMenu">
        <result type="json">
            <param name="root">jsonarr</param>
        </result>
    </action>
    <action name="MODELFindGrid" class="MANAGE_MODELAction" method="findgrid">
        <result type="json">
            <param name="root">jsonarr</param>
        </result>
    </action>
    <action name="MODELFindTree" class="MANAGE_MODELAction" method="findtree">
        <result type="json">
            <param name="root">jsonarr</param>
        </result>
    </action>
    <action name="MODELSave" class="MANAGE_MODELAction" method="save">
        <result type="json">
            <param name="root">dataMap</param>
        </result>
    </action>
    <action name="MODELFindByUUID" class="MANAGE_MODELAction"
        method="findByUUID">
        <result type="json">
            <param name="root">dataMap</param>
        </result>
    </action>
    <action name="MODELDelete" class="MANAGE_MODELAction" method="delete">
```

```xml
        <result type="json">
            <param name="root">dataMap</param>
        </result>
    </action>
    <!-- 角色 -->
    <action name="AREAFindGrid" class="MANAGE_AREAAction" method="findgrid">
        <result type="json">
            <param name="root">jsonarr</param>
        </result>
    </action>
    <action name="AREAFindTree" class="MANAGE_AREAAction" method="findtree">
        <result type="json">
            <param name="root">jsonarr</param>
        </result>
    </action>
    <action name="AREASave" class="MANAGE_AREAAction" method="save">
        <result type="json">
            <param name="root">dataMap</param>
        </result>
    </action>
    <action name="AREAFindByUUID" class="MANAGE_AREAAction" method="findByUUID">
        <result type="json">
            <param name="root">dataMap</param>
        </result>
    </action>
    <action name="AREADelete" class="MANAGE_AREAAction" method="delete">
        <result type="json">
            <param name="root">dataMap</param>
        </result>
    </action>
    <!-- 权限业务 -->
    <action name="USERFind" class="MANAGE_USERAction" method="find">
        <result type="json">
            <param name="root">dataMap</param>
        </result>
    </action>
    <action name="USERLogin" class="MANAGE_USERAction" method="login">
        <result type="json">
            <param name="root">dataMap</param>
        </result>
    </action>
    <action name="USERFindGrid" class="MANAGE_USERAction" method="findgrid">
        <result type="json">
            <param name="root">jsonarr</param>
        </result>
    </action>
    <action name="USERSave" class="MANAGE_USERAction" method="save">
        <result type="json">
            <param name="root">dataMap</param>
        </result>
    </action>
    <action name="USERChangepassword" class="MANAGE_USERAction"
        method="changepassword">
        <result type="json">
            <param name="root">dataMap</param>
        </result>
    </action>
    <action name="USERFindByUUID" class="MANAGE_USERAction" method="findByUUID">
        <result type="json">
```

```xml
                    <param name="root">dataMap</param>
                </result>
            </action>
            <action name="USERDelete" class="MANAGE_USERAction" method="delete">
                <result type="json">
                    <param name="root">dataMap</param>
                </result>
            </action>
            <!-- 测试报表 -->
            <action name="TestStrutsFind" class="TestStrutsAction" method="find">
                <result type="json">
                    <param name="root">dataMap</param>
                </result>
            </action>
            <!-- 下载文件 -->
            <action name="FileDownload" class="com.manage.report.action.FileDownload">
                <result name="success" type="stream">
                    <param name="contentType">application/ms-excel</param>
                    <param name="contentDisposition">attachment;fileName="${fileName}"</param>
                    <param name="inputName">downloadFile</param>
                    <param name="bufferSize">1024</param>
                </result>
            </action>
            <!-- 业务 -->
            <action name="SendAmount" class="SendAmountAction">
                <result type="json">
                    <param name="root">dataMap</param>
                </result>
            </action>
            <action name="SendCity" class="SendCityAction">
                <result type="json">
                    <param name="root">dataMap</param>
                </result>
            </action>
            <action name="AddGoods" class="AddGoodsAction">
                <result type="json">
                    <param name="root">dataMap</param>
                </result>
            </action>
        </package>
        <!-- 公共 -->
        <package name="wow" extends="struts-default">
            <global-results>
                <result name="sql">/error.jsp</result>
                <result name="invalidinput">/error.jsp</result>
                <result name="naming">/error.jsp</result>
            </global-results>
            <global-exception-mappings>
                <exception-mapping result="sql" exception="java.sql.SQLException"></exception-mapping>
                <exception-mapping result="invalidinput"
                exception="cn.codeplus.exception.InvalidInputException"></exception-mapping>
                <exception-mapping result="naming"
                    exception="javax.naming.NamingException"></exception-mapping>
            </global-exception-mappings>
        </package>
</struts>
```

代码解析

（1）struts 元素之间的所有内容是 Struts 2 的配置文件的开始和结束，跟 HTML 元素差不多，是一个完整的元素对。

（2）<constant name="struts.ui.theme" value="simple" />语句设置了 Struts 2 的主题，主题是操作项目统一风格的设置，主要作用于前端的 UI 页面，提供展示效果和对应的程序特性。Struts 2 的主题有 simple、xhtml、css_xhtml 和 ajax，管理系统使用了 simple 主题。

（3）<constant name="struts.objectFactory" value="spring"></constant>：当指定 struts.objectFactory 为 spring 时，struts2 框架会把 Bean 转发给 Spring 来创建、装配和注入。但是 Bean 创建完成之后，还是由 Struts 2 容器来管理其生命周期。这样说可能过于笼统，我们来举个典型的例子学习。

```
<action name="SendCity" class="SendCityAction">
    <result type="json">
        <param name="root">dataMap</param>
    </result>
</action>
```

例如，该 XML 文件中有这样一段配置来描述"发货城市统计"功能。如果要使用它，我们知道是通过 Ajax 来调用的，至于细节是跟 Struts 2 的拦截器有关，这里暂且不赘述。当我们的业务由控制器转发到这里的时候，我们知道 SendCity 所依赖的类是 SendCityAction。但是，纵观整个配置文件里，我们并没有发现 SendCityAction 类所引用的路径。也就是说，如果没有 Spring，我们是必须要把这个 Class 改写成这样的才行。class="com.manage.report.action.SendCityAction"，只有这样，Struts 2 才能接下来进入下面的业务。

但是，因为我们将 Struts 2 的类工厂生成器指定成了 Spring，所以我们可以遍历 Spring 的配置文件 applicationContext.xml，即可找出与之相关的内容。

```
<bean id="SendCityAction" class="com.manage.report.action.SendCityAction">
    <property name="imanage_reportdao" ref="MANAGE_REPORTDao"></property>
</bean>
```

这样，第一个问题就解决了。SendCityAction 可以找到对应的类了，只不过这个类由 Spring 生成。那么衍生一下，我们知道，从 Action 这个后端应用的入口走的数据通道，也就是逻辑层、业务层和持久层的话，肯定是需要应用 Dao 层来完成与数据库的交互的，具体的代码如下：

```
private IMANAGE_REPORTDao imanage_reportdao;
public IMANAGE_REPORTDao getImanage_reportdao() {
    return imanage_reportdao;
}
public void setImanage_reportdao(IMANAGE_REPORTDao imanage_reportdao) {
    this.imanage_reportdao = imanage_reportdao;
}
List<Map<String, Object>> list = imanage_reportdao.findData(sbfind, start, pageCount);
```

我们之所以在 applicationContext.xml 通过<property>来注入 imanage_reportdao，就是为了通过 imanage_reportdao 来使用 findData()这个方法。那么，如果只是单纯地在 applicationContext.xml 写上注入是没有作用的，甚至程序无法启动。因为 imanage_reportdao 在程序中是找不到的（你可以把它理解为一个变量），这样，我们就需要在程序中声明这个接口的实例，并且声明 Get、Set 方法，以便 applicationContext.xml 读取并且装配。

那么接下来，`imanage_reportdao` 作为 Dao 层，它肯定是要调用某一个业务方法与数据库交互的。所以我们通过 ref 元素，为它注入了另一个 Bean，名称是 MANAGE_REPORTDao（只是一个名词并不是类），可以理解为引用，ref 元素的作用是指定引用。

```
<bean id="MANAGE_REPORTDao" class="com.manage.report.dao.impl.MANAGE_REPORTDaoImpl">
    <property name="jdbcTemplate" ref="jdbcTemplate"></property>
    <property name="namedjdbcTemplate" ref="namedjdbcTemplate"></property>
</bean>
```

而这个 Bean 引用，它对应的 Class 类是 MANAGE_REPORTDaoImpl，就是最终的 Dao 层的实现。它在类中使用了 namedjdbcTemplate 和 jdbcTemplate，目的是保证使用这两个类所必要的条件。

```
List<Map<String, Object>> list = namedjdbcTemplate.getJdbcOperations()
    .queryForList(sql.toString());
```

我们再一次使用 ref 元素引用下一级内容。

```
<bean id="namedjdbcTemplate"
class="org.springframework.jdbc.core.namedparam.NamedParameterJdbcTemplate">
    <constructor-arg ref="dataSource" />
</bean>
```

配置一个 NamedParameterJdbcTemplate 模板，使用构造函数注入器。我们知道，namedjdbcTemplate 是操作数据库的，引用 NamedParameterJdbcTemplate 可以保证方法的顺利调用，但遗憾的是它并没有数据库信息。所以，我们还需要使用构造函数注入器，继续注入下一层 dataSource。

```
<bean id="dataSource" class="org.apache.commons.dbcp.BasicDataSource">
    <property name="driverClassName" value="${driverClassName}">
    </property>
    <property name="url" value="${url}">
    </property>
    <property name="username" value="${username}"></property>
    <property name="password" value="${password}"></property>
    <!-- 连接池启动时的初始值 -->
    <property name="initialSize" value="${initialSize}"></property>
    <!-- 连接池的最大值 -->
    <property name="maxActive" value="${maxActive}"></property>
    <!-- 最大空间值，当经过一个高峰时间后，连接池可以慢慢将已经用不到的连接慢慢释放一部分，直至减少的
        maxIdle 为止 -->
    <property name="maxIdle" value="${maxIdle}"></property>
    <!-- 最小空间值，当空间的连接数少于阀值时，连接池就会预申请一些连接，以免洪峰来时来不及申请 -->
    <property name="minIdle" value="${minIdle}"></property>
</bean>
```

然而，dataSource 所对应的类是 BasicDataSource.class，第三方 JAR 包是 commons-dbcp-1.2.1.jar，这也就是我们操作数据库必须引入的 JAR 包。至此，数据库交互的细节被正式隐藏了，程序员可以只关注业务开发了。但是即便如此，程序员的工作量还是非常的庞大，当然这也 Java 未来的发展方向，不断地开发扩展插件，并且不断地引用。而程序员的一部分工作就是需要学习它们如何配置，如何使用。

属性 driverClassName、url、username 和 password 等连接池信息都是通过 ${} 的方式获

取的，很明显这是读取变量。那么问题又来了，这个 Bean 是如何读取变量的呢？不弄清楚这个问题，离透彻地掌握 Java 框架搭建总是有一步之遥和些许遗憾！

applicationContext.xml 中有一段配置格外醒目。

```
<bean class="org.springframework.beans.factory.config.PropertyPlaceholderConfigurer">
    <property name="locations" value="classpath:Oracleby.properties" />
</bean>
```

这个 Bean 的作用是读取配置文件 Oracleby.properties，接下来，我们贴出 Oracleby.properties 的代码。

```
driverClassName=oracle.jdbc.driver.OracleDriver
url=jdbc:oracle:thin:@127.0.0.1:1521:manage
username=system
password=manage
initialSize=10
maxActive=50
maxIdle=20
minIdle=10
```

这样的话，是不是一目了然？所有的信息都会彰显出来。如果我们需要改动 JDBC 连接池的信息，那么，只需要改动这个配置文件即可。因为从头到尾每一节程序是如何引用的，都已经做了非常规范的配置。只要这里改变了，上面的代码根本不用改变，这就是框架设计的精妙之处！

但是说到这里，仍然有一个遗留问题尚未解决，就是项目是如何读取 Oracleby.properties 文件的呢？我们只知道它是一个 Bean，是一则配置信息，那么是谁来读取这个 Bean 呢？答案是 PropertyPlaceholderConfigurer，该类的作用就是负责读取配置文件的信息。也就是说，这个类本身就是自动读取配置文件信息的，只要项目在启动的时候，web.xml 里配置了读取 Spring 的信息，那么这个配置在 applicationContext.xml 的内容便会执行。

```
<!-- Spring 配置文件路径 -->
<context-param>
    <param-name>contextConfigLocation</param-name>
    <param-value>classpath:applicationContext.xml</param-value>
    <!-- <param-value>/WEB-INF/applicationContext.xml</param-value> -->
</context-param>
<!-- 加载 Spring 配置文件 applicationContext.xml -->
<listener>
<listener-class>org.springframework.web.context.ContextLoaderListener</listener-class>
</listener>
```

从这个例子可以看出，Java 项目搭建中的每一个细节都值得注意，在这个细节背后往往有更多的代码。另外，从 Spring 的核心思想"控制反转""依赖注入"也可以看出这种特点，它们需要把所有 Java 需要的东西都纳入 Spring 的管辖范围，并且依赖注入的方式（如 ref）。

接下来让我们回到 Struts 2 中，继续学习下面的配置。

```
<constant name="struts.locale" value="zh_CN"></constant>
```

在对项目进行国际化处理的时候需要用到的本地参数。

```
<constant name="struts.il8n.encoding" value="UTF-8"></constant>
```

主要用于设置请求编码。

```
<constant name="struts.devMode" value="false"></constant>
```

struts.devMode 用于设置模式, 可选值 true 和 false（默认 false）。在开发模式下, Struts 2 的动态重新加载配置和资源文件的功能会默认生效, 同时开发模式下也会提供更完善的日志支持。

```
<constant name="struts.configuration.xml.reload" value="true"></constant>
```

struts.configuration.xml.reload 可选值 true 和 false（依赖于 struts.devMode 的设置）, 它的含义是是否重新加载 XML 配置文件。

```
<package name="json" extends="json-default"> </package>
```

package 可以理解成像 Java 包一样的东西, Java 包的作用是把代码分门别类, 以方便我们进行开发。package 元素的作用也是一样的。该配置的意思是名为 json 的 package 下列出了管理系统大部分业务, 如果有必要也可以全部都写到这个包底下。extends 是扩展的意思, 在本配置文件中, 它扩展了 json-default 的另一个配置文件, 也可以理解为引用、包含。

```
<struts>
    <package name="json-default" extends="struts-default">
        <result-types>
            <result-type name="json" class="org.apache.struts2.json.JSONResult"/>
        </result-types>
        <interceptors>
            <interceptor name="json" class="org.apache.struts2.json.JSONInterceptor"/>
        </interceptors>
    </package>
</struts>
```

json-default 定义了管理系统的结果返回类型, 因为是 JSON 类型的, 所以引入了解析 JSON 的解析插件, 而 interceptor 是一个 JSON 拦截器。至于这两者具体做了些什么, 我们需要分析源码才可以详细知道。而配置这些内容的原因, 则是因为我们已经把返回结果定义成了 JSON 的。

```
<result type="json">
    <param name="root">dataMap</param>
</result>
```

至于该包下面其他的内容, 都是大同小异的。例如:

```
<action name="SendCity" class="SendCityAction">
    <result type="json">
        <param name="root">dataMap</param>
    </result>
</action>
```

上述代码说明了拦截器拦截到对应的请求后应该如何去做, 若拦截到 SendCity 的请求就去寻找 SendCityAction 即可（已经配置到了 Spring 之中）, 而 JSON 相关的内容就是定义返回数据类型。

最后是这段公共类型的配置信息:

```
<package name="wow" extends="struts-default">
    <global-results>
        <result name="sql">/error.jsp</result>
        <result name="invalidinput">/error.jsp</result>
        <result name="naming">/error.jsp</result>
    </global-results>
```

```xml
        <global-exception-mappings>
            <exception-mapping result="sql" exception="java.sql.SQLException"></exception
                -mapping>
            <exception-mapping result="invalidinput"
            exception="cn.codeplus.exception.InvalidInputException"></exception-mapping>
            <exception-mapping result="naming"
                exception="javax.naming.NamingException"></exception-mapping>
        </global-exception-mappings>
    </package>
```

这段配置信息的作用是定义全局的返回值。例如，在本例中的`<result name="sql">/error.jsp</result>`，如果 Action 的返回值是 sql，即跳转到 error.jsp 页面。因为 Struts 2 提供了异常捕获机制，所以当我们的代码出现异常时，就会自动跳转到与之对应的错误页面。例如，我们可以把程序中的异常设定为抛出，由 Struts 2 自身来处理，并且在 struts.xml 文件中配置这些异常，将会很大程度上减少代码量，优化框架结构。

最后，我们需要讲解一下 Struts 2 的拦截机制。

（1）当客户端请求到达服务端的时候，Struts 2 的拦截器会自动拦截该请求，拦截机制由 StrutsPrepareAndExecuteFilter 类来实现，该类来决定把请求分发到具体的某个 Action 中去。

（2）Struts 2 内置了很多拦截器，用于实现一些常用的功能，如文件上传、数据验证等，这些内置拦截器配置在 struts-default.xml 中。

3. applicationContext.xml

applicationContext.xml 是 Spring 的配置文件，负责所有与 Spring 相关的设置，如典型的 Java 类托管、数据源配置和事务配置等信息，内容如代码清单 8-21 所示。

代码清单 8-21 applicationContext.xml

```xml
<!-- 声明使用注解式事务 -->
<bean id="transactionManager"
    class="org.springframework.jdbc.datasource.DataSourceTransactionManager">
    <property name="dataSource" ref="dataSource"></property>
</bean>
<!-- 对标注@Transaction注解的 Bean 进行事务管理 -->
<!--<tx:annotation-driven transaction-manager="transactionManager"/> -->
<!-- 定义事务通知 -->
<tx:advice id="txAdvice" transaction-manager="transactionManager">
    <!-- 定义方法的过滤规则 -->
    <tx:attributes>
        <!-- 所有方法都使用事务 -->
        <tx:method name="*" propagation="REQUIRED" />
        <!-- 定义所有get开头的方法都是只读的 -->
        <tx:method name="find*" read-only="true" />
    </tx:attributes>
</tx:advice>
<!-- 定义AOP配置 -->
<aop:config>
    <!-- 定义一个切入点 -->
    <aop:pointcut expression="execution (* com.manage.platform.service.impl..*.*(..))
        " id="services" />
    <!-- 对切入点和事务的通知，进行适配 -->
    <aop:advisor advice-ref="txAdvice" pointcut-ref="services" />
</aop:config>
<bean id="throwsAdvice" class="com.manage.platform.exception.ExceptionDispose" />
```

```
<aop:config proxy-target-class="true">
    <aop:pointcut expression="execution(* com.manage.platform..*.*(..))" id="exPoint" />
    <aop:advisor advice-ref="throwsAdvice" pointcut-ref="exPoint" />
</aop:config>
```

代码解析

本段代码主要描述了 Spring 关于数据源、数据库事务的配置，以及这些配置之间的依赖关系的实现。

```
<property name="dataSource" ref="dataSource"></property>
```

这段代码表明了事物的配置是基于数据源的，<tx:advice>元素是事务的配置元素。

```
<!-- 所有方法都使用事务 -->
<tx:method name="*" propagation="REQUIRED" />
<!-- 定义所有 get 开头的方法都是只读的 -->
<tx:method name="find*" read-only="true" />
```

这两段代码是事务过滤方法，其中，我们笼统地使用了所有的方法开启了 REQUIRED 级别的事物。其实，我们也可以这样配置。

```
<tx:method name="add*" propagation="REQUIRED" />
<tx:method name="delete*" propagation="REQUIRED" />
<tx:method name="update*" propagation="REQUIRED" />
<tx:method name="find*" propagation="REQUIRED" />
```

针对业务详细地利用增、删、改、查操作开启事务。

```
<!-- 定义 AOP 配置 -->
<aop:config>
    <!-- 定义一个切入点 -->
    <aop:pointcut expression="execution (* com.manage.platform.service.impl..*.*(..))
        " id="services" />
    <!-- 对切入点和事务的通知，进行适配 -->
    <aop:advisor advice-ref="txAdvice" pointcut-ref="services" />
</aop:config>
```

这段代码使用 AOP 切面的编程思想来管理事物的映射，事务的生效范围是 com.manage.platform.service.impl 包下的所有内容都开启事务。

```
<bean id="throwsAdvice" class="com.manage.platform.exception.ExceptionDispose" />
<aop:config proxy-target-class="true">
    <aop:pointcut expression="execution(* com.manage.platform..*.*(..))" id="exPoint" />
    <aop:advisor advice-ref="throwsAdvice" pointcut-ref="exPoint" />
</aop:config>
```

这段代码表示如果报错，则开启报错处理机制。

Spring 的事务控制提供了 7 种类型，它们详细描述了不同事务级别的处理方式，这 7 种事务级别如表 8-1 所示。

表 8-1　事务类型

事 务 类 型	说　　　明
REQUIRED	没有事务，新建事务；已有事务，加入其中
SUPPORTS	使用当前事务处理；当前没有事务的话，则不使用事务

续表

事 务 类 型	说 明
MANDATORY	使用当前事务处理；当前没有事务的话，抛出异常
REQUIRES_NEW	新建事务；如果当前存在事务，把它挂起
NOT_SUPPORTED	不使用事务处理；如果当前有事务，把它挂起
NEVER	不使用事务处理；如果当前有事务，抛出异常
NESTED	嵌套事务执行；当前没有事务的话，新建事务

4. web.xml

web.xml 是服务器启动时加载的配置文件，负责所有与服务器相关的设置，如加载其他框架的配置文件，加载各类监听器、过滤器，配置 Servlet 信息等，内容如代码清单 8-22 所示。

代码清单 8-22　web.xml

```xml
<?xml version="1.0" encoding="UTF-8"?>
<web-app version="2.5" xmlns="http://java.sun.com/xml/ns/javaee"
    xmlns:xsi="http://www.w3.org/2001/XMLSchema-instance"
    xsi:schemaLocation="http://java.sun.com/xml/ns/javaee
    http://java.sun.com/xml/ns/javaee/web-app_2_5.xsd">
    <!-- Spring 配置文件路径 -->
    <context-param>
        <param-name>contextConfigLocation</param-name>
        <param-value>classpath:applicationContext.xml</param-value>
        <!-- <param-value>/WEB-INF/applicationContext.xml</param-value> -->
    </context-param>
    <!-- 加载 Spring 配置文件 applicationContext.xml -->
    <listener>
    <listener-class>org.springframework.web.context.ContextLoaderListener</listener-class>
    </listener>
    <!-- 加载项目生命周期的监听类 -->
    <listener>
        <listener-class>com.manage.util.LifeListener</listener-class>
    </listener>
    <servlet>
        <description>This is the description of my J2EE component</description>
        <display-name>This is the display name of my J2EE component</display-name>
        <servlet-name>testservlet2</servlet-name>
        <servlet-class>com.manage.report.testservlet2</servlet-class>
    </servlet>
    <servlet-mapping>
        <servlet-name>testservlet2</servlet-name>
        <url-pattern>/testservlet2.servlet</url-pattern>
    </servlet-mapping>
    <!-- 配置 struts 过滤器 -->
    <filter>
        <filter-name>struts2</filter-name>
        <filter-class>
            org.apache.struts2.dispatcher.ng.filter.StrutsPrepareAndExecuteFilter
        </filter-class>
    </filter>
    <!-- 字符集过滤器 -->
    <filter>
        <filter-name>encoding</filter-name>
    <filter-class>org.springframework.web.filter.CharacterEncodingFilter</filter-class>
```

```xml
        <init-param>
            <param-name>encoding</param-name>
            <param-value>UTF-8</param-value>
        </init-param>
    </filter>
    <filter>
        <filter-name>struts-cleanup</filter-name>
        <filter-class>org.apache.struts2.dispatcher.ActionContextCleanUp</filter-class>
    </filter>
    <filter-mapping>
        <filter-name>struts-cleanup</filter-name>
        <url-pattern>*.action</url-pattern>
    </filter-mapping>
    <!-- 自定义匿名过滤器 -->
    <filter>
        <filter-name>AnonymousFilter</filter-name>
        <filter-class>com.manage.platform.AnonymousFilter</filter-class>
        <init-param>
            <param-name>postfix-list</param-name>
            <param-value>jsp</param-value>
        </init-param>
        <init-param>
            <param-name>trust-page</param-name>
            <param-value>/index.jsp,imageHTML.jsp,image.jsp</param-value>
        </init-param>
        <init-param>
            <param-name>welcome-Page</param-name>
            <param-value>index.jsp</param-value>
        </init-param>
    </filter>
    <filter-mapping>
        <filter-name>AnonymousFilter</filter-name>
        <url-pattern>/*</url-pattern>
    </filter-mapping>
    <filter-mapping>
        <filter-name>struts2</filter-name>
        <url-pattern>/*</url-pattern>
    </filter-mapping>
    <filter-mapping>
        <filter-name>encoding</filter-name>
        <url-pattern>/*</url-pattern>
    </filter-mapping>
    <mime-mapping>
        <extension>doc</extension>
        <mime-type>application/doc</mime-type>
    </mime-mapping>
    <welcome-file-list>
        <welcome-file>index.jsp</welcome-file>
    </welcome-file-list>
    <!-- 设置超时 -->
    <session-config>
        <session-timeout>-1</session-timeout>
    </session-config>
    <!-- 登录过滤器 -->
    <filter>
        <filter-name>LoginFilter</filter-name>
        <filter-class>com.manage.platform.LoginFilter</filter-class>
    </filter>
    <filter-mapping>
```

```
            <filter-name>LoginFilter</filter-name>
            <url-pattern>*.action</url-pattern>
        </filter-mapping>
        <!-- 登录过滤器自定义 -->
        <filter>
            <filter-name>LifeFilter</filter-name>
            <filter-class>com.manage.util.LifeFilter</filter-class>
        </filter>
        <filter-mapping>
            <filter-name>LifeFilter</filter-name>
            <url-pattern>/*</url-pattern>
        </filter-mapping>
<!--        <filter>
            <filter-name>sessionFilter</filter-name>
            <filter-class>com.manage.platform.SessionFilter</filter-class>
        </filter>
        <filter-mapping>
            <filter-name>sessionFilter</filter-name>
            <url-pattern>/*</url-pattern>
        </filter-mapping>
        -->
</web-app>
```

代码解析

因为 web.xml 是服务器启动时第一个加载的配置文件，所以很多重要的信息都必须配置在该文件里。例如，`<param-value>classpath:applicationContext.xml</param-value>`这段代码是读取 Spring 配置文件的语句，只有这样配置了，服务器在启动的时候才会去 applicationContext.xml 文件里加载 Spring 相关的配置信息，这样的话，Spring 框架才算是搭建完成。

类似`<listener-class>com.manage.util.LifeListener</listener-class>`这样的代码是加载监听器，可以是第三方框架提供的监听器，如 Struts 2；也可以是自定义的监听器，例如，LifeListener 就是自己开发的。

`<servlet>`相关的元素是加载 Servlet 的配置信息，因为 Servlet 承担了前后端交互的控制器角色，如果在这里不配置是不会生效的。

`<session-config>`元素设置了 Session 的相关信息，因为 Session 在 Web 应用中的作用是举足轻重的，所以有必要对它进行设置，例如，可以设置 Session 的过期时间等，其中-1 表示永不超时。

web.xml 里可以设置的内容还有很多，但常用的就是这些。如果需要往 web.xml 里新增内容，最好根据项目的实际需求，再配合官方提供的文档来做。

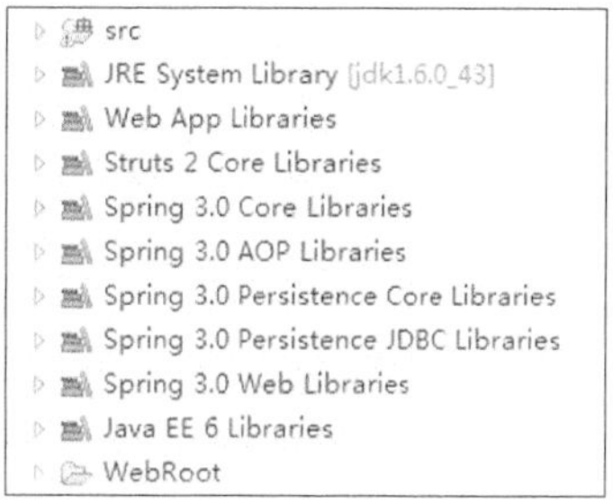

另外，web.xml 在启动的时候肯定是需要加载第三方 JAR 包的，如果我们在 web.xml 里配置了某些功能，却没有导入这些功能对应的 JAR 包，则服务器肯定会报找不到类的错误。往项目中集成 JAR 包有两种办法，第一种是直接复制它们到 lib 文件夹中；第二种是使用开发工具自带的方式集成。例如，MyEclipse10.7 可以通过自身来集成框架，如图 8-16 所示。

图 8-16 工具集成 JAR 包

JRE System Library 是官方 JDK6，Web App Libraries 是后期不断加入的第三方插件。一般只要是复制到 lib 目录下的，都会自动出现在这里。Struts 2 Core Libraries

是 Struts 2 的 JAR 包。所有 Spring 开头的都是与 Spring 相关的 JAR 包。Java EE 6 Libraries 是 Java 企业级开发所必须引入的一个包，里面有很多功能，如获取 Servlet 等，而架构师所需要做的不但是把它们整合到一个项目里，还需要让它们有条不紊地运行起来，并且不会出现错误。

8.5 报表导出

数据导出是 Java 企业级开发中经常会用到的功能。简单的导出功能，通过 POI 组件或者 Java 提供的方法就可以轻松地做到。而复杂的导出功能，就需要做更多的定制开发，如多种样式的导出、多级表头的导出等。但不管怎么说，只有牢牢地掌握了数据导出的基础技术，才可以不断地延伸，发挥自己的创造力，开发出更加强大的导出功能。

随着 Java Web 领域的不断发展，人们越来越意识到信息的重要性。很多公司都热衷于开发一个属于自己的信息系统，力争把公司的业务信息化，从传统的纸质存储变为磁盘存储。这样做的好处显而易见。当今时代被称为信息时代，也是大数据时代，想要建立大数据，就必须把海量的数据存入数据库，这是万里长征的第一步。只有保存了足够多的原始数据，才能够对这些数据进行分析、加工，从中筛选出我们需要的数据。如果从数据库中已经检索到了符合条件的数据，并且已经返回到了前端界面，那么就可以说，已经实现了大部分的客户需求。但尽管如此，前端的数据只能在 PC 上显示，并不能被带走或者以纸质的方式打印出来，所以，在 Java Web 开发中，数据导出是一个非常重要的功能。

举几个典型的例子。例如，从管理系统查询出的发货城市统计表，如果只是用来浏览，这个目标也就太简单了。更为重要的目标，是把这些数据导出成我们经常使用、便于携带、阅览的数据格式，一般情况下，就是 Excel 或者 CSV。只有导出成这些格式，这些数据的价值才能发挥尽致。例如，可以打印出来，在开会的时候人手一份，用来分析销售情况；也可以把数据从一台电脑上存储到一个 U 盘里，带回家里分析。这些场景，都依赖于导出功能。还有一个比较重要的场景，在信息化的公司，月度或者年度考核、总结的时候，都需要把数据库中的信息导出来，进行汇总，以评估月度或年度公司的各项指标情况。

因此，导出功能对客户来说，是重点需求；对程序员来说，是必须要掌握的开发技术。基本上来说，但凡是信息系统，都绕不开数据导出这个功能。

8.5.1 POI 介绍

POI 是一个成熟的数据导出框架，主要用于导出 Excel。大多数公司，都希望投入最少的资金，做最多的事情。如果涉及导出，就要不可避免地操作 Excel，这实际上是非常让人头疼的事情。研究这些东西，又是一笔巨大的支出。好在，POI 为我们解决了这个问题。POI 提供了操作 Excel 的 API，利用 POI，我们可以很容易地完成 Excel 的导出。

Apache POI 是 Apache 软件基金会的开源函数库，POI 提供 API 给 Java 程序，使其能对 Microsoft Office 系列的文件格式进行读写。POI 主要包含 5 个包，包含 HSSF 的包主要用于导出 Microsoft Excel 格式的文件；包含 XSSF 的包主要用于导出 Microsoft Excel OOXML 格式的文件；包含 HWPF 的包主要用于导出 Microsoft Word 格式的文件；包含 HSLF 的包主要用于导出 Microsoft PowerPoint 格式的文件；包含 HDGF 的包主要用于导出 Microsoft Visio 格式的文件。基本上，对于 Microsoft Office 提供的办公软件，POI 都给予了很好的支持，至于国内经常用到的 WPS，POI 仍然是支持的，但可能力度不够。

POI 的功能非常强大，在这里，我们主要讲解如何导出 Excel。

本例以发货城市统计来讲述 POI 导出。我们都知道，发货城市统计这张报表的作用，是为了统计销售情况，如果只能在 Web 界面显示这些数据，其价值会大打折扣。所以，需要将符合条件的记录，利用 POI，导出成 Excel 文件，以方便更多的人以不同的方式去浏览。发货城市统计报表如图 8-17 所示。

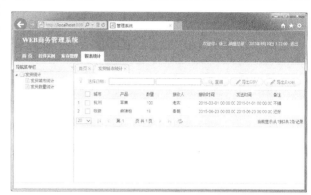

这是管理系统的导出界面，从界面上看，"发货城市统计"这个页面提供了两个导出功能，一个是"导出 CSV"，另一个是"导出 Excel"。从功能上讲，两者都可以实现导出数据，但从具体使用情况来讲，一般情况下，我们都常用"导出 Excel"的功能。Excel 格式的文件浏览起来更加方便、直观，而且支持的数据量并不小，有些数据，还可以在

图 8-17 导出 Excel 文件的界面

Excel 中利用公式来计算。至于导出 CSV 格式的文件，只是在面对那种超大数据的情况下，使用 Excel 导出容易出错或者根本不支持的时候，才选择的妥协办法。还有一种情况下经常用到 CSV 格式的文件，就是需要把符合条件的大量数据以 CSV 的格式导出，再利用某些工具直接导入别的数据库。这是一种单纯的数据平移，不用考虑其他问题，所以非常适合 CSV。

利用 POI 导出，首先需要把 POI 的 JAR 包导入 Java 项目中。这是第一步，只有导入了相应的 JAR 包，才可以使用 POI 提供的各种操作 Excel 的 API。

8.5.2 POI 导出前端实现

首先，打开发货城市统计的文件 sendcity.jsp。在该文件中，找到"导出 Excel"的按钮，通过分析，可以看到，我们并没有对该按钮声明一个方法，而是为它赋予了一个 id="btnSaveExcel" 的语句。很明显，接下来，我们要通过 jQuery 的方式来绑定触发事件。

通过在页面里搜索 btnSaveExcel 可以找到这块代码。

```
$("#btnSaveExcel").click(function(){
  $.messager.progress({
    title:'请等待',
    msg:'数据处理中...'
  });
  var condition = $("#formdata").toJsonString();
  var exportflag = "excel";
  condition = escape(encodeURIComponent(condition));
  var url='SendCity.action?condition='+condition+'&exportflag='+exportflag;
  $.ajax( {
    type : "post",
    url : url,
    error : function(event,request, settings) {
      $.messager.alert("提示消息", "请求失败", "info");
    },
```

```
success : function(data) {
    $.messager.progress('close');
    var name = data.rows;
    window.location.href = "FileDownload.action?number=2&fileName="+name;
    }
  });
});
```

代码解析

在这段简单的代码中,我们为"导出 Excel"按钮绑定了单击的触发事件。$.messager.progress 是一个典型的 EasyUI 插件,作用是在单击"导出 Excel"按钮的时候,弹出一个进度条。如果请求时间过长,该进度条会一直重复动画,表明请求还在持续;当请求结束后,该进度条消失。其他代码的作用与之前讲述 Ajax 请求时的代码类似,都是传递查询条件和构建 Ajax 请求的参数。

下面这行代码的作用是在所有的操作都结束后,利用页面跳转的方式请求 FileDownload 来下载已经生成好的 Excel 文件。

```
window.location.href = "FileDownload.action?number=2&fileName="+name;
```

当我们在前端通过查询条件,成功查询到需要的数据之后,就可以单击"导出 Excel"按钮,来进入后端处理代码了。其实,不论是哪种导出方式,在前端的时候,需要做的都只是通过查询条件找出数据,观察这些记录是否符合条件。如果符合,单击导出按钮之后,也只是把查询条件传递到后端,利用查询条件,在后端再做一次查询,并且触发导出代码。肯定不是把数据传递过去,或者是利用页面上的数据导出。综合考虑一下,仍然是传递查询条件这种方式节省资源,也更符合逻辑,在后端多做一次查询,其实不用耗费多少内存,JVM 会隔段时间自动回收的。

8.5.3　POI 导出后端实现

打开 SendCityAction 类文件,可以找到 POI 导出 Excel 的所有后端代码。我们且不用关心该 Action 中其他的代码,其他代码在别的章节已经进行过详细的解析了。我们只关注与导出 POI 相关的代码。找到这段代码的开头。

```
// 销售总部
if(usercode.getNAME().equals("销售总部")){
    dataMap.clear();
    // 当前页
    int intPage = Integer.parseInt((page == null || page == "0") ? "1": page);
    // 每页显示条数
    int pageCount = Integer.parseInt((rows == null || rows == "0") ? "20": rows);
    int start = (intPage - 1) * pageCount + 1;
    // 界面输入的参数
    if (null != condition && condition.length() > 0) {
        try {
            condition = java.net.URLDecoder.decode(condition, "UTF-8");
        } catch (UnsupportedEncodingException e) {
            e.printStackTrace();
        }
    }
    // 查询条件
    StringBuffer sbwhere = new StringBuffer();
    if(null!=condition && !condition.isEmpty()){
        JSONObject obj = JSONObject.fromObject(condition);
        String dateStart =obj.containsKey("dateStart")? obj.getString("dateStart"):"";
```

```
            String dateEnd =obj.containsKey("dateEnd")? obj.getString("dateEnd"):"";
            dateStart = dateStart.replace("-", "");
            dateEnd = dateEnd.replace("-", "");
            String tbUsername =obj.containsKey("tbUsername")? obj.getString("tbUsername"):"";
            if(null!=tbUsername  && tbUsername .length()>0){
                sbwhere.append(" FULLNAME like'%"+tbUsername+"%' ");
            }
            if((null!=dateStart && dateStart .length()>0)&&(null!=dateEnd  && dateEnd .length()>0)){
                sbwhere.append(" AND    to_char(carddate,'yyyymmdd')>="+"'"+dateStart+"'"+"
and to_char(carddate,'yyyymmdd')<="+"'"+dateEnd+"'" );
            }
        }
        // 查询分页的 SQL 语句
        StringBuffer sbfind = new StringBuffer();
        sbfind.append(
            "SELECT CITY,\n" +
            "       GOODS,\n" +
            "       AMOUNT,\n" +
            "       RECEIVER,\n" +
            "       TAKEDATE,\n" +
            "       SENDDATE,\n" +
            "       REMARK,\n" +
            "       ROWNUM AS ROW_NUMBER\n" +
            "  FROM GOODS_SENDCOUNT"
            +sbwhere);
        // 查询总条数的 SQL 语句
        StringBuffer sbcount = new StringBuffer();
        sbcount.append(
            "SELECT count(1)\n" +
            "  FROM (SELECT *\n" +
            "          FROM GOODS_SENDCOUNT"
            +sbwhere+")");
        // 查询列表
        List<Map<String, Object>> list = imanage_reportdao.findData(sbfind, start, pageCount);
        JSONArray jsonlist = JsonUtil.fromObject(list);
        int count = imanage_reportdao.count(sbcount);
        dataMap.put("rows", jsonlist);
        dataMap.put("total", count);
        if(exportflag!=null && exportflag.equals("excel")){
            String srcdir = request.getRealPath("/");
            UUID uuid = UUID.randomUUID();
            String path = srcdir + "/temp/"+uuid+".xls";
            String flag = imanage_reportdao.exportExcel(list,path,uuid);
            dataMap.put("rows", flag);
            logger.info(dataMap.toString());
            exportflag = null;
            condition = null;
        }
        if(exportflag!=null && exportflag.equals("csv")){
            String srcdir = request.getRealPath("/");
            UUID uuid = UUID.randomUUID();
            String path = srcdir + "/temp/"+uuid+".csv";
            String flag = imanage_reportdao.exportCsv(list,path,uuid);
            dataMap.put("rows", flag);
            logger.info(dataMap.toString());
            exportflag = null;
            condition = null;
        }
    }
```

代码解析

通过对该段代码的整体分析，可以发现，这段代码并不难。我们只需要找到关键部分的代码，仔细分析一下就可以明白它的含义，如果还有困难，可以进入"Debug"，逐步调试一下。代码入口的注释很明显，表明这段代码是与销售总部有关系的，也就是说，登录的账号只要是符合销售总部权限的都可以顺利进入这个分支，让其生效。

这段代码可以分成两个部分：第一部分是与查询相关的，也就是说，单击"查询"就会触发它们；第二部分是与导出相关的。

全篇代码的分水岭与 exportflag 变量有关系，如果是"查询"按钮触发的请求，则该变量为 null，会执行与查询有关的所有代码，执行完成之后会返回前端。如果是单击了"导出 Excel"，则该变量的值就会成为"excel"对应传入的参数，进入不同的分支。在对 exportflag 变量进行逻辑判断的时候，会进入导出 Excel 文件的分支。

（1）下面这条语句的作用是获取当前服务器的工程路径。在我本机的项目中，服务器的路径是 E:\apache-tomcat-6.0.30\webapps\manage\。

```
String srcdir = request.getRealPath("/");
```

也就是说，我要在该路径底下的某个文件夹中存放生成好的 Excel 文件。在这里需要延伸一下，如果将管理系统部署到某个供应商的服务器下，该路径也会自动发生变化。这样，不管服务器在哪儿，程序生成的文件目录都会是正确的。

（2）下面这条语句用于动态生成 UUID，UUID 是通用唯一识别码，使用 UUID 的好处是，在管理系统中，所有的 ID 字段都可以保证是唯一的，不至于因重名发生冲突。所以，使用 UUID 来当作生成的 Excel 文件的名称是最合适的办法。当然，也可以将名称统一命名，如命名成"发货城市统计报表"等。

```
UUID uuid = UUID.randomUUID();
```

（3）利用调试，得到 path 的值为 E:\apache-tomcat-6.0.30\webapps\manage\/ temp/7b5b4ba1-5499-42b0-99cf-28f84bb2c75d.xls。新建一个 path 变量，用来存放 Excel 文件的完整路径，其中包含了该 Excel 的文件名。

```
String path = srcdir + "/temp/"+uuid+".xls";
```

（4）将之前查询出的结果 list、path、uuid 当作参数传入需要生成 Excel 的方法中去，如果该方法执行成功，返回 flag 标志。

```
String flag = imanage_reportdao.exportExcel(list,path,uuid);
```

（5）如果前端需要这个 flag 标志来判断 Excel 文件生成的情况，可以将其放在 dataMap 中返回，如果不需要，也可以摒弃。

```
dataMap.put("rows", flag);
```

（6）清空 exportflag 变量。

```
exportflag = null;
```

在 Action 层面的代码分析完毕，伴随着 Java 服务器的执行，进入业务层。

业务层 Dao 的实现如下：

```
public abstract String exportExcel(List<Map<String, Object>> list, String fileName, UUID uuid);
```

该层并没有对传递进来的 3 个参数进行处理，以后随着业务逻辑的增加，可以在 Dao 层里对这 3 个参数进行处理，或者，在该层中写新的导出方法。

持久层 `DaoImpl` 的实现如下：

```java
// 导出 Excel 代码
public String exportExcel(List<Map<String, Object>> list, String fileName, UUID uuid) {
    // 创建一个 webbook
    HSSFWorkbook wb = new HSSFWorkbook();
    // 在 webbook 中添加一个 sheet
    HSSFSheet sheet = wb.createSheet("发货城市统计");
    // 在 sheet 中添加表头，即第 0 行
    HSSFRow row = sheet.createRow((int) 0);
    // 创建格式
    HSSFCellStyle style = wb.createCellStyle();
    // 格式居中
    style.setAlignment(HSSFCellStyle.ALIGN_CENTER);
    // 对单元格赋值
    HSSFCell cell = row.createCell((short) 0);
    cell.setCellValue("城市");
    cell.setCellStyle(style);
    cell = row.createCell((short) 1);
    cell.setCellValue("产品");
    cell.setCellStyle(style);
    cell = row.createCell((short) 2);
    cell.setCellValue("数量");
    cell.setCellStyle(style);
    cell = row.createCell((short) 3);
    cell.setCellValue("接收人");
    cell.setCellStyle(style);
    cell = row.createCell((short) 4);
    cell.setCellValue("接收时间");
    cell.setCellStyle(style);
    cell = row.createCell((short) 5);
    cell.setCellValue("发送时间");
    cell.setCellStyle(style);
    cell = row.createCell((short) 6);
    cell.setCellValue("备注");
    cell.setCellStyle(style);
    // 使用实体 Bean
    // List list = cityBean.getCity();
    for (int i = 0; i < list.size(); i++){
        row = sheet.createRow((int) i + 1);
        // 创建单元格，赋值
        row.createCell((short) 0).setCellValue(list.get(i).get("CITY").toString());
        row.createCell((short) 1).setCellValue(list.get(i).get("GOODS").toString());
        row.createCell((short) 2).setCellValue(list.get(i).get("AMOUNT").toString());
        row.createCell((short) 3).setCellValue(list.get(i).get("RECEIVER").toString());
        row.createCell((short) 4).setCellValue(list.get(i).get("TAKEDATE").toString());
        row.createCell((short) 5).setCellValue(list.get(i).get("SENDDATE").toString());
        row.createCell((short) 6).setCellValue(list.get(i).get("REMARK").toString());
        // cell.setCellValue(new SimpleDateFormat("yyyy-mm-dd").format(cityBean.getCity()));
    }
    // 将文件保存到指定位置
```

```
    try{
        FileOutputStream fout = new FileOutputStream(fileName);
        wb.write(fout);
        fout.close();
    }
    catch (Exception e){
        e.printStackTrace();
    }
    return fileName;
}
```

代码解析

（1）下面这条语句创建了一个 webbook，相当于 Excel 中的创建空工作薄命令。首先，创建一个空工作薄，接下来，才可以在该工作薄中完成相应的操作。

```
HSSFWorkbook wb = new HSSFWorkbook();
```

（2）下面这条语句在创建好的工作薄中插入了一个工作表，名称是"发货城市统计"。在 Excel 中，新建工作薄的操作会默认生成 3 个空工作表。

```
HSSFSheet sheet = wb.createSheet("发货城市统计");
```

（3）下面这条语句声明了 row 变量，并且从 0 行开始处理。

```
HSSFRow row = sheet.createRow((int) 0);
```

（4）下面这条语句创建了格式变量，可以设置字体、颜色、对齐方式等。

```
HSSFCellStyle style = wb.createCellStyle();
```

（5）设置格式为居中。

```
style.setAlignment(HSSFCellStyle.ALIGN_CENTER);
```

（6）下面的代码创建了单元格变量 cell，从第 0 行开始，设置单元格 cell 的值为"城市"，格式为之前创建好的 style 变量。

```
HSSFCell cell = row.createCell((short) 0);
cell.setCellValue("城市");
cell.setCellStyle(style);
```

（7）下面的代码使用 for 循环为每一行创建了单元格，从第 1 行开始（第 0 行是表头，已经设置），分别设置单元格的内容为 CITY、GOODS 和 AMOUNT，也就是对应 list 中的城市、产品和数量。

```
for (int i = 0; i < list.size(); i++){
    row = sheet.createRow((int) i + 1);
    // 创建单元格，赋值
    row.createCell((short) 0).setCellValue(list.get(i).get("CITY").toString());
    row.createCell((short) 1).setCellValue(list.get(i).get("GOODS").toString());
    row.createCell((short) 2).setCellValue(list.get(i).get("AMOUNT").toString());
}
```

（8）下面的代码创建了一个 FileOutputStream 文件输出流，用于将数据写入 fileName 这个路径里的文件。

```
try{
    FileOutputStream fout = new FileOutputStream(fileName);
    wb.write(fout);
```

```
        fout.close();
    }
```

下面这条语句将 wb 工作薄的内容写入了文件输出流，用于在真正意义上创建 Excel 文件。

```
wb.write(fout);
```

下面这条语句关闭了文件输出流。

```
fout.close();
```

至此，利用 POI 创建 Excel 的工作就完成了，接下来要做的，就是把这个文件下载下来。此时，也许会出现其他场景，例如，客户可能觉得，只要在服务器上生成了 Excel 文件就可以了，如果需要使用的话，直接去服务器上取，不也是可以的吗？如果对方有这种想法，就可以省略下载 Excel 文件的步骤，该功能的整个需求就完成了。

8.5.4　下载 Excel 文件

在生成完 Excel 文件之后，程序会回到前端。通过开发人员工具，可以查看到返回值里存放的 flag 变量，表明 Excel 文件已经成功生成。

接下来，要做的就是把这个文件下载下来。通过 window.location.href 命令可以很容易地实现该功能。

```
window.location.href = "FileDownload.action?number=2&fileName="+name;
```

此时，浏览器又会触发一个新的 FileDownload 请求，程序又一次进入后端代码。

打开 FileDownload.java 文件。

```java
package com.manage.report.action;
import java.io.FileInputStream;
import java.io.InputStream;
import org.apache.struts2.ServletActionContext;
import com.opensymphony.xwork2.ActionSupport;

// 文件下载
public class FileDownload extends ActionSupport {
    private int number ;
    private String fileName;
    public int getNumber() {
        return number;
    }
    public void setNumber(int number) {
        this.number = number;
    }
    public String getFileName() {
        return fileName;
    }
    public void setFileName(String fileName) {
        this.fileName = fileName;
    }
    // 返回一个输入流（对于客户端来说是输入流，对于服务器端是输出流）
    public InputStream getDownloadFile() throws Exception {
        if(1 == number) {
            this.fileName = fileName+".csv" ;
```

```
        // 获取资源路径
        return ServletActionContext.getServletContext().getResourceAsStream("temp
            /"+fileName);
    }
    else if(2 == number) {
        this.fileName = fileName;
        // 设置编码
        this.fileName = new String(this.fileName.getBytes("GBK"),"ISO-8859-1");
        return new FileInputStream(fileName);
    }
    else if(3 == number)   {
        this.fileName = "发货城市统计.rar" ;
        // 设置编码
        this.fileName = new String(this.fileName.getBytes("GBK"),"ISO-8859-1");
        return ServletActionContext.getServletContext().getResourceAsStream("upload/
            发货城市统计.rar") ;
    }
    else
        return null ;
    }
    @Override
    public String execute() throws Exception {
        return SUCCESS;
    }
    }
}
```

代码解析

（1）可以看到该文件的代码主要作用就是导出，对于导出有 3 个条件判断分支，以 number 变量来决定。因为在前端发出请求的时候，我们的代码携带了 number 变量为 2，所以，此时走值为 2 的分支，并且触发该分支下的代码。

（2）下面这行代码设置编码格式为 GBK，以解决中文乱码的问题。

```
this.fileName = new String(this.fileName.getBytes("GBK"),"ISO-8859-1");
```

（3）下面这行代码利用 FileInputStream 读取服务器端存放的 Excel 文件，并且完成下载。

```
return new FileInputStream(fileName);
```

打开下载成功的 Excel 文件如图 8-18 所示。

8.5.5　CSV 介绍

CSV 全称 Comma-Separated Values，即逗号分隔值，其文件以纯文本形式存储数据。CSV 文件由任意数目的记录组成，记录间以某种换行符分隔，换行符比较常用的是逗号。CSV 文件中，所有的记录都遵循这一规则，没有其他的样式设置，故该类文件的特征是占用空间小，存储容量大，非常适合大数据量的存储和迁移。

图 8-18　下载成功的 Excel 文件

利用 POI，可以实现自定义样式的导出，非常适合报表类的数据，但导出的格式是 Excel，就要受到 Excel 文件的规则限制。有时候，可能我们对数据样式的要求并不高，需要的只是把海量数据经过一个低成本的方式，导入某个文件当中，然后，把这些文件分给需要的人，或者导入其他数据库。

如果利用 POI 导出，因为数据量巨大的原因，会浪费大量的内存，并且加大服务器负载。如果 POI 处理的程序写得不够完善，也极易出现内存溢出、导出表格混乱等错误。此时，我们可以利用 CSV 的方式进行导出，来规避这些问题。

CSV 文件的导出界面如图 8-19 所示。

图 8-19 是管理系统的导出界面，可以直接单击"查询"来查询发货城市表中所有的数据。如果该表中的数据有上千万条记录，导出 Excel 并不合适，在这种情况下，就需要导出 CSV 了。

利用 CSV 导出，不需要导入 JAR 包，使用 Java 自己的语法就可以完成相应的代码实现。

图 8-19　导出 CSV 文件的界面

它与 POI 的一个主要的区别，就是这一点：不依赖于第三方 JAR 包，就可以独立实现功能。这是因为，纯文本文件没有 Excel 中那些花哨的样式，使用 Java 的语法完全可以实现这些功能。

8.5.6　CSV 导出前端实现

首先，打开发货城市统计的文件 sendcity.jsp。在该文件中，找到"导出 CSV"的按钮，通过分析，可以看到，我们并没有对该按钮声明一个方法，而是为它赋予了一个 id="btnSaveFile"的语句。很明显，接下来，我们要通过 jQuery 的方式来绑定触发事件。

通过在页面里搜索 btnSaveFile 可以找到这块逻辑的代码。

```
$("#btnSaveFile").click(function(){
    $.messager.progress({
        title:'请等待',
        msg:'数据处理中...'
    });
    var condition = $("#formdata").toJsonString();
    var exportflag = "csv";
    condition = escape(encodeURIComponent(condition));
    var url='SendCity.action?condition='+condition+'&exportflag='+exportflag;
    $.ajax( {
        type : "post",
        url : url,
        error : function(event,request, settings) {
            $.messager.alert("提示消息", "请求失败", "info");
        },
        success : function(data) {
            $.messager.progress('close');
            var name = data.rows;
            window.location.href = "FileDownload.action?number=1&fileName="+name;
        }
    });
});
```

代码解析

在这段简单的代码中，我们为导出 CSV 按钮绑定了单击的触发事件。$.messager.progress 是一个典型的 EasyUI 插件，作用是在单击"导出 CSV"按钮的时候，弹出一个进度条。如果请求时间过长，该进度条会一直重复动画，表明请求还在持续；当请求结束后，该进度条消失。其他代码的作用与之前讲述 Ajax 请求时的代码类似，都是传递查询条件和构建 Ajax 请求的参数。

```
window.location.href = "FileDownload.action?number=1&fileName="+name;
```

这段代码的作用是在所有的操作都结束后，利用页面跳转的方式请求 FileDownload 来下载已经生成好的 CSV 文件。当前端的数据都准备妥当之后，就可以单击"导出 CSV"按钮，从而进入后端处理代码了。

8.5.7　CSV 导出后端实现

打开 SendCityAction 类文件，可以找到 CSV 导出 Excel 的所有后端代码。我们且不用关心该 Action 中的其他代码，其他代码在别的章节已经详细解析过了。我们只关注与导出 CSV 相关的代码，找到这段代码的开头。

```
// 销售总部
if(usercode.getNAME().equals("销售总部")){
    dataMap.clear();
    // 当前页
    int intPage = Integer.parseInt((page == null || page == "0") ? "1": page);
    // 每页显示条数
    int pageCount = Integer.parseInt((rows == null || rows == "0") ? "20": rows);
    int start = (intPage - 1) * pageCount + 1;
    // 界面输入的参数
    if (null != condition && condition.length() > 0) {
        try {
            condition = java.net.URLDecoder.decode(condition, "UTF-8");
        } catch (UnsupportedEncodingException e) {
            e.printStackTrace();
        }
    }
    // 查询条件
    StringBuffer sbwhere = new StringBuffer();
    if(null!=condition && !condition.isEmpty()){
        JSONObject obj = JSONObject.fromObject(condition);
        String dateStart =obj.containsKey("dateStart")? obj.getString("dateStart"):"";
        String dateEnd =obj.containsKey("dateEnd")? obj.getString("dateEnd"):"";
        dateStart = dateStart.replace("-", "");
        dateEnd = dateEnd.replace("-", "");
        String tbUsername =obj.containsKey("tbUsername")? obj.getString("tbUsername"):"";
        if(null!=tbUsername  && tbUsername .length()>0){
            sbwhere.append(" FULLNAME like'%"+tbUsername+"%' ");
        }
        if((null!=dateStart && dateStart .length()>0)&&(null!=dateEnd && dateEnd .length()>0) ){
            sbwhere.append(" AND   to_char(carddate,'yyyymmdd')>="+"'"+dateStart+"'"+
                " and to_char(carddate,'yyyymmdd')<="+"'"+dateEnd+"'" );
        }
    }
    // 查询分页的 SQL 语句
    StringBuffer sbfind = new StringBuffer();
    sbfind.append(
        "SELECT CITY,\n" +
        "       GOODS,\n" +
        "       AMOUNT,\n" +
        "       RECEIVER,\n" +
        "       TAKEDATE,\n" +
        "       SENDDATE,\n" +
```

```
"          REMARK,\n" +
"          ROWNUM AS ROW_NUMBER\n" +
"  FROM GOODS_SENDCOUNT"
+sbwhere);
// 查询总条数的 SQL 语句
StringBuffer sbcount = new StringBuffer();
sbcount.append(
"SELECT count(1)\n" +
"  FROM (SELECT *\n" +
"          FROM GOODS_SENDCOUNT"
+sbwhere+")");
// 查询列表
List<Map<String, Object>> list = imanage_reportdao.findData(sbfind, start, pageCount);
JSONArray jsonlist = JsonUtil.fromObject(list);
int count = imanage_reportdao.count(sbcount);
dataMap.put("rows", jsonlist);
dataMap.put("total", count);
if(exportflag!=null && exportflag.equals("excel")){
    String srcdir = request.getRealPath("/");
    UUID uuid = UUID.randomUUID();
    String path = srcdir + "/temp/"+uuid+".xls";
    String flag = imanage_reportdao.exportExcel(list,path,uuid);
    dataMap.put("rows", flag);
    logger.info(dataMap.toString());
    exportflag = null;
    condition = null;
}
if(exportflag!=null && exportflag.equals("csv")){
    String srcdir = request.getRealPath("/");
    UUID uuid = UUID.randomUUID();
    String path = srcdir + "/temp/"+uuid+".csv";
    String flag = imanage_reportdao.exportCsv(list,path,uuid);
    dataMap.put("rows", flag);
    logger.info(dataMap.toString());
    exportflag = null;
    condition = null;
}
}
```

代码解析

导出 CSV 的代码和导出 Excel 的代码都是通过 exportflag 变量来决定走哪一个分支的。进入分支后的代码也跟导出 Excel 的差不多，区别是在持久层。

（1）下面这条语句的作用是获取当前服务器的工作路径。在我本机的项目中，服务器的路径是 E:\apache-tomcat-6.0.30\webapps\manage\。

```
String srcdir = request.getRealPath("/");
```

也就是说，要在该路径底下的某个文件夹中存放生成好的 CSV 文件。在这里需要延伸一下，如果将管理系统部署到某个供应商的服务器下，该路径也会自动发生变化。这样，不管服务器在哪儿，程序生成的文件目录都会是正确的。

（2）下面这条语句用于动态生成 UUID 来当作生成的 CSV 文件的名称，当然，也可以将名称统一命名，如"发货城市统计报表"等。

```
UUID uuid = UUID.randomUUID();
```

（3）下面这条语句新建一个 path 变量，用来存放 CSV 文件的完整路径。E:\apache-tomcat-6.0.30\webapps\manage\/temp/7b5b4ba1-5499-42b0-99cf-28f84bb2c75d.csv，其中包含了该 CSV 的文件名。

```
String path = srcdir + "/temp/"+uuid+".csv";
```

（4）下面这条语句将之前查询出的结果 list、path 路径、uuid 当作参数传入需要生成 CSV 的方法中去，如果该方法执行成功，返回 flag 标志。

```
String flag = imanage_reportdao.exportCsv(list,path,uuid);
```

（5）如果前端需要这个 flag 标志来判断 CSV 文件生成的情况，可以将其放在 dataMap 中返回。

```
dataMap.put("rows", flag);
```

（6）下面这条语句清空 exportflag 变量。

```
exportflag = null;
```

在 Action 层面的代码分析完毕，下面我们来看一下其他层面的代码。进入该方法，可以看到该方法业务层 Dao 的实现如下：

```
public abstract String exportCsv(List<Map<String, Object>> list, String fileName, UUID uuid);
```

该层并没有对传递进来的 3 个参数进行处理，以后随着业务逻辑的增加，可以在 Dao 层里对这 3 个参数进行处理。

持久层 DaoImpl 的实现如下：

```
// 导出 CSV 文件的代码
public String exportCsv(List<Map<String, Object>> list, String fileName, UUID uuid) {
    /**
     * 把数据按一定的格式写到 CSV 文件中
     * @param fileName CSV 文件完整路径
     */
    FileWriter fw = null;
    try {
        fw = new FileWriter(fileName);
        // 输出标题头
        String title = "城市,产品,数量,接收人,接收时间,发送时间,备注\r\n";
        fw.write(title);
        String content = null;
        for(int i=0;i<list.size();i++) {
            // 注意列之间用","间隔,写完一行需要回车换行,即要在末尾加上\r\n
            content =list.get(i).get("CITY").toString()+","
                    +list.get(i).get("GOODS").toString()+","
                    +list.get(i).get("AMOUNT").toString()+","
                    +list.get(i).get("RECEIVER").toString()+","
                    +list.get(i).get("TAKEDATE").toString()+","
                    +list.get(i).get("SENDDATE").toString()+","
                    +list.get(i).get("REMARK").toString()+"\r\n";
            fw.write(content);
        }
    }catch(Exception e) {
        e.printStackTrace();
        throw new RuntimeException(e);
    }finally {
        try {
            if(fw!=null) {
                fw.close();
```

```
        }
    } catch (IOException e) {
        e.printStackTrace();
    }
    }
    String flag = uuid.toString();
    return flag;
}
```

代码解析

导出 CSV 文件的实现代码和 POI 导出的大同小异, 相比而言, 导出 CSV 文件的实现更加简单。首先, 需要建立一个 FileWriter 类, 用来写入字符文件。

fw.write(title);用来写入标题。

```
for(int i=0;i<list.size();i++) {
    // 注意列之间用","间隔, 写完一行需要回车换行, 即要在末尾加上\r\n
    content =list.get(i).get("CITY").toString()+","
            +list.get(i).get("GOODS").toString()+","
            +list.get(i).get("AMOUNT").toString()+","
            +list.get(i).get("RECEIVER").toString()+","
            +list.get(i).get("TAKEDATE").toString()+","
            +list.get(i).get("SENDDATE").toString()+","
            +list.get(i).get("REMARK").toString()+"\r\n";
    fw.write(content);
}
```

使用 for 循环把文件的内容写入 content 变量中, 循环一次为一行, 并且把该行写入生成的 CSV 文件中, 直到循环结束, 就可以把所有数据写完, 然后返回 flag 标识。

8.5.8　下载 CSV 文件

在生成完 CSV 文件之后, 程序会回到前端。通过开发人员工具, 可以查看到返回值里存放的 flag 变量, 表明 CSV 文件已经成功生成。

接下来, 要做的就是把这个文件下载下来。通过 window.location.href 命令可以很容易地实现该功能。

window.location.href = "FileDownload.action?number=1&fileName="+name;

此时, 又会触发一个新的 FileDownload 请求, 程序又一次进入后端代码。

打开 FileDownload 类文件。

```
package com.manage.report.action;
import java.io.FileInputStream;
import java.io.InputStream;
import org.apache.struts2.ServletActionContext;
import com.opensymphony.xwork2.ActionSupport;

// 文件下载
public class FileDownload extends ActionSupport{
    private int number ;
    private String fileName;
    public int getNumber() {
        return number;
    }
    public void setNumber(int number) {
```

```
            this.number = number;
    }
    public String getFileName() {
        return fileName;
    }
    public void setFileName(String fileName) {
        this.fileName = fileName;
    }
    // 返回一个输入流（对于客户端来说是输入流，对于服务器端是输出流）
    public InputStream getDownloadFile() throws Exception
    {
        if(1 == number)
        {
            this.fileName = fileName+".csv" ;
            // 获取资源路径
            return ServletActionContext.getServletContext().getResourceAsStream("temp/"+fileName);
        }
        else if(2 == number)
        {
            this.fileName = fileName;
            // 设置编码
            this.fileName = new String(this.fileName.getBytes("GBK"),"ISO-8859-1");
            return new FileInputStream(fileName);
        }
        else if(3 == number)
        {
            this.fileName = "发货城市统计.rar" ;
            // 设置编码
            this.fileName = new String(this.fileName.getBytes("GBK"),"ISO-8859-1");
            return ServletActionContext.getServletContext().getResourceAsStream
                ("upload/发货城市统计.rar") ;
        }
        else
            return null ;
    }
    @Override
    public String execute() throws Exception {
        return SUCCESS;
    }
}
```

代码解析

可以看到该文件的代码主要作用就是导出，对于导出有 3 个条件判断分支，以 number 变量来决定。因为在前端发出请求的时候，我们的代码携带了 number 变量为 1，所以，此时走 1 的分支。

设置编码格式为 GBK，以解决中文乱码的问题：

```
this.fileName = new String(this.fileName.
getBytes("GBK"),"ISO-8859-1");
```

利用 ServletActionContext 提供的方法来读取服务器端存放的 CSV 文件，并且完成下载。

```
return ServletActionContext.getServletContext()
.getResourceAsStream("temp/"+fileName) ;
```

打开下载成功的 CSV 文件如图 8-20 所示。

图 8-20　下载成功的 CSV 文件

8.5.9 导出功能 XML 文件配置

不管是导出 Excel 文件还是 CSV 文件，在最后下载的时候，都会用到 `FileDownload` 这个公共类，从服务器端完成对文件的下载，如果不对这个类进行配置，就不能顺利完成下载，在程序的最后关头，也会报错。

```
<action name="FileDownload" class="com.manage.report.action.FileDownload">
    <result name="success" type="stream">
        <param name="contentType">application/ms-excel</param>
        <param name="contentDisposition">attachment;fileName="${fileName}"</param>
        <param name="inputName">downloadFile</param>
        <param name="bufferSize">1024</param>
    </result>
</action>
```

这个配置文件很简单，仔细阅读一下就可以明白其中的道理。需要注意的几点是，`action name` 指明了类对应的路径。`<result name="success" type="stream">` 表明了如果请求成功，返回的是流，因为下载都需要用到流。`<param name="contentType">` `application/ms-excel</param>` 参数表明下载格式是 excel 的，导出 CSV 也可以用此格式。`<param name="contentDisposition">` `attachment;fileName="${fileName}" </param>` 表明了文件路径。

`<param name="inputName">downloadFile</param>` 该属性指向被下载文件的来源，对应着 Action 类中的某个属性，类型为 `downloadFile`，也就是类中的 `public InputStream getDownloadFile()` 方法。`<param name="bufferSize">1024</param>` 表明缓冲区大小。

8.6 加入缓存机制

如果项目在运转的过程中，容易出现高并发的情况，建议使用缓存来解决这种问题。何为高并发呢？说穿了就是 JDBC 请求过于频繁。举个例子，在管理系统中，对报表 A 的查询就是一个 JDBC 连接，我们在完成查询之后，会把数据返回到前端，与此同时，也会习惯在 `finally` 语句中写上关闭连接的操作。但是，如果有几万人同时操作这个报表，就会为数据库带来很大的负载，这就是高并发的一种典型场景。那么，有什么办法可以避免高并发呢？使用缓存就是其中的一个办法。在缓存的选择方面，推荐使用 Ehcache。

8.6.1 Ehcache 的搭建

1. ehcache.xml

在管理系统 manage 项目的 src 目录下新建 ehcache.xml，其主要作用是设置项目中关于缓存的配置项。在该文件中的设置，直接作用于整个项目周期，所以必须认真对待，它决定了缓存的执行效率。例如，在该文件中设置把缓存保存到磁盘中，就可以不用担心缓存的容量问题，具体内容如代码清单 8-23 所示。

代码清单 8-23　ehcache.xml

```
<?xml version="1.0" encoding="UTF-8"?>
<ehcache xmlns:xsi="http://www.w3.org/2001/XMLSchema-instance"
    xsi:noNamespaceSchemaLocation="http://ehcache.org/ehcache.xsd">
    <!-- 磁盘缓存位置 -->
    <diskStore path="java.io.tmpdir/ehcache" />
    <!-- 默认缓存 -->
```

```
        <defaultCache maxElementsInMemory="10000" eternal="false"
            timeToIdleSeconds="120" timeToLiveSeconds="120" overflowToDisk="true" />
        <!-- users 缓存 -->
        <cache name="users" maxElementsInMemory="1000" eternal="false"
            timeToIdleSeconds="120" timeToLiveSeconds="120" overflowToDisk="false"
            memoryStoreEvictionPolicy="LRU" />
</ehcache>
```

代码解析

（1）`<diskStore>`元素的作用是在硬盘上保存 Ehcache 缓存的路径。当前的配置是通过 IO 的临时路径来保存缓存，可以在调试模式下看到具体的路径。

（2）`<defaultCache>`元素的作用是设置默认缓存参数，例如，`maxElementsInMemory` 设置缓存容量是 10000，`eternal` 设置为 `false` 表示缓存中的内容不会永久存在，而是依赖于过期时间。`timeToIdleSeconds` 设置缓存过期时间。`overflowToDisk` 设置溢出处理方式，如果为 `true`，则会在内容溢出的时候写入磁盘。

（3）`<cache name="users">`元素的作用是设置用户缓存，它的参数作用跟默认缓存一样。

2. spring-ehcache.xml

该配置文件的作用是把 Ehcache 对象的生成托管给 Spring，这跟数据模型类的托管是一个道理。因为 Ehcache 是对象，使用它必然需要进行初始化，还有生成具体的实例，具体内容如代码清单 8-24 所示。

代码清单 8-24　spring-ehcache.xml

```
<?xml version="1.0" encoding="UTF-8"?>
<beans xmlns="http://www.springframework.org/schema/beans"
    xmlns:xsi="http://www.w3.org/2001/XMLSchema-instance"
    xmlns:cache="http://www.springframework.org/schema/cache"
    xmlns:aop="http://www.springframework.org/schema/aop"
    xsi:schemaLocation="http://www.springframework.org/schema/beans
        http://www.springframework.org/schema/beans/spring-beans-3.0.xsd
        http://www.springframework.org/schema/cache
        http://www.springframework.org/schema/cache/spring-cache-3.2.xsd
        http://www.springframework.org/schema/aop
        http://www.springframework.org/schema/aop/spring-aop-3.0.xsd
        ">
    <bean id="ehcache"
        class="org.springframework.cache.ehcache.EhCacheManagerFactoryBean">
        <property name="configLocation" value="classpath:ehcache.xml" />
    </bean>
    <bean id="cacheManager" class="org.springframework.cache.ehcache.EhCacheCacheManager">
        <property name="cacheManager" ref="ehcache" />
    </bean>
    <!-- 缓存开关 -->
    <cache:annotation-driven cache-manager="cacheManager" />
    <!-- 缓存注解 -->
    <cache:advice id="cacheAdvice" cache-manager="cacheManager">
        <cache:caching cache="users">
            <cache:cacheable method="findGridByCondition" />
        </cache:caching>
    </cache:advice>
    <!-- 缓存映射 -->
    <aop:config proxy-target-class="false">
        <aop:advisor advice-ref="cacheAdvice"
            pointcut="execution (* com.manage.platform.service.impl..*.*(..))" />
    </aop:config>
</beans>
```

代码解析

这些代码只要理解了 Spring 的控制反转和依赖注入思想就很容易理解，而且，之前我们在 applicationContext.xml 中的大部分代码都是这样配置的，两者非常类似。首先，我们需要建立 Ehcache 的实体 Bean。

（1）`<bean id="ehcache">`元素通过引用第三方插件 `EhCacheManagerFactoryBean`，来读取本地路径下的 ehcache.xml 配置信息文件生成连接实例，至于如何读取是该类的具体实现，需要参考源码来阅读，但如果不想学习源码也没关系，这本身就是个工具，我们知道如何使用就行了。但我们需要明白，它的 JAR 包是 spring-context-support-4.0.4.RELEASE，如果项目中没有引用，那么这个定义将无法通过，导致项目不能启动。

（2）`<bean id="cacheManager">`的元素通过引用第三方插件 `EhCacheCacheManager`，来对 `EhCache` 进行实际的操作。同时，它的 JAR 包也是 spring-context-support-4.0.4.RELEASE。

（3）`<cache:annotation-driven cache-manager="cacheManager" />`表示开启 Ehcache 缓存的使用。

（4）`<cache:caching cache="users">`表示使用之前配置的 users 缓存信息。

（5）`<cache:cacheable method="findGridByCondition" />`表示使用缓存的具体方法。

（6）`<aop:config>`元素下的所有内容，是使用 AOP 切面编程思想来映射缓存监视的包名，跟数据库事务的配置原理完全一样。

3．EhcacheDemo

Ehcache 的配置文件已经开发完毕了，接着，我们通过一个简单的 Java 类来测试之前的配置文件是否生效，还有它的输出结果是否可靠，如果发现数据并没有达到预期的效果，可以不断地修改配置文件来进行测试，具体内容如代码清单 8-25 所示。

代码清单 8-25 EhcacheDemo.java

```java
package com.manage.util;
import net.sf.ehcache.Cache;
import net.sf.ehcache.CacheManager;
import net.sf.ehcache.Element;

public class EhcacheDemo {
    public static void main(String[] args) throws Exception {
        CacheManager cacheManager = new CacheManager();
        Cache cache = cacheManager.getCache("users");
        String contentkey = "one";
        Element content = new Element(contentkey, "Hello Ehcache");
        cache.put(content);
        Element one = cache.get("one");
        System.out.println(cache.getSize());
        System.out.println(cache.getKeys());
        System.out.println(one.getObjectValue());
    }
}
```

输出结果：

```
1
[one]
Hello Ehcache
```

代码解析

（1）首先这段代码能够成功输出数据，已经说明了 Ehcache 配置成功。

（2）CacheManager cacheManager = new CacheManager()表示新建一个 CacheManager 变量。

（3）Cache cache = cacheManager.getCache("users")表示缓存对象 Cache 应用配置文件中设定好的 users 相关配置。

（4）Element content = new Element(contentkey, "Hello Ehcache")表示把"Hello Ehcache"字符串保存在 contentkey 键中。

（5）cache.put(content)表示把键值对保存在缓存对象 Cache 中。

完成这些代码的编写后，就可以使用 Cache 提供的方法，如 getSize()、getKeys()和 getObjectValue()，直接从缓存中获取之前保存好的数据了。

8.6.2 Ehcache 的使用

在之前的几节，使用 Ehcache 完成了数据的存储和获取，证明 Ehcache 的配置已经没有任何问题。但是，那只是单纯地使用 Java 代码进行测试，而如何把 Ehcache 和项目中的实际需求结合起来呢？例如，在管理系统中，我们可以使用 Ehcache 进行区域管理功能的数据查看，理论上如果 Ehcache 生效，第一次查询的时候会与数据库建立交互，而第二次因为缓存中已经有了数据就不用再做重复的操作了。

1. 文件注解方式来使用 Ehcache

在项目中使用 XML 文件来进行 Ehcache 的配置被称作文件注解方式，使用这种方式的具体操作已经执行过了，就是在项目中新建 ehcache.xml 和 spring-ehcache.xml 文件。那么接下来，我们来看看实际效果如何？因为在 spring-ehcache.xml 中的缓存注解配置项已经设定了 Ehcache 的生效方法是 findGridByCondition，生效范围是 findGridByCondition 对应包 com.manage.platform. service.impl 下的全部类，所以此处我们直接执行 findGridByCondition()方法对应的功能模块即可完成测试。

使用 admin 登录管理员界面，点击系统管理菜单下的区域管理功能，同时，记得以 Debug 方式启动项目，在 MANAGE_AREAServiceImpl 类的 findGridByCondition()方法处打上断点。点击区域管理功能的时候，会自动在这里进入断点，可以发现项目已经查出了数据，并且把数据保存进入了缓存之中，但具体的动作是看不到的，操作界面如图 8-21 所示。

图 8-21　Ehcache 测试功能

检测方法：当我们点击刷新按钮，让程序再次去数据库里查询的时候，却发现无论如何，程序也不会再进入断点了。而且列表可以成功地显示，并且速度非常快。因此，说明 Ehcache 依靠配置文件来设置缓存的操作成功了。

2. 代码注解方式来使用 Ehcache

Ehcache 的代码注解方式很简单，只需要在需要开启缓存的代码上方加入注解标识（如

@Cacheable(value = "users"))即可，使用注解标识修饰方法的话，就可以省去文件注解当中的部分内容。首先，需要把文件注解当中的部分内容删除或者注释掉，否则无法判断是哪一个注解方式生效。

```
<!-- 缓存注解 -->
<cache:advice id="cacheAdvice" cache-manager="cacheManager">
    <cache:caching cache="users">
        <cache:cacheable method="findGridByCondition" />
    </cache:caching>
</cache:advice>
<!-- 缓存映射 -->
 <aop:config proxy-target-class="false">
    <aop:advisor advice-ref="cacheAdvice"
        pointcut="execution (* com.manage.platform.service.impl..*.*(..))" />
</aop:config>
```

接着，在需要开启缓存的方法上使用注解标识修饰。

```
@Cacheable(value = "users")
public List<Map<String, Object>> findGridByCondition(String condition) {
    return MANAGE_AREAdao.findGridByCondition(condition);
}
```

接着，重复执行之前对于 Ehcache 缓存是否生效的检测方法，会发现两种注解方式的结果是一样的，这就说明这两种注解方式都在管理系统中得到了正确的集成，标志着 Ehcache 缓存正式集成到了项目的架构里。使用 Ehcache 的好处非常多，例如，目前硬盘的空间都普遍非常大，而且价格也不贵。如果在一个大数据系统或者高并发的电商系统中使用缓存，把诸如排行榜这类需要复杂计算的数据保存到缓存里，不是很好吗？一块硬盘的价格远比租用专门的缓存服务器便宜。

8.7 解决并发问题

并发问题在项目运行过程是难以避免的，最好的办法就是不断地优化代码和框架，使用各种手段来应付并发，并且预防并发问题。首先，需要明白什么是并发，并发在 Java 项目中一般指的是该项目在某个时间点有很多用户访问，从而给系统造成了极大的负载。因为很多用户访问项目时，这些用户的访问一定会与数据库建立 JDBC 连接，从而产生大量的前后端交互操作。JVM 能力有限，因为各种原因，并不能很快地及时回收各类并发产生的资源，所以会造成项目的负载很高，就会产生各类问题。

解决并发有很多办法，如使用缓存、静态页面、构建服务器集群等。使用缓存的作用是把很多复杂的 SQL 运算事先计算好（如多表查询），并且把它放置在缓存中，这样当客户端访问功能时，就可以直接从缓存中读取数据，而不用建立 JDBC 连接；使用静态页面的作用更加直接，因为静态页面没有任何的前后端交互操作，如表单提交、Ajax 等，所以它可以节省很多系统资源；构建服务器集群是从硬件方面解决并发的问题，单台服务器肯定存在瓶颈，有其性能极限，而多台服务器分担客户端请求的话就会轻松很多。

8.7.1 连接池

并发与 JDBC 连接有一定的关系，那么我们就可以从优化 JDBC 连接来入手，找出一些解决并发问题的方法。JDBC 连接池是一种很好的方案，它可以在项目初始化的时候，把一定数量的连接存储在内存中，当用户访问项目的时候，首先会直接从连接池中获取空闲连接对象。如果连接对象使用完毕，会自动回到连接池，以方便下一个用户访问时获取。

连接池的参数是可变的，程序员可以通过配置文件来设置，以找出性能最佳的连接池方案。总之，连接池把建立、关闭数据库等耗时的操作剔除出去，使用自身来进行科学管理（连接复用），这样就节省了大量的系统资源，具体内容如代码清单 8-26 所示。

代码清单 8-26　applicationContext.xml

```
<bean id="dataSource" class="org.apache.commons.dbcp.BasicDataSource">
    <property name="driverClassName" value="${driverClassName}">
    </property>
    <property name="url" value="${url}">
    </property>
    <property name="username" value="${username}"></property>
    <property name="password" value="${password}"></property>
    <!-- 连接池启动时的初始值 -->
    <property name="initialSize" value="${initialSize}"></property>
    <!-- 连接池的最大值 -->
    <property name="maxActive" value="${maxActive}"></property>
    <!-- 最大空间值，当经过一个高峰时间后，连接池可以慢慢将已经用不到的连接慢慢释放一部分，直至减少的
    maxIdle 为止 -->
    <property name="maxIdle" value="${maxIdle}"></property>
    <!-- 最小空间值，当空间的连接数少于阀值时，连接池就会预申请一些连接，以免洪峰来时来不及申请 -->
    <property name="minIdle" value="${minIdle}"></property>
</bean>
```

代码解析

连接池使用 `BasicDataSource` 类进行管理，它需要配置在单独的 Bean 中。其内容主要是设置连接池参数，从而起到优化 JDBC 连接的作用，常用的参数有以下几个。

（1）`initialSize`：连接初始值。

（2）`maxActive`：连接最大值。

（3）`maxIdle`：最大空间值，当经过并发高峰时间后，连接池可以慢慢把已经不用的连接逐渐释放一部分，直至减少的 `maxIdle` 为止。

（4）`minIdle`：最小空间值，当项目的连接数少于阀值时，连接池会预申请一些连接作为备用，以免并发高峰时来不及申请。

连接池最大的特点是依靠自身管理这些连接，程序员只是通过配置参数来进行干预，因此需要可以不断地改变这些参数的组合，来找出适合当前项目最佳的性能方案。需要注意的是，如果请求的数量超过了 `maxActive`，超出的请求就会处于等待队列，直到前面的连接被逐个释放。

8.7.2　Nginx

使用连接池可以显著地解决部分并发问题，针对企业级的 Java 项目来说基本足够使用。但是，当面对那些高并发的互联网项目的时候，使用连接池明显力不从心了。因此，针对这些项目，我们不但需要使用连接池，还需要使用分布式集群，把并发分配到不同的主机上，从而达到负载均衡的作用。而项目要实现负载均衡，就需要使用 Nginx 和 Apache，它们可以作为中间服务器，专门负责把并发转移到不同的项目服务器上。在本节中，我们主要讲述 Nginx 在管理系统中的应用。

Nginx 是一款轻量级、高性能的反向代理服务器，其主要作用就是负责转移并发到不同的服务器上，从而实现负载均衡。Nginx 的使用率非常高，其中不乏百度、京东、淘宝等著名网站，且支持不同的操

作系统，如 Windows、Linux 等，它最大的特点是能够支持数十万的并发，当然这需要很好的硬件支撑。

1. Nginx 下载

在浏览器打开Nginx官方网站的下载页面，在这里有3个选项的版本供我们下载，分别是Mainline version（正式版）、Stable version（稳定版）和 Legacy versions（过去版），一般选择正式版和稳定版即可，在这里我们选择稳定版。下载好软件并且解压缩后，出现了 Nginx 的目录，里面有一些文件夹，它们主要是 conf（配置）、docs（文档）、logs（日志），还有启动程序 nginx.exe，可以双击 nginx.exe 进行启动。当然，这样做的前提是最好把 Nginx 文件复制到一个单独的文件夹中，如 E:\nginx-1.12.2。

2. Nginx 命令

Nginx 的命令需要在 DOS 窗口下执行，常用的命令有下面这几个。

（1）`E:\nginx-1.12.2>start nginx`：Nginx 启动。

（2）`E:\nginx-1.12.2> nginx.exe -s stop`：Nginx 快速退出，不保存相关信息。

（3）`E:\nginx-1.12.2> nginx.exe -s quit`：Nginx 完整退出，保存相关信息。

（4）`E:\nginx-1.12.2> nginx.exe -s reload`：Nginx 重载，用于更新配置。

（5）`E:\nginx-1.12.2> nginx.exe -s reopen`：Nginx 打开日志文件。

（6）`E:\nginx-1.12.2> nginx -v`：Nginx 查看版本号。

3. Nginx 配置

Nginx 的配置文件是 conf 目录下的 nginx.conf，打开该文件，可以对 Nginx 代理服务器的信息进行配置，如果配置成功可以使用重载命令使其生效，再参考项目中的实际变化，即可观察 Nginx 带来的性能，具体内容如代码清单 8-27 所示。

代码清单 8-27　nginx.conf

```
#user  nobody;
worker_processes  1;
#error_log  logs/error.log;
#error_log  logs/error.log  notice;
#error_log  logs/error.log  info;
#pid        logs/nginx.pid;
events {
    #允许最大连接数
    worker_connections  1024;
}
http {
    include       mime.types;
    default_type  application/octet-stream;
    #log_format  main  '$remote_addr - $remote_user [$time_local] "$request" '
    #                  '$status $body_bytes_sent "$http_referer" '
    #                  '"$http_user_agent" "$http_x_forwarded_for"';
    #access_log  logs/access.log  main;
    sendfile        on;
    #tcp_nopush     on;
    #keepalive_timeout  0;
    keepalive_timeout  65;
    #gzip  on;
    #转发服务器集群
    upstream localtomcat {
    server 127.0.0.1:8080 weight=1;
```

```
server 127.0.0.1:18080 weight=2;
#server 127.0.0.1:8080 max_fails=1 fail_timeout=10s;
#server 127.0.0.1:18080 max_fails=1 fail_timeout=10s;
}
#当前的 Nginx 的配置
server {
    listen        80;
    server_name  localhost;
    #charset koi8-r;
    #access_log  logs/host.access.log  main;
    #location / {
    #    root    html;
    #    index  index.html index.htm;
    #}
    #定义转发指向名称及配置信息
    location / {
        root    html;
        index  index.html index.htm;
        proxy_pass        http://localtomcat;
        proxy_set_header  X-Real-IP  $remote_addr;
        client_max_body_size  100m;
        #proxy_pass http://localtomcat;
        #proxy_redirect off ;
        #proxy_set_header Host $host;
        #proxy_set_header X-Real-IP $remote_addr;
        #proxy_set_header REMOTE-HOST $remote_addr;
        #proxy_set_header X-Forwarded-For $proxy_add_x_forwarded_for;
        #client_max_body_size 50m;
        #client_body_buffer_size 256k;
        #proxy_connect_timeout 1;
        #proxy_send_timeout 30;
        #proxy_read_timeout 60;
        #proxy_buffer_size 256k;
        #proxy_buffers 4 256k;
        #proxy_busy_buffers_size 256k;
        #proxy_temp_file_write_size 256k;
        #proxy_next_upstream error timeout invalid_header http_500 http_503 http_404;
        #proxy_max_temp_file_size 128m;
    }
    #定义路径转发
    #location /manage/ {
    #    proxy_pass http://localhost:8080;
    #    root    jsp;
    #    index  index.jsp index.jsp;
    #}
    #error_page 404                /404.html;
    # redirect server error pages to the static page /50x.html
    #
    error_page  500 502 503 504  /50x.html;
    location = /50x.html {
        root    html;
    }
    # proxy the PHP scripts to Apache listening on 127.0.0.1:80
    #
    #location ~ \.php$ {
    #    proxy_pass    http://127.0.0.1;
    #}
    # pass the PHP scripts to FastCGI server listening on 127.0.0.1:9000
    #
    #location ~ \.php$ {
    #    root            html;
```

```
    #      fastcgi_pass    127.0.0.1:9000;
    #      fastcgi_index   index.php;
    #      fastcgi_param   SCRIPT_FILENAME   /scripts$fastcgi_script_name;
    #      include         fastcgi_params;
    #}
    # deny access to .htaccess files, if Apache's document root
    # concurs with nginx's one
    #
    #location ~ /\.ht {
    #      deny  all;
    #}
  }
  # another virtual host using mix of IP-, name-, and port-based configuration
  #
  #server {
  #    listen        8000;
  #    listen        somename:8080;
  #    server_name   somename  alias  another.alias;
  #    location / {
  #        root    html;
  #        index   index.html index.htm;
  #    }
  #}
  # HTTPS server
  #
  #server {
  #    listen        443 ssl;
  #    server_name   localhost;
  #    ssl_certificate       cert.pem;
  #    ssl_certificate_key   cert.key;
  #    ssl_session_cache     shared:SSL:1m;
  #    ssl_session_timeout   5m;
  #    ssl_ciphers   HIGH:!aNULL:!MD5;
  #    ssl_prefer_server_ciphers  on;
  #    location / {
  #        root    html;
  #        index   index.html index.htm;
  #    }
  #}
}
```

代码解析

文件中列出了 Nginx 的配置信息，可以通过修改这些信息来改变 Nginx 的代理逻辑。

（1）worker_connections 1024：允许最大连接数量是 1024 个。

（2）upstream localtomcat{}：具体的转发服务器集群，可以在该元素中配置 N 个转发服务器。

（3）server 127.0.0.1:8080 weight=1：转发服务器是 TomcatA，地址是本机，端口是 8080，优先级是 1。

（4）server 127.0.0.1:18080 weight=2：转发服务器是 TomcatB，地址是本机，端口是 18080，优先级是 2。

（5）location{}，定义转发指向名称及配置信息。

（6）proxy_pass http://localtomcat：定义转发的目标是代理服务器集群 localtomcat，也就是对应 localtomcat 底下的两台 Tomcat 服务器。

（7）server {}：当前的服务器配置，如该元素下的 server_name 属性是 localhost，也就是接下来我们测试的地址是 `http://localhost/manage/`。

4. Tomcat 配置

Tomcat 的配置比较简单，第一处是需要配置其中另一台服务器的端口号，可以做一些稍微的调整，例如，在 server.xml 把原端口号 8005 改成 18005，把 8080 改成 18080，把 8009 改成 18009。第二处配置是进行和 Redis 结合的改动，在 context.xml 中，具体内容如代码清单 8-28 所示。

代码清单 8-28 context.conf

```
<Valve  className="com.radiadesign.catalina.session.RedisSessionHandlerValve" />
<Manager className="com.radiadesign.catalina.session.RedisSessionManager"
    host="127.0.0.1"
    port="6379"
    database="0"
    maxInactiveInterval="60" />
```

代码解析

本段代码主要是结合 Redis 来达到使用 Nginx 实现负载均衡作用的同时，实现 Session 共享，以免出现数据错。`RedisSessionHandlerValve` 和 `RedisSessionManager` 是 Redis 提供的控制工具类，而 `host` 需要填入本机地址，对应 Nginx 配置文件中服务器集群里的 Tomcat 服务器。maxInactiveInterval 则是 Session 的过期时间，如果需要测试的话，可以把它的数值设定得大一些，以方便观察结果。另外，这段代码需要加入服务器集群里的所有 Tomcat 服务器中才能生效。

5. Nginx 测试

先打开 DOS 窗口，分别启动 Nginx 和 Redis，分别把 `manage` 项目复制到需要测试的两个 Tomcat 的 webapps 目录中，再同时启动两个 Tomcat。接着，在浏览器输入测试地址 http://localhost/manage/，并且不停地刷新，会发现标题 `Title` 会经常在服务器 1 和服务器 2 之间变换，说明请求由 Nginx 转发到了不同的 Tomcat 服务器，从而达到了负载均衡的目标，再加上开启了 Redis，就可以做到负载均衡下的 `Session` 共享。

8.8 小结

本章主要通过在管理系统 manage 项目中集成 Struts 2、Spring、Hibernate 来进行典型的 Java EE 企业级项目的框架搭建，带领读者学习架构师的工作内容。从框架搭建到框架集成再到架构设计，可以说这条路线是项目的必经之路，而其他的内容就是在搭建好的项目框架之中不停地填充，例如，权限管理模块，它是一个自成系统庞大模块，包括业务设计、程序设计、数据库设计，如何把它成功地集成在 manage 项目之中是个难点，而报表导出是 manage 项目的常规需求，如何实现这个需求要依靠 POI 开源框架，在这里又会涉及集成 POI 的操作。

最后，为了解决并发带来的问题，我们又在管理系统中集成了 Ehcache，利用 Ehcache 在硬盘中保存缓存文件，在获取这些数据的时候直接通过缓存查询，可以极大地提高系统性能。另外，为了实现负载均衡，我们又在管理系统中增加了连接池和 Nginx，再搭配 Redis 做到了负载均衡下的 `Session` 共享。通过本章的学习，读者可以轻松步入初级架构师的层次。

第 9 章

Spring MVC

Spring MVC 是近年来逐渐流行起来的 Java 开发框架，其主要设计思想是抛弃 Struts 2，直接利用 Spring 来实现 MVC 设计理念，所以它被称作 Spring MVC。在 Spring MVC 中，我们无需用 Struts 2 当作控制器来转发 Action 的请求，而是直接使用 Spring 自带的注解，来实现方法级别的拦截。这样做的好处非常明显，可以不用集成 Struts 2 框架，直接使用 Spring 自身即可完成前后端交互，提高了性能和速度，也降低了部分开发难度，因为 Spring 的注解是依靠它本身的拦截器机制的，这项技术又依赖于 AOP 设计理念，所以在代码可读性方面，Spring MVC 也比 Struts 2 更有优势。

9.1　框架搭建

框架搭建的过程比较复杂，但在此之前，我们可以对项目进行总体的分析和布局。从整体规划方面来讲述项目的主要需求，从技术选型方面来讲述选用 Spring MVC 的优势，从项目结构方面来明确该项目的代码规范。

9.1.1　整体规划

本章我们通过员工信息系统的开发，来讲解 Spring MVC 的学习。学习的思路与 SSH 框架的搭建基本上一致，但因为员工信息系统比较简单，也没有权限管理，所以在代码和配置文件方面会比较少，但精简的系统也能更有利于学习框架搭建。员工信息系统的功能非常简单，主要作用是为了让我们通过一个合理的模式来学习 Spring MVC，但尽管如此它仍然是一个完整的项目，所以也就需要做一个整体规划。

首先，我们可以查看一下员工信息系统的主要功能，它的界面如图 9-1 所示。

图 9-1　员工信息系统

实际上，我们只需要完成这两个功能，就可以实现学习 Spring MVC 的任务了。在这个系统里，我们无须集成复杂的权限系统。但是，数据源从何而来呢？在管理系统，我们是通过脚本导入和手动录入的，那么在员工信息系统中，我们可以通过导入 Excel 的操作来完成这一业务，把导入 Excel 作为员工信息系统在搭建完框架后的主要开发需求。

把导入 Excel 的内容插入到 MySQL 的 emp 表中，接着，再做一个查询员工信息的功能，就可以把针对 emp 表的业务全部做完。虽然，这只是一个基于单表 emp 的增删改查的例子，但却完整地集成了 Spring MVC，把 Spring MVC 变成基础框架平台，这样无论以后遇见多么复杂的项目，都可以使用该基础平台来开发了。毕竟，程序开发是万变不离其宗。而这个项目的前端，我们不用任何插件，直接使用原生 JavaScript 和 jQuery。但是，后端 ORM 框架我们采用 Hibernate，数据库就一张 emp 员工表，所以使用 MySQL 是最好的。

9.1.2　技术选型

Spring MVC 是依靠 Spring 框架自身的注解，利用 AOP 思想理念和拦截器机制来实现 MVC 的，所以该框架的技术选型仍然是 MVC。本节我们重点讲述一下 Spring MVC 处理请求的过程，首先客户端发出的请求被 Spring MVC 的 DispatcherServlet 拦截，如以下代码所示：

```
<servlet>
    <servlet-name>dispatcher</servlet-name>
    <servlet-class>org.springframework.web.servlet.DispatcherServlet</servlet-class>
    <load-on-startup>2</load-on-startup>
</servlet>
<servlet-mapping>
    <servlet-name>dispatcher</servlet-name>
    <url-pattern>*.do</url-pattern>
</servlet-mapping>
```

可以看出 DispatcherServlet 默认是个 **Servlet**，它拦截器的机制是通过 DispatcherServlet 来实现，而它的拦截范围是员工信息系统的所有*.do 的请求，该请求一般是通过 **Ajax** 或者 **Form** 表单提交而来的。接收到请求之后通过 HandlerMapping 来实现请求的转发，例如，使用 DefaultAnnotation HandlerMapping 类来完成，至于转发的范围则是通过<context: component- scan>元素来控制。

接着，**Spring MVC** 通过 HandlerMapping 找到@Controller 对应类中的@RequestMapping，找到具体的方法如 queryData()，在该方法中完成业务逻辑和数据库的交互之后，返回 ModelAndView。因为 ModelAndView 并不知道返回的具体类型，所以它会接着去查找 ViewResolver，如下面这段代码：

```
<bean class="org.springframework.web.servlet.view.InternalResourceViewResolver"
    p:viewClass="org.springframework.web.servlet.view.JstlView" p:prefix="/emp/"
    p:suffix=".jsp" p:order="2" />
```

InternalResourceViewResolver 是 ViewResolver 的一种，它返回的范围是 emp 下的 JSP 文件。找到了返回类型后，ModelAndView 再把数据返回给 DispatcherServlet，最后在前端实现视图的渲染。

这是 Spring MVC 处理请求的大概过程，是完全区别于 Struts 2 的，至于哪个更好也是"仁者见仁，智者见智"的事情，这里不做过多的比较，大家可以自行甄选。

对于数据传输类的处理方面，因为使用了 Hibernate，所以没有进行 Spring 托管。而 Spring 中大概只是配置了数据源和事务，并且对其进行了映射，为了处理并发问题，我们采用了连接池。

最后，员工信息系统的框架采用了 Spring MVC，它的集成方式 MyEclipse 没有提供，因此只能通过导入 JAR 包的方式，主要有 commons-logging-1.1.1.jar、spring-aop-3.0.0.RELEASE.jar、spring-beans-3.0.0.RELEASE.jar、spring-context-3.0.0.RELEASE.jar、spring-core-3.0.0.RELEASE.jar、spring-expression-3.0.0.RELEASE.jar、spring-web-3.0.0.RELEASE.jar 和 spring-webmvc-3.0.0.RELEASE.jar 等，如果出现找不到类的情况，可以根据具体的提示，再去下载相应的 JAR 包。而 Hibernate 则需要 hibernate3.jar、cglib-2.2.jar 和 dom4j-1.6.1.jar 等包，关于包的集成可以参考源码。

9.1.3 项目结构

员工信息系统的框架非常简单利落，其中代码含量也比较少，可正是这些文件组成了完整的系统。接下来，我们单独介绍一下这些文件。首先，可以看到 emp 系统的整个项目架构。项目下面有 src、excel、WebRoot 目录组成。其实，对于框架的搭建并不难，真正难做到的是将导入的第三方 JAR 包与 JDK、Java EE 这些开发类 JAR 包组合起来，从而发挥最大的效用。而架构师真正做的就是组合，这一切往往都是通过配置文件来进行的，如 web.xml、applicationContext 等。如果只是引入了第三方 JAR 包，如果没有兼容问题，是不会报错的。而在组合的时候，如果配置文件里有错，一般情况下项目是无法启动的。最好的情况就是，我们清楚地知道每一步在做什么，像搭积木一样把框架程序组合起来。如果项目在启动的时候报错，根据错误的提示信息，快速地定位出问题出在哪里，然后通过把该语句注释掉，如果不再报错，那就说明这个语句有问题。而我们接下来，就可以通过参考资料，再结合自己项目的实际情况，找出解决方案即可。

如果排除了所有问题，项目得以正常启动。那么接下来，我们就通过对业务的操作，看看有没有达到预期的效果。例如，我们在项目中加入了缓存，如果第一次查询与数据库建立了连接，理论上第二次查询不会再触发持久层的操作。但如果程序还是进入了持久层，那么就可以轻松地把问题定位到缓存配置上来。接下来，通过不断地修改配置模拟操作，最终实现目标。

所以，员工信息系统虽然看似简单，但仍然涉及了复杂的系统架构和配置。作者剔除了大量的业务代码，只是为了单纯地提炼出 Spring MVC 最原始的框架面貌，只要学习了这套系统，以后无论业务怎么增加，都可以做到以不变应万变，员工信息系统目录如图 9-2 所示。员工信息系统类包如图 9-3 所示。员工信息系统文件如图 9-4 所示。

图 9-2　员工信息系统目录

图 9-3　员工信息系统类包

图 9-4　员工信息系统文件

9.2　详细设计

详细设计的内容很多，本节主要讲述了业务设计、原型设计、数据库设计。业务设计针对具体的用户需求，做了大概的梳理，并且对该需求的实现做了要求；原型设计针对用户需求做了详细的切图，以方便程序员开发；数据库设计详细说明了该项目使用的数据库情况，包括选用软件、数据库名称、表名、SQL 等信息。

9.2.1 业务设计

员工信息系统的业务很简单，甚至不用 UML 图表就可以讲解清楚。首先，但凡涉及项目，我们都需要考虑数据源的问题。员工信息系统没有权限架构，所以也就不存在管理系统的那几张权限表。而我们的数据源只有一张表，那就是员工信息表 emp，根据这张表我们需要完成以下两个需求。

（1）上传员工信息。

数据来源：Excel 导入。

功能模块：上传员工信息。

功能要求：需要完成上传文件的操作，把文件保存到 Tomcat 服务器的目录下面，并且对 Excel 数据进行解析，文件格式参考 excel 目录下的员工信息.xls。

（2）员工信息表查询。

数据来源：已经导入的 Excel 数据。

模块功能：查询员工信息。

功能要求：通过姓名和工号做到组合查询，持久层使用 Hibernate 的 HQL 语句。因为涉及 Hibernate，所以需要设计数据模型类 emp.java 和 Hibernate 映射类 emp.hbm.xml。

9.2.2 原型设计

（1）项目的主页面。在管理系统中，项目的主页面是登录界面；而在员工信息系统中，项目的主页面是简单的"上传员工信息"和"查询员工信息"这两个按钮，分别点击不同的按钮进入不同的功能页面，如图 9-5 所示。

（2）上传员工信息。只是单纯地做到数据导入，所以它需要一个导入界面，这个导入界面需要有选择文件、提交、取消、后退的按钮，以方便用户的不同操作，如图 9-6 所示。

上传员工信息 查询员工信息

图 9-5　主页面

把数据导入 emp 表中，接着理论上可以对 emp 表进行增删改查的业务，但为了精简代码，此处我们只实现查询员工信息的功能，如图 9-7 所示。

图 9-6　上传员工信息　　　　　　　图 9-7　查询员工信息

9.2.3 数据库设计

管理系统因为业务繁多，后续的拓展性很大，所以我们采用了 Oracle 数据库；而员工信息系统是专门用来学习 Spring MVC 而开发的，所以此处采用 MySQL 数据库，当然这也是为了学习 Spring MVC 和 MySQL 数据库的搭配。

数据库：MySQL5.6

数据库名称：emp

员工信息表：emp

员工信息表 SQL：

```
CREATE TABLE `emp` (
  `id` char(32) NOT NULL COMMENT '主键',
  `userName` varchar(20) NOT NULL COMMENT '姓名',
  `phone` varchar(11) NOT NULL COMMENT '手机号码',
  `email` varchar(100) NOT NULL COMMENT '邮箱账号',
  `userNum` varchar(50) NOT NULL COMMENT '工号',
  `cardNum` varchar(20) DEFAULT NULL COMMENT '身份证号码',
  `disabled` char(1) NOT NULL COMMENT '有效标记',
  `createTime` timestamp NULL DEFAULT NULL COMMENT '创建时间',
  PRIMARY KEY (`id`)
) ENGINE=InnoDB DEFAULT CHARSET=utf8
```

代码解析

因为业务简单，所以对应的数据库设计也很简单，而且目前，我们不需要用到视图、函数、触发器、存储过程等高级内容。MySQL 数据库非常简单，如果后期需要这些内容，可以使用 SQLyog 来进行快速开发。

9.3 架构设计

框架的搭建是一个积累和不断尝试的过程，因此关于本章 Spring MVC 的框架搭建和学习，我们采取了类似白盒测试的方法：就是假定框架是已经搭建好的模式，我们通过合理地、科学地拆分，带领读者从最简单的入手，一步一个脚印，深入浅出地理解框架学习的过程和细节。当然，如果读者想使用类似黑盒测试的方法来学习，可以直接阅读 9.3.4 节，然后再从 9.3.1 节开始学习。

9.3.1 逻辑层

在 Java 处理之前，前端的数据是通过 Ajax 或者表单提交进入后端的，这条路径，是前端通往后端的桥梁或者分水岭。项目整体上遵循了 MVC 框架，也就是模型 Model、视图 View、控制器 Controller。且不说其他两个模式，就单说一下控制器 Controller，很明显控制器扮演着 MVC 框架控制的角色，也就是说，不论前端发生什么情况，都要经过控制器的导向。例如，前端发送了一个 Ajax 请求，这个请求会被控制器接收，然后，控制器告诉这个请求应该去哪里？在管理系统中，控制器是 Struts 2 扮演的，只要前端发送 Ajax 请求，控制器就会去 struts.xml 文件中寻找对应的 `action` 组件，从而跳转到 `action` 的对应类。

而在 Spring MVC 中，一切变得更加简单了。但与此同时，我们仍然需要进行大量的配置文件，以支持这样的便捷。首先，启动 Tomcat 服务器，在浏览器地址栏输入 http://localhost:8080/emp，进入员工信息系统的首页。

首页会出现两个功能，分别是"上传员工信息"和"查询员工信息"，一般来说查询功能是相对完整也是最简单的模式。因此，我们先来学习查询功能。点击"查询员工信息，"会通过超链接跳转到对应的页面。接着，我们先看看这个界面的实现，具体内容如代码清单 9-1 所示。

代码清单 9-1 queryData.jsp

```
<%@ taglib uri="http://java.sun.com/jsp/jstl/core" prefix="c"%>
<%@ taglib uri="http://java.sun.com/jsp/jstl/fmt" prefix="fmt"%>
<%@ taglib uri="http://java.sun.com/jsp/jstl/functions" prefix="fn"%>
```

```jsp
<%@ page isELIgnored="false"%>
<%@ page language="java" contentType="text/html; charset=UTF-8"
    pageEncoding="UTF-8"%>
<%
    String contextPath = request.getContextPath();
%>
<jsp:include page="/include/commons.jsp" />
<!DOCTYPE HTML PUBLIC "-//W3C//DTD HTML 4.01 Transitional//EN">
<html>
<head>
<base>
<title>查询员工信息</title>
<meta http-equiv="pragma" content="no-cache">
<meta http-equiv="cache-control" content="no-cache">
<meta http-equiv="expires" content="0">
<meta http-equiv="keywords" content="keyword1,keyword2,keyword3">
<meta http-equiv="description" content="This is my page">
<script type="text/javascript">
    var contextPath='<%=contextPath%>';
    function submitForm() {
        if ($("#userName").val() == "") {
            alert("用户名不能为空");
            return;
        }
        if ($("#userNum").val() == "") {
            alert("工号不能为空");
            return;
        }
        var formParam = $("#form1").serialize();
        $.ajax({
            type : 'post',
            url : contextPath + '/query/exist.do',
            data : formParam,
            cache : false,
            dataType : 'json',
            success : function(data) {
                if (data.res == "true") {
                    window.location.href = contextPath
                            + "/query/queryDataResult.do";
                } else {
                    alert("查无此人");
                }
            }
        });
    }
    function resetForm() {
        document.mainForm.reset();
    }
    function goBack() {
        window.location.href = contextPath + "/index.jsp";
    }
</script>
</head>
<body>
    <form id="form1" name="mainForm"
        action="<%=contextPath%>/import/import.do" method="post">
        <input type="hidden" name="disabled" value="0" />
        <table border="0" align="center" cellpadding="0" cellspacing="1"
```

```
                    class="tab">
                    <tr>
                        <th width="80">姓名</th>
                        <td width="300"><input id="userName" name="userName"
                            type="text" />
                        </td>
                    </tr>
                    <tr>
                        <th>工号</th>
                        <td width="300"><input id="userNum" name="userNum" type="text" />
                        </td>
                    </tr>
                    <tr>
                        <td width="300" colspan="2" style="text-align:center;"><input
                            name="" type="button" onClick="submitForm();" class="css1"
                            value="提 交" /> <input name="" type="button" class="css1"
                            onClick="resetForm();" value="取 消" /> <input name="" type="button"
                            class="css1" onClick="goBack()" value="后 退" />
                        </td>
                    </tr>
                </table>
            </form>
    </body>
</html>
```

代码解析

`<%@ taglib uri="http://java.sun.com/jsp/jstl/core" prefix="c"%>`类似的代码是引入 JSTL 标签，如果要在 JSP 页面中使用这些标签就必须引用。

其他的内容就是在该界面画出一个 Form 表单，里面嵌入一个表格，分别是姓名和工号。具体的输入栏使用 input 标签提供的 text 文本框，这些都是很简单的 HTML 语言。所以，纵观整篇代码，唯一的重点就是 Ajax 请求。该 Ajax 请求使用 jQeruy 的语法写成，作用是向 `exist.do` 发出 post 请求，传递的参数是 Form 表单的整个内容。如果请求成功，还会进一步跳转到 `queryDataResult.do`，如果失败提示"查无此人"。

我们暂且不用管第二个跳转的具体作用，先弄懂第一个 Ajax 请求再说。关于寻找 `exist.do` 的方法，可以借助 `Search` 的 `File` 功能来完成，也可以在项目中自行寻找。但在 Spring MVC 中，我们明确地知道它对应的是一个 `@RequestMapping("/query/exist")`。而接下来，我们注重分析这个 `@RequestMapping` 所在的类，就可以分析出业务逻辑了。

打开 QueryController 类，进行业务逻辑的开发，具体内容如代码清单 9-2 所示。

代码清单 9-2　QueryController.java

```
package com.manage.emp.controller;
import java.util.HashMap;
import java.util.List;
import java.util.Map;
import javax.servlet.http.HttpServletRequest;
import org.springframework.beans.factory.annotation.Autowired;
import org.springframework.stereotype.Controller;
import org.springframework.web.bind.annotation.RequestMapping;
import org.springframework.web.servlet.ModelAndView;
import com.manage.emp.base.BaseController;
import com.manage.emp.bus.emp;
```

```java
import com.manage.emp.service.QueryService;

/**
 * @author wangbo
 * @Description 查询员工信息功能
 */
@Controller("query.QueryController")
public class QueryController extends BaseController {
    @Autowired
    private QueryService queryService;
    @RequestMapping("/query/queryData")
    public ModelAndView queryData(HttpServletRequest request) {
        return new ModelAndView("/queryData");
    }
    @RequestMapping("/query/exist")
    public Map<String, String> exist(HttpServletRequest request, emp emp) {
        Map<String, String> res = new HashMap<String, String>();
        Boolean bl = this.queryService.checkUser(emp);
        request.getSession().setAttribute("userNum", emp.getUserNum());
        if (bl) {
            res.put("res", bl.toString());
            return res;
        }
        res.put("res", bl.toString());
        return res;
    }
    @RequestMapping("/query/queryDataResult")
    public ModelAndView queryDataResult(HttpServletRequest request) {
        Object userNum = request.getSession().getAttribute("userNum");
        if (null != userNum) {
            ModelAndView mv = new ModelAndView("/empData");
            List<emp> empList = this.queryService.getEmp(userNum.toString());
            mv.addObject("empList", empList);
            return mv;
        } else {
            return queryData(request);
        }
    }
}
```

代码解析

@Controller("query.QueryController")定义该类是控制器组件,需要依赖配置文件的定义,由 HandlerMapping 实现请求的转发,找到@Controller 类后,Spring MVC 会通过寻找 Ajax 对应的@RequestMapping,本例中对应的是@RequestMapping("/query/exist"),找到与之相关的代码。

接下来,我们来看@RequestMapping("/query/exist")对应的 exist()方法究竟做了哪些事情?完成了哪些业务?我们在该方法的第一代码处打上断点,使用调试方式来探究细节。接下来,我们在首页输入一些信息,点击查询试试反应,如图 9-8 所示。

接下来在调试模式下进入断点了,如图 9-9 所示。

通过对 emp 变量的分析可以看到,我们从前端传递的参数都已经顺利进入后端了。其中,userName 等于"张三",userNum 等于"100"。接下来,我们按下 F6 键,逐步分析代码的走向和每一步的变化。

```
@RequestMapping("/query/exist")
public Map<String, String> exist(HttpServletRequest request, emp emp) {
    Map<String, String> res = new HashMap<String, String>();
    Boolean bl = this.queryService.checkUser(emp);
    request.getSession().setAttribute("user", emp.getUserNum());
    if (bl) {
        res.put("res", bl.toString());
        return res;
    }
    res.put("res", bl.toString());
    return res;
}
```

图 9-8 查询员工信息　　　　　　　　图 9-9 调试模式

当代码走过 `Boolean bl = this.queryService.checkUser(emp)` 语句后，我们发现，布尔值变量 bl 的数值变成了 "true"，接下来它便被保存在 Session 中，保存的内容是工号 "100" 这个数值。最后，如果 bl 是 "true"，程序就会把这个布尔值返回到前端。毫无疑问，程序会继续走下去，调用第二个转向请求。但是，我们此时并不要急着回到前端。因为接下来，我们进入业务层来分析，`Boolean bl = this.queryService.checkUser(emp)` 这条语句究竟做了些什么？

9.3.2 业务层

当逻辑层处理完数据后，程序运行到可以触发下一层的方法时，就会进入业务层。例如，从 `Boolean bl = this.queryService.checkUser(emp)` 这条语句究竟做了些什么？接着，我们通过对业务层代码进行分析来找出答案，QueryService 类如代码清单 9-3 所示。

代码清单 9-3　QueryService.java

```
package com.manage.emp.service;
import java.util.List;
import com.manage.emp.bus.emp;

/**
 * @author wangbo
 */
public interface QueryService {
    Boolean checkUser(emp emp);
    List<emp> getEmp(String userNum);
}
```

代码解析

（1）在业务层分别建立了 `checkUser ()` 和 `getEmp ()` 这两个必须要有的接口，参数类型与逻辑层保持一致。

（2）业务层只建立持久层需要用到的接口，并不去实现它。

（3）业务层是介于逻辑层与持久层中间的一层，例如，我们有若干个逻辑层，这些逻辑层可能并不是一个类生成的，也就是说程序的入口可能有 100 个，但无论如何，我们的中间层却不用那么多，如果我们乐意，也可以只写 1 个中间层。例如，当前的 QueryService 就可以，而 100 个程序入口可能会需要 500 个具体的业务，那么在 Java 程序设计的三层架构中，我们处于中间一层的业务层就可以写 500 个方法便可以完成任务。

（4）回到当前，`checkUser()` 是接口中定义的一个方法，虽然使用调试模式无法进入这一层，但程序肯定会路过这一层，这是必然的。

（5）理解了业务层的含义，接着我们来看持久层的写法。

9.3.3 持久层

持久层是 Java 三层架构的最后一层，用于直接与数据库建立联系。这种联系的方式有很多种。从最初的 JDBC 到现在的 MyBatis，连库的方式也跟 Web 技术一样，从未停止过发展。在管理系统的持久层里，使用 Spring 提供的 `JdbcTemplate` 和 `NamedParameterJdbcTemplate` 类来进行持久化操作。而在员工信息系统中，我们使用 Hibernate 的 HQL 语句进行持久化操作，当然这种操作的前提是需要配置好数据源，持久层 `QueryServiceImpl` 类的内容如代码清单 9-4 所示。

代码清单 9-4 `QueryServiceImpl`.java

```java
package com.manage.emp.service.impl;
import java.util.List;
import org.springframework.stereotype.Service;
import com.manage.emp.base.BaseService;
import com.manage.emp.bus.emp;
import com.manage.emp.service.QueryService;

/**
 * @author wangbo
 */
@Service("query.queryService")
public class QueryServiceImpl extends BaseService implements QueryService {
    @Override
    public Boolean checkUser(emp emp) {
        Object[] para = new Object[] { emp.getUserName(), emp.getUserNum(), "0" };
        String hql = "FROM emp WHERE userName=? and userNum=? and disabled=?";
        return this.hibernateDao.exist(hql, para);
    }
    @Override
    public List<emp> getEmp(String userNum) {
        return this.hibernateDao.getEmp(emp.class,
                "FROM emp WHERE userNum=?", new Object[] { userNum });
    }
}
```

代码解析

（1）`QueryServiceImpl` 类实现了 `QueryService` 中的所有方法。

（2）`checkUser()` 方法中，我们使用 Object 数组来接收查询所需的 3 个参数，它们分别是姓名、工号和有效参数 0。

（3）使用 String 自定义 hql 变量，内容是 HQL 语句：FROM emp WHERE userName=? and userNum=? and disabled=?。

（4）使用 `retrun` 语句返回 HibernateDao 接口中定义的 `exists()` 方法。

（5）需要注意的是，我们完全可以把 HibernateDao 的 `exists()` 的内容转移到这里，但是之前在设计架构的时候我们也说过，可以根据项目的实际情况进行架构拓展，因为项目使用了 Hibernate，为了和原始的 JDBC 做一个区分，我们不妨再多写一层 Hibernate 的接口，这样也是大有裨益的。但是，无论这一层架构如何起名，例如可以称之为服务层，实际上它都已经隶属于持久层了。因此，我们只需要继续下一层代码的分析即可，没有人规定持久层只可以有一个类，它是可以有多重调用的。

持久层 `HibernateDao` 类的内容如代码清单 9-5 所示。

代码清单 9-5 HibernateDao.java

```java
package com.manage.emp.pub;
import java.util.List;

/**
 * @author wangbo
 */
public interface HibernateDao {
    public <T extends Object> T update(T obj);
    public <T extends Object> T save(T obj);
    public <T extends Object> void save(List<T> obj);
    public Boolean exists(String HQL);
    public Boolean exist(String HQL, Object[] paras);
    public <T> List<T> getEmp(Class<T> clazz, String hql, Object[] paras);
    public <T> List<T> findByHQL(Class<T> clazz, String hql);
    public void execHQL(String hql);
    public void execHQL(List<String> hql);
    public void execSQL(String sql);
    public void execSQL(List<String> sql);
}
```

代码解析

这一层接口除定义了 `exist()` 方法之外，还定义了很多方法来满足不同的业务。而且，单单是 `exist()`，我们也利用 Java 的重载特性写了两套方法，至于具体进入哪一个方法是根据业务来定。

接着，我们分析最后一层代码。持久层 `HibernateDaoImpl` 类的内容如代码清单 9-6 所示。

代码清单 9-6 HibernateDaoImpl.java

```java
package com.manage.emp.pub.impl;
import java.util.ArrayList;
import java.util.List;
import org.hibernate.HibernateException;
import org.hibernate.Query;
import org.springframework.dao.DataAccessException;
import org.springframework.stereotype.Repository;
import com.manage.emp.pub.HibernateDao;
import com.manage.emp.util.tools.ObjectUtil;
import com.manage.emp.util.tools.StringUtil;

/**
 * @author wangbo
 * @Description Hibernate 实现类
 */
@Repository("hibernateDao")
public class HibernateDaoImpl extends HibernateDaoSupports implements
        HibernateDao {
    @Override
    public <T extends Object> T save(T obj) {
        if (ObjectUtil.isBlank(obj)) {
        }
        try {
            this.getHibernateTemplate().save(obj);
            this.getHibernateTemplate().flush();
        } catch (DataAccessException e) {
```

```
        }
        return obj;
    }
    @Override
    public <T extends Object> void save(List<T> obj) {
        if (ObjectUtil.isBlank(obj)) {
        }
        for (T t : obj) {
            this.save(t);
        }
    }
    @Override
    public Boolean exists(String HQL) {
        if (StringUtil.isBlank(HQL)) {
        }
        Boolean res = false;
        try {
            res = !this.getHibernateTemplate().find(HQL).isEmpty();
        } catch (DataAccessException e) {
        }
        return res;
    }
    @Override
    public Boolean exist(String HQL, Object[] paras) {
        if (StringUtil.isBlank(HQL) || ObjectUtil.isBlank(paras)) {
        }
        Boolean res = false;
        try {
            Query query = this.getSession().createQuery(HQL);
            if (ObjectUtil.isNotBlank(paras)) {
                for (int i = 0; i < paras.length; i++) {
                    query.setParameter(i, paras[i]);
                }
            }
            res = !query.list().isEmpty();
        } catch (HibernateException e) {
        } catch (DataAccessException e) {
        }
        return res;
    }
    @SuppressWarnings("unchecked")
    @Override
    public <T> List<T> getEmp(Class<T> clazz, String hql, Object[] paras) {
        if (StringUtil.isBlank(hql) || ObjectUtil.isBlank(paras)) {
        }
        List<T> list = null;
        try {
            Query query = this.getSession().createQuery(hql);
            if (ObjectUtil.isNotBlank(paras)) {
                for (int i = 0; i < paras.length; i++) {
                    query.setParameter(i, paras[i]);
                }
            }
            list = query.list();
        } catch (Exception e) {
        }
        if (list.isEmpty()) {
            return new ArrayList<T>();
        } else {
```

```java
            return list;
        }
    }
    @SuppressWarnings("unchecked")
    @Override
    public <T> List<T> findByHQL(Class<T> clazz, String hql) {
        if (StringUtil.isBlank(hql)) {
        }
        List<T> list = null;
        try {
            Query query = this.getSession().createQuery(hql);
            list = query.list();
        } catch (Exception e) {
        }
        if (list.isEmpty()) {
            return new ArrayList<T>();
        } else {
            return list;
        }
    }
    @Override
    public void execHQL(String hql) {
        if (StringUtil.isBlank(hql)) {
        }
        try {
            this.getSession().createQuery(hql).executeUpdate();
        } catch (Exception e) {
        }
    }
    @Override
    public void execHQL(List<String> hql) {
        if (ObjectUtil.isBlank(hql)) {
        }
        for (String s : hql) {
            this.execHQL(s);
        }
    }
    @Override
    public void execSQL(String sql) {
        if (StringUtil.isBlank(sql)) {
        }
        try {
            this.getSession().createSQLQuery(sql).executeUpdate();
        } catch (Exception e) {
        }
    }
    @Override
    public void execSQL(List<String> sql) {
        if (ObjectUtil.isBlank(sql)) {
        }
        for (String s : sql) {
            this.execSQL(s);
        }
    }
    @Override
    public <T extends Object> T update(T obj) {
        if (ObjectUtil.isBlank(obj)) {
        }
        try {
```

```
            this.getHibernateTemplate().update(obj);
            this.getHibernateTemplate().flush();
        } catch (DataAccessException e) {
        }
        return obj;
    }
}
```

代码解析

（1）我们忽略其他的代码直接进入需要的一层，public Boolean exist(String HQL, Object[] paras)方法。

（2）在该方法中，我们使用 StringUtil.isBlank(HQL) 和 ObjectUtil.isBlank(paras) 这两个工具类提供的方法来判断参数值是否为空，并且为此预留了处理分支。如果大家有兴趣，可以在此基础上开发自定义错误处理机制，如果为空，就做出相应的提示信息，并且返回前端。

（3）Query query = this.getSession().createQuery(HQL)的作用是通过 Hibernate 提供的方法建立 Query 并且返回 query 变量。

```
if (ObjectUtil.isNotBlank(paras)) {
    for (int i = 0; i < paras.length; i++) {
        query.setParameter(i, paras[i]);
    }
}
```

这段代码的意思是，使用 for 循环来分别把变量获取出来，并且填入 Query 类型的变量 query 中，以构成完整的查询语句和参数，就是完整的查询体。

（4）res = !query.list().isEmpty()的作用是，如果查询结果不为空，则返回给 res。而作为查询的话，是必须调用 list 方法的，这是 Hibernate 的内置方法，需要我们遵守，如果需要像自定义接口一样写其他的方法，就需要重写 Hibernate 的源码。

（5）res 的数值是 "true"，将这个数据返回到前端。

（6）具体的业务根据 SQL 语句来分析，有两种做法：一种是直接分析 HQL，另一种是根据控制台打印出的语句，直接去数据库里查询，我们不妨都试试。

HQL: FROM emp WHERE userName=? and userNum=? and disabled=?明显是查询 emp 变量的。

在 SQLyog 执行这段 SQL 语句：

```
SELECT
  emp0_.id AS id0_,
  emp0_.userName AS userName0_,
  emp0_.phone AS phone0_,
  emp0_.email AS email0_,
  emp0_.userNum AS userNum0_,
  emp0_.cardNum AS cardNum0_,
  emp0_.disabled AS disabled0_,
  emp0_.createTime AS createTime0_
FROM
  emp emp0_
WHERE emp0_.userName = '张三'
  AND emp0_.userNum = 100
  AND emp0_.disabled = 0
```

会得出图 9-10 所示的结论，说明已经与数据库建立了交互。

	id0_			userName0_	phone0_	email0_	userNum0_	cardNum0_	disabled0_	createTime0_
☐	402889e55fa14a7c015fa14c34ab0001			张三	1000	zs@qq.com	100	600	0	2017-11-09 23:00:46

图 9-10　MySQL 查询

（7）持久层是 Java 架构层次的最后一层，Java 通过持久化对象直接与数据库建立联系，进行持久化操作。例如，向数据库写入数据。或者，从数据库查询数据，然后，以某种类型返回。理论上来讲，Java 作为一种成熟的语言，完全可以继续开发下去，让持久化对象也通过开发者定义的方式呈现出来，为此，也可以再写一层代码。但是，Java 为持久化对象提供了现成的接口，到了持久层，开发人员只需要调用持久化接口，并传入正确的参数即可完成工作，不用关心其具体实现。这一方面可以减轻开发人员的压力，另一方面也可以让 Java 以一个并不复杂的姿态展现在大众面前，让它既是一个开发工具，也是一个使用工具。

接下来，让我们把完整的业务走完。因为之前已经详细演示过了，所以第二个业务我们直接进入持久层观察进行了哪些操作即可。其实，就是判断用户是否存在，并且把它的工号存到 Session 中去。

接下来，查询回到@Controller 找到对应的方法。

```
@RequestMapping("/query/queryDataResult")
public ModelAndView queryDataResult(HttpServletRequest request) {
    Object userNum = request.getSession().getAttribute("userNum");
    if (null != userNum) {
        ModelAndView mv = new ModelAndView("/empData");
        List<emp> empList = this.queryService.getEmp(userNum.toString());
        mv.addObject("empList", empList);
        return mv;
    } else {
        return queryData(request);
    }
}
```

代码解析

这段代码首先从 Session 中获取到了 userNum，实际上就是工号。如果工号不为 null，则进行下面的逻辑，List<emp> empList = this.queryService.getEmp(userNum.toString())，实际上就是把工号当作查询条件来查询出用户。

```
@SuppressWarnings("unchecked")
@Override
public <T> List<T> getEmp(Class<T> clazz, String hql, Object[] paras) {
    if (StringUtil.isBlank(hql) || ObjectUtil.isBlank(paras)) {
    }
    List<T> list = null;
    try {
        Query query = this.getSession().createQuery(hql);
        if (ObjectUtil.isNotBlank(paras)) {
            for (int i = 0; i < paras.length; i++) {
                query.setParameter(i, paras[i]);
            }
        }
        list = query.list();
    } catch (Exception e) {
    }
    if (list.isEmpty()) {
        return new ArrayList<T>();
    } else {
```

```
        return list;
    }
}
```

代码解析

这段代码的逻辑跟之前一样，就是做一个查询，只不过它返回到数据是 emp 类型的 List，最后返回到逻辑层。

接着，由 ModelAndView 返回到前端的 empData.jsp 页面，通过前端技术来进行数据的解析。

```
ModelAndView mv = new ModelAndView("/empData");
List<emp> empList = this.queryService.getEmp(userNum.toString());
mv.addObject("empList", empList);
```

接着，我们来看 empData.jsp 的代码，看看前端是如何解析数据的。

```
<%@ taglib uri="http://java.sun.com/jsp/jstl/core" prefix="c"%>
<%@ taglib uri="http://java.sun.com/jsp/jstl/fmt" prefix="fmt"%>
<%@ taglib uri="http://java.sun.com/jsp/jstl/functions" prefix="fn"%>
<%@ page isELIgnored="false"%>
<%@ page language="java" contentType="text/html; charset=UTF-8"
    pageEncoding="UTF-8"%>
<%
    String contextPath = request.getContextPath();
%>
<jsp:include page="/include/commons.jsp" />
<!DOCTYPE HTML PUBLIC "-//W3C//DTD HTML 4.01 Transitional//EN">
<html>
<head>
<base>
<title>查询</title>
<meta http-equiv="pragma" content="no-cache">
<meta http-equiv="cache-control" content="no-cache">
<meta http-equiv="expires" content="0">
<meta http-equiv="keywords" content="keyword1,keyword2,keyword3">
<meta http-equiv="description" content="This is my page">
<script type="text/javascript">
var contextPath='<%=contextPath%>';
    function submitForm() {
        document.mainForm.submit();
    }
    function resetForm() {
        document.mainForm.reset();
    }
    function goBack() {
        window.location.href = contextPath + "/query/queryData.do";
    }
</script>
</head>
<body onload="resetForm()">
    <center>员工信息如下：</center>
    <BR>
    <table border="0" align="center" cellpadding="0" cellspacing="1"
        class="tab">
        <tr>
            <th>工号</th>
            <th>姓名</th>
            <th>手机</th>
```

```
            <th>邮箱</th>
            <th>身份证</th>
            <th>创建时间</th>
        </tr>
        <c:if test="${empty empList}">
            <tr>
                <td colspan="12"><center>未找到相关工资信息</center>
                </td>
            </tr>
        </c:if>
        <c:if test="${not empty empList}">
            <c:forEach var="s" items="${empList}">
                <tr>
                    <td>${s.userNum}</td>
                    <td>${s.userName}</td>
                    <td>${s.phone}</td>
                    <td>${s.email}</td>
                    <td>${s.cardNum}</td>
                    <td>${s.createTime}</td>
                </tr>
            </c:forEach>
        </c:if>
    </table>
    <center>
        <input name="ht" type="button" class="css2" onClick="goBack();"
            value="后退" />
    </center>
</body>
</html>
```

代码解析

（1）通过`<c:if test="${not empty empList}">`语句来判断 empList 数据是否为空。

（2）通过`<c:forEach var="s" items="${empList}">`语句来对 empList 数据进行循环取值。

（3）通过`<td>${s.userNum}</td>`语句获取具体的变量值来把数据显示到前端。

9.3.4 配置文件

本节主要通过详细解说 Spring MVC 的配置文件，带领读者深入浅出地理解 Spring MVC 的框架是如何运转的，而支撑框架运转的配置文件又是如何协调各种框架之间的联系的，如何让这些框架合理地在一起工作，而不出现问题。带着这些疑问，我们正式开始本节的学习。

1. web.xml

该文件用于服务器在启动的时候加载，内容如代码清单 9-7 所示。

代码清单 9-7 web.xml

```xml
<?xml version="1.0" encoding="UTF-8"?>
<web-app id="WebApp_ID" version="2.4"
    xmlns="http://java.sun.com/xml/ns/j2ee"
    xmlns:xsi=" http://www.w3.org/2001/XMLSchema-instance"
    xsi:schemaLocation="http://java.sun.com/xml/ns/j2ee
        http://java.sun.com/xml/ns/j2ee/web-app_2_4.xsd">
    <display-name>emp</display-name>
    <context-param>
        <param-name>log4jConfigLocation</param-name>
        <param-value>classpath:log4j.properties</param-value>
```

```
    </context-param>
    <context-param>
        <param-name>contextConfigLocation</param-name>
        <param-value>/WEB-INF/applicationContext-datasource.xml
            /WEB-INF/applicationContext-jpa.xml</param-value>
    </context-param>
    <error-page>
        <error-code>500</error-code>
        <location>/500.jsp</location>
    </error-page>
    <error-page>
        <error-code>404</error-code>
        <location>/404.jsp</location>
    </error-page>
    <listener>
        <listener-class>org.springframework.web.util.Log4jConfigListener</listener-class>
    </listener>
    <listener>
    <listener-class>org.springframework.web.context.ContextLoaderListener</listener-class>
    </listener>
    <listener>
        <listener-class>com.manage.emp.listener.SpringListener</listener-class>
    </listener>
    <filter>
        <filter-name>encodingFilter</filter-name>
    <filter-class>org.springframework.web.filter.CharacterEncodingFilter</filter-class>
        <init-param>
            <param-name>encoding</param-name>
            <param-value>UTF-8</param-value>
        </init-param>
        <init-param>
            <param-name>forceEncoding</param-name>
            <param-value>true</param-value>
        </init-param>
    </filter>
    <filter-mapping>
        <filter-name>encodingFilter</filter-name>
        <url-pattern>/*</url-pattern>
    </filter-mapping>
    <servlet>
        <servlet-name>dispatcher</servlet-name>
        <servlet-class>org.springframework.web.servlet.DispatcherServlet</servlet-class>
        <load-on-startup>2</load-on-startup>
    </servlet>
    <servlet-mapping>
        <servlet-name>dispatcher</servlet-name>
        <url-pattern>*.do</url-pattern>
    </servlet-mapping>
    <session-config>
        <session-timeout>99</session-timeout>
    </session-config>
    <welcome-file-list>
        <welcome-file>index.jsp</welcome-file>
    </welcome-file-list>
</web-app>
```

代码解析

<display-name>元素表明了项目的名称及说明。

`<error-page>`元素表明了错误页面的导向文件。

下面这段代码表明了 Log4j 的配置信息，主要作用在 classpath 下读取 log4j.properties，根据 log4j.properties 文件的具体配置来设置日志在该项目中的具体模式。

```
<context-param>
    <param-name>log4jConfigLocation</param-name>
    <param-value>classpath:log4j.properties</param-value>
</context-param>
```

下面这段代码的作用是本地环境的配置，主要作用是加载了 applicationContext-jpa.xml 配置文件，applicationContext-jpa.xml 配置文件里加载了详细的 Hibernnate 配置。而实际上 web.xml 需要把这些内容读取过来，但明显都放置在 web.xml 里会非常拥挤，也不利于代码的管理和阅读，所以就把这部分关于数据源持久层的配置信息单独放到一个文件里，只是在项目启动的过程中加载进来就可以了。

```
<context-param>
    <param-name>contextConfigLocation</param-name>
    <param-value>/WEB-INF/applicationContext-datasource.xml
        /WEB-INF/applicationContext-jpa.xml</param-value>
</context-param>
```

下面这段代码的作用是加载 Log4j 的配置。我们需要完成一些自己的想法，没必要事必躬亲，有时候可以借用第三方插件的直接引用就可以实现需求。

```
<listener>
    <listener-class>org.springframework.web.util.Log4jConfigListener</listener-class>
</listener>
```

下面这段代码的作用是加载 Spring 的配置信息。ContextLoaderListener 监听器的作用就是启动 Web 容器时，自动装配 ApplicationContext 的配置信息。主要作用是加载`<context-param>`下的配置信息。如果不配置 ContextLoaderListener 则`<context-param>`不可用。

```
<listener>
    <listener-class>org.springframework.web.context.ContextLoaderListener</listener-class>
</listener>
```

下面这段代码的主要作用是加载自定义的 SpringListener 监听器，SpringListener 监听器的作用是在项目启动的时候为项目注入一个 HibernateDao 接口的实体，并且把它保存在缓存中，以便我们在开发的过程中直接从缓存中使用接口，而不是用到了再生成一个，使用缓存来管理非常方便。

```
<listener>
    <listener-class>com.manage.emp.listener.SpringListener</listener-class>
</listener>
```

下面这行代码中名称为 encodingFilter 过滤器的主要作用是进行字符过滤，把整个项目的字符设置成为了 UTF-8，以防止乱码的问题。

```
<filter-name>encodingFilter</filter-name>
```

接下来分析一下下面这部分代码：

```
<servlet>
    <servlet-name>dispatcher</servlet-name>
    <servlet-class>org.springframework.web.servlet.DispatcherServlet</servlet-class>
```

```
        <load-on-startup>2</load-on-startup>
    </servlet>
    <servlet-mapping>
        <servlet-name>dispatcher</servlet-name>
        <url-pattern>*.do</url-pattern>
    </servlet-mapping>
```

DispatcherServlet 是前置控制器，配置在 web.xml 文件中的。拦截匹配的请求，Servlet 拦截匹配规则要自己定义，把拦截下来的请求，依据相应的规则分发到目标 Controller 来处理，是配置 Spring MVC 的第一步。

而<servlet-mapping>配置了 DispatcherServlet 的拦截规则，拦截所有.do 的请求。可以发现，在员工信息系统中，所有的请求都是以.do 结束的，那么项目如何拦截到这种请求呢，就是通过这里配置的。至于如何拦截，就要研究 DispatcherServlet 的源码。

之前也详细讲解过，接收到请求之后通过 HandlerMapping 来实现请求的转发，例如使用 DefaultAnnotationHandlerMapping 类来完成，至于转发的范围则是通过<context:component-scan>元素来控制。

接着，Spring MVC 通过 HandlerMapping 找到@Controller 对应类中的@RequestMapping，找到具体的方法，如 queryData()，在该方法中完成业务逻辑和数据库的交互之后，返回 ModelAndView。因为 ModelAndView 并不知道返回的具体类型，所以它会接着去查找 ViewResolver。

InternalResourceViewResolver 是 ViewResolver 的一种，它返回的范围是 emp 下的 JSP 文件。找到了返回类型后，ModelAndView 再把数据返回给 DispatcherServlet，最后在前端实现视图的渲染。

设置项目中的 Session 组件过期时间。

```
<session-config>
    <session-timeout>99</session-timeout>
</session-config>
```

下面代码是项目的欢迎界面。在员工信息系统中，我们访问 http://localhost:8080/emp 这个地址，默认会进入 index.jsp 页面，也就是一切业务的开始界面。

```
<welcome-file-list>
    <welcome-file>index.jsp</welcome-file>
</welcome-file-list>
```

2. applicationContext-datasource.xml

该文件在 web.xml 加载的时候，通过<context-param>元素引入完成加载，主要作用是实现数据源的配置，内容如代码清单 9-8 所示。

代码清单 9-8 applicationContext-datasource.xml

```
<?xml version="1.0" encoding="UTF-8"?>
<beans xmlns="http://www.springframework.org/schema/beans"
    xmlns:xsi="http://www.w3.org/2001/XMLSchema-instance"
    xmlns:p="http://www.springframework.org/schema/p"
    xmlns:aop="http://www.springframework.org/schema/aop"
    xmlns:context="http://www.springframework.org/schema/context"
    xmlns:jee="http://www.springframework.org/schema/jee"
    xmlns:tx="http://www.springframework.org/schema/tx"
```

```
xmlns:util="http://www.springframework.org/schema/util"
xsi:schemaLocation="
    http://www.springframework.org/schema/beans
    http://www.springframework.org/schema/beans/spring-beans-2.5.xsd
    http://www.springframework.org/schema/aop
    http://www.springframework.org/schema/aop/spring-aop-2.5.xsd
    http://www.springframework.org/schema/context
    http://www.springframework.org/schema/context/spring-context-2.5.xsd
    http://www.springframework.org/schema/jee
    http://www.springframework.org/schema/jee/spring-jee-2.5.xsd
    http://www.springframework.org/schema/tx
    http://www.springframework.org/schema/tx/spring-tx-2.5.xsd
    http://www.springframework.org/schema/util
    http://www.springframework.org/schema/util/spring-util-2.5.xsd"
default-autowire="byName" default-lazy-init="true">
<context:annotation-config />
<context:component-scan base-package="com.manage" />
<context:property-placeholder location="classpath:jdbc.properties" />
<bean id="dataSource" class="org.apache.commons.dbcp.BasicDataSource"
    destroy-method="close" p:driverClassName="${jdbc.driverClassName}"
    p:url="${jdbc.url}" p:username="${jdbc.username}" p:password="${jdbc.password}"
    p:validationQuery="${jdbc.testSQL}">
    <property name="maxIdle">
        <value>${jdbc.maxIdle}</value>
    </property>
    <property name="maxActive">
        <value>${jdbc.maxActive}</value>
    </property>
    <property name="maxWait">
        <value>${jdbc.maxWait}</value>
    </property>
    <property name="removeAbandoned">
        <value>${jdbc.removeAbandoned}</value>
    </property>
    <property name="removeAbandonedTimeout">
        <value>${jdbc.removeAbandonedTimeout}</value>
    </property>
    <property name="testOnBorrow">
        <value>${jdbc.testOnBorrow}</value>
    </property>
    <property name="logAbandoned">
        <value>${jdbc.logAbandoned}</value>
    </property>
</bean>
</beans>
```

代码解析

首先需要明确，这个配置文件是通过 web.xml 在项目启动的时候加载的，其次需要知道，它是关于项目的数据源的配置。

```
default-autowire="byName"
```

这段配置信息的作用是在 Spring 中开启自动装配，根据属性名自动装配。简而言之，就是对于 Bean 当中引用的其他 Bean 不需要自己去配置它该使用哪个类，Spring 的自动装配可以帮助我们完成这些工作。

```
default-lazy-init="true"
```

Spring 在启动的时候，会默认加载整个对象序列。从初始化 Action 配置到 Service 配置，再到 Dao 配置，乃至到数据库连接、事务等。如果不开启延迟加载，会自动加载所有内容；这样做有个弊端是，如果需要用到 A 部门，而 A 部门下面有 30 万个员工的话，也会被默认加载进来，比较耗费资源；如果开启延时加载，A 部门下面的 30 万个员工则不会被加载，直到程序真正调用的时候才会加载，这就是延时加载的意义。

```
<context:annotation-config />
```

因为之前已经声明了要根据名称进行自动装配，所以理论上，我们需要在配置文件里逐个声明它们的第三方类，以便 Spring 根据第三方插件提供的方法来进行识别，例如这样的代码：

```
//@AutoWired 注解处理器
<bean class="org.springframework.beans.factory.annotation. AutowiredAnnotationBeanPost
Processor "/>
```

如果需要使用@Required 注解还需要声明 RequiredAnnotationBeanPostProccessor。

```
//@Required 注解处理器
<bean class="org.springframework.beans.factory.annotation.RequiredAnnotationBeanPost
Processor"/>
```

很明显这样做非常麻烦，将会导致大量的配置信息出现，不容易阅读代码。因此，Spring 提供了<context:annotation-config />属性来完成设置。这样的话，我们在使用自动装配的时候就不用声明第三方的路径了，而 Spring 隐藏了具体实现，为我们自动配置了，隐式定义的方法：

```
<context:component-scan base-package="com.manage" />
```

这段代码的意思是扫描 com.manage 包下所有的内容，在 XML 配置了这个元素后，Spring 可以自动去扫描 base-pack 下面或者子包下面的 Java 文件，如果扫描到有@Component、@Controller 和@Service 等这些注解的类，则把这些类注册为 Bean，以供程序员直接使用。

```
@Autowired
private QueryService queryService;
```

例如这段代码，如果需要使用的话，在 Struts 2 中，需要是用 ref 来显式注入，而在 Spring MVC 中，可以直接使用@Autowired 就进行了注入，并且可以在上下文中使用，那么要实现这样的逻辑就需要定义<context:component-scan>元素来进行设置，否则这个注入无法被扫描到，也就是失去了作用！

```
<context:property-placeholder location="classpath:jdbc.properties" />
```

<bean id="dataSource">相关的代码，则是通过使用注入的方式来使用数据源。dataSource 对应的第三方插件是 BasicDataSource。而它的驱动、URL、用户名、密码、测试语句，还有关于连接池的配置都是直接从 jdbc.properties 文件中读取的。

JDBC 文件内容：

```
#JDBC
jdbc.driverClassName=com.mysql.jdbc.Driver
jdbc.url=jdbc:mysql://localhost:3306/emp?useUnicode=true&characterEncoding=utf-8
jdbc.username=root
jdbc.password=123456
jdbc.testSQL=select 1 FROM DUAL
jdbc.maxIdle=30
```

```
jdbc.maxActive=80
jdbc.maxWait=10000
jdbc.removeAbandoned=true
jdbc.removeAbandonedTimeout=600
jdbc.testOnBorrow=true
jdbc.logAbandoned=true
#JPA
jpa.database=MYSQL
jpa.show_sql=true
jpa.format_sql=true
jpa.connection.SetBigStringTryClob=true
jpa.dialect=org.hibernate.dialect.MySQLInnoDBDialect
jpa.hbm2ddl.auto=none
```

例如，用户名 p:username="${jdbc.username}"对应的是 JDBC 文件中的 jdbc.username=root，而<value>${jdbc.maxActive}</value>属性则是读取 jdbc.maxActive=80，表明连接池的最大连接是 80。

3. applicationContext-jpa.xml

该文件在 web.xml 加载的时候，通过<context-param>元素引入完成加载，主要作用是实现 Hibernate 的配置，内容如代码清单 9-9 所示。

代码清单 9-9 applicationContext-jpa.xml

```xml
<?xml version="1.0" encoding="UTF-8"?>
<beans xmlns="http://www.springframework.org/schema/beans"
    xmlns:aop="http://www.springframework.org/schema/aop"
    xmlns:context="http://www.springframework.org/schema/context"
    xmlns:tx="http://www.springframework.org/schema/tx"
    xmlns:xsi="http://www.w3.org/2001/XMLSchema-instance"
xsi:schemaLocation="
    http://www.springframework.org/schema/beans
    http://www.springframework.org/schema/beans/spring-beans-2.5.xsd
    http://www.springframework.org/schema/aop
    http://www.springframework.org/schema/aop/spring-aop-2.5.xsd
    http://www.springframework.org/schema/context
    http://www.springframework.org/schema/context/spring-context-2.5.xsd
    http://www.springframework.org/schema/tx
    http://www.springframework.org/schema/tx/spring-tx-2.5.xsd">
<bean id="lobHandler" class="org.springframework.jdbc.support.lob.DefaultLobHandler"
    lazy-init="false" />
<bean id="nativeJdbcExtractor"
class="org.springframework.jdbc.support.nativejdbc.CommonsDbcpNativeJdbcExtractor"
    lazy-init="true" />
<bean id="sessionFactory"
    class="org.springframework.orm.hibernate3.LocalSessionFactoryBean">
    <property name="dataSource" ref="dataSource" />
    <property name="lobHandler" ref="lobHandler" />
    <property name="mappingLocations">
        <list>
            <value>classpath:/com/manage/*/bus/*.hbm.xml</value>
            <value>classpath:/com/manage/*/pub/*.hbm.xml</value>
        </list>
    </property>
    <property name="hibernateProperties">
        <props>
            <prop key="hibernate.dialect">${jpa.dialect}</prop>
```

```xml
            <prop key="hibernate.hbm2ddl.auto">${jpa.hbm2ddl.auto}</prop>
            <prop key="hibernate.connection.SetBigStringTryClob">${jpa.connection
                .SetBigStringTryClob}</prop>
            <prop key="hibernate.show_sql">${jpa.show_sql}</prop>
            <prop key="hibernate.format_sql">${jpa.format_sql}</prop>
        </props>
    </property>
</bean>
<bean id="hibernateTransactionManager"
    class="org.springframework.orm.hibernate3.HibernateTransactionManager">
    <property name="sessionFactory" ref="sessionFactory" />
    <property name="dataSource" ref="dataSource" />
</bean>
<bean id="hibernateTransactionTemplate"
    class="org.springframework.transaction.support.TransactionTemplate">
    <property name="transactionManager" ref="hibernateTransactionManager" />
</bean>
<bean id="hibernateDao" class="com.manage.emp.pub.impl.HibernateDaoImpl"
    primary="true">
    <property name="sessionFactory" ref="sessionFactory" />
</bean>
<tx:advice id="txAdvice" transaction-manager="hibernateTransactionManager">
    <tx:attributes>
        <tx:method name="query*" read-only="true" />
        <tx:method name="list*" read-only="true" />
        <tx:method name="fetch*" read-only="true" />
        <tx:method name="find*" read-only="true" />
        <tx:method name="page*" read-only="true" />
        <tx:method name="count*" read-only="true" />
        <tx:method name="get*" read-only="true" />
        <tx:method name="is*" read-only="true" />
        <tx:method name="exists*" read-only="true" />
        <tx:method name="*" read-only="false" />
    </tx:attributes>
</tx:advice>
<aop:config>
    <aop:pointcut id="managerOperation"
        expression="execution(* com.manage..*.*service.*Service*.*(..))" />
    <aop:advisor id="managerTx" advice-ref="txAdvice"
        pointcut-ref="managerOperation" />
</aop:config>
<tx:advice id="hibernateDaoAdvice" transaction-manager="hibernateTransactionManager">
    <tx:attributes>
        <tx:method name="find*" read-only="true" propagation="REQUIRES_NEW" />
        <tx:method name="page*" read-only="true" propagation="REQUIRES_NEW" />
    </tx:attributes>
</tx:advice>
<tx:annotation-driven transaction-manager="hibernateTransactionManager" />
</beans>
```

代码解析

这段配置主要是配置 Hibernate，我们知道使用 Hibernate 需要开启 SessionFactory，这样才能以 Hibernate 的方式连接数据库，并且使用 Hibernate 对数据库进行增删改查的方法来操作数据。所以，需要定义一个名称为 sessionFactory 的 Bean，它对应的第三方插件是 LocalSessionFactoryBean，作用是把具体的 Hibernate 提供给 SessionFactory 程序员。

LocalSessionFacotoryBean 适配了 Configuration 对象，或者说是一个工厂的工厂，它

是 Configuration 的对象工厂，生成了 Configuration 对象以后，再利用它生成 Session，例如可以从它的源码中看到这样的信息：

```
public void createDatabaseSchema() throws DataAccessException {
    logger.info("Creating database schema for Hibernate SessionFactory");
    HibernateTemplate hibernateTemplate = new HibernateTemplate(this.sessionFactory);
    hibernateTemplate.execute(
        new HibernateCallback() {
            public Object doInHibernate(Session session) throws HibernateException,
                SQLException {
                Connection con = session.connection();
                Dialect dialect = Dialect.getDialect(configuration.getProperties());
                String[] sql = configuration.generateSchemaCreationScript(dialect);
                executeSchemaScript(con, sql);
                return null;
            }
        }
    );
}
/**
 * Return the singleton SessionFactory.
 */
public Object getObject() {
    return this.sessionFactory;
}
public Class getObjectType() {
    return (this.sessionFactory != null) ? this.sessionFactory.getClass() : Sessi
        onFactory.class;
}
public boolean isSingleton() {
    return true;
}
```

它的作用就是先生成 SessionFactory 对象，再生成具体的 Session 对象，以供程序员直接使用。

```
<property name="dataSource" ref="dataSource" />
```

既然 SessionFactory 是操作数据库的，所以就必须把它注入 dataSource，而 dataSource 已经在另一个引用的文件里配置过了，在这里直接使用 ref 引入进来即可。

```
<property name="mappingLocations">
    <list>
        <value>classpath:/com/manage/*/bus/*.hbm.xml</value>
        <value>classpath:/com/manage/*/pub/*.hbm.xml</value>
    </list>
</property>
```

这段代码指定了 Hibernate 需要的 .hbm.xml 文件，采用了匹配规则，在 com.manage 包下找到 bus 或者 pub 结尾的包，并且读取下面所有的 Hibernate 数据模型类，至于它的写法，在程序开发的时候再详细讲解。

```
<property name="hibernateProperties">
    <props>
        <prop key="hibernate.dialect">${jpa.dialect}</prop>
        <prop key="hibernate.hbm2ddl.auto">${jpa.hbm2ddl.auto}</prop>
```

```
            <prop key="hibernate.connection.SetBigStringTryClob">${jpa.connection.SetBig
            StringTryClob}</prop>
            <prop key="hibernate.show_sql">${jpa.show_sql}</prop>
            <prop key="hibernate.format_sql">${jpa.format_sql}</prop>
        </props>
    </property>
</property>
```

这段语句是 Hibernate 专属的一些配置文件，读取的仍然是 JDBC 文件里的内容，hibernate.dialect 是数据方言的意思，因为各种数据库的语法总有些区别，为了不出现转换错误，最好定义数据库方言。

hibernate.hbm2ddl.auto 对应的数值是 none，它的作用是自动创建、更新、验证数据库的表信息，建议设置为 none。否则，每次加载 Hibernate 的时候都需要把之前建立好的数据模型类映射的表结构删除掉，再根据数据模型类重新生成。

hibernate.show_sql 对应的是 jpa.show_sql=true，它的作用是使用 Hibernate 的时候会显示 SQL 语句，一般会出现在控制台或者日志文件中。

hibernate.format_sql 对应的是 jpa.format_sql=true，它的作用是生成的 SQL 语句会有格式，方便程序员阅读。

```
<bean id="hibernateTransactionManager"
    class="org.springframework.orm.hibernate3.HibernateTransactionManager">
    <property name="sessionFactory" ref="sessionFactory" />
    <property name="dataSource" ref="dataSource" />
</bean>
```

这段语句是把 sessionFactory、dataSource 设置成依赖 HibernateTransaction Manager 来执行，sessionFactory 的作用是完成数据库交互；dataSource 的作用是建立数据源。

```
<bean id="hibernateDao" class="com.manage.emp.pub.impl.HibernateDaoImpl"
    primary="true">
    <property name="sessionFactory" ref="sessionFactory" />
</bean>
```

Hibernate 持久层的具体实现，需要注入 sessionFactory。

```
<tx:advice id="txAdvice" transaction-manager="hibernateTransactionManager">
    <tx:attributes>
        <tx:method name="query*" read-only="true" />
        <tx:method name="list*" read-only="true" />
        <tx:method name="fetch*" read-only="true" />
        <tx:method name="find*" read-only="true" />
        <tx:method name="page*" read-only="true" />
        <tx:method name="count*" read-only="true" />
        <tx:method name="get*" read-only="true" />
        <tx:method name="is*" read-only="true" />
        <tx:method name="exists*" read-only="true" />
        <tx:method name="*" read-only="false" />
    </tx:attributes>
</tx:advice>
```

上述代码用来拦截客户端发出的请求，拦截的方法是所有以 query、list、fetch、find、page 等开始的方法名，并分别指明是只读还是非只读类型。

```
<aop:config>
    <aop:pointcut id="managerOperation"
```

```
          expression="execution(* com.manage..*.*service.*Service*.*(..))" />
     <aop:advisor id="managerTx" advice-ref="txAdvice"
          pointcut-ref="managerOperation" />
</aop:config>
```

AOP 映射事物管理，映射规则是基于 expression 的，也就是映射到 com.manage 包下的以 service 结尾的包，再从该包下寻找所有的 Service 结尾的类。例如，com.manage.emp.service 包下的 Query Service 类。

```
<tx:advice id="hibernateDaoAdvice" transaction-manager="hibernateTransactionManager">
     <tx:attributes>
          <tx:method name="find*" read-only="true" propagation="REQUIRES_NEW" />
          <tx:method name="page*" read-only="true" propagation="REQUIRES_NEW" />
     </tx:attributes>
</tx:advice>
```

这段代码仍然是映射事务的设置，但需要注意的是 propagation 设置成了 REQUIRES_NEW，它的具体用法之前已经讲过，"当请求到来时需要新建事务，如果当前存在事务，则把它挂起"。至于 propagation 的其他配置，参见 8.4.6 节。

```
<tx:annotation-driven transaction-manager="hibernateTransactionManager" />
```

这段代码的意思是开启事务的行为，而 transaction-manager 则指向了数据源，表明针对这个数据源开启事务。如果只是配置了事务的切面和映射，但没有在这里开启事务的话，仍然是不行的。

4. dispatcher-servlet.xml

该文件的主要作用是实现针对客户端请求的拦截以及返回信息的配置，内容如代码清单 9-10 所示。

代码清单 9-10 dispatcher-servlet.xml

```
<?xml version="1.0" encoding="UTF-8"?>
<beans xmlns="http://www.springframework.org/schema/beans"
     xmlns:xsi="http://www.w3.org/2001/XMLSchema-instance"
     xmlns:p="http://www.springframework.org/schema/p"
     xmlns:context="http://www.springframework.org/schema/context"
     xsi:schemaLocation="
          http://www.springframework.org/schema/beans
          http://www.springframework.org/schema/beans/spring-beans-2.5.xsd
          http://www.springframework.org/schema/context
          http://www.springframework.org/schema/context/spring-context-2.5.xsd">
     <context:component-scan base-package="com.manage"
          use-default-filters="false">
          <context:include-filter type="regex"
               expression="com.manage.*.controller.*" />
     </context:component-scan>
     <bean class="org.springframework.web.servlet.mvc.annotation.DefaultAnnotationHand
lerMapping" />
     <bean class="com.manage.emp.filter.JSONResolve" />
     <bean class="org.springframework.web.servlet.view.BeanNameViewResolver"
          p:order="1" />
     <bean class="org.springframework.web.servlet.view.InternalResourceViewResolver"
          p:viewClass="org.springframework.web.servlet.view.JstlView" p:prefix="/emp/"
          p:suffix=".jsp" p:order="2" />
     <bean id="autoProxyCreator"
     class="org.springframework.aop.framework.autoproxy.DefaultAdvisorAutoProxyCreator" />
</beans>
```

代码解析

<context:component-scan>作用是 Spring 提供的扫描组件，base-package 表明了扫描的基本包，use-default-filters 定义是否使用默认的过滤规则。如果选择 false，就需要自定义过滤规则，以用来进行扫描。<context:include-filter type="regex" expression="com.manage.*.controller.*" />自定义扫描规则，对 manage 包下的所有 controller 下的所有类进行扫描，这样的话，当我们在前端发起 Ajax 请求的时候，Spring 会自动扫描这些包底下的内容，看有没有匹配的 controller。

```
<bean class="org.springframework.web.servlet.mvc.annotation.DefaultAnnotationHandler
Mapping" />
```

DefaultAnnotationHandlerMapping 的作用是在扫描到的 Java 类中通过解析 URL 寻找对应的 @Controller、@RequestMapping 等内容，以方便把前端请求和它携带的参数传入对应的逻辑层。

```
<bean class="org.springframework.web.servlet.view.BeanNameViewResolver"
    p:order="1" />
```

定义视图解析器，例如，在逻辑层进行处理后，需要返回一种自定义的视图类型，如返回 "HelloTest"，配置好后视图解析器会自动获取它的实体。将视图名字解析为 Bean 的 Name 属性，从而根据 Name 属性找定义 View 的 Bean。

```
<bean class="org.springframework.web.servlet.view.InternalResourceViewResolver"
    p:viewClass="org.springframework.web.servlet.view.JstlView" p:prefix="/emp/"
    p:suffix=".jsp" p:order="2" />
```

设置视图解析器对应的目录，order 值越小，优先级越高，因为有可能会有多个视图解析器。

```
ModelAndView mv = new ModelAndView("/empData");
List<emp> mainList = this.queryService.getEmp(obj.toString());
mv.addObject("mainList", mainList);
return mv;
```

例如这段代码，我们配置了 InternalResourceViewResolver 后，Spring 便会直接在代码中寻找 empData 的 JSP 文件，因为我们配置了扫描路径是 emp 目录，规则是.jsp。这样的话，该逻辑业务处理完毕后就会返回到 empData.jsp 文件中。而 empData.jsp 再获取到返回的数据，在前端进行展示。

9.4 POI 导入

员工信息管理系统的数据录入，我们不用借助于导入数据库脚本来实现，而是针对 emp 表直接使用 Excel 文件导入数据，再对这张表进行常规操作。关于导入 Excel 文件，我们仍然使用开源的 POI 组件来完成这个需求的开发。对于基础数据的导入，在企业级应用中大部分情况都是使用 POI 来进行的。

9.4.1 POI 导入前端实现

首先打开 emp 项目的上传员工信息页面对应的 importExcel.jsp 文件，该文件主要实现了使用 POI 进行 Excel 文件导入的前端代码，内容如代码清单 9-11 所示。

代码清单 9-11 importExcel.jsp

```
<%@ taglib uri="http://java.sun.com/jsp/jstl/core" prefix="c"%>
<%@ taglib uri="http://java.sun.com/jsp/jstl/fmt" prefix="fmt"%>
<%@ taglib uri="http://java.sun.com/jsp/jstl/functions" prefix="fn"%>
```

```
<%@ page isELIgnored="false"%>
<%@ page language="java" contentType="text/html; charset=UTF-8"
    pageEncoding="UTF-8"%>
<%
    String contextPath = request.getContextPath();
%>
<jsp:include page="/include/commons.jsp" />
<!DOCTYPE HTML PUBLIC "-//W3C//DTD HTML 4.01 Transitional//EN">
<html>
<head>
<base>
<title>上传员工信息</title>
<meta http-equiv="pragma" content="no-cache">
<meta http-equiv="cache-control" content="no-cache">
<meta http-equiv="expires" content="0">
<meta http-equiv="keywords" content="keyword1,keyword2,keyword3">
<meta http-equiv="description" content="This is my page">
<script type="text/javascript">
var contextPath='<%=contextPath%>';
    function submitForm() {
        var str = document.getElementById("t1").value;
        var t1 = str.length == 0;
        if (t1) {
            alert("请上传附件");
            return;
        }
        document.mainForm.submit();
    }
    function resetForm() {
        document.mainForm.reset();
    }
    function goBack() {
        window.location.href = contextPath + "/index.jsp";
    }
</script>
</head>
<body onload="resetForm()">
    <form name="mainForm" action="<%=contextPath%>/import/importAction.do"
        method="post" enctype="multipart/form-data">
        <table border="0" align="center" cellpadding="0" cellspacing="1"
            class="tab">
            <tr>
                <th width="80">人员基本表: </th>
                <td width="300"><input id="t1" name="t1" type="file" /></td>
            </tr>
            <tr>
                <td width="300" colspan="2" style="text-align:center;"><input
                    name="tj" type="button" class="css3" value="导入"
                    onClick="submitForm();" /><input name="qx" type="button"
                    class="css3" value="取消" onClick="resetForm();" /><input
                    name="ht" type="button" class="css3" onClick="goBack();" value="后退" />
                </td>
            </tr>
        </table>
    </form>
</body>
</html>
```

代码解析

该 JSP 页面的内容很简单，大部分是 HTML 语言编写。其中，submitForm()方法对导入的文件进行了校验，如果没有选择文件，则提示"请上传附件"信息。resetForm()方法的作用是清空数据导入的表单信息。而最为主要的代码是<input id="t1" name="t1" type="file" />，该语句通过 input 提供的 file 选项，来从操作系统的窗口中选择合适的导入文件。如果文件校验通过，自动提交 mainForm 表单到对应的 Action 目标 importAction.do,就会进入 POI 导入的后端代码。

9.4.2   POI 导入后端实现

打开 ImportController 类文件，可以找到 POI 导入 Excel 的所有后端代码。我们且不用关心该 Action 中其他与当前业务无关的代码，而是需要重点分析 POI 导入的代码即可，具体内容如代码清单 9-12 所示。

代码清单 9-12   ImportController.java

```java
package com.manage.emp.controller;
import java.util.List;
import java.util.Map;
import javax.servlet.http.HttpServletRequest;
import org.springframework.beans.factory.annotation.Autowired;
import org.springframework.stereotype.Controller;
import org.springframework.web.bind.annotation.RequestMapping;
import org.springframework.web.servlet.ModelAndView;
import com.manage.emp.base.BaseController;
import com.manage.emp.service.ImportService;
import com.manage.emp.util.upload.UploadImpl;

/**
 * @author wangbo
 * @Description 上传员工信息 Excel 功能
 */
@Controller("import.ImportController")
public class ImportController extends BaseController {
    @Autowired
    private ImportService importService;
    @RequestMapping("/import/importExcel")
    public ModelAndView init(HttpServletRequest request) {
        return new ModelAndView("/importExcel");
    }
    @RequestMapping("/import/importAction")
    public ModelAndView importFile(HttpServletRequest request) throws Exception {
        ModelAndView mv = new ModelAndView("/importExcelResult");
        UploadImpl u = new UploadImpl(request);
        try {
            for (Map.Entry<String, List<String>> entry : u.getAllFile()
                    .entrySet()) {
                for (String v : entry.getValue()) {
                    mv.addObject(entry.getKey(),
                            this.importService.importExcel(entry.getKey(), v));
                }
            }
        } catch (Exception e) {
            e.printStackTrace();
            mv.addObject("error", "error");
        }
```

```
        mv.addObject("success", "success");
        return mv;
    }
}
```

代码解析

根据@RequestMapping("/import/importAction")可以进入对应的导入方法里面。但在正式导入之前，我们还需要对上传文件做一次处理，使其符合 POI 导入的规则才行，所以程序会创建一个新的 UploadImpl 对象，并且把 Request 信息传递给它，具体内容如代码清单 9-13 所示。

代码清单 9-13 UploadImpl.java

```java
package com.manage.emp.util.upload;
import java.io.File;
import java.util.ArrayList;
import java.util.HashMap;
import java.util.Iterator;
import java.util.List;
import java.util.Map;
import javax.servlet.http.HttpServletRequest;
import org.apache.commons.fileupload.FileItem;
import org.apache.commons.fileupload.FileUploadBase.SizeLimitExceededException;
import org.apache.commons.fileupload.ProgressListener;
import org.apache.commons.fileupload.disk.DiskFileItemFactory;
import org.apache.commons.fileupload.servlet.ServletFileUpload;
import org.apache.commons.logging.Log;
import org.apache.commons.logging.LogFactory;
import com.manage.emp.constans.ComConstant;
import com.manage.emp.constans.SysConstant;
import com.manage.emp.util.dao.GeneratePK;

public class UploadImpl implements Upload {
    private HttpServletRequest request;
    private ServletFileUpload sfu;
    private final Map<String, String> formFieldMap = new HashMap<String, String>();
    private List<FileItem> fileItemList = null;
    private Map<String, List<String>> fileMap = new HashMap<String, List<String>>();
    private String upload_path = "";
    private static final Log logger = LogFactory.getLog(UploadImpl.class);
    public UploadImpl() {
        super();
    }
    public UploadImpl(HttpServletRequest request) {
        upload_path = request.getSession().getServletContext().getRealPath("/")
                + ComConstant.UPLOAD_FOLDER;
        this.parseRequest(request);
    }
    protected void parseRequest(HttpServletRequest request) {
        this.request = request;
        init();
        processUpload();
    }
    @SuppressWarnings("unchecked")
    private void processUpload() {
        try {
            sfu.setHeaderEncoding(SysConstant.CHARACTER_ENCODING);
            fileItemList = sfu.parseRequest(request);
            if (fileItemList == null || fileItemList.size() == 0) {
            }
```

```java
            Iterator<FileItem> fileIterator = fileItemList.iterator();
            while (fileIterator.hasNext()) {
                FileItem fileItem = null;
                String name = null;
                long size = 0;
                fileItem = fileIterator.next();
                if (fileItem == null || fileItem.isFormField()) {
                    formFieldMap.put(fileItem.getFieldName(),
                            fileItem.getString(SysConstant.CHARACTER_ENCODING));
                    continue;
                }
                name = fileItem.getName();
                size = fileItem.getSize();
                if (!"".equals(name) && size > 0) {
                    String suffix = name.substring(name.lastIndexOf("."),
                            name.length());
                    String fileName = save(fileItem, GeneratePK.generateUId()
                            + suffix);
                    if (fileMap.containsKey(fileItem.getFieldName())) {
                        fileMap.get(fileItem.getFieldName()).add(fileName);
                    } else {
                        List<String> _file = new ArrayList<String>();
                        _file.add(fileName);
                        fileMap.put(fileItem.getFieldName(), _file);
                    }
                }
            }
        } catch (Exception e) {
            if (e instanceof SizeLimitExceededException) {
            } else {
            }
        }
    }
    private void init() {
        try {
            File tempFold = new File(upload_path);
            if (!tempFold.exists()) {
                tempFold.mkdirs();
            }
            DiskFileItemFactory dfif = new DiskFileItemFactory();
            dfif.setSizeThreshold(ComConstant.SHRESHOLD_SIZE);
            dfif.setRepository(tempFold);
            sfu = new ServletFileUpload(dfif);
            sfu.setSizeMax(ComConstant.MAX_SIZE);
            ProgressListener progressListener = new ProgressListener() {
                private long megaBytes = -1;
                private final long million = 1024 * 1024;
                @Override
                public void update(long pBytesRead, long pContentLength,
                        int pItems) {
                    long mBytes = pBytesRead / million;
                    if (megaBytes == mBytes) {
                        return;
                    }
                    megaBytes = mBytes;
                    if (megaBytes > 0) {
                        if (pContentLength == -1) {
                            logger.info("文件正在读取中: " + pItems + "。" + "已经读取 "
                                    + megaBytes + " MB ，剩余长度未知");
                        } else {
                            logger.info("文件正在读取中: " + pItems + "。" + "已经读取 "
                                    + megaBytes + " / " + pContentLength
```

```
                                            / million + " MB");
                                }
                            }
                        }
                    };
                    sfu.setProgressListener(progressListener);
                } catch (Exception e) {
                    e.printStackTrace();
                }
        }
        @Override
        public String save(FileItem fileItem, String fileName) {
            String u_name = upload_path + File.separator + fileName;
            try {
                File file = new File(u_name);
                if (!file.getParentFile().exists()) {
                    file.getParentFile().mkdirs();
                }
                fileItem.write(file);
                logger.info("文件上传成功. 已保存为: " + u_name);
            } catch (Exception e) {
            }
            return u_name;
        }
        @Override
        public String getParameter(String paraName) {
            String paraValue = "";
            paraValue = formFieldMap.get(paraName);
            paraValue = paraValue == null ? "" : paraValue;
            return paraValue;
        }
        @Override
        public String[] getParameterNames() {
            return this.formFieldMap.keySet().toArray(new String[0]);
        }
        public HttpServletRequest getRequest() {
            return request;
        }
        public void setRequest(HttpServletRequest request) {
            this.request = request;
            this.parseRequest(request);
        }
        @Override
        public Map<String, List<String>> getAllFile() {
            return fileMap;
        }
        @Override
        public List<String> getAllFileByFieldName(String fieldName) {
            return fileMap.get(fieldName);
        }
    }
}
```

代码解析

init()方法是将文件保存到服务器的过程，其间定义了很多参数，如文件路径、文件缓冲区和最大文件规格等，这些参数作为常量保存在 ComConstant 类中。

processUpload()方法将上传到服务器的文件进行解析，并且保存成 UUID 的文件名模式，与此同时，返回 FieldName 的数值和文件路径的对应关系给逻辑层。接下来，进入正式的文件上传过程。

文件上传过程在 UploadImpl 类中对应的接口代码是：

```
for (String v : entry.getValue()) {
    mv.addObject(entry.getKey(),
            this.importService.importExcel(entry.getKey(), v));
}
```

它使用循环的方式，对 UploadImpl 类返回的数据进行循环处理，并且支持多个文件的上传。最后进入 ImportServiceImpl 利用 POI 完成解析操作，具体内容如代码清单 9-14 所示。

代码清单 9-14　ImportServiceImpl.java

```java
package com.manage.emp.service.impl;
import java.io.File;
import java.io.FileInputStream;
import java.text.DecimalFormat;
import java.text.SimpleDateFormat;
import java.util.Date;
import java.util.List;
import org.apache.commons.lang.StringUtils;
import org.apache.poi.hssf.usermodel.HSSFCell;
import org.apache.poi.hssf.usermodel.HSSFDateUtil;
import org.apache.poi.hssf.usermodel.HSSFRow;
import org.apache.poi.hssf.usermodel.HSSFSheet;
import org.apache.poi.hssf.usermodel.HSSFWorkbook;
import org.apache.poi.ss.usermodel.Cell;
import org.springframework.stereotype.Service;
import com.manage.emp.base.BaseService;
import com.manage.emp.bus.emp;
import com.manage.emp.service.ImportService;

/**
 * @author wangbo
 */
@Service("import.importService")
public class ImportServiceImpl extends BaseService implements ImportService {
    @Override
    public int importExcel(String key, String file) throws Exception {
        int res = 0;
        File inFile = new File(file);
        FileInputStream fis = null;
        fis = new FileInputStream(inFile);
        HSSFWorkbook readworkbook = new HSSFWorkbook(fis);
        HSSFSheet inSheet = readworkbook.getSheetAt(0);
        for (int i = 1; i < inSheet.getPhysicalNumberOfRows(); i++) {
            HSSFRow inRow = inSheet.getRow(i);
            if ("t1".equals(key)) {
                saveEmpUser(inRow);
            } else if ("t2".equals(key)) {
                saveEmpT2(inRow);
            } else {
                saveEmpT3(inRow);
            }
        }
        res = inSheet.getPhysicalNumberOfRows() - 1;
        if (res == 0) {
            throw new Exception("e");
        }
        return res;
    }
    private void saveEmpUser(HSSFRow inRow) throws Exception {
        HSSFCell cell = inRow.getCell(0);
```

```
            String userName = verifyCell(cell);
            cell = inRow.getCell(1);
            String phone = verifyCell(cell);
            cell = inRow.getCell(2);
            String email = verifyCell(cell);
            cell = inRow.getCell(3);
            String userNum = verifyCell(cell);
            cell = inRow.getCell(4);
            String cardNum = verifyCell(cell);
            cell = inRow.getCell(5);
            String disabled = verifyCell(cell);
            if (StringUtils.isEmpty(disabled) || StringUtils.isEmpty(cardNum)
                    || StringUtils.isEmpty(email) || StringUtils.isEmpty(phone)
                    || StringUtils.isEmpty(userNum)
                    || StringUtils.isEmpty(userName)) {
                throw new Exception("e");
            } else {
                String hql = "FROM emp WHERE userName=? AND userNum=?";
                List<emp> sotList = this.hibernateDao.getEmp(emp.class, hql,
                        new String[] { userName, userNum });
                if (sotList.isEmpty()) {
                    emp emp = new emp();
                    emp.setCardNum(cardNum);
                    emp.setDisabled(disabled);
                    emp.setEmail(email);
                    emp.setPhone(phone);
                    emp.setUserName(userName);
                    emp.setUserNum(userNum);
                    emp.setCreateTime(new Date());
                    this.hibernateDao.save(emp);
                } else {
                    emp emp = sotList.get(0);
                    emp.setCardNum(cardNum);
                    emp.setDisabled(disabled);
                    emp.setEmail(email);
                    emp.setPhone(phone);
                    emp.setUserName(userName);
                    emp.setUserNum(userNum);
                    emp.setCreateTime(new Date());
                    this.hibernateDao.update(emp);
                }
            }
        }
    }
    public String verifyCell(HSSFCell cell) {
        String str = "";
        if (null != cell) {
            switch (cell.getCellType()) {
            case HSSFCell.CELL_TYPE_NUMERIC:
                if (HSSFDateUtil.isCellDateFormatted(cell)) {
                    double d = cell.getNumericCellValue();
                    Date date = HSSFDateUtil.getJavaDate(d);
                    SimpleDateFormat sFormat = new SimpleDateFormat(
                            "yyyy-MM-dd");
                    str = sFormat.format(date);
                    break;
                }
                DecimalFormat df = new DecimalFormat("0");
                str = df.format(cell.getNumericCellValue());
                break;
            case HSSFCell.CELL_TYPE_STRING:
                str = cell.getStringCellValue();
```

```
                break;
        case HSSFCell.CELL_TYPE_BOOLEAN:
                str = cell.getBooleanCellValue() ? "true" : "false";
                break;
        case HSSFCell.CELL_TYPE_FORMULA:
                str = cell.getCellFormula();
                cell.setCellType(Cell.CELL_TYPE_STRING);
                str = String.valueOf(cell.getStringCellValue());
                break;
        case HSSFCell.CELL_TYPE_BLANK:
                break;
        case HSSFCell.CELL_TYPE_ERROR:
                break;
        default:
                break;
            }
        }
        return str;
    }
    private void saveEmpT2(HSSFRow inRow) throws Exception {
    }
    private void saveEmpT3(HSSFRow inRow) throws Exception {
    }
}
```

代码解析

根据前端传递的表格 ID 来判断进入哪个导入分支代码，因为传递过来的参数是 t1，所以会进入 saveEmpUser() 方法完成数据的解析，解析的动作与导出是类似的。

```
String userName = verifyCell(cell);
cell = inRow.getCell(1);
```

声明 userName 变量，并且根据 verifyCell() 从上传的 Excel 中获取对应的数据。接着进行非空验证，如果 userName、phone、email 等员工信息不为空，就把它们保存进入新生成的 emp 数据模型类中，封装好完整的 emp 类的时候，直接使用 this.hibernateDao.save(emp) 对该 emp 进行入库操作，也就实现了真正意义上的 POI 数据导入功能。

9.5 小结

本章的内容相对较少，主要是学习和理解 Spring MVC。在 9.1.2 节中，我们详细地分析了 Spring MVC 的数据传输通道，读者可以根据该节来对应 Struts 2 的数据传输，来理解它们的差异。在项目结构中，大致总结了 Spring MVC 精简后的项目图，阐述了以精简模式开发的好处，因为它能够做成一个框架模板，以供其他的项目使用。9.2 节从业务设计、原型设计、数据库设计 3 个方面来讲述了员工信息系统的主要需求。架构设计通过讲述"查询员工信息"功能，力求把整个数据通道的过程串联起来，让读者真正领悟 Spring MVC 从前端到后端的过程，并且分析它们之间的要点。POI 导入作为员工信息系统的主要客户需求，实现了利用 POI 组件进行 Excel 导入的过程，解决了员工信息数据的来源问题。而最为主要的仍然是 9.2.4 节，本章深入浅出地讲解了 Spring MVC 框架所涉及的大部分配置信息，只有真正理解了这些配置信息，才可以说是彻底掌握了 Spring MVC 框架。

第 10 章

电商平台

电商平台的项目跟传统的企业级项目既有相似之处，又有诸多不同。例如，这两种项目在针对某些报表业务的开发方面仍然都是针对数据的增删改查；而涉及支付方面则就完全不同了，传统企业级项目一般没有支付接口，而作为电商项目，不但需要有各种类型的支付接口，如支付宝、银联等，还需要有与此匹配的优惠券、物流等功能，可以说系统非常庞大复杂。

另外，关于网上一些学习参考的电商项目来说，它们基本上只做了一些简单的功能，基本上没有实现电商项目最为核心的支付部分，这样的话，其实该电商项目是完全废弃掉的。本章，我们会开发一个拥有简单业务，但却集成了支付功能的电商项目，以便让读者可以学习到一定的支付技术，弥补长期从事企业级开发而导致没有互联网经验的弱势。

10.1 框架搭建

框架搭建的过程比较复杂，但在此之前，我们可以通过对项目进行总体的分析和布局。从整体规划方面来看，电商项目的主要需求是注册、购物、付款等操作。从技术选型方面来看，为什么电商项目仍然使用 Servlet，而不使用其他更加实用的开源框架？因为本章的重点是讲述电商项目中的支付环节，采用框架会使项目架构变得复杂，不利于快速开发。

10.1.1 整体规划

电商平台的项目非常简单，跟员工信息项目差不多，主要是为了让我们学习电商平台中最为核心的支付部分。在本次项目中，我们不集成第三方的诸如易宝之类的接口，而是直接集成支付宝的接口，掌握最核心的代码。

说到这里，就会谈到支付宝接入的问题。虽然，支付宝接口方面的代码是开源的，但不少程序员还是觉得这方面很难。这是因为，第一，支付宝接口在集成之前就需要大量的配置，如 APP ID 等；第二，当涉及具体的集成步骤，支付宝提供的文档并不是特别全面，对于新手来说有点吃力。所以，在本章中的集成会有大量的截图和"傻瓜式"的操作，让读者充分掌握电商的核心支付。电商项目首页如图 10-1 所示。

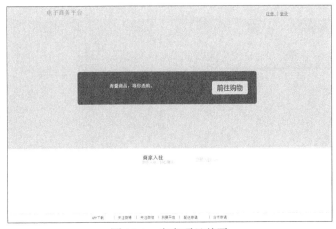

图 10-1　电商项目首页

　　实际上，我们只需要完成"注册""登录""购物""订单"等几个简单的功能即可，但是实现了这几个功能理论上仍然是一个假的电商系统，因为它不能进行支付行为。所以，在完成这几个功能后，我们需要集成支付宝的接口，这样，才是一个活的电商平台。

10.1.2　技术选型

　　因为管理系统、员工信息平台等已经把基本上所有的主流框架讲解过了，电商项目的重点是讲解支付接口，所以，我们再次使用 Servlet 作为 Java EE 方面的主要技术，而支付宝接口的话，直接集成在 Servlet 中。另外，本章为了尽可能地做得简洁，提炼出精简的电商平台模板，所以在 Servlet 配置方面选择了注解的方式，因此需要使用 Tomcat7.0 来运行，使用老版本的 Tomcat 都不能识别注解。

10.2　详细设计

　　详细设计的内容很多，本节主要讲述了业务设计、原型设计、数据库设计。业务设计针对具体的用户需求，做了大概的梳理，并且对该需求的实现做了要求；原型设计针对用户需求做了详细的切图，以方便程序员开发；数据库设计详细说明了该项目使用的数据库情况，包括选用软件、数据库名称、表名、SQL 等信息。

10.2.1　业务设计

　　电商项目分为用户界面和商户界面，这种区分是电商的趋势。按理说，用户界面可以进行购物、支付，退款等操作，而商户界面则可以维护自己的信息，并且根据后台显示到的下单情况，为用户进行配送等服务，但是因为本项目主要演示支付，所以很多功能都没有去开发。本书的源码中已经提供好了一些基础数据，大家可以使用。

10.2.2　原型设计

　　注册和登录的原型设计都非常简单。注册页面如图 10-2 所示。登录页面如图 10-3 所示。

图 10-2　注册页面　　　　　　　　　　图 10-3　登录页面

10.2.3　数据库设计

管理系统因为业务繁多，后续的拓展性很大，所以我们采用了 Oracle 数据库；而电商项目是专门用来学习支付接口而开发的，所以此处采用 MySQL 数据库，以便我们把更多的时间和精力投入到重点知识上面去。

数据库：MySQL5.6

数据库名称：shop

1.　商户信息表：business

商户信息表 SQL 如下：

```
CREATE TABLE `business` (
  `id` varchar(100) DEFAULT NULL,
  `name` varchar(100) DEFAULT NULL,
  `password` varchar(100) DEFAULT NULL,
  `phone` varchar(100) DEFAULT NULL,
  `address` varchar(100) DEFAULT NULL,
  `logo` varchar(100) DEFAULT NULL,
  `code` varchar(100) DEFAULT NULL
) ENGINE=InnoDB DEFAULT CHARSET=utf8
```

商户信息表的字段及注释如下：id（商户主键 ID）、name（商户名称）、password（商户密码）、phone（商户联系方式）、address（商户地址）、logo（商户标志）和 code（商户编码）。其中商户编码目前对应支付宝接口的 sell_id。其实，如果有多个商户的话，可以建一张中间表，专门维护商户的 sell_id。

2.　用户信息表：customer

用户信息表 SQL 如下：

```
CREATE TABLE `customer` (
  `id` varchar(100) DEFAULT NULL,
  `name` varchar(100) DEFAULT NULL,
  `password` varchar(100) DEFAULT NULL,
  `phone` varchar(100) DEFAULT NULL,
  `address` varchar(100) DEFAULT NULL
) ENGINE=InnoDB DEFAULT CHARSET=utf8
```

用户信息表的字段及注释如下：id（用户主键 ID）、name（用户名称）、password（用户密码）、phone（用户联系方式）、address（用户地址）、logo（商户标志）和 code（商户编码）。其中商户编码目前对应支付宝接口的 sell_id。其实，如果有多个商户的话，可以建一张中间表，来专门维护商户的 sell_id。

3. 商品信息表：goods

商品信息表 SQL 如下：

```
CREATE TABLE `goods` (
  `id` varchar(100) DEFAULT NULL,
  `name` varchar(100) DEFAULT NULL,
  `price` varchar(100) DEFAULT NULL,
  `picture` varchar(100) DEFAULT NULL,
  `busName` varchar(100) DEFAULT NULL
) ENGINE=InnoDB DEFAULT CHARSET=utf8
```

商户信息表的字段及注释如下：id（商品主键 ID）、name（商品名称）、price（商品价格）、picture（商品图片）和 busName（商户名称）。这张表用来保存商品，数据库中已经维护了一条 food 数据，理论上，商户后台应该有添加商品的功能，但因为不是本次项目的核心功能，故没有进行开发，但业务应该是这样的。

4. 订单信息表：orders

订单信息表 SQL 如下：

```
CREATE TABLE `orders` (
  `id` varchar(100) DEFAULT NULL,
  `goodsName` varchar(100) DEFAULT NULL,
  `goodsPrice` varchar(100) DEFAULT NULL,
  `address` varchar(100) DEFAULT NULL,
  `buyers` varchar(100) DEFAULT NULL,
  `pay` varchar(100) DEFAULT NULL,
  `seller` varchar(100) DEFAULT NULL
) ENGINE=InnoDB DEFAULT CHARSET=utf8
```

商户信息表的字段及注释如下：id（订单主键 ID）、goodsName（商品名称）、goodsPrice（商品价格）、address（配送地址）、buyers（买家）、pay（支付状态）和 seller（商户名称）。

因为业务简单，所以对应的数据库设计得也很简单，而且目前，我们不需要用到视图、函数、触发器、存储过程等高级内容。MySQL 数据库非常简单，如果后期需要这些内容，可以使用 SQLyog 来进行快速开发。

10.3　架构设计

电商项目没有集成第三方框架，使用的是传统的 Servlet 技术，所以在架构设计方面也比较简单。但是，在学习形式上我们仍然使用类似于白盒测试的方法，即假定该项目是已经开发完毕的状态，任何功能都是可用的，我们只是在一边做功能一边学习代码，力求通过这种方式来掌握电商项目。

10.3.1　逻辑层

首先，在浏览器打开 http://localhost:8080/shop，在首页点击右上角的登录按钮，使用用户名张三，密码 123456 来进行登录。因为该项目都是用最简单的 HTML 和 Servlet 来写的，所以，我们只贴出关键代码来具体分析即可。

login.jsp 在剔除了样式后的关键代码如下：

```
<input type="button" value="用户登录" id="user" onclick="users()" />
```

代码解析

点击这个用户登录实际上是进行用户和商家登录的切换，而真正的登录按钮，是这部分代码：

```
<input type="submit" value="登 录"    />
```

当点击登录按钮的时候，实际上是提交 UserLoginServlet，那么接下来，我们重点来看 UserLoginServlet 的代码，具体内容如代码清单 10-1 所示。

代码清单 10-1　UserLoginServlet.java

```java
package com.action;
import java.io.IOException;
import javax.servlet.ServletException;
import javax.servlet.http.HttpServlet;
import javax.servlet.http.HttpServletRequest;
import javax.servlet.http.HttpServletResponse;
import com.poji.User;
import com.service.UserService;

public class UserLoginServlet extends HttpServlet {
    @Override
    protected void doGet(HttpServletRequest req, HttpServletResponse resp)
            throws ServletException, IOException {
        doPost(req, resp);
    }
    @Override
    protected void doPost(HttpServletRequest req, HttpServletResponse resp)
            throws ServletException, IOException {
        req.setCharacterEncoding("utf-8");
        String username = req.getParameter("username");
        String password = req.getParameter("password");
        User user = null;
        if (username != null && password != null && !"".equals(username)
                && !"".equals(password)) {
            UserService userService = new UserService();
            user = userService.login(username, password);
        }
        if (user != null) {
            req.getSession().setAttribute("user", user);
            req.getRequestDispatcher("IntoFood").forward(req, resp);
            return;
        }
        resp.sendRedirect(req.getContextPath() + "/login.jsp");
    }
}
```

代码解析

通过使用 getParameter() 方法分别获取到了用户名 username 和用户密码 password。

接着，因为完全没有使用 Spring 和 Struts 技术，所以我们使用最原始的 new 关键词新建一个 UserService 接口的实例，来调用 login() 方法，去数据库里验证这个用户，并且返回其自身。然后，进入业务层代码。

```java
if (user != null) {
    req.getSession().setAttribute("user", user);
    req.getRequestDispatcher("IntoFood").forward(req, resp);
    return;
}
```

如果 user 确实存在，那么将其保存在 Session 中，并且跳转到 IntoFood 对应的界面之中去。至此，这个简单的逻辑层工作就结束了，接下来，我们看看登录功能的业务层。

10.3.2 业务层

电商项目登录功能的业务层代码的具体内容如代码清单 10-2 所示。

代码清单 10-2 UserService.java

```java
package com.service;
import java.util.List;
import java.util.Map;
import com.Dao.UserDao;
import com.poji.FindFood;
import com.poji.Food;
import com.poji.Orders;
import com.poji.Order;
import com.poji.RestaurantUser;
import com.poji.User;

public class UserService {
    public User login(String username, String password) {
        UserDao userDao = new UserDao();
        return userDao.login(username, password);
    }
    public boolean register(String username, String password, String phone,
            String address) {
        UserDao userDao = new UserDao();
        return userDao.verify(username, password, phone, address);
    }
    public boolean change(String username, String password, String phone,
            String address) {
        UserDao userDao = new UserDao();
        return userDao.change(username, password, phone, address);
    }
    public RestaurantUser Rlogin(String username, String password) {
        UserDao userDao = new UserDao();
        return userDao.Rlogin(username, password);
    }
    public boolean Rregister(String username, String password,
            String rusername, String phone, String address, String logo) {
        UserDao userDao = new UserDao();
        return userDao.Rverify(username, password, rusername, phone, address,
                logo);
    }
    public boolean Rchange(String username, String password, String rusername,
            String phone, String address, String logo) {
        UserDao userDao = new UserDao();
        return userDao.Rchange(username, password, rusername, phone, address,
                logo);
    }
    public Food addFood(String fname, String price, String picture) {
        UserDao userDao = new UserDao();
        return userDao.addFood(fname, price, picture);
    }
    public boolean deleteFood(String fname) {
        UserDao userDao = new UserDao();
        return userDao.deleteFood(fname);
    }
    public Map<Integer, FindFood> findFood() {
        UserDao userDao = new UserDao();
        return userDao.findFood();
    }
    public Orders orderFood(String fname, User user, String ruser) {
```

```java
        UserDao userDao = new UserDao();
        return userDao.orderFood(fname, user, ruser);
    }
    public void updateOrder(String out_trade_no, String trade_no,
            String total_amount, String seller_id) {
        UserDao userDao = new UserDao();
        userDao.updateOrder(out_trade_no, trade_no, total_amount, seller_id);
    }
    public List<Order> findOrder(String cid) {
        UserDao userDao = new UserDao();
        return userDao.findOrder(cid);
    }
    public List<Order> findBusOrder(String rid) {
        UserDao userDao = new UserDao();
        return userDao.findBusOrder(rid);
    }
    public void deleteOrder(String cid) {
        UserDao userDao = new UserDao();
        userDao.deleteOrder(cid);
    }
}
```

代码解析

业务层的代码很多，但与登录相关的只有 login() 方法，所以我们重点分析它即可。这段代码的意思是接受参数进入持久层，对应的参数分别是 username 和 password。

10.3.3 持久层

电商项目的持久层没有用到 Spring 提供的 JDBC，也没有用到任何 ORM 框架，如 MyBatis 或者 Hibernate，它只是依靠原生的 JDBC 来完成和数据库的交互工作，部分内容如代码清单 10-3 所示。

代码清单 10-3 UserDao.java

```java
public User login(String username, String password) {
    Connection conn = ConnectionUtil.getConnection();
    String sql = "select * from customer where name = ? and password= ?";
    PreparedStatement pstmt = ConnectionUtil
            .getPreparedStatement(conn, sql);
    ResultSet rt = null;
    try {
        pstmt.setString(1, username);
        pstmt.setString(2, password);
        rt = pstmt.executeQuery();
        if (rt.next()) {
            User user = new User();
            user.setCid(rt.getString("id"));
            user.setUsername(rt.getString("name"));
            user.setPassword(rt.getString("password"));
            user.setPhone(rt.getString("phone"));
            user.setAddress(rt.getString("address"));
            return user;
        }
    } catch (SQLException e) {
        e.printStackTrace();
    } finally {
        ConnectionUtil.close(rt, pstmt, conn);
    }
    return null;
}
```

代码解析

（1）String sql = "select * from customer where name = ? and password= ?"：
使用 select 语句来对 customer 表进行查询，传入参数用户名和密码。

（2）如果查询到用户数据，就把它封装成 User 类，并且返回数据到逻辑层。

（3）逻辑层根据用户是否为空，来进行不同的页面跳转。

10.3.4 数据通道

用户登录功能的逻辑层有两块不同的跳转代码，接着我们来看下它们有什么区别：

```
req.getRequestDispatcher("IntoFood").forward(req, resp);
resp.sendRedirect(req.getContextPath() + "/login.jsp");
```

代码解析

如果用户名为空，进入 login.jsp 重新登录，这个功能没什么可讲的。而如果用户不为空，则需要进入 IntoFood 对应的页面，接着我们重点来看该页面下进行了哪些业务，具体内容如代码清单 10-4 所示。

代码清单 10-4 IntoFood.java

```java
package com.action;
import java.io.IOException;
import java.util.Map;
import java.util.TreeMap;
import javax.servlet.ServletException;
import javax.servlet.http.HttpServlet;
import javax.servlet.http.HttpServletRequest;
import javax.servlet.http.HttpServletResponse;
import com.poji.FindFood;
import com.service.UserService;

public class IntoFood extends HttpServlet {
    @Override
    protected void doGet(HttpServletRequest req, HttpServletResponse resp)
            throws ServletException, IOException {
        doPost(req, resp);
    }
    @Override
    protected void doPost(HttpServletRequest req, HttpServletResponse resp)
            throws ServletException, IOException {
        req.setCharacterEncoding("utf-8");
        Map<Integer, FindFood> food = new TreeMap<Integer, FindFood>();
        UserService userService = new UserService();
        food = userService.findFood();
        req.getSession().setAttribute("food", food);
        req.getSession().setAttribute("Ruser", "食物");
        req.getRequestDispatcher("food.jsp").forward(req, resp);
    }
}
```

代码解析

实际上它仍然是一个逻辑层罢了，只不过这段代码进行了逻辑层到逻辑层的跳转。而这个逻辑层又进行了一层逻辑层到业务层再到持久层的过程，最后才返回到前端的 JSP 页面，如 req.getRequestDispatcher("food.jsp").forward(req, resp)。也就是说，一个业务结束后并不一定返回前端，可以跳转到另一个逻辑层，去完成另一个业务。

```
food = userService.findFood();
req.getSession().setAttribute("food", food);
```

从这段代码直接进入持久层中，查询 String sql = "select * from goods "这句 SQL，接着把查到的货物保存到 Session 中，返回前端页面。这样的话，我们使用张三登录自己的后台界面后就可以看见有一个可供选择的商品了，如果想要新增商品，可以直接去 goods 表中自由添加，商品界面如图 10-4 所示。

而点击提交订单，其实就是下单的过程。接下来，我们重点演示如何下单。下单操作对应的 Servlet 是 orderServlet，中间进行了一些稍微复杂的验证和生成订单的过程，其实就是一些下单需要考虑的问题，如优惠券的处理计算等，这些内容理论上都可以在这个环节中加入。

图 10-4 商品界面

当一切关于价格的问题计算妥当后，最后进入持久层与数据库交互的内容实际上就是这个封装好的数据模型类 Orders，所有与该订单相关的信息都会保存在 Orders 里面，以便我们可以通过 Get 方法获取需要的数值，进行入库操作，部分内容如代码清单 10-5 所示。

代码清单 10-5 Orders.java

```java
public Orders saveOrder(Orders order) {
    Connection conn = ConnectionUtil.getConnection();
    String userName = order.getUser().getUsername();
    String userAddress = order.getUser().getAddress();
    String fName = order.getFood().getFname();
    String fPrice = order.getFood().getPrice();
    String sells = order.getRuser().getRname();
    UUID jk = java.util.UUID.randomUUID();
    String sql = "insert into orders(id, goodsName, goodsPrice, address, buyers,
            pay, seller) values(?,?,?,?,?,?,?)";
    PreparedStatement pstmt = ConnectionUtil
            .getPreparedStatement(conn, sql);
    try {
        pstmt.setString(1, jk.toString());
        pstmt.setString(2, fName);
        pstmt.setString(3, fPrice);
        pstmt.setString(4, userAddress);
        pstmt.setString(5, userName);
        pstmt.setString(6, "20881021723679933");
        pstmt.setString(7, sells);
        pstmt.executeUpdate();
        return order;
    } catch (SQLException e) {
        e.printStackTrace();
    } finally {
        ConnectionUtil.close(null, pstmt, conn);
    }
    return null;
}
```

代码解析

saveOrder()方法的核心其实只有一条语句：

```
String sql = "insert into orders(id, goodsName, goodsPrice, address, buyers, pay,
    seller) values(?,?,?,?,?,?,?)";
```

把数据放入 orders 表中，而 pay 支付方式是写死的 2088102172367933，也就是支付宝绑定

的 sell_id。其实，如果当初建立了维护表，完全可以从维护表中去读取数据，这样就可以对多个店铺进行操作了。而如果写死这个数据，则只能对一个店铺进行操作。返回前端页面后，订单数据出现了，如图 10-5 所示。

而此时 shop 数据库 orders 表中的数据如图 10-6 所示。

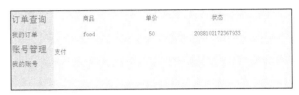

图 10-5　订单页面

id	goodsName	goodsPrice	address	buyers	pay	seller
2421b687-3a55-489f-a5c3-de826bc8fe1a	food	50	西安	张三	2088102172367933	A店铺
(NULL)	(NULL)	(NULL)	(NULL)	(NULL)	(NULL)	(NULL)

图 10-6　orders 表数据

在完成了订单数据的生成之后，接下来，我们可以点击左边的支付按钮进行支付，这样就可以和支付宝接口建立连接了，具体内容参见 10.4 节。

10.4　支付接口

在网上有很多关于支付接口的参考资料，但这些资料大多不靠谱，经常是缺东少西，完全让人摸不着头脑，如果依靠这些资料学习支付接口，恐怕会越学越糊涂！所以，本节我们以实例出发，从零开始进行支付宝接口的调试。

10.4.1　开发账号

首先在浏览器打开蚂蚁金服开放平台，页面打开后如图 10-7 所示。

使用作为测试的支付宝账号登录进去，理论上我们的账号是没有任何权限的。这时，需要做的事情就是把自己的账号设置为"自研开发者"，只有这样才能使用蚂蚁金服的一些支付宝 API 和测试账号。点击右上角的账户信息，看到如下界面即说明设置成功了，如图 10-8 所示。

图 10-7　蚂蚁金服界面

图 10-8　自研开发者账号

接下来，按照一些常见的开发文档的说法，是应该申请应用和密钥了，但是实际上，不能这么做。因为，我们确实可以点击"开发者中心"，来为自己申请一个应用，例如，该电商项目可以申请叫作"王波的电商平台"的网站，App 也可以叫作这个。但是，当申请信息填好后，我们会看到我们调试支付宝接口所需要的功能，例如，典型的"电脑网站支付"，也就是支付宝付款功能是需要签约的，当我们点击签约后，系统会提示我们补齐信息，如"个体工商户"信息等。这些信息，作为学者的我们是没有的。看到这里，很多人就会想放弃了，支付宝接口这么难，不去学习算了，但实际上不是那样的，这些功能只不过是电商项目上线后需要开启的，而作为程序员，我们只要使用蚂蚁金服提供的"沙箱应用"就可以学习了，如图 10-9 所示。

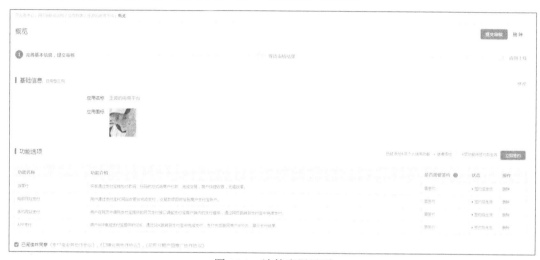

图 10-9 沙箱应用界面

点击菜单"开发者中心"下的"研发服务"就可以进入沙箱应用中了。沙箱应用是一个供开发者学习和调试的环境，但它仍然需要我们做一些配置才可以使用，具体的参数如图 10-10 所示。

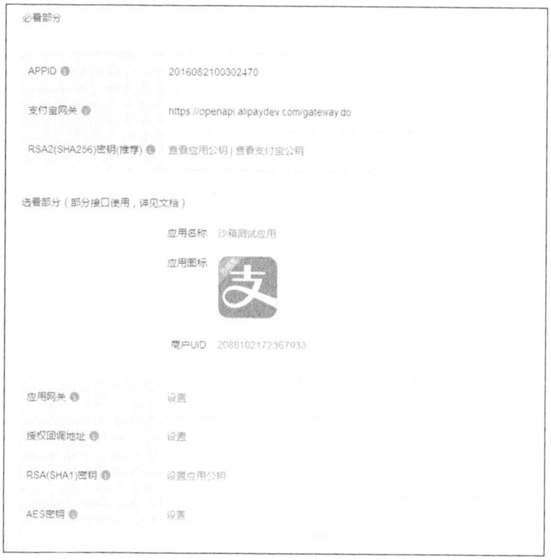

在这里只需要关注必看部分即可。

- **APPID**：蚂蚁金服为我们分配了这个沙箱账号的 ID，也是我们进行远程调用需要的重要参数。
- **支付宝网关**：使用默认的即可（在调试的时候需要在本地代码里修改配置）。
- **RASA(SHA256)密钥（推荐）**：这些内容需要我们点击右侧的"沙箱当面付接入引导"后进入下载页面。点击"支付宝密钥生成器"下载到本地后自动生成密钥，生成后把内容复制过来填入即可。

图 10-10 沙箱应用

而在下载本地 SDK 的时候，需要注意的是，我们无须下载完整的 SDK，只需要下载"电脑网站支付 demo"即可完成支付宝接口集成和调试，如图 10-11 所示。

下载后的压缩包是 alipay.trade.page.pay-JAVA-UTF-8.zip 文件，具体的下载位置在沙箱应用最下面的功能列表中选择"电脑网站支付"。最后，让我们来看一下沙箱账号的情况，可以看到沙箱账号提供了很

图 10-11 电脑网站支付 demo

多内容，如关键的账户余额等信息，有了这些信息，我们才能进行模拟支付操作，如图 10-12 所示。

图 10-12 沙箱账号

其中不论是商家信息还是买家信息，都是我们调试的时候需要填入的，可千万不要使用自己的支付宝账号登录。因为这里是沙箱环境，所以我们可以点击充值功能，为该支付宝账户充满足够的金钱，以供我们测试需要。

10.4.2 支付接口集成

因为需要导入 alipay.trade.page.pay-JAVA-UTF-8.zip 之后再去集成的 shop 项目，感觉多了一步很麻烦，在这里，我省去了导入 alipay.trade.page.pay-JAVA-UTF-8.zip 项目的步骤，而是直接将 alipay.trade.page.pay-JAVA-UTF-8.zip 需要的内容复制到 shop 里，就会方便很多。当然，读者实际操作的话还是需要先导入 alipay.trade.page.pay-JAVA-UTF-8.zip 的，毕竟参考着练习效果会更好些。

把 alipay.trade.page.pay-JAVA-UTF-8.zip 的 com.alipay.config 包和包下的类完整地考入 shop 项目。接着，把所有 alipay.trade.page.pay-JAVA-UTF-8.zip 下的所有 JSP 文件考入 shop 的 WebContent 的 pay 目录下。这样的话，文件集成的工作算是完成了，但最终还是不要忘记考入 JAR 包，我们

不用区分具体 JAR 包是做什么的，只需要全部复制到 lib 目录下即可。

这些 JAR 包分别是 alipay-sdk-java20170324180803-source.jar、alipay-sdk-java20170324180803.jar、alipay-sdk-java20171027120314-source.jar、commons-logging- 1.1.1.jar 和 commons-logging-1.1.1- sources.jar。

这样一来，支付宝接口的集成工作就正式完成了，接着，我们就可以进行调试支付宝接口的工作了。可以依靠官方提供的 readme.txt 对支付宝接口进行设置，大部分设置都可以参照完成，但有几点需要特别关注，如果这几点没有修改好，支付宝接口是调试不通的，因为会把程序卡在那里，支付宝接口的内容如代码清单 10-6 所示。

代码清单 10-6　AlipayConfig.java

```java
package com.alipay.config;
import java.io.FileWriter;
import java.io.IOException;

/* *
 *类名: AlipayConfig
 *功能: 基础配置类
 *详细: 设置账户有关信息及返回路径
 *修改日期: 2017-04-05
 *说明:
 *以下代码只是为了方便商户测试而提供的样例代码，商户可以根据自己网站的需要，
 *按照技术文档编写，并非一定要使用该代码。
 *该代码仅供学习和研究支付宝接口使用，只是提供一个参考。
 */
public class AlipayConfig {
    // ↓↓↓↓↓↓↓↓↓↓请在这里配置您的基本信息↓↓↓↓↓↓↓↓↓↓↓↓↓↓↓
    // 应用 ID,您的 APPID, 收款账号既是您的 APPID 对应支付宝账号
    public static String app_id = "2016082100302470";
    // 商户私钥，您的 PKCS8 格式 RSA2 私钥
    public static String merchant_private_key = "MIIEvQIBADANBgkqhkiG9w0BAQEFAASCBKcwg
gSjAgEAAoIBAQCPv0iHkRF8QbhoCOQXoAgvEME6WVfGonJPKAu2BZ7fMYeOk54NnVN42QOBusYgIViiwok
aBTwqobxg6bVX7WBnzV0iapgqdpSX+VX8G5p5ukFnC+r+k1KMGtnEhknCzWHc1wDA4qATR9V4+hMJ0GwOk
FLbbRfgzlOwjVE3BY89hkbEslU7ZnzDfXnrU6xaHOTUqX6H6wM0t5hPdUF++KrfVsc6oSD3xs5g9d0TdyE
yJDGD5GqGp6EdIdfzY7I6sKNHtj2Nqh+uUnSmPFhepe7QctY6f7XXOBz/GdXKYqcUN7qKNnrHXSWmwrJsK
tcZ0eIrEHNUqOY/RAD6QQx2ogglAgMBAAECggEAOPAUo5Yjres+Rv8WkgESnMnvL9SJvyVDT/VVxjCtwEy
XHDN+jHf/w0N6bx1zMvDicf3KXqMqNNzBiEWqTfy5jgQ7WtGMGm3D5/qcQ3MPmh3boByJZXMnZFWSYpSqj
N3bYKVNKBncPCbc+MFdXyrOUmp6V23741D3t1wSik/KcByys17alI0wRW7H8ZSgb+L5brofbWANsPuRURQ
FWkGKkACC/J6P4V9FfzoKZPf9RAeswedlB2UBYsXHZw80SwM0JYKP9LWlCKo5eErrA9AR5I4LpKwvV/afd
UralvOr/vMui0lC+PINrNqH4RVJ2IrJvhUk5qE1aDUkugl/ffnegQKBgQDI6+S90MIVrcvcflmXfWSopWm
bW8byxTGD1rtlOt5kr6UISR0WaMSsC2NrrhQdzjexx7DHJmGncwQJ5ngv/No2kC7pbrlrC8BMOvtwuNej5
UcDDPuAYg6gjj3LUZ03PmvLXB38LidXJmMNjlVlm40oyvRDqRpVxXXdmhiIa4u5YQKBgQC3Jw9jpgMOm/h
jgRveFdCcLmzxqgpfsZ1FkQ+2UMGZeRCOcTguGdH4iRMNnX7/mm4X/oKkFpOURMaiszO4+Mz+zRlbK1chv
ey8f0nn0+2dx8c0OEHtmpPjxcuaRGcrWW3MqNOWlwfON2UcKtoOVMYldgOZ5I50nMT3qrDZQO2xRQKBgQC
vCYK/MozC4iPFtXVLmnwEyAYWyH+ro8sdNgcPi5ePU82MSFXE3gTodQtqFb+Er9CpWnRRKsjMXlDYZyWxe
LCJ9FZKGqIB9bzTLFc8vmtuZyHUMI0yLTrc+M4wwKscI485HMkqlvLC47hLaQJecOMq9JSUFU/SBTJHmiV
hQ3/4QQKBgDcLFiTsj56kYVIGS0nDZJ6LlVJLuDJqPsnZfs9cFdL5/2/PtwKj3+bBy2gcHT7UOqIba0fFQ
TUeNlRPZwwAOhuZqDUuIVGSSsMzvhJeLttsXwHipm2yNyANIdOLGzZ7+fO4CV8IpN/k5g5BEqeb8rDvdsW
ZWvbQ5qFIOz4PtV/BAoGAAkt+0bN8w0RxPsXpxFLmmz+rJtve1cDdQ5J91QAXGRudhKo9XaFHwsVALMw25
wLYpLsI928OWGVKj+0kGOqGyz8okNll+QiuCjV89xvWIWxjauSsL0eTWYSiqXs5PYdEzVLbcQMFJ6ors3Q
jMUAPzaL/P78sAnype1DBvfT6nDA=";
    // 支付宝公钥，查看地址 https://openhome.alipay.com/platform/keyManage.htm
    // 对应 APPID 下的支付宝公钥。
    public static String alipay_public_key = "MIIBIjANBgkqhkiG9w0BAQEFAAOCAQ8AMIIBCgKC
AQEAz+XJ2kA5zzh4VSm3rfNwHFm44jNVGcfkmdaRDLE1rWZWfUWcLx5bHS1ZLq60nMdEPuj3uxScCt3DLb
CdCbigZNVqiWGlRcO64rbxVul5l9T/4J7qCF0CXxHlCp/IrpN9Uqt5qEzVm/BNR+SKQI2LMmgFYGrBq5i0
9Iu0DjO57zffZ+VnNoYniPwom390L96o6fASqDG5k9EiQP745cHCeQh9GChaJDSAEjfHsYYAZoLJm+p0wI
d0aqZhOueltPjBWG1vRjyNc9UqPAOSyrjd9dXJ7Uco+tskuRHjwtUZcjbhtURpTWkLjIepNslxPJIZpnqZ
ucM+i1PotEWlN+yKcQIDAQAB";
    /*
```

```
        * // 服务器异步通知页面路径需 http://格式的完整路径, 不能加?id=123 这类自定义参数, 必须外网可
        * // 以正常访问 public static
        * String notify_url = "http://www.baidu.com";
        *
        * // 页面跳转同步通知页面路径需 http://格式的完整路径, 不能加?id=123 这类自定义参数, 必须外网
        * // 可以正常访问 public
        * static String return_url = "http://www.baidu.com";
        */
       // 服务器异步通知页面路径需 http://格式的完整路径,
       // 不能加?id=123 这类自定义参数, 必须外网可以正常访问
       public static String notify_url = "http://localhost:18080/shop/pay/notify_url.jsp";
       // 页面跳转同步通知页面路径需 http://格式的完整路径,
       // 不能加?id=123 这类自定义参数, 必须外网可以正常访问
       public static String return_url = "http://localhost:18080/shop/pay/return_url.jsp";
       // 签名方式
       public static String sign_type = "RSA2";
       // 字符编码格式
       public static String charset = "utf-8";
       // 支付宝网关
       // public static String gatewayUrl =
       // "https://openapi.alipay.com/gateway.do";
       public static String gatewayUrl = "https://openapi.alipaydev.com/gateway.do";
       // 支付宝网关
       public static String log_path = "C:\\";
       // ↑↑↑↑↑↑↑↑↑↑请在这里配置您的基本信息↑↑↑↑↑↑↑↑↑↑↑↑↑↑↑↑↑
       /**
        * 写日志, 方便测试(看网站需求, 也可以改成把记录存入数据库)
        *
        * @param sWord
        *            要写入日志里的文本内容
        */
       public static void logResult(String sWord) {
           FileWriter writer = null;
           try {
               writer = new FileWriter(log_path + "alipay_log_"
                       + System.currentTimeMillis() + ".txt");
               writer.write(sWord);
           } catch (Exception e) {
               e.printStackTrace();
           } finally {
               if (writer != null) {
                   try {
                       writer.close();
                   } catch (IOException e) {
                       e.printStackTrace();
                   }
               }
           }
       }
   }
```

代码解析

这是支付宝接口的 DEMO 代码, 大部分配置项是不用改的, 但有几处需要特别注意。

(1) public static String app_id = "2016082100302470", 需要置换成沙箱提供账号的 APPID, 而不是自己申请的那个应用的 ID。

(2) merchant_private_key 和 alipay_public_key 需要修改成本地工具生成的代码, 在代码中已经有详细的注释了。

(3) notify_url 和 return_url 这两个参数, 你可以修改成 www.baidu.com 试试, 在交易成功后会自动跳转到百度, 当然, 那时候你就会发现不对了, 最好还是修改成"http://localhost:

18080/shop/pay/return_url.jsp"这样比较好。

（4）最后值得注意的一点是，支付宝网关默认是正式环境的，使用沙箱环境测试需要修改成沙箱对应的地址 public static String gatewayUrl = "https://openapi.alipaydev.com/gateway.do"，基本上这样就没什么问题了。如果还有问题，可以点击"支付"按钮多测试一下，根据错误提示来找出问题的原因。

10.4.3　支付接口调试

接着我们回到张三的账户界面，如图 10-13 所示。

因为已经集成并且配置好了支付宝接口，所以此时可以点击支付按钮，试试会发生什么样的情况。点击支付后，会进入 User_order.jsp 页面，我们不用管其他的代码，直接挑重点的分析就行了。

图 10-13　MySQL 订单页面

```
<a href="pay/index.jsp?goodsName=${order.goodsName}&goodsPrice=${order.goodsPrice}">支付</a>
```

这是一个超链接，只不过它传递了商品名称和商品价格，并且跳转到 pay 下面的 index.jsp 页面。因为 index.jsp 是官方例子，默认生成了商品名称和价格，所以需要将默认生成规则改成自己的，关键代码如下：

```
function GetReqPar() {
    var url = location.search;
    var theReqPar = new Object();
    if (url.indexOf("?") != -1) {
        var str = url.substr(1);
        strs = str.split("&");
        for(var i = 0; i < strs.length; i ++) {
            theReqPar[strs[i].split("=")[0]]=unescape(strs[i].split("=")[1]);
        }
    }
    return theReqPar;
}
function GetDateNow() {
    var goods = GetReqPar();
    var vNow = new Date();
    var sNow = "";
    sNow += String(vNow.getFullYear());
    sNow += String(vNow.getMonth() + 1);
    sNow += String(vNow.getDate());
    sNow += String(vNow.getHours());
    sNow += String(vNow.getMinutes());
    sNow += String(vNow.getSeconds());
    sNow += String(vNow.getMilliseconds());
    document.getElementById("WIDout_trade_no").value =  sNow;
/*  document.getElementById("WIDsubject").value = "测试";
    document.getElementById("WIDtotal_amount").value = "0.01"; */
    document.getElementById("WIDsubject").value = goods.goodsName;
    document.getElementById("WIDtotal_amount").value = goods.goodsPrice;
}
GetDateNow();
```

按照上面的代码修改好官方例子之后，接着会进入具体的付款界面，如图 10-14 所示。

图 10-14 付款界面

点击付款按钮，页面会自动跳转到沙箱环境下的支付宝登录界面，此时需要使用支付宝提供给开发者的"沙箱环境"的账号来进行登录，用户名是 ecuovu5620@sandbox.com，密码是 111111，登录界面如图 10-15 所示。

使用沙箱账号登录成功后，下面的步骤就跟我们日常在淘宝买东西是一样的了，付款界面如图 10-16所示。

图 10-15 沙箱账号登录

图 10-16 付款界面

确认付款后，系统会提示您已付款 50 元，接着会跳转到本地页面，付款成功如图 10-17 所示。

付款成功界面是支付宝提供的例子，默认显示了"trade_no""out_trade_no""total_amount"这 3 个参数，并且会提示支付成功。其实，我们甚至不用去弄清楚其他两个参数的含义，只知道最后一个是金额就可以了，一点也不会影响下面的业务开展。而与此同时，我们需要调用自己写好的后台接口，把金额"50"记录保存到数据库里，并且在保存的同时，修改本订单的支付状态为"已支付"，如图 10-18 所示。

```
trade_no:20171117210010046002002600109
out_trade_no:2017111712245461
total_amount:50.00
```

图 10-17 付款成功

订单查询	商品	单价	状态
我的订单	food	50	已支付
账号管理	支付		
我的账号			

图 10-18 支付成功

可以看到，之前的订单状态已经变成了"已支付"，其实此刻，就应该做一个限制，对这种已支付的订单不用再调用支付宝的接口，但是那些内容就属于后续的操作了，我们最为核心的支付接口已经调试成功了。

而修改订单状态的关键代码如代码清单 10-7 所示。

代码清单 10-7　return_url.jsp

```jsp
<%@ page language="java" contentType="text/html; charset=utf-8" pageEncoding="utf-8"%>
<!DOCTYPE html PUBLIC "-//W3C//DTD HTML 4.01 Transitional//EN"
    "http://www.w3.org/TR/html4/loose.dtd">
<html>
<head>
<meta http-equiv="Content-Type" content="text/html; charset=utf-8">
<script type="text/javascript" src="../js/jquery-1.7.2.min.js"></script>
<title>电脑网站支付 return_url</title>
</head>
<%@ page import="java.util.*"%>
<%@ page import="java.util.Map"%>
<%@ page import="com.alipay.config.*"%>
<%@ page import="com.alipay.api.*"%>
<%@ page import="com.alipay.api.internal.util.*"%>
<%
    String contextPath = request.getContextPath();
%>
<%
    /* *
     * 功能：支付宝服务器同步通知页面
     * 日期：2017-03-30
     * 说明：
     * 以下代码只是为了方便商户测试而提供的样例代码，商户可以根据自己网站的需要，
     * 按照技术文档编写，并非一定要使用该代码。
     * 该代码仅供学习和研究支付宝接口使用，只是提供一个参考。
     *************************页面功能说明*************************
     * 该页面仅做页面展示，业务逻辑处理请勿在该页面执行
     */
    // 获取支付宝 GET 过来反馈信息
    Map<String,String> params = new HashMap<String,String>();
    Map<String,String[]> requestParams = request.getParameterMap();
    for (Iterator<String> iter = requestParams.keySet().iterator(); iter.hasNext();) {
        String name = (String) iter.next();
        String[] values = (String[]) requestParams.get(name);
        String valueStr = "";
        for (int i = 0; i < values.length; i++) {
valueStr = (i == values.length - 1) ? valueStr + values[i]
            : valueStr + values[i] + ",";
        }
        // 乱码解决，这段代码在出现乱码时使用
        valueStr = new String(valueStr.getBytes("ISO-8859-1"), "utf-8");
        params.put(name, valueStr);
    }
    boolean signVerified = AlipaySignature.rsaCheckV1(params,
        AlipayConfig.alipay_public_key,
        AlipayConfig.charset, AlipayConfig.sign_type); // 调用 SDK 验证签名
    // 请在这里编写您的程序（以下代码仅作参考）
    if(signVerified) {
        // 商户订单号
        String out_trade_no = new
            String(request.getParameter("out_trade_no").getBytes("ISO-8859-1"),"UTF-8");
        // 支付宝交易号
```

```
        String trade_no = new String(request.getParameter("trade_no").getBytes("ISO-
            8859-1"),"UTF-8");
        // 付款金额
        String total_amount = new String(request.getParameter("total_amount").getBytes
            ("ISO-8859-1"),"UTF-8");
    out.println("trade_no:"+trade_no+"<br/>out_trade_no:"+out_trade_no+"<br/>total_
        amount:"+total_amount);
    }else {
        out.println("验签失败");
    }
    // 请在这里编写您的程序（以上代码仅作参考）
%>
<body>
</body>
<script language="javascript">
    var out_trade_no = <%=request.getParameter("out_trade_no")%>;
    var trade_no = <%=request.getParameter("trade_no")%>;
    var total_amount = <%=request.getParameter("total_amount")%>;
    var seller_id = <%=request.getParameter("seller_id")%>;
    function saveOrder() {
        $.ajax({
            type : 'post',
            url : '../orderServlet',
            data : {
                "out_trade_no" : out_trade_no,
                "trade_no" : trade_no,
                "total_amount" : total_amount,
                "seller_id" : seller_id
            },
            success : function(data) {
            }
        });
    }
    saveOrder();
</script>
</html>
```

代码解析

大部分信息支付宝 DEMO 已经帮我们做好了，我们需要做的是发送一个 Ajax 请求，传入支付宝的 3 个参数，并且把这条支付成功的记录保存到数据库里，变成历史数据。这条 Ajax 请求的方法是 saveOrder() 方法，发出的 URL 地址对应的是 orderServlet。

接着我们来解析 orderServlet 的代码：

```
String out_trade_no = req.getParameter("out_trade_no");
String trade_no = req.getParameter("trade_no");
String total_amount = req.getParameter("total_amount");
String seller_id = req.getParameter("seller_id");
if (out_trade_no != null) {
    UserService userService = new UserService();
    userService.updateOrder(out_trade_no, trade_no, total_amount,
        seller_id);
}
```

使用 getParameter 分别获取 Ajax 传递的 3 个参数，它们分别是 out_trade_no、trade_no 和 total_amount，接着判断 out_trade_no 是否为空，如果不为空说明参数有值，这样就可以进行下一步更新订单的操作了。

订单更新方法仍然写在 UserService 的业务层：

```
public void updateOrder(String out_trade_no, String trade_no,
    String total_amount, String seller_id) {
    UserDao userDao = new UserDao();
    userDao.updateOrder(out_trade_no, trade_no, total_amount, seller_id);
}
```

通过业务层进入持久层 UserDao.java，找到 updateOrder() 方法：

```
public void updateOrder(String out_trade_no, String trade_no,
    String total_amount, String seller_id) {
    Connection conn = ConnectionUtil.getConnection();
    String sql = "update orders set pay=? where pay=?";
    PreparedStatement pstmt = ConnectionUtil
            .getPreparedStatement(conn, sql);
    try {
        pstmt.setString(1, "已支付");
        pstmt.setString(2, seller_id);
        pstmt.executeUpdate();
    } catch (SQLException e) {
        e.printStackTrace();
    } finally {
        ConnectionUtil.close(null, pstmt, conn);
    }
}
```

建立 Connection 对象，使用 update 语句来更新 orders 表，把它的 pay 字段修改成已支付，就可以在前端显示成功。支付宝接口的内容基本上已经完全调通了，剩下的功能都大同小异，读者可以根据具体情况来进行修改，因为 shop 项目的支付接口已经调通，所以在上线的时候只需要把整个支付环节需要使用的参数改成正式环境的即可。当然，如果出现了问题，我们仍然可以切换回沙箱环境来进行调试。

10.5　JDBC 连接类

本章没有使用 ORM 框架，也没有使用文件来进行 JDBC 的配置，而是直接使用了原始的 JDBC 连接类，其实掌握 JDBC 连接类是 Java 开发的基础，为了不让读者遗忘这部分重要内容，所以本节把电商项目的 JDBC 连接类罗列出来，以供读者参考借鉴。

ConnectionUtil.java 的具体内容如代码清单 10-8 所示。

代码清单 10-8　ConnectionUtil.java

```
package com.utils;
import java.sql.Connection;
import java.sql.DriverManager;
import java.sql.PreparedStatement;
import java.sql.ResultSet;
import java.sql.SQLException;
import java.sql.Statement;

public class ConnectionUtil {
    // 驱动
```

```java
    private static String dbDriver = "com.mysql.jdbc.Driver";
    // 数据库
    private static String url =
        "jdbc:mysql://localhost:3306/shop?useUnicode=true&characterEncoding=UTF8";
    // 登录数据库的用户名
    private static String usr = "root";
    // 登录数据库的密码
    private static String pwd = "123456";
    /*连接数据库步骤
     * 1. 获取 Connection 对象
     * 2. 获取 Statement 对象用来执行 SQL 语句
     * 3. 由状态对象执行 SQL 语句，返回结果集 ResultSet
     * 4. 依次关闭 ResultSet 对象、Statement 状态对象、Connection 连接对象
     */
    // 获取 Connection 对象
    public static Connection getConnection() {
        Connection conn = null;
        try {
            // 设置驱动
            Class.forName(dbDriver);
            // 获取连接
            conn = DriverManager.getConnection(url, usr, pwd);
            return conn;
        } catch (ClassNotFoundException e) {
            e.printStackTrace();
        } catch (SQLException e) {
            e.printStackTrace();
        }
        return null;
    }
    // 获取对象 Statement
    public static Statement getStatement(Connection conn) {
        Statement stmt = null;
        try {
            stmt = conn.createStatement();
        } catch (SQLException e) {
            e.printStackTrace();
        }
        return stmt;
    }
    // 获取 PreparedStatement 对象
    public static PreparedStatement getPreparedStatement(Connection conn, String sql) {
        PreparedStatement pstmt = null;
        try {
            pstmt = conn.prepareStatement(sql);
        } catch (SQLException e) {
            e.printStackTrace();
        }
        return pstmt;
    }
    // 执行 SQL 语句
    public static ResultSet getResultSet(Statement stmt, String sql) {
        ResultSet rt = null;
        try {
            rt = stmt.executeQuery(sql);
            // stmt.executeUpdate(sql);
        } catch (SQLException e) {
            // TODO Auto-generated catch block
            e.printStackTrace();
```

```
        }
        return rt;
    }
// 执行 SQL 语句
public static ResultSet getResultSet(PreparedStatement pstmt) {
    ResultSet rt = null;
    try {
        rt = pstmt.executeQuery();
    } catch (SQLException e) {
        e.printStackTrace();
    }
    return rt;
}
// 依次关闭 ResultSet 对象、Statement 状态对象、Connection 连接对象
public static void close(ResultSet rt, Statement stmt, Connection conn) {
    if (null != rt) {
        try {
            rt.close();
        } catch (SQLException e) {
            e.printStackTrace();
        } finally {
            rt = null;
        }
    }
    if (null != stmt) {
        try {
            stmt.close();
        } catch (SQLException e) {
            e.printStackTrace();
        } finally {
            stmt = null;
        }
    }
    if (null != conn) {
        try {
            conn.close();
        } catch (SQLException e) {
            e.printStackTrace();
        } finally {
            conn = null;
        }
    }
}
public static void close(ResultSet rt, PreparedStatement pstmt, Connection conn) {
    if (null != rt) {
        try {
            rt.close();
        } catch (SQLException e) {
            e.printStackTrace();
        } finally {
            rt = null;
        }
    }
    if (null != pstmt) {
        try {
            pstmt.close();
        } catch (SQLException e) {
            e.printStackTrace();
        } finally {
```

```
                        pstmt = null;
                    }
                }
                if (null != conn) {
                    try {
                        conn.close();
                    } catch (SQLException e) {
                        e.printStackTrace();
                    } finally {
                        conn = null;
                    }
                }
            }
            public static void main(String[] args) {
                Connection conn = getConnection();
                String sql = "select * from customer";
                Statement stmt = getStatement(conn);
                ResultSet rt;
                try {
                    rt = stmt.executeQuery(sql);
                    try {
                        while (rt.next()) {
                            System.out.println(rt.getString("name"));
                        }
                    } catch (SQLException e) {
                        e.printStackTrace();
                    }
                } catch (SQLException e1) {
                    e1.printStackTrace();
                }
            }
        }
```

输出结果：

张三

代码解析

通过使用 Run As 的 Java Application 功能即可调试本段代码，查看它的输出值。该类的作用通过执行 Class.forName(dbDriver) 来获取 JDBC 对应的驱动，再通过 conn = DriverManager.getConnection(url, usr, pwd) 语句传入数据库地址、用户名、密码参数来获取操作数据库需要的 Connection 对象，而在 shop 项目中，所有基于数据库的操作都是通过本类来获取的。

10.6 小结

本章的主要内容是通过电商项目的开发来调试支付宝接口，并且实现修改订单状态的功能。因为绝大部分程序员都比较熟悉传统的 Java EE 企业级项目，而当今的互联网项目肯定是离不开支付接口的，所以本章以一个简单的 Servlet 电商项目入手，带领读者学习了登录、购物、生成订单、支付订单、更新订单状态这一完整的操作流程，支付相关的代码结合官方的例子，力争做到最简，以方便读者毫无障碍地学习。需要注意的是，如果需要对电商项目进行升级改版，在支付前可以增加使用优惠券功能，并且引入相关的计算公式，而在支付后，还可以继续优化修改订单的代码。

第 11 章

产品思维

经过了多次迭代的开发，我们的项目逐渐进入了稳固的方向。这时，就需要我们具有产品思维，来思考项目产品化的问题。其实在做项目的时候，最好也要带着产品思维去做，这应该是一个项目经理和架构师应该具备的一种常识。如果公司并没有产品，只是一味地接项目，可能会坐吃山空；也可能会让大量的组织架构资产白白浪费掉。因为，每一次做项目的过程都是一次积累的过程。如果我们带着产品思维去做项目，依次开发完管理系统、员工信息项目，电商平台等，那么，期间的很多工具和方法都是可以复用的。例如，文档的积累，架构的积累，甚至 WBS 的积累都可以复用，以至于后期的项目越来越区域简单化。而公司也可以考虑将项目做成产品，这样就可以一劳永逸了。没有公司会拒绝赚钱，项目的产品化是必然趋势。

11.1 何谓产品化

11.1.1 三个标准

一个软件公司成立后，有两种经营模式。第一种是该公司获得了足够的融资，从初创开始就步入了产品的开发，如我们熟知的共享单车这类企业；第二种是该公司没有获得融资，或者是只有天使轮，归根到底是这类公司资金不足，因此，极有可能去接一些项目来进行公司的初步阶段的发展。当然，也有一种情况是，公司本身碍于销售渠道的原因，必须在前期开发项目。例如，A 公司的销售团队近年来主攻税务行业、医疗行业的项目，所以，它们接纳的仅仅可能是对方发布的公开招标项目。这类项目，只是看似不能产品化。举个例子，我们给 A 医院上了一套医疗管理软件，并且经过了迭代开发后已经成功上线。这类项目看似已经结束了，但与此同时，我们又面临着给 B 医院也上这套同样的系统，这就面临着重复开发。可能，这两家医院有一些不同，但是归根到底，它们都是医院，或多或少存在相似的组织架构。所以，这类项目会越做越熟悉，开发难度也会降低。那么，给 C 医院、D 医院还上这套系统的时候，我们是不是应该反思一开始就带着产品思维去做项目呢？这个要求，普通的开发人员可能不会有，但作为项目经理和架构师，甚至公司高层肯定需要有这个长久打算。例如，我们为 A 医院开发这套系统投入了 100 万元，时间为 6 个月，这个开发过程可能非常困难，需要大量的加班和返工，毕竟是第一次做这个项目。那么，给 B 医院做的时候，我们的销售人员跟客户交谈的时候最好不要因为已给 A 医院做了这套系统，就承诺在 3 个月内可以完工，把这个当作一种优势（当然，我是从开发者的角度来说的）来宣传，因为这样可能会带来恶性循环。客户可能会认为我们已经有了充分的准备进而削减投入（可能是资金，也可能是人力配合），尽管我们能够在 3 个月内完工也不要这样做。这样做的话，可能该项目组会怨声载道，会加班，也会导致破坏市场。

反观正确的做法是：无论我们公司有多少积累和储备，我们对待所有的医院都是一视同仁，统一是 6 个月的开发时间，至于资金方面的事情这是销售要谈的。只有这样，才会出现一个良性循环。如果这个平衡被打破，B 医院是 3 个月的开发时间，C 医院知道了，可能就会要求你在 1 个月内搞定。客户的意见可以参考，但也不能委屈了自家的兄弟。

然而这种做法，也恰恰是走向产品化必需的思维。产品化，就意味着需要有一套标准，而我们不能随便去破坏这个标准。话说回来，产品化思维的第一个理念是时间标准，第二个是价格标准，我们为 A 医院做这个项目花了 100 万元。那么，我们给 B 医院做这个项目因为有了前期的投入，成本可能就只有 50 万元（这个数字不一定准确，具体的可能涉及多方面，如人力投入），这事我们还真得藏着掖着，不能让别人知道。所以，我们给 B 医院的报价可能仍然和 A 医院的一样是 100 万元。当然，C 医院和 D 医院仍然会是这个数字，最终的价格就由销售来周旋就是了，只要公司认为可以做那就做。

第三个标准，从某些方面来讲是比较重要的，就是开发标准。作为架构师，可能最注重的就是开发标准了。为什么？因为开发标准是由架构师主导的。所谓的开发标准，就已经包含了开发过程中的其他标准了，如文档标准、迭代标准、交付标准、变更委员会的参考标准，亦或是项目经理制定的 WBS 标准（对需求的分解），架构师制定的技术标准（SSH、Spring MVC、Oracle、MySQL 等），甚至细化到代码的规范与注释。

只要我们的团队带着产品思维来开发项目，在开发每一个项目的时候都及时制定和完善了这些标准，等开发完数个项目的时候，我们的项目极有可能就已经上升到了产品的层次。所谓的产品，就是代表着标准化。这时候，公司即可把医院管理系统当作产品来卖，而不是单纯地作为一个项目。当然，如果大家不喜欢谈产品，继续接医院的项目的话，那么此时，产品和项目已经没有多少分别了！

因为，关于这套医疗系统的所有内容都已经标准化，成本 30 万元，售价 200 万元，开发周期 6 个月，开发人员 5 个人。这时候，公司就可以把这套医疗系统当作产品来卖，对它利润的计算也已经容易多了，因为不会出现什么差错和返工了。

总结一下，做项目的时候我们应该带着产品思维来做，并且努力制定和完善与项目相关的标准。在这里我概括为 3 个标准，它们分别是时间标准、价格标准、开发标准。公司的未来怎么样？是每个人都需要承担不同的责任的。你可以无视所有标准，把项目乱搞一气，这样或许也能勉强交付，但如果每个项目都这样，或许也没什么人来找你合作了，而公司的员工也因为各种各样的烦心事要离职了。相反，如果在做项目的时候我们就高瞻远瞩，带着产品思维行事，做任何这事情都有条不紊，那么大家也会轻松很多，谁都愿意在这家公司里工作。下午，可以不慌不忙地聊聊天、喝喝茶，而不是一走进公司就唉声叹气的样子。

11.1.2 软件服务

软件公司的盈利模式主要有几种，第一种是单纯地做项目，例如，靠管理系统卖了 100 万元，把员工的工资发了，剩下的就是公司赚的了。这种公司需要做的，就是不断地接项目，不断地卖项目，可能该公司会与一些大客户有着长期的合作关系。这样的话公司的模式相对规定，人员也不会太多，当然盈利也不会太多。如果这种公司没有项目可做，就会面临着解散项目组，节省人力成本，业内有些公司只与员工签订一年的劳动合同，极有可能就是这类公司不好赚钱，所以他们需要规避风险。第二种是前期可能也开发过不少项目，做了足够的积累，把项目已经产品化了。这类公司会招聘一些销售人员，通过各种渠道来推广自己的产品，如员工信息产品，可以轻易地实现对员工的信息化管理，诸如请假、加班、入职、离职等操作统统可以完成，这就是产品的卖点。这类公司的研发人员可能不会太多，因为需求基本上已经固定，剩下的工作可能就是维护了，而他们可能会招聘更多的市场人员。第三种模式，可能既卖项目又卖产品，甚至在出售完项目和产品后，还接着卖服务，也就是后期的运维费用，这类公司在国内外也是随处可见，总之，不论模式如何，只要能赚到钱就行，不是所有的公司都能上市融资的。

说到出售服务，一般情况下是指运维费用。例如，某软件公司和餐饮公司建立了长期的合作机制，餐饮公司使用了他们的店铺管理系统，但是，谁都知道餐饮是一个比较复杂的行业，他们的日常工作包括：开店关店、资金监管、预算管控、订货盘存、上架新品、热门促销，甚至还有每逢节假日搞的一次性活动等，如果只靠餐饮公司的员工，他们可能很难做到不出任何问题地使用软件产品，因此，这两家公司可能还会互相配合着做，也就是项目的运维，签订这种运维合同也是一笔收入。

但是，还有一种出售服务的模式，叫作 SaaS 模式，该模式的全称是 Software as a Service，意思是软件即服务。从大体上来说，所有的软件开发项目，或多或少都存在着 SaaS 模式，因为只要公司卖出去软件，必然会有后期的资金流动，只不过取决于这种服务的多少，赚钱的多少。

当然，软件行业也有一类公司，专门从事 SaaS 模式的盈利。这类公司是产品公司，但它们的软件是依靠 SaaS 来生存的。举个典型的例子，A 公司把自己的发展战略定位到了 SaaS 模式，那它们可能会在前期投入很多资金来进行 SaaS 软件的开发，例如开发一个网站，既作为公司的官网，在对外开放的基础上，依靠市场营销人员不断地推广该网站，来提高知名度，打开市场；同时，该网站又会作为 SaaS 产品的试用网站，普通用户可以通过注册成为会员，在后台界面选择自己需要的 SaaS 产品，让网站生成一个试用平台，亲自体验 A 公司的 SaaS 的产品，看是否符合自己的需求。如果符合，在试用期结束，就可以直接在 A 公司的官网上订阅这种产品（服务）。

SaaS 产品的类别可能包括企业管理、项目管理、人力资源管理、学校办公管理、报表开发工具、财务管理、税务管理等，在这些类别下可能会有邮件收发、客户关系管理、合同管理、组织机构管理、新闻发布、通讯录、文档管理、计划管理、绩效考核、办公用品申请等模块。

而作为客户的选择就比较自由了，他可以单独定制一套企业管理的 SaaS 产品，也可以定制多套；或者，他还可以在后台选择其中的某几个模块，自由搭配生成一套新的系统等。而他所做的事情，就是付费，等 SaaS 产品开通后，只需要在线上操作，而无须考虑其他的问题。

我们知道，开发一套企业管理系统时涉及的过程比较复杂：有现场调研、需求分析、概要设计、详细设计、数据库设计、接口设计等，当涉及不同项目间的数据交互时，还需要有 WebService 开发等。在完成了项目的设计阶段，还需要成立项目组，投入很多资金和人力来开发这套系统。等耗费一年半载把项目开发完，还需要涉及上线的操作，这就需要购买服务器、找人运维等。

这些复杂的流程都需要很多成本，因此，SaaS 模式的诞生就是为了解决这类问题。例如，刚才提到的 A 公司，他们已经把这些复杂的流程都走过了，而客户要做的只是租用或者一次性买下这类 SaaS 产品即可，在使用的时候也会有专门的客服与你对接，根本不会考虑项目开发过程中的种种问题，极大地方便了客户。当然，客户也不需要考虑服务器的部署和运维的问题，因为 SaaS 产品的提供者会把这些问题考虑在内，说到底，就是客户的资料会保存在 SaaS 产品的服务器上。也许有人会担心数据安全问题，其实，这个问题不用过多考虑，因为 SaaS 服务商会把运维工作也当作公司人员的日常行为，如 SaaS 服务商的运维人员会有定时的备份方案，以防止数据丢失。

所以，软件公司在盈利方面和发展道路上是有很多种选择的，不论是公司还是客户，都可以选择 SaaS 或者非 SaaS 的渠道来进行软件的定制。这种情况，在未来是一个趋势。当然，随之而来的就是安全和心理问题了，小型公司可能对 SaaS 软件比较放心，因为他们本身没什么特别重要的信息，保存在 SaaS 服务器上也无所谓，肯定会有相应的安全条款在里面；可是公司规模稍微大点的企业，就不太情愿选择 SaaS 了，因为选择 SaaS 即意味着自己员工的信息都暴露在第三方公司的数据库里，尽管有安全条款，可不论是在安全上还是心理上，都会让他们难以接受，因为他们完全有能力有资金来自己开发需要的系统，这也正是 SaaS 这个模式看起来特别出色，却发展一直缓慢的原因。但不论如何，软件即服务，这句话是没有任何错误的，它适合于 SaaS 模式也适合于非 SaaS 模式。

11.2 软件产品化

理解了产品化思维，本节我们来重点讲述软件产品化的几个思路。依靠这些思路，在进行项目开发的时候，就可以从零开始，一步一个脚印地进行积累。当使用同一套模式，开发完数个项目之后，软件开发的过程就会逐渐顺利，只要积累得足够多，软件产品化就会水到渠成，而不再是一件特别困难的事情。

11.2.1 开发文档

首先需要明白，在任何软件开发的过程中都会产生很多文档，而对这些文档的编写、修改、归纳等操作，都是产品化的一个积累。这些文档包括用户需求说明书、概要设计、详细设计、干系人登记册、项目管理计划（包括子计划）等。例如，在进行管理系统开发的时候，我们已经把这些文档编写完成并且进行了归档，那么在开发员工信息系统的时候，就可以把这些归档的文档拿出来，通过总结到的用户需求说明书，把这些文档再进行统一地改版，就会生成员工信息系统的文档，那么再开发电商平台的时候，这种方法依然奏效。

所以，开发文档是软件产品化的一个积累。它的作用很多，一方面是需要开发人员参考，另一方面还需要把它们移交给客户。最终，在编写产品使用手册的时候仍然要参考它们，总之，文档越多，可供参考的资料就越多，这些文档在公司的日常经营活动中可以发挥很大的作用。甚至，连项目经理和架构师的 WBS 分解计划，也可以作为积累保存下来，以方便下次开发同类项目的时候拿出来参考。当然，编写文档是一件枯燥的事情，如果公司有足够的积累的话，可以把这些文档做成基本的模板，以供开发人员直接修改，从而省时省力地输出新的版本。

11.2.2 产品风格

如果需要做产品，必须要有独特的产品风格。说透彻点，就是需要专门的美工和 UI 设计人员来进行产品的界面设计。例如，我们的医院系统在功能上已经具备了产品的特点，但是，它的美观程度不够，界面老套，毫无魅力，甚至会让人厌烦，这些问题都会影响到销售人员的业绩。一般情况下，当项目大体完工之后，就会请专业的前端人员（包括美工和 UI 设计），来对这个项目进行洗心革面。如果你只把管理系统当项目，那么用他的公司已经付款买了，你不用关心它的死活了。也许人家过几年就不用了，也跟你就没有任何关系了。可当你决定把管理系统当作产品的时候，你就时刻需要考虑用户受众的问题：你不单是卖给一家公司，你需要把它卖给 N 家公司，不同公司的老板的审美观是不一样的。也许有的人喜欢复古风格，那么界面是灰色的就可以；有的公司喜欢新潮的，你弄个灰色界面对方肯定会摇头晃脑，但你只要把它改成蓝色的，说不定对方也会当场拍板。

说到底，产品风格在软件产品化的路途中起到的作用就是：防患于未然。只要我们为管理系统多准备几套不同的风格，做成宣传册拿给客户来看，它们看不上前三种，说不定就会看上后三种。可如果你的产品从头到尾都是灰色的，那么客户的心情也肯定是灰色的。那时候，当销售人员回来向产品部抱怨的时候，产品部难道又要甩给开发部吗？所以，大家何不带着产品思维做事，在所有未知情况发生之前就做好准备呢？

如果不考虑花里胡哨的特效的话，管理系统至少需要几种风格，如灰色格调、蓝色格调、黑色格调等，以便适用于不同人的审美。所以说，提供多个版本的产品风格是很有必要的。这些工作完全可以让相关人员设计出多套模板，在内部评审后，统一做成宣传册来大范围投放。

还有一点特别重要，在开发阶段的时候，针对产品统一的 CSS 风格，也需要前端人员和后端人员达成一致。例如，可以规定所有的 CSS 内容都写进 comm.css 文件里，而开发人员不能在 JSP 页面直接写 CSS 代码，二是开发人员只能依靠引用 CSS 文件来进行大体界面的设计，而不能由着自己的性子胡作非为！直接在项目中引用样式文件如 comm.css，这种开发规定可以让业务代码和样式代码分离，是非常值得去做的。当然，针对 JS 代码也可以采取类似的手段。否则，如果代码从开始就很混乱，后期进行产品化的时候会多出很多工作量。

11.2.3　前端框架

如果在项目初期，我们人手不足，可以选择前端框架来进行使用，也可以理解为前端插件。这时一种插件化开发的理念。例如，在管理系统，我们就使用了著名的 *jQuery EasyUI* 作为开发组件。它们的引用也非常简单，把 JavaScript 文件保存到固定的目录中，直接在需要使用的页面引入即可发挥作用。而前端框架有一个好处是可插拔，如果我们不想使用，只需要注释或者删除 JS 引用即可，不会污染其他代码。这种插件化的开发理念是未来的一种趋势。而且，jQuery EasyUI 本身也提供了一些可以切换的风格，以供我们进行选择。当然，如果这些需求可以满足客户的话最好了，如果不能满足，还需要进行产品风格的设计。

管理系统经过了几个月的开发，已经基本上具备了一个项目所需要的功能。下面，我们通过 CSS 对管理系统进行一些前端界面上的修饰和美化，以提升用户对它的体验。要对一个基本成型的项目进行界面优化，最好的做法是从登录模块开始，一个模块接一个模块地操作一遍，以用户的感觉来进行每一步的操作。

从登录界面开始做起，登录界面简洁明晰，不需要太多的优化。所以，这个模块通过。

管理系统的首页，还有其他模块，都基本上符合了需求，也不需要过多的界面优化，这是因为，使用了 EasyUI，网站在整体上已经有了一套完整的风格，不用过多修饰，也可以拿得出手，与此同时，用户对界面的感知就算不会太好，也不会太差，这也正是前端插件流行的原因所在。

一切这么顺利的原因是，EasyUI 本身提供的 CSS 样式已经为我们解决了界面修饰的难题，让程序员把开发的重点放在了代码逻辑上。如果到了项目后期，客户对界面有了一套自己的规划方案，那么请一个专业的美工对页面做一次统一的调整即可。如果客户没有过高的要求，甚至连这一步也可以省略，有时候，可能只需要做点边边角角的修饰，系统上线是没有问题的。

如果非要对界面进行一些优化，我给出以下几点建议。

（1）在 WebRoot 文件夹下，新建 css 文件夹，用于存放管理系统的 css 文件，方便管理。

（2）网站整体风格的 css 样式，统一放在 main.css 文件中。

（3）在需要引用 css 的页面，使用以下语句进行引用：

```
<link rel="stylesheet" type="text/css" href="css/main.css">
```

（4）如果在后续开发中，需要对单独的模块界面进行界面优化，可以考虑新建一个 module.css 文件，把所有的样式集中放在这里。如果某个页面需要引用，则需要以下语句：

```
<link rel="stylesheet" type="text/css" href="css/module.css">
```

（5）管理系统的整体界面比较简洁，除了首页使用 main.css 外，其他的界面均是录入查询类的功能，界面差不多都一样，所以，单独使用一个 module.css 就可以完成对页面的修饰。

（6）把样式写在一个统一的文件里，在需要的时候引用，已经成为业内的共识，其好处不言而喻。EasyUI 的很多插件，都是建立在 div 层标签的基础上的，所以，在对界面进行调整或者开发的时候，更需要坚持使用 div+css 这种设置方式，让整个页面层化，就会显得规整。

EasyUI 为我们提供了几个固定的风格，以便从整体上改变项目界面的样式，可以通过尝试，来找到适合管理系统的样式。作为一款轻量级的前端插件，EasyUI 在很大程度上简化了程序员的开发工作，这也正是它的优势。在引用 EasyUI 整体风格的 CSS 文件时，通常情况下，大家都会引用默认的。实际上，EasyUI 为了让插件更具有竞争性，还提供了几套固定的风格，供开发人员选择。因此，那些没有美工的公司也可以顺利地使用插件；另外，这也提供了一个非常完美的修改界面的 Demo，在对这几种风格进行切换的时候，我们可以观察到界面上的变化，从而找出这些 CSS 样式之间的关系。如果想对 EasyUI 的风格进行修改，或者开发新的风格，可以在备份原件的情况下照猫画虎，开发出符合自己审美的 EasyUI 风格。

如果对 EasyUI 默认的风格不满意，可以尝试使用 EasyUI 为我们提供的其他几种风格。具体的做法是，找到 WebRoot 文件夹下的 EasyUI 文件夹，在该文件夹下找到 themes，就可以看到 EasyUI 提供的几个样式文件夹。

打开 main.jsp 文件，可以看到以下语句：

```
<link rel="stylesheet" type="text/css" href="EasyUI/themes/default/EasyUI.css">
```

这就说明，我们目前使用的是 EasyUI 提供的默认风格，如果需要改动的话，就把 default 改成其他风格的文件名即可，例如，改成 black 就是黑色风格，这一点可以尝试。经常留意 EasyUI 官方网站，也可以下载到该网站最新提供的样式。

一个好的网站，应该非常注重界面的样式。如若不然，造成用户体验度差，将是非常难以挽回的事情。正是因为目前 Java Web 开发领域的发展趋势，以至于用户对界面的关注越来越高，但很多公司受成本的限制，一时找不到好的美工，或者美工做出来的东西难以与前端开发相匹配（美工做出来的东西都是零散的）。所以，诞生了 EasyUI 这样的一条龙服务的前端插件。

使用前端插件，不但能使用它们提供的前端开发 API 来完成对整个项目的开发，还可以使用它们提供的风格来对网站整体界面做一些优化。因此，插件化开发将是未来前端开发的趋势。在未来，很有可能，一些比较好的前端插件会将前端经常用到的很多复杂功能，都集成到自己的框架中，这样做的诀窍无非是写一些公用的 JavaScript，以供别人引用。

这样，也对 Java Web 方面的开发人员提出了新的要求，可能会改变我们的开发习惯。当然，这也随之诞生了某种商机，如果某公司做了一套前端插件非常实用，该公司就可以在免费的基础上提出一些有偿服务。与此同时，也带来了一些负面因素，例如，在开发某个项目的时候，一旦决定使用了某个前端插件，基本上就要坚持用下去，不能半途而废。如果要做一些框架上的改变，就需要对所有的页面进行 JavaScript 重写，甚至 HTML 的重写，改动的成本和风险非常大。所以，在选择前端插件的时候，也需要慎重，要未雨绸缪考虑长远。

11.2.4　后端框架

至于后端框架的产品化操作，一般体现为所使用的架构复用。例如，我们前期使用 SSH 框架开发了管理系统，又使用 Spring MVC 开发了员工信息系统。在针对这两个项目进行销售的时候，就会产生这样一个问题，有些客户自身是比较懂技术的。他在进行项目购买的时候，会把技术作为一个考虑因素，那么问题就来了，Struts 2 在前些时候报出过框架漏洞，这种新闻铺天盖地，他在选用 SSH 框架组合开发的管理系统的时候难免会联想到 Struts 2 框架不安全。尽管作为企业级项目，如果在公司内部使用的话这种风险可以忽略不计，但作为客户的他，仍然会有多方面的选择，要么低价购买要么索性不买，毕竟你的项目本身就存在问题。

针对这种情况，我们仍然需要未雨绸缪！既然已经使用 Spring MVC 开发了员工信息系统，那么为什么不把 Spring MVC 这个框架组合提取出来，把它应用在管理系统上面呢？如果公司有这种高瞻远瞩的打算，及时开发出了 Spring MVC 版本的管理系统。那么，当销售在跟客户谈论管理系统的时候，就不会因为 Struts 2 的技术漏洞而吃亏了。所以，在项目产品化的路途中，后端框架方面需要注意的事项就是把框架做成一种可以复用的模式，不论它是 SSH 还是 Spring MVC，只要把它们的基本代码提取出来，就可以很快地开发其他的项目。这样做不但可以提高团队的工作效率，还可以像之前所说的那样，提高产品的竞争力。

还有一点是程序员在代码编写的时候需要注意的，例如，我们有 SSH 和 Spring MVC 这两套框架。如果忽略数据库的话，它们拦截用户 HTTP 请求的原理是不一样的，这就要求我们的程序员去写不同的代码了。如果带着产品思维做事，也许他们会在编写代码的时候就会把一些架构或者业务代码解耦，以方便后期切换框架的时候可以用最小的工作量完成最多的任务。

当然，这个是前期投入，如果需要程序员过多关注这些内容，势必又要增加成本。具体的选择，还是要看公司的策略了。如果前提把什么都搞定了，后期就会只剩下维护工作。如果我们事先有产品思维的话，就可以在进行第一版开发的时候将这些因素考虑在内，进行代码的优化和分支的预留。这样，纵然后期开发不同版本的时候，也可以非常方便地进行整合，这个就是架构师需要思考的问

...

题了。另外，关于数据库模式方面，不论是 SSH 或者 Spring MVC 都有可能搭配 Oracle 或者 MySQL，这种问题同样需要架构师来思考。如果管理系统需要使用的企业非常庞大，那他们可能偏向使用 Oracle，如果是中小型企业，他们可以选择 MySQL。所以，架构师就应该考虑在配置文件里同时配置两套数据源了，用户选择哪一个就把另一个删除掉。当然，数据源的建立相对简单，可如果客户要求使用 MyBatis 或者 Hibernate 那就比较难了，也许之前写的很多持久层代码都会变，如果用户要求使用 HQL，那还需要增加大量的 XML 配置文件。总之，如果项目开发的伊始，就带着产品思维做事，就可以防止很多未知的问题发生。另外，建立这些数据库的标准化脚本也是非常重要的。

最后，就是测试用例了。如果产品得以上线，或者销售得不错。我们在前期积累的大量标准的测试用例到后期能用到的就相对比较少了。但是，测试用例不但可以用来测试，它也能从侧面反映出一个产品的功能强大。例如，这些测试用例修复了哪些 bug，都是工作量和代码健壮性的体现。可能有些客户还需要验收一些测试用例，所以标准化的测试流程也是必备的。

11.3 图表项目

软件的产品化还有一个很好的思路：那就是利用原有的项目借鸡下蛋。例如，我们成功地开发了管理系统，这个管理系统的功能非常完整。接着，公司的销售又接到了一个报表系统，该报表系统需要的功能跟管理系统的匹配度很高，例如，基本一致的组织架构和权限管理，还有类似的页面框架、菜单栏、功能展示页等，而唯一的不同是，客户不但需要传统的报表，还需要新增图表。对于这种项目，其实完全可以使用现有的管理系统进行开发，所有的代码完全可以不动，只需要在相应的菜单增加图表查看即可，等到项目上线的时候换个名字就是新的项目了。

11.3.1 Bootstrap 插件

报表系统的客户明确要求：原先的 jQuery EasyUI 样式太过于守旧，他们想要更新的 Bootstrap 作为前端插件。那么，这个问题也并不是不能解决。接着，我们就来看看如何在管理系统中集成 Bootstrap 插件。只要完成了一个界面的修改，其他的界面便可以依葫芦画瓢，进行批量地复制粘贴了。首先，我们从 Bootstrap 官网下载它所需要的 JavaScript 文件。

接着，在 manage 项目的 WebRoot 目录下新建 bootstrap 文件夹，并且把 Bootstrap 的 CSS 和 JavaScript 文件复制进去。然后，打开发货城市统计的功能页面 sendcity.jsp，在该页面中引入 Bootstrap 所需要的文件，以下代码是 jQuery EasyUI 的：

```
<link rel="stylesheet" type="text/css" href="../easyui/themes/default/easyui.css">
<link rel="stylesheet" type="text/css" href="../easyui/themes/icon.css">
<script type="text/javascript" src="../easyui/jquery.easyui.min.js"></script>
```

Bootstrap 需要引入下列文件：

```
<link rel="stylesheet" type="text/css" href="../bootstrap/bootstrap.min.css">
<script type="text/javascript" src="../bootstrap/bootstrap.min.js"></script>
```

这样，在 sendcity.jsp 中可以尝试增加两个 Bootstrap 风格的按钮，看能否成功显示。如果没有问题，说明 Bootstrap 引入成功。因为该页面中同时存在 jQuery EasyUI 和 Bootstrap 两套样式，可能会出现一点混乱，但这并不影响使用。增加 Bootstrap 风格的按钮代码如下：

```
<button type="button" class="btn btn-default">默认样式</button>
<button type="button" class="btn btn-success">成功样式</button>
<button type="button" class="btn btn-info">信息样式</button>
```

接着，我们刷新浏览器，可以看到sendcity.jsp页面中增加了3个不同样式的按钮，但毫无疑问，它们都是Bootstrap风格的。这样的话，在管理系统中集成Bootstrap的工作就完成了。接着，需要做的就是在所有的JSP页面都加入这种引用，不用多长时间，就会把整个jQuery EasyUI的风格替换掉。所以，前端插件的好处就是可插拔式，对现有代码没有侵入和污染，Bootstrap风格的按钮如图11-1所示。

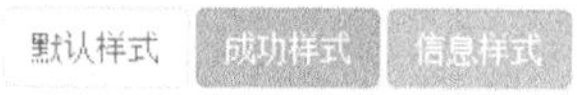

图11-1　Bootstrap按钮

当然，作为数据展示的列表也是可以改成Bootstrap风格的，例如，我们可以在sendcity.jsp中加入以下代码，来测试Bootstrap风格的表格。

```
<table class="table">
    <caption>经典的表格布局</caption>
    <thead>
        <tr>
            <th>城市</th>
            <th>产品</th>
            <th>数量</th>
        </tr>
    </thead>
    <tbody>
        <tr class="active">
            <td>杭州</td>
            <td>苹果</td>
            <td>100</td>
        </tr>
        <tr class="success">
            <td>西安</td>
            <td>桔子</td>
            <td>200</td>
        </tr>
        <tr class="warning">
            <td>张掖</td>
            <td>麻辣粉</td>
            <td>300</td>
        </tr>
    </tbody>
</table>
```

代码解析

这段代码是传统的HTML编写的，没有什么难度，唯一需要注意的是：在我们引入Bootstrap插件后，就多了很多可供选择的Class样式。所以在本例中，我们把table的样式设置成了table，tr的样式分别设置成了active、success、warning，所以在界面上就出现了一个颜色各异的表格。

Bootstrap风格的表格如图11-2所示。

城市	产品	数量
杭州	苹果	100
西安	桔子	200
张掖	麻辣粉	300

图11-2　Bootstrap表格

11.3.2　ECharts 图表

因为客户明确要求报表系统需要有大量的图表，而且这些图表都是可配置的动态图表，如散点图、折线图、柱状图、饼图、关系图、树状图等，针对这些图表，如果依靠我们自己去开发，那可真有点天方夜谭了。因为图表本身特别麻烦，需要有很多专业的人员来配合，不仅需要有开发人员，还需要有专业的图表设计人员，至少需要让他们画出正确的图表样式等。面对这种问题，项目组就应该想办法找第三方的插件来解决它，例如，百度 ECharts 就是一个很好的选择。

首先，我们需要打开百度 ECharts 官方网站，在弹出的页面上选择下载按钮，不论是下载常用、精简，还是完整的，基本上都可以满足我们的需求。接着，需要在 sendcity.jsp 中引入 ECharts，这个工作只需要一行代码：

```
<script type="text/javascript" src="../echarts/echarts.min.js"></script>
```

接着，我们来看如何在 sendcity.jsp 页面中绘制柱状图，在该页面的<body>元素的任意位置，输入以下内容，如代码清单 11-1 所示。

代码清单 11-1　sendcity.jsp

```
<!-- 为 ECharts 准备一个具备大小（宽高）的 DOM -->
<div id="main1" style="width: 600px;height:400px;"></div>
<script type="text/javascript">
    // 基于准备好的 dom，初始化 echarts 实例
    var myChart = echarts.init(document.getElementById('main1'));
    // 指定图表的配置项和数据
    var option = {
        title: {
            text: 'ECharts 简单例子'
        },
        tooltip: {},
        legend: {
            data:['销量']
        },
        xAxis: {
            data: ["杭州","西安","张掖"]
        },
        yAxis: {},
        series: [{
            name: '销量',
            type: 'bar',
            data: [50, 30, 20]
        }]
    };
    // 使用刚指定的配置项和数据显示图表
    myChart.setOption(option);
</script>
```

代码解析

从代码中可以看出，ECharts 的使用并不复杂，但需要注意它的使用格式。首先，我们需要定义一个用于承载 ECharts 图表的 div 元素 main1，接着，再使用 var myChart = echarts.init (document.getElementById('main1'))语句把 main1 的内容设置成 myChart 变量，而 myChart 变量的内容便是 ECharts 产生的图表。而该图表的具体代码则是写在 option 变量里，而 option 变量中对应的 title、legend、xAxis 等属性都可以通过设置不同的元素来区分位置。

ECharts 柱状图如图 11-3 所示。

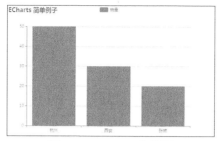

图 11-3　ECharts 柱状图

接着，我们可以在 sendcity.jsp 页面中再绘制一张折线图，在该页面的<body>元素的任意位置，输入以下内容，如代码清单 11-2 所示。

代码清单 11-2　sendcity.jsp

```
<!-- 为 ECharts 准备一个具备大小（宽高）的 DOM -->
<div id="main2" style="width: 600px;height:400px;"></div>
<script type="text/javascript">
    // 基于准备好的 dom，初始化 echarts 实例
    var myChart = echarts.init(document.getElementById('main2'));
    // 指定图表的配置项和数据
    var option = {
        legend : {
            data : [ '高度(km)与气温(°C)变化关系' ]
        },
        tooltip : {
            trigger : 'axis',
            formatter : "Temperature : <br/>{b}km : {c}°C"
        },
        grid : {
            left : '3%',
            right : '4%',
            bottom : '3%',
            containLabel : true
        },
        xAxis : {
            type : 'value',
            axisLabel : {
                formatter : '{value} °C'
            }
        },
        yAxis : {
            type : 'category',
            axisLine : {
                onZero : false
            },
            axisLabel : {
                formatter : '{value} km'
            },
            boundaryGap : false,
            data : [ '0', '10', '20', '30', '40', '50', '60', '70', '80' ]
        },
        series : [ {
            name : '高度(km)与气温(°C)变化关系',
            type : 'line',
            smooth : true,
            lineStyle : {
                normal : {
                    width : 3,
```

```
                    shadowColor : 'rgba(0,0,0,0.4)',
                    shadowBlur : 10,
                    shadowOffsetY : 10
                }
            },
            data : [ 15, -50, -56.5, -46.5, -22.1, -2.5, -27.7, -55.7,
                -76.5 ]
        } ]
    };
    // 使用刚指定的配置项和数据显示图表
    myChart.setOption(option);
</script>
```

代码解析

从代码中可以看出，ECharts 绘制图表的原理都差不多。但是，此处需要注意在折线图中我们使用了 main2 变量来区分 main1 变量，以免两个图表发生冲突！而其他的代码逻辑基本上是一致的，照猫画虎即可。

ECharts 折线图如图 11-4 所示。

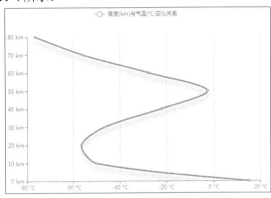

图 11-4　ECharts 折线图

11.4　小结

本章主要讲述了产品思维的含义和软件产品化的过程，其中反复强调了一点，那就是在做项目开发的时候，就需要带着产品思维行事，这样就能在开发项目的时候为以后项目的产品化积累宝贵的经验。在定义产品化的时候，主要讲述了 3 个标准，分别是时间标准、价格标准和开发标准，这 3 个标准成为产品的基础组成部分，而软件服务主要讲述了 SaaS 和非 SaaS 软件的区别，阐述了软件行业未来的趋势。

软件产品化的积累，主要体现在开发文档、产品风格、前端框架和后端框架等方面。开发文档的积累可以形成产品手册；产品风格的设计，可以做成宣传册提供给用户选择，从而促成交易；前端框架自带多种风格，可以进行切换来满足一般用户的需求；后端框架主要是从技术选型、技术储备方面来讲述不同框架的好处，还有如何在原有的项目上成功切换框架，以及修改项目框架所需要的注意事项。

最后，通过详细讲述 Bootstrap、ECharts，来说明如何在管理系统的基础上开发图表项目。其中，Bootstrap 可以很简单地集成，不会影响其他的功能；而 ECharts 在集成后，也能很顺利地通过简单的实例来绘制出符合我们需求的图形报表，从而实现项目产品化的过程。

通过本章的学习，读者应该具备了架构师的水平，希望读者能够在 Java 开发的路上愈行愈远！早日达到自己设定的目标，实现人生价值。

第 12 章

项目运维

所谓的项目运维，其实有很多细节内容。运维工程师平时做的事情主要包括：负责软件版本的发布和管理，针对软件与硬件之间的结合，提出合理的维护方案；需要对目前运行的项目进行全方位的监控，在项目稳定运行的同时，不断地优化，找出提高性能的办法；因为运维人员长期跟客户沟通，积累了大量的业务经验，所以他还需要及时向开发人员反馈客户的疑问并且提出自己的意见；对测试环境和生产环境的数据库、服务器进行维护，编写信息文档和各类脚本等。作为 Java 架构师没有必要掌握这么多的运维知识，只需要掌握一些与自身工作内容相关的技术即可，这样可以为架构师的知识体系做一个补充。

12.1 平台维护

平台，一般指一些相关的项目集合。举个例子，有金融平台、税务平台、社保平台等，这些平台往往不是一个项目构成的，而是由很多彼此业务相关的项目构成。这些项目集合统称为平台，也可以大致代表该公司的业务范畴。

运维工程师主要负责的就是平台维护工作，因此，每个公司基本上都有专门的运维部门。但有些公司是没有的，可能会有两个运维人员对所有的项目的运维进行负责，与此同时，也负责管理公司的服务器。但作为架构师，对运维的大部分工作应该是了解的，例如，部署服务器这件事情，运维工程师可以做，当然架构师也是必须会做的，只不过不同公司的组织架构和分工并不是完全一样的。然而，一些公司的运维人员可能仅限于处理生产环境的数据问题，这种情况也是有的。

从常规方面来看，架构师需要对运维工作人员的一些工作提供参考和指导。例如，公司需要对服务器进行迁移，如果有运维工程师来主导，架构师肯定需要与之配合，给出一个完美的方案。把服务器上运行的程序迁移到另一台服务器上还能够运行如初；如果需要对数据库进行恢复，如果公司有 DBA，这事情肯定会由 DBA 去做，但如果没有，可能还需要架构师写出迁移方案，来指导运维工程师去做。总之，这些事情都是有千丝万缕的联系的。不能说谁可以完全离开谁单独作战，很多时候，运维和程序员都是需要并肩作战的。所以，架构师需要去了解运维工作，但运维人员不一定需要具备架构师这么专业的知识和技能。

12.1.1 系统上线

系统上线的过程比较艰难，也比较麻烦。因为在上线前夕，需要完成的工作有很多，如项目的常规测试、压力测试、各项业务的正常完成，并且要把数据库脚本导入进去，做一次真实的模拟演练，来彻底找出项目中存在的 bug。当这一切没有问题之后，就需要根据客户的实际情况，来新建组织架构。当然，还需要编写大量的文档，如果在开发阶段就已经做到了归档，此时就可以直接拿出来使用。在客户验收完项目之后，还需要根据客户的需求移交代码等。

管理系统经过了快一年的开发，已经出色地完成了客户的需求。大家都松了一口气，长期压抑的感觉也得以释放。在这个时候，开发和测试人员都是满心欢喜，一下班就早早走了，而心事重重、倍感压力的还是项目经理。客户张三的公司已经越做越大，这既是一件好事，也是一件坏事。好的方面，如果管理系统成功交付，并且通过了客户验收，不但前期的资金投入可以回笼，还可以大赚一笔；坏的方面，随着客户的公司越做越大，对这个项目的要求也肯定会越来越高。现在的情况已经今非昔比了，别看平时的沟通挺顺利，可到了最后环节就容易出乱子。

项目总监与客户见面，商谈了关于验收的问题。张三对管理系统的热情仍然非常高涨，也十分看好这个项目的未来。他执意让我们的开发人员组成一个小组，亲自去现场做技术支撑，以完成整个验收的过程。当然，这是必不可少的。这个小组由项目经理带队，包括 3 名核心开发人员、1 名对业务精通的测试人员，在确定的日子，赶到了客户现场。

早上，整个项目组，包括甲乙双方，都坐在了一起，开了一个关于项目验收的会议。会议的过程很顺利，其实，这都是因为管理系统开发得非常好，不但功能符合了客户的需求，还没有什么明显的bug。会议决定，接下来的一周，不论是开发人员还是测试人员，都在现场为客户讲解管理系统的用法，对操作人员做全方位的培训。如果发现了什么 bug，就及时知会开发人员，在最快的时间内，予以改正。

3 天过去了，仍然没有什么问题，一切都进展得很顺利。管理系统的项目在一片融洽、和谐的氛围之中验收结束。月明星稀，大家一起吃过了晚饭，在回宾馆的路上，一边聊工作的事，一边聊着公司的未来。如何将项目产品化，如何做市场推广，关于项目中一些细枝末节的事情……

经过了几轮测试，管理系统总算是经住了客户的折腾，如期圆满地完成了客户的验收。

在客户验收的这一周内，为了指导客户操作管理系统，公司将管理系统的操作手册发放给了每一位测试人员。操作手册的撰写，是随着项目开发进度逐步完成的。例如，每完成一个功能模块，在经过了仔细测试之后，如果没有问题，就将该模块的操作步骤详细地写入操作手册。操作手册的撰写，一般由测试人员完成。验收的时候，如果客户对操作手册哪里有不满意或者不明白的地方，都可以提出来，我们要在客户现场及时完善。等项目通过验收的时候，一个最终可用的操作手册也就同时完工了。

忙碌了将近一年的时间，大家千呼万唤的日子终于来临了。客户决定，今天就对管理系统进行上线。所谓上线，就是在网络上开通一个可以访问的域名，让所有人都可以浏览、操作这个项目。上线的过程是比较复杂的，主要是要完成许多服务器的配置。但不管怎样，能够熬到上线，这个项目其实就已经成功了。上线的项目，必须是一个稳定的版本，在所有的操作流程都跑通后，正式让客户接手操作，开始使用。这标志着，乙方的开发工作已经圆满结束。甲方将整个项目的余款支付给乙方，并且正式开始使用这个项目，这也是这个项目产生价值的开始。我们见证了整个项目上线的过程，感受到了那种花火般绽放的心情，在上线时分享了所有喜悦，但也随着夜幕的降临，逐渐趋于平静。在系统上线后的第二天，大家终于保持着一种轻松的心态，回到了公司。

几周过去了，客户对管理系统的评价非常高。张三决定，继续委托公司对管理系统进行后续开发。于是，一波新的需求又在蠢蠢欲动，这就像是程序中的循环一样。在经历了从无到有的过程后，这期的开发任务明显轻松了很多，代码量也下降了很多，当然，这只是暂时的，因为客户的需求总是会变的。可不管怎样，大家在一起奋斗了这么长的时间，彼此已经有了非常好的默契，这个团队的战斗力，将是非常强大的。与此同时，公司认为，管理系统既可以解决张三的需求，当然也可以解决李四的需求。于是，老板亲自点将，任命核心开发人员 Anakin 作为公司 PMO 的经理，将管理系统一期的所有文档汇总、操作手册汇总、将项目代码上传到产品库的 SVN，作为标准版。如果以后仍然有客户需要做管理系统，就以这个版本为基准，完成整个项目的开发。

因为张三的管理系统已经上线，不能随意替换生产环境的包。于是，项目组决定，对张三的管理系统采用迭代开发的方式，在每周星期一对项目整体进度做一次梳理，并且安排本周的开发任务。已经提交的代码，都统一在测试服务器上完成测试。等到了月末，整个项目组加班，同心协力，争取出一个稳定的版本，发送给对方的维护人员，在生产环境上部署新包。

在 Java Web 的开发中，总不会是一帆风顺的。有时候，明明公司的产品做得非常出色，可仍然会有客户提出定制化的方案。当然，产品如此，项目面临的压力就更大了。作为一个软件工程师，首先，需要有大局观，在接到需求的时候，不要慌张，要静下心来，对这个需求进行一次全方位的分析，然后，总结出一两套方案。有时候，大家的讨论也很重要，一个人的力量毕竟有限，如果集思广益，就可以避免很多弯路。举个典型的例子，例如开发站内信的功能。

在接到站内信的需求时，有些开发人员肯定会慌张，心想，怎么会接到这样一个棘手的需求呢？其实，作为一个软件工程师，大家都会有这样的心态，但躲得了一时躲不了一世，该来的总会来，与其抱怨，还不如勇敢面对。

首先，可以分析一下这个需求。站内信，如果需要做一个群发功能，该怎样实现呢？有些人首先联想到的就是类似于发邮件这样高大上的功能。其实，并不是这样的。翻翻网上的资料，就有简单的实现方式。例如，在做群发的时候，可以把管理员群发的每一条信息，都统一放在一张表里。如果有用户登录，并且打开自己的信箱，就可以去这张表里查找最新的信息，如果有的话就让它显示，如果没有就不显示，这不是一个很简单的方案吗？在完成了这个基本功能后，复杂的需求也就会变得简单了。

例如，怎样确定一条信息是否被查看了呢？在用户单击"查看"的时候，不管用户是否真查看了，只要他触发了那个动作，就可以把这条信息置为已查看，在对应的数据库字段里做一个更改。这样的话，当用户再次进入信箱时，这些已经查询过的信息，不就可以通过简单的 SQL 语句来过滤掉了吗？

如果客户提了新的需求，要支持删除信息，又该怎么办？其实，只要完成了基本的功能，表结构设计合理的话，这些都可以实现。在考虑这个问题的时候，就需要联想到，如果删除了某条信息，那么会不会所有人的这条信息都被删除呢？如果不做控制，答案是肯定的。只要某个用户删除了这条信息，所有人都不会看到了。

为此，可以在某个用户登录的时候，使用游标，将所有他没有的信息，统一生成一次，并且增加属于该用户的字段。这样的话，就可以完美地解决这个问题了。当某个用户删除一条信息时，只需要在数据库中删除该用户所拥有的这条信息即可。而这个问题的关键，就是在信息的记录中增加用户字段，表明信息的所有者。

综合起来，程序员的分析能力是非常重要的。所谓分析，就是把复杂的需求，分解成若干个独立并且相互关联的模块，并且可以串成一个整体。在开发的时候，也要注意，从最基础的、最重要的做起，只有把基础功能做好了，往上叠加的内容才可以畅通无阻，这就跟修建房屋是一个道理。如果有了很强的分析能力，并且开发能力也不差，那么，完成一个需求就算多花点时间，也不至于搞不出来。程序员要面对的需求是纷繁杂乱的，但总而言之，很多东西，都是可以复用的，这跟 EasyUI插件是一样的，在平时的工作当中，要善于积累，把一个完整的功能模块的实现步骤牢牢地写下来，做成一个 Demo，这样的话，下次遇见类似的功能，就可以很快地解决了。当然，也不介意向项目经理多要点儿时间，然后，伪装成很忙的样子。

其实，系统上线的过程大多都是差不多的，基本上都会去客户现场部署。后续的工作，可能交付于客户或者是运维人员按照架构师提供的部署方案远程连接 VPN 去做了。但万事开头难，只要前面的事情事事小心，步步为营，后面也就没什么大事了。

而与项目开发、运维相关的文档也会在整个项目的生命周期中不断地完善。当然，如果把项目的运维由开发部转交给了运维部，那么，项目的运维生命周期也会启动。期间关于文档的更新还是需要继续去做的，毕竟这些都是一个公司组织过程资产的积累。

12.1.2 运维报告

本章主要讲解平台维护，为什么要讲述运维报告呢？这一点可能很多读者摸不着头脑，莫名其妙。其实仔细想想，就会有所领悟。所有的平台维护的工作、内容、结果，不都是通过运维报告来体现的吗？不论是日报、周报、月报、年报，只要运维报告出现了问题，那就说明我们的运维出现了问题。所以，这一节我们需要好好了解平台维护与运维报告之间的事情。

不论运维报告的具体格式是怎么样的，它都需要包括以下几点：运维的机器、内容、时间、结果等。例如，张三是运维人员，他的运维报告可能是这样的："2017 年 12 月 1 日，服务器 127.0.0.1上的管理系统运行正常，未发生系统宕机的问题，但是项目日志中出现了一个空指针异常，致使某个查询业务出现了问题，建议开发人员迅速修复。"当然，这种运维报告只是一个简单的描述，更加详细的运维报告都是需要根据公司提供的标准模板来写，在必要的情况下，还需要配置图表，用以说明系统的各项参数指标，毕竟图表比较直观，领导看了也会喜欢。

因为运维工程师的工作比较复杂，所以他在提供运维报告的同时，一般会联系到很多种情况，来提出自己的建议。例如，服务器 A 上的项目运行正常，但隔一段时间就会宕机，开发人员没有解决该问题。经过长期的研究，运维工程师发现服务器 A 上部署的员工信息系统会自动生成大量日志文件，因为服务器 A 的空间已经所剩无几，再加上大量的日志文件就会造成磁盘空间已满的现象，然后造成的结果就是宕机。虽然，运维工程师可以按照每周的频率写一个删除脚本，但他仍然会建议开发部门的相关人员仔细检查日志相关的代码，尽可能地删除没有必要的日志输出，以起到节省磁盘空间的作用。

总之，针对运维报告中体现的内容，架构师应该认真对待。这些报告里的一些内容看似没有必要在近期解决，但长此以往就有可能出现大的问题。例如，系统宕机或者数据丢失。虽然，可以依靠恢复脚本进行还原，可还原数据库仍然是具有风险的一件事情。

12.2 SonarQube 代码扫描

随着公司的项目越来越多，从最初的管理系统、员工信息系统、电商平台，又到近期的报表系统，这些复杂的系统经历了很长时间的代码编写，可能是因为工期不足的原因，导致项目中的代码质量良莠不齐，为了解决这个问题，公司决定开发 SonarQube 代码扫描项目，力争做到 SonarQube、JIRA 和 Jenkins 这 3 个工具的结合，极大地改善员工的代码编写质量。

其中 SonarQube 代码扫描的重点是在官方提供的扫描规则的基础上，增加自定义扫描规则，这样，就可以 360° 无死角地扫描出员工的代码质量，寻找出项目的代码漏洞，来解决长期困扰公司的代码质量问题。而针对 SonarQube 开发的代码扫描规则，主要分为 PMD 规则和 Java 自定义规则。在使用的时候，根据不同的情况来部署。

12.2.1 环境搭建

SonarQube 代码扫描工具是一个开源的代码质量管理平台。该平台自带上千种代码扫描规则，支持对 Java、C#、JavaScript、Web、XML 和 JSP 等语言进行代码扫描。在使用该工具的时候，需要事先搭配好环境，否则无法访问。

例如，需要给 SonarQube 的运行环境新建一个专用的数据库，使其自动生成运行环境所需的表，并且完成数据的填充。关于 SonarQube 数据库的建立可以参考 E: \sonarqube-5.6.6\conf\sonar.properties 文件，该文件里有数据库方面的信息：

```
sonar.jdbc.username=root
sonar.jdbc.password=123456
sonar.jdbc.url=jdbc:mysql://localhost:3306/sonar?useUnicode=true&characterEncoding=ut
f8&rewriteBatchedStatements=true&useConfigs=maxPerformance
```

因此，在使用 SonarQube 之前，我们需要在 MySQL 中新建 sonar 数据库，这样在运行 SonarQube 启动的时候，会自动在该数据库中建立运行环境需要的表。建立好数据库后，在浏览器中输入 http://localhost:9000，进入 SonarQube 的界面，就可以正式使用该工具做一些日常的操作了。例如，可以在首页显示仪表盘、事件、代码覆盖率、柱状图、气泡图、饼图等，还可以调整 SonarQube 的页面布局风格。

也可以点击仪表盘、问题、指标、代码规则、质量配置和质量阀等功能，详细地查看这些功能页面所呈现的内容，另外，在配置功能的更新中心里，可以下载第三方插件，并且把它们集成到 SonarQube 之中。

12.2.2 PMD 模板方式

SonarQube 提供的 1000 多种 Java 代码扫描规则基本上可以适用于大部分项目，但是，如果需要自定义规则的话，就需要使用 PMD 语言来开发。PMD 是一种专门用来分析 Java 代码的工具，主要是依靠规则匹配的方式来作为扫描规则，因为 PMD 会把 Java 代码解析成抽象语法树，在开发 PMD 规则的时候只要针对错误代码的抽象语法树进行分析，并且在其中修改一些规则，就可以实现代码扫描的作用了。

1. PMD 规则新建

为了开发 PMD 规则，需要下载 PMD 源码进行分析，在熟悉源码之后再考虑如何开发。PMD 的源码下载地址是 https://github.com/SonarQubeCommunity/sonar-pmd，PMD 参考资料参见 https://pmd.github.io/pmd-5.4.1/customizing/howtowritearule.html。

首先，从网址 https://sourceforge.net/projects/pmd/files/pmd/5.4.1 下载 PMD 语言相关的源码，对应文件选择 pmd-src-5.4.1.zip，如果读者想下载其他的文档也可以。下载成功后，将其导入 Eclipse，

会发现这些项目完全是 Maven 结构的，直接导入无法运行。此时，我们还需要搭建一个 Maven 环境。因为之前的项目已经使用过 Maven，为了跟其他项目不冲突，可以复制一份新的 Maven 文件夹并且改名，保存到 E 盘根目录，接着在 Eclipse 中配置好 Maven，如图 12-1 所示。

图 12-1　Maven 配置

远程下载的 JAR 包会统一保存在 code 文件夹里，这样方便管理。接着，就可以正式导入 PMD 源码的项目了。因为，我们是针对 Java 语言进行 PMD 开发的，所以最好只导入 Java 部分的源码，当然也可以全部导入，只是代码会很多。在导入之前，最好进入 DOS 窗口，在项目所在的目录底下使用 Maven 命令来构建 Maven 项目，例如，进入 E:\code\pmd\pmd-java 目录，并且输入 `mvn clean install -Dmaven.test.skip=true`，来对该项目进行编译，如图 12-2 所示。

图 12-2　Maven 编译成功

接着把 PMD 源码导入 Eclipse，为了不让工作空间混乱，我们先导入 pmd-core、pmd-java，其他的用到了再进行导入，如果导入这两个项目报错，可以试着从上层 POM 进行编译，因为它们都是彼此关联的代码。如果还是报错，可以试着导入最上层的 pmd 文件夹，接着右键选择 Configure 的"Convert to Maven Project"就可以把文件夹转换成 Maven 项目。其实，这样操作是最好的，不但可以完成项目的转换，还可以保留最完整的目录结构，方便其他项目的导入。另外，如果这种方法失误了，还可以使用最为保险的方法，直接使用"Import Maven Projects"导入 PMD 项目，然后选取导入的子项目即可，如图 12-3 所示。

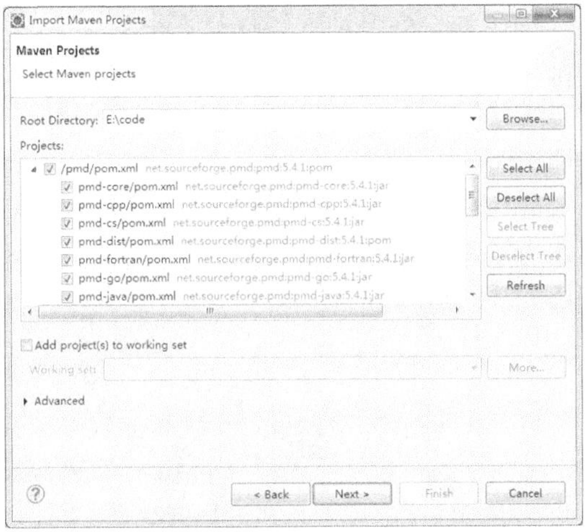

图 12-3　导入 Maven 项目

PMD 项目导入成功后，如图 12-4 所示。

接着，打开 E:\code\pmd\pmd-java\src\main\resources\rulesets\java\basic.xml 文件，通过对源码的

分析，就可以得出 PMD 的开发规则。例如，`<property name="xpath">`的元素对应里面的表达式就是 PMD 生成的 Java 规则，它的开发语言是 XPath。如果我们事先没有 XPath 语言的基础，可以从该目录的 java 文件夹下逐次打开这些 XML 文件，从而参考官方的例子进行学习和开发。

图 12-4　PMD 项目结构

接着，在 E 盘新建 codeTool 文件夹，把 pmd-bin-5.4.1 文件夹复制进去。

然后，在 bin 文件夹打开 designer.bat，开始编写 PMD 规则，Source code 栏用来编写 Java 代码，写好后点击 Go 按钮，工具会自动生成对应的抽象语法树。接着，在 Xpath 栏中输入 PMD 表达式，点击 GO 按钮，会自动匹配左侧对应的 Java 代码，显示出 Xpath 规则对应 Java 抽象语法树的哪一个具体的结点。

接着，我们以具体的实例来讲解 PMD 规则的开发。

首先，打开 designer.bat，在工具内分别输入 Java 代码、PMD 规则后，点击 Go，可以观察效果。在右下角的框中出现了一条语句，这就说明 PMD 表达式成功了，可以从左侧源码中匹配到了符合触发条件的代码。可以根据抽象语法树来一层一层往下找对应的语句在树的哪一个结点，从而来修改 PMD 表达式。

现在有这样一个需求：每个公司的项目不同，但很多公司都自己封装了使用缓存的类和方法。那么，假如 A 公司的使用缓存的语句是 `Cache.getInstance().UseCache(map)`，那么我们如何通过 PMD 的方式来限制使用这个语句呢？显然，通过 SonarQube 自己提供的代码规则是无法实现目标的，因此我们只能自己来开发这个自定义规则。

首先，我们需要在 PMD Rule Designer 工具中做个测试，打开 designer.bat，在左侧的 Source code 栏输入以下代码，具体内容如代码清单 12-1 所示。

代码清单 12-1　UseCache.java

```
public class UseCache {
    public void test(){
```

```
            Cache.getInstance().UseCache(map);
        }
}
```

然后，在右侧 Xpath 栏中输入 PMD 规则代码，具体内容如代码清单 12-2 所示。

代码清单 12-2 不使用缓存规则

```
//Block/BlockStatement[1]
[
.//PrimaryPrefix/Name[@Image='Cache.getInstance']
and
    (
    ancestor::Block/BlockStatement[
        Statement/StatementExpression/PrimaryExpression
            [./PrimarySuffix[ends-with(@Image,"UseCache")]]
    ]
    )
]
```

接着，我们点击 GO 按钮，看看会发生什么效果？该 PMD 规则是否能够识别左侧的 Java 代码呢，并且在识别之后能不能标识出哪块出现了问题呢？designer.bat 工具如图 12-5 所示。

图 12-5 designer.bat 工具

看到了吗？右侧下方的 line3 column7 说明在左侧上方的 Java 代码中匹配到了相应的语句，也就是说，这个 PMD 规则生效了，把它放入 SonarQube 中用来扫描整个项目的缓存语句使用是可行的。接下来，我们看看如何测试？

建立成功 PMD 规则后，打开 SonarQube 主页。点击菜单栏的代码规则，可以看到这里列出了所有已经存在的代码规则，如图 12-6 所示。

选择 Java，再选择模板，点击只显示模板，点击右侧的 "XPath rule template"，列出 Xpath 模板。点击创建，在弹出框中依次输入名称、关键字、描述，再选择严重级别、状态，最后在 xpath 文本框中输入刚才新建好的 PMD 规则，具体内容如代码清单 12-3 所示。

图 12-6　SonarQube 代码规则

代码清单 12-3　不使用缓存规则

```
//Block/BlockStatement[1]
[
.//PrimaryPrefix/Name[@Image='Cache.getInstance']
and
(
 ancestor::Block/BlockStatement[
     Statement/StatementExpression/PrimaryExpression
          [./PrimarySuffix[ends-with(@Image,"UseCache")]]
]
)
]
```

点击创建，保存成功即可完成 PMD 规则的配置，如图 12-7 所示。

图 12-7　SonarQube 新建 PMD 规则

2．PMD 规则调试

在 SonarQube 界面的质量配置中新建"Java 自定义规则"的质量集合，再次进入 PMD 模板页面，点击"不允许使用缓存"进入详情页，点击下面的活动按钮，将这个规则放到"Java 自定义规则"下面。

接下来，进入需要调试的项目目录下，新建 sonar-project.properties 文件夹，具体内容可以根据实际情况修改，如代码清单 12-4 所示。

代码清单 12-4　sonar-project.properties

```
# 工程的 key 和 name 维护成一样即可
sonar.projectKey=manage
sonar.projectName=manage
```

```
# 当前工程的版本
sonar.projectVersion=1.6
# 进行扫描分析的代码顶级目录
sonar.sources=src
# 编译文件存放的目录
sonar.binaries=bin
# 分析的语言
sonar.language=java
# 源码编码格式
sonar.sourceEncoding=UTF-8
```

打开 DOS 窗口，进入需要调试的工程目录，例如，E:\code\manage。输入 `sonar-runner` 命令即可进行代码扫描。不论扫描的过程中是否报错，只要在扫描的最后看到 SUCCESS，就说明扫描成功了，过程中的报错可能只是因为规则表达式出了问题，只会影响扫描的正确率，但不会影响整个过程的完整性。为了测试的效率，可以在质量管理功能里把"Java 自定义规则"设置为默认。这样的话，整个测试过程就只针对它一个规则进行测试了，可以大幅度提高扫描效率和速度，需要注意的是，在进行代码扫描的时候最好使用 JDK8。

待扫描结束后，可以在 SonarQube 界面查看 bug 情况，如图 12-8 所示。

图 12-8　bug 情况

点击 manage 项目，即可打开详细的问题代码界面，查看具体的错误情况，如图 12-9 所示。

图 12-9　报错情况

这就是使用 PMD 规则来进行代码扫描的方式，其核心是使用 PMD 生成 Java 代码的抽象语法树，再使用 XPath 语言来匹配语法树中的结点，从而实现针对某条 Java 语句报错的效果。至于 XPath 语言的写法，可以参考 PMD 源码中的范例，大概有几百种，完全够用了。只有熟练掌握了 XPath 的语法和 PMD 的抽象语法树，如 Block、Statement 和 PrimaryExpression 结点等，才能简单地对它进行开发，否则开发 PMD 规则仍然是一件困难的事情！

12.2.3　Java 自定义规则

SonarQube 中使用 PMD 规则可以满足大部分代码扫描的需求，但它有一个严重的不足：第一会发生误报，因为 XPath 语言匹配抽象代码树可能会不太标准，也可能跟规则的定义有关；第二 PMD

规则只支持"坏味道"的类型，不支持自定义严重级别、错误类型等。最后，使用 Java 自定义方式来看 SonarQube 代码扫描规则还有一个好处是，它可以当作一个项目来做，把代码通过 SVN 管理起来，并且可以实现多人协同开发。本节我们来学习使用 Java 来开发代码扫描规则。

1．Java 自定义规则的开发

首先，需要在浏览器打开地址 https://github.com/SonarSource/sonar-java，进行源码的下载。

这里列出了所有关于 SonarQube 代码扫描工具的开源码，直接在当前页面下载的话，给出的代码集合是 sonar-java-master.zip，这个文件的具体内容作者曾经研究过，但是感觉针对自定义规则的参考比较少，而且像这种开源项目，各种版本参差不齐。作者曾经下载过一个版本，前面走得都挺顺利，却发现最后无法集成到 SonarQube 中。这个版本似乎是比较全面的源码，对开发自定义插件的作用并不是很大，如果花时间研究可能收获不大，因此，作者找出了一个与当前需求非常契合的源码。

具体做法是在当前页面中，点击页面上的 SonarSource，跳转到最上层的目录，搜索 rules，这样搜索出来的就是与自定义规则相关的内容。在这里我们下载第一个资源，读者如果有需要，也可以下载第二个资源，我想它应该是与调试有关的内容。下载后的内容是 sonar-custom-rules-examples-master.zip，接着对它进行解压缩，下载界面如图 12-10 所示。

图 12-10　下载界面

解压缩后的目录结构如图 12-11 所示。

从图 12-11 中可以看出，官方提供了 Cobol、Java、JavaScript 和 PHP 等语言的自定义规则源码和参考文件，因为我们是要开发 Java 的，故使用 Eclipse 通过 Existing Maven Projects 的方式导入 java-custom-rules 文件夹，其间一直点击下一步就行了，直到导入成功后重启 Eclipse，但前提是该工作空间的 Maven 插件必须安装好，这一点在之前已经讲解过很多次了。如果导入进来的项目报错，可以试着将 JDK 改成 8，而项目的 Java Compiler 改成 7 即可（因为 Kepler 版本最多支持到 7 但并不会影响什么），当项目不再报错，我们就可以进行下一步开发了。

名称	修改日期	类型	大小
cobol-custom-rules	2017/5/12 14:14	文件夹	
java-custom-rules	2017/5/12 14:14	文件夹	
javascript-custom-rules	2017/5/12 14:14	文件夹	
php-custom-rules	2017/5/12 14:14	文件夹	
rpg-custom-rules	2017/5/12 14:14	文件夹	
.gitignore	2017/5/12 14:14	文本文档	1 KB
.travis.yml	2017/5/12 14:14	YML 文件	2 KB
LICENSE.txt	2017/5/12 14:14	文本文档	8 KB
NOTICE.txt	2017/5/12 14:14	文本文档	1 KB
README.md	2017/5/12 14:14	MD 文件	1 KB
third-party-licenses.sh	2017/5/12 14:14	Shell Script	1 KB
travis.sh	2017/5/12 14:14	Shell Script	1 KB

图 12-11　源码目录

Java 插件化开发过程完全是依赖源码的。首先，在官网下载到源码，然后将其导入 Eclipse 中。导入后的目录结构如图 12-12 所示。

图 12-12 源码结构

　　理论上，在这个项目开发完毕后，就可以使用 `mvn clean install` 命令将项目打包了，并且复制到 E:\ sonarqube-5.6.6\extensions\plugins 目录下，重启 SonarQube 即可生效了。但是，这只是理想的想法，接下来，我们还要看具体的开发步骤。以 manage 的不允许使用 UseCache 来演示实现 Java 插件化开发的完整过程，与 PMD 规则保持一致，方便读者测试和领悟。

　　首先，需要明确开发一个完整的 UseCache 插件要建立 5 个新文件，这 5 个文件分别是 DontUseCacheRule.java（规则文件）、DontUseCacheCheckTest.java（规则测试文件）、DontUseCache Check.java（规则模板文件）、DontUseCache_java.json（规则参数文件）、DontUseCache_java.html（范例模板文件）。可以根据现有的例子来分别新建这 5 个文件，建立后再逐步开发。注意：因为开源项目的维护人员众多，版本层出不穷，有的版本并不需要 5 个文件便可以在项目里测试成功，但却无法发布到 SonarQube 里，所以在遇到这种情况的时候不妨换一个开源版本试试，如本书中的版本。另外，新建 Java 自定义规则的项目是 java-custom-rules。

　　（1）在 org.sonar.samples.java.checks 包下，新建 DontUseCacheCheckTest.java，该类的写法固定，只是名称需要改变，具体内容如代码清单 12-5 所示。

代码清单 12-5　DontUseCacheCheckTest.java

```
package org.sonar.samples.java.checks;
import org.junit.Test;
import org.sonar.java.checks.verifier.JavaCheckVerifier;

public class DontUseCacheCheckTest {
    @Test
    public void detected() {
        JavaCheckVerifier.verify("src/test/files/DontUseCacheCheck.java",
                new DontUseCacheRule());
    }
}
```

代码解析

DontUseCacheCheck.java 表示调试的时候分析这个文件，`new DontUseCacheRule()` 表示新建一个规则类。

　　（2）新建 DontUseCacheCheck.java，该类的作用是当开启调试的时候，以该类的内容作为分析目标，具体内容如代码清单 12-6 所示。

代码清单 12-6　DontUseCacheCheck.java

```
class DontUseCacheCheck {
    public void test() {
```

```
        Map<String, Object> map = (Map<String, Object>) Cache.getInstance()
                .getUseCache();
        String a = "格瑞";
        String b = "雷狮";
        int c = 123;
        Cache.getInstance().setUseCache(map);
    }
}
```

代码解析

本例定义了违规的错误代码，其中变量 a、b、c 的作用是增加代码的复杂度，以提高扫描的正确性；而 `Cache.getInstance().setUseCache(map)` 就是使用缓存的违规代码，执行代码扫描的目标就是把所有的这种语句罗列出来，以便程序员可以清楚地知道它的文件地址，并且及时修改。

（3）打开 DontUseCacheRule.java，可以仔细分析一下代码，具体内容如代码清单 12-7 所示。

代码清单 12-7　DontUseCacheRule.java

```
package org.sonar.samples.java.checks;
import org.sonar.check.Rule;
import org.sonar.plugins.java.api.JavaFileScanner;
import org.sonar.plugins.java.api.JavaFileScannerContext;
import org.sonar.plugins.java.api.tree.Arguments;
import org.sonar.plugins.java.api.tree.BaseTreeVisitor;
import org.sonar.plugins.java.api.tree.ConditionalExpressionTree;
import org.sonar.plugins.java.api.tree.ExpressionStatementTree;
import org.sonar.plugins.java.api.tree.MemberSelectExpressionTree;
import org.sonar.plugins.java.api.tree.MethodInvocationTree;
import org.sonar.plugins.java.api.tree.Tree.Kind;
import org.sonar.plugins.java.api.tree.VariableTree;

@Rule(key = "DontUseCache")
public class DontUseCacheRule extends BaseTreeVisitor implements
    JavaFileScanner {
    private JavaFileScannerContext context;
    String parameter1 = "";
    String parameter2 = "";
    String map1 = "";
    String map2 = "";
    @Override
    public void scanFile(JavaFileScannerContext context) {
        this.context = context;
        scan(context.getTree());
    }
    /**
     * Overriding the visitor method to implement the logic of the rule.
     *
     * @param tree
     *              AST of the visited method.
     */
    /**
     * @author wb
     * @version 1
     * @date 2017-1-1
     * @description This scanning plug-in can greatly improve code
     *              specifications
     */
    @Override
```

```java
public void visitConditionalExpression(ConditionalExpressionTree tree) {
}
@Override
public void visitMemberSelectExpression(MemberSelectExpressionTree tree) {
    parameter1 = tree.identifier().toString();
    if (parameter1.equals("getUseCache")) {
        if (tree.parent().parent().parent().is(Kind.VARIABLE)) {
            VariableTree variableTree = (VariableTree) tree.parent()
                    .parent().parent();
            if (variableTree.simpleName() != null) {
                map1 = variableTree.simpleName().toString();
            }
        }
        if (tree.expression().is(Kind.METHOD_INVOCATION)) {
            MethodInvocationTree methodInvocationTree = (MethodInvocationTree) tree
                    .expression();
            if (methodInvocationTree.methodSelect().is(Kind.MEMBER_SELECT)) {
                MemberSelectExpressionTree memberSelectExpressionTree =
                    (MemberSelectExpressionTree) methodInvocationTree
                        .methodSelect();
                parameter2 = memberSelectExpressionTree.lastToken().text();
                if (parameter1 != "" && parameter2 != "") {
                    if ((parameter1.equals("getUseCache") || (parameter1
                            .equals("setUseCache")))
                            && (parameter2.equals("getInstance"))) {
                        if (map1.equals(map2)) {
                            // context.reportIssue(this, tree, "不允许使用缓存");
                        }
                    }
                }
                super.visitMemberSelectExpression(tree);
            }
        }
    }
    if (parameter1.equals("setUseCache")) {
        if (tree.parent().parent().is(Kind.EXPRESSION_STATEMENT)) {
            ExpressionStatementTree expressionStatementTree = (ExpressionStatementTree)tree
                    .parent().parent();
            if (expressionStatementTree.expression().is(Kind.METHOD_INVOCATION)) {
                MethodInvocationTree methodInvocationTree =
                    (MethodInvocationTree) expressionStatementTree
                        .expression();
                if (methodInvocationTree.arguments().is(Kind.ARGUMENTS)) {
                    Arguments argumentListTree = (Arguments) methodInvocationTree
                            .arguments();
                    if (argumentListTree.size() > 0) {
                        map2 = argumentListTree.get(0).toString();
                    }
                }
            }
        }
        if (tree.expression().is(Kind.METHOD_INVOCATION)) {
            MethodInvocationTree methodInvocationTree = (MethodInvocationTree) tree
                    .expression();
            if (methodInvocationTree.methodSelect().is(Kind.MEMBER_SELECT)) {
                MemberSelectExpressionTree memberSelectExpressionTree =
                    (MemberSelectExpressionTree) methodInvocationTree
                        .methodSelect();
                parameter2 = memberSelectExpressionTree.lastToken().text();
```

```
                    if (parameter1 != "" && parameter2 != "") {
                        if ((parameter1.equals("getUseCache") || (parameter1
                                .equals("setUseCache")))
                                && (parameter2.equals("getInstance"))) {
                            context.reportIssue(this, tree, "不允许使用缓存");
                        }
                    }
                    super.visitMemberSelectExpression(tree);
                }
            }
        }
    }
}
```

代码解析

（1）public class DontUseCacheRule extends BaseTreeVisitor implements JavaFile Scanner，该类的实现类和继承类都是固定的，不用改变，变的只有不同的类名。

（2）public void scanFile(JavaFileScannerContext context)固定写法，不用更改，但该方法会在每一个扫描过程结束后执行，如果需要初始化变量，可以把初始化动作放在这里。

（3）public void visitMemberSelectExpression(MemberSelectExpressionTree tree)以 MemberSelectExpressionTree 作为开发起点。具体的业务逻辑就在这个方法内实现，其实，就是一些简单的 Java 判断代码，掌握几个要点就可以了。例如，if (parameter1.equals ("getCacheData")){}，该语句判断 parameter1 是不是 getCacheData，如果是则继续下面的代码。

我们的判断依据就是从这段代码中获取符合规则的代码，首先需要触发警报的字段就是当代码中包含了 getCacheData，那么只要通过 parameter1 = tree.identifier().toString()取到 parameter1，再判断 parameter1 是不是 getCacheData 就可以确定这个规则了。

（4）当实现了这一点后，再观察 DontUseCacheCheck.java 里的代码，找到新的规则点：前后两个 map 变量需要保持一致，然后最好的话，把 setCacheData 也作为一个判断依据。明白了这些，就可以继续下面的开发了。

（5）需要重点明白的一点是，使用 Java 插件开发的话，必须借助于调试模式来开发，否则将会寸步难行。进入 DontUseCacheCheckTest.java，右键单击 Debug As，选择 JUnit Test 即可调试。这样的话，通过断点来观察每一步的抽象语法树结构，来确定规则的编写。

（6）context.reportIssue(this, tree, "不允许使用缓存")，固定写法，用于产生警报。

（7）super.visitMemberSelectExpression(tree)，固定写法，目前尚未明确用途，可能是继续监控的意思。

（8）其他要点：public void visitMethod(MethodTree tree)，从方法级别开始扫描代码树，一般情况下，可以把这个方法作为入口来进行插件的开发。但是，因为插件化开发也是基于抽象语法树的，如果代码复杂的话，这棵树下可能有几十个几百个子结点，这样的话开发起来就会非常困难。所以，建议从子结点开始直接寻找违规代码，最大化地提高效率，具体的做法可以参考 BaseTreeVisitor 里提供的结点。

（4）DontUseCache_java.json，用于配置警报参数，具体内容如代码清单 12-8 所示。

代码清单 12-8 DontUseCache_java.json

```json
{
  "title": "不允许使用缓存",
  "type": "BUG",
  "status": "ready",
  "remediation": {
    "func": "Constant\/Issue",
    "constantCost": "5min"
  },
  "tags": [
    "cache",
    "wb"
  ],
  "defaultSeverity": "Blocker"
}
```

代码解析

该 JSON 文件用于配置扫描后的违规代码信息,这些信息将会显示在 SonarQube 里面。例如,该代码规则的名称是"不允许使用缓存",类型是"BUG",处理时间是"5min"等。这些信息可以作为修改代码的标准,例如,程序员从 SonarQube 看到了属于自己的违规代码,那他就可以知道处理该代码的时间是 5 min。

(5)DontUseCache_java.html,用于配置代码规范,具体内容如代码清单 12-9 所示。

代码清单 12-9 DontUseCache_java.html

```html
<p>不允许使用缓存</p>
<h2>Code Example</h2>
<pre>
不允许使用缓存
例 1
Cache.getInstance().UseCache(map);
例 2
Cache.getInstance().UseCache(test);
</pre>
<h2>Compliant Solution</h2>
<pre>
推荐使用方式:
直接使用原始的 JDBC
</pre>
```

代码解析

本例的作用是在 SonarQube 中显示自定义规则的情况,例如,该规则的提示是"不允许使用缓存",并且罗列出了两个不同的错误示例,而在末尾又增加了推荐的使用方式。完成了这几个步骤,一个完整的 Java 自定义插件就开发好了。

2. Java 自定义规则的调试

开发调试

进入 DontUseCacheCheckTest.java,右键单击 Debug As,选择 JUnit Test 即可调试。这样的话,通过断点来观察每一步的抽象语法树结构,来确定规则的编写。

部署调试

进入 Java 代码目录,使用 mvn clean install 命令将项目打包,并且复制到 E:\sonarqube-5.6.6\

extensions\plugins 目录下，重启 SonarQube。如果该命令报错，可以尝试重新编译代码，E:\code\java-custom-rules>mvn clean install -Dmaven.test.skip=true，因为修改了规则之后，如果在 RulesList 类中为了方便测试，把其他的规则注释掉的话，使用 mvn clean install 可能要对其他规则进行测试，这样的话有可能报错，因此可以尝试使用后面的语句跳过测试，另外，为了测试 Java 自定义规则，我们可以把之前的 PMD 规则先关闭掉。

接着打开 DOS 窗口，进入需要调试的工程目录，如 E:\code\manage。输入 sonar-runner 进行代码扫描。待扫描结束后，可以在 SonarQube 界面查看具体的 bug 情况。首先，我们来看自定义规则的生效好的截图，这里列出了详细的信息，而这些信息都是通过 Java 代码自己填写的，所以说明自定规则已经生效了，如图 12-13 所示。

图 12-13　Java 自定义规则

接下来，我们进入质量配置功能，选择左侧的"Java 自定义规则"，把刚才的 Java 自定义规则匹配到这个质量配置底下，就可以生效了。这样，我们再执行命令扫描的时候就能针对这条规则扫描出项目中违规的代码了。最后，通过命令执行扫描后，在 SonarQube 首页就会看到违规的代码统计了，如图 12-14 所示。

图 12-14　违规代码统计

点进去可以看到详情。这里，细心的读者可能会发现，在该类当中，其实对用包的引用也是错的，例如 "import Map"，但是为什么没报错呢？因为我们当前的代码扫描规则里只生效了一条规则，如果我们把 Java 自带的 1000 条规则全部生效的话，这个错误或许能被扫描出来，对于我们整个项目的所有代码质量的提升来说也会变得如虎添翼！有时候，只依靠官方提供的规则可能并不能完全满足我们的需求。所以，Java 自定义规则就是为了满足这种情况的，违规代码详情如图 12-15 所示。

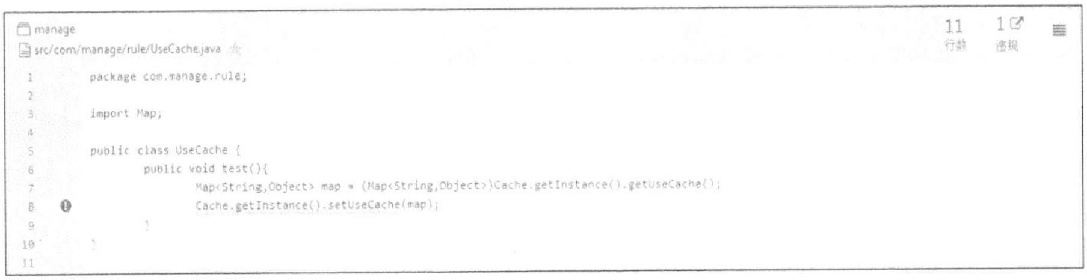

图 12-15　违规代码详情

12.3　Jenkins 自动化部署

Jenkins 是开源的自动化部署工具，主要作用是解决项目的部署问题。例如，之前开发的管理系统、员工信息系统、电商平台等项目，如果这些项目在进入运维阶段后，仍然需要手动部署就有点麻烦。所以，Jenkins 提供了整套相对完美的部署方案。

例如，使用 Jenkins 可以新建部署任务，并且建立触发器，对项目进行定时部署。而在部署的细节方面，Jenkins 可以在任务配置中设定版本库的地址（SVN 等）。这样的话，在该部署任务启动后，就可以在特定的时间里对特定项目的最新版本进行构建和部署，完美地替代了人工操作。当然，它肯定是支持人工部署的。

当部署结束后，Jenkins 会列出当前项目的部署情况，如持续时间、失败原因，部署日志等信息，以供程序员参考，并且找出部署中存在的问题，继续改进代码或者部署方案。而且，Jenkins 在部署的时候，还会列出每个版本的修改记录，让程序员直观地看到不同版本的差异。

12.3.1　部署介绍

如果使用 Jenkins 来完成项目的自动化部署，就可以制定一些版本构建规则。例如：

（1）每周五对管理系统进行定时构建，如果失败会发送邮件给相关开发人员；

（2）除了对管理系统的定时构建外，还可以对 SonarQube 代码扫描工具进行定时构建，按时完成对管理系统代码的扫描，以检查出违规代码，并且以邮件的方式通知相关开发人员。当然，这一点只是一个理想状态，如果想要成功实现，就必须编写特别完整复杂的脚本。

12.3.2　搭配使用

首先，在浏览器地址栏中输入 http://localhost:8080，进入 Jenkins 首页，如图 12-16 所示。

因为界面是中文的，所以学习起来相对简单。在这里，我们只学习 Jenkins 的几个主要功能，其他的读者可以自行摸索，毕竟 Jenkins 这个工具更多的是运维人员需要精通的，而开发人员理论上没有必要过于深入地学习。

点击界面上的 "开始创建一个新任务"，来新建代码扫描任务。

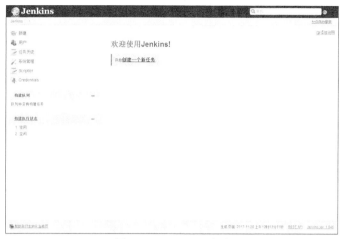

图 12-16   Jenkins 首页

新建任务的前提是，我们把生成自定义规则的 JAR 包的项目保存进 SVN 里，因为 Jenkins 需要从 SVN 里来自动化地构建项目。首先，把 java-custom- rules 文件复制到 E:\wb\trunk 底下，也就是本地的 SVN 目录下面，这步操作已经在第 4 章的时候构建好了。接着，我们进入该文件夹，点击版本库浏览器，选择加入文件夹功能，把它加入 SVN 的控制中。接着，就可以使用 Jenkins 来完成项目的构建了。首先，我们知道生成代码扫描规则的项目是通过 POM 文件来生成 JAR 包的（保存在 SonarQube 的 plugins 目录），所以，只需要让 Jenkins 编译该 POM 文件就能进行自动打包工作，而不用我们在 DOS 窗口中输入 mvn install 手动进行了。至于部署工作，就是把生成好的 wb-java-custom-rules-1.0.0.jar 文件复制到 SonarQube 的 plugins 目录，这步操作可以使用编写脚本的方式来执行，也可以使用 Java 的 File 对象来完成。

接下来，我们在 MyEclipse 中新建一个 auto 项目，再新建一个 com.auto.test 包，并且在该包下新建 MyName 类，具体内容如代码清单 12-10 所示。

代码清单 12-10   MyName.java

```java
package com.auto.test;

public class MyName {
    public static void main(String[] args) {
        System.out.println("wb");
    }
}
```

部署方式

把这个项目使用 SVN 工具添加到本地的 E:\wb\trunk 底下，也就是本地的 SVN 目录下面。然后，在 Jenkins 中新建一个 Item，名称是：auto 项目，类型选择第 1 个"构建一个自由风格的软件项目"，其他保持默认。在下一步的设置中，我们只需要修改"源码管理"功能即可，把 None 改成 Subversion，在 Repository URL 中输入 http://human-pc/svn/wb/trunk/auto，接下来在 Credentials 授权选项中，点击 Add，随便添加一个授权全空也行，点击保存，一个 Jenkins 任务就新建成功了。注意，需要删除 E:\wb\trunk\auto\bin 文件夹下的内容，已测试自动构建工程是否成功，Jenkins 任务如图 12-17 所示。

图 12-17　Jenkins 任务

从图 12-17 可以看到，auto 项目还没有构建。因此，我们点击 auto 项目会出现一个菜单，选择立即构建功能，Jenkins 便会执行对项目的构建过程。当构建结束后，刷新页面后会看到构建结果，包括上次成功、上次失败、上次持续时间等信息。点击构建版本号可以打开构建详情，点击左侧菜单的 Console Output 就可以查看构建日志，如图 12-18 所示。

图 12-18　Jenkins 构建

接着，我们来查看构建后的工作空间，来验证构建结果是否符合标准，如图 12-19 所示。

图 12-19　构建结果

通过对构建结果分析后，可以得出构建符合标准的结论。因为，在对 auto 项目构建之前，我们就已经把该项目 bin 目录下的内容完全清空了，而在构建结束后，Jenkins 会重新生成该目录结构，并且把 myName.java 文件构建成 class 类型的，这就是一个 Jenkins 构建的典型应用。

当然 Jenkins 的应用还有很多，例如，设置定时触发器来构建不同的任务，根据构建结果来发送邮件给相关的开发人员，进行项目关系的设置，检查文件指纹等功能，因为这些内容大多是专业的运维人员来做的，且需要编写大量的脚本代码，所以本章不去过多地研究，有兴趣的读者可以参考 Jenkins 的相关资料。

12.4 数据迁移

在对项目进行升级和改造的时候，一般都会涉及数据迁移工作。这些迁移的内容，可能是基础的配置数据，也可能是历史数据。总之数据迁移的核心是，旧系统中的某些数据必须保留，即便是这些数据需要变形。如果不涉及数据变形，迁移工作会很简单，而涉及数据变形的话，迁移工作就会困难重重。造成这种局面的原因是，我们可能需要把 Oracle 数据库的表 A 迁移到 MySQL 数据库的表 A，两种数据库差异比较大，如何做到数据变形，并且顺利完成迁移工作呢？这正是本章需要讲述的内容。

12.4.1 场景分析

数据迁移的典型场景：旧系统在稳定运行了很长的时间后，发现性能比较差（如浏览速度），已经跟不上日益发展的需求了。鉴于这种情况，A 公司需要把旧系统的 SSH 框架切换成 Spring MVC 框架，经过了很长时间的迭代，新系统的开发工作已经完成了。但是，旧系统中有很多基础数据、历史数据已经达到了一定的规模，这种规模的数据，依靠人工录入明显不可能，但又不能不要（可能还包含重要的客户信息），面对这种复杂的场景，就只能进行数据迁移了，而迁移的工作一般是使用 ETL 工具来完成的。

12.4.2 ETL 工具

ETL 工具很多，它们的作用基本上都是一样的：是从来源中抽取需要的数据，再把这些数据进行转换，也可以称作变形，拿到符合条件的数据后，再把它写入到目标中。而来源和目标，一般指的是 A 数据库和 B 数据库，他们极有可能是不同的两种数据库，如 Oracle 和 MySQL 等。在本章中，我们以 Pentaho Data Integration 软件为例，来讲解数据迁移的典型示例，如图 12-20 所示。

接着，我们来做一个简单的例子快速入门，并且从整体上描述 ETL 工具的常用功能和操作方法。

首先，新建一个转换，在弹出的核心对象页签下选择输入功能的"表输入"，在核心对象的页签下选择输出下面的插入/更新。接下来选择表输入，按住 Shift 键，往插入/更新图表的方向滑动鼠标，把这两个图表用线段连接起来。说明这两个图标之间存在着关系，如图 12-21 所示。

图 12-20　Pentaho Data Integration

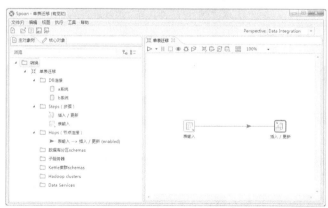

图 12-21　单表迁移需求

通过观察界面可以看出很多关键点。例如，数据库连接中的 a 系统和 b 系统，很明显，它们是数据源连接信息。分别点开它们，完成数据库的配置，直到点击测试没有问题后，就可以进行数据迁移工作了，如图 12-22 所示。

图 12-22 数据源配置

数据迁移的核心内容主要是针对界面上两个图标所代表的动作指令来对它们进行合理的配置，例如，在"表输入"动作中，可以设置数据源来自 a 系统，具体对应的是 users 表的数据，记录限制是 50，如图 12-23 所示。

配置好数据源后，点击预览按钮，就可以看到从数据源中抽取到的符合条件的数据，如图 12-24 所示。

图 12-23 表输入配置

图 12-24 抽取数据

至此，数据抽取的问题算是圆满解决了，接着，我们需要解决目标数据库的问题。双击"插入/更新"图标，打开详细配置，如图 12-25 所示。

该界面的配置信息的主要作用是：把从数据源中抽取到的记录转换成符合目标数据库条件的对应格式，例如，两个数据库的字段需要对应，类型也需要对应。如果不对应，在转换的时候就会报错。

如果界面的对应关系显示正确（查询会默认读取），点击确定即可。如果不正确，可以点击"获取字段"和"获取和更新字段"来寻找对应的关系。注意：当前生效的是 b 系统的 customer 这张表，所以表字段都是以它为中心的，例如，左侧的 name 和 hobby 对应的都是右侧"流里的数据"，也就是从上一个图标查询出来的数据，暂存在这里。这样配置好后，就可以点击标题"单表迁移"下的三角按钮来运行脚本了。如果没有报错，就可以在下面的不同页选项卡中看到详细的日志信息，如图 12-26 所示。

图 12-25 数据转换

然而，只是在 ETL 工具中提示数据迁移成功还是不够的，最终的验证还是需要回到 b 数据库里，查看对应的目标表 customer 中是否已经有了 a 数据库的 users 表中的数据，数据迁移结果如图 12-27 所示。

图 12-26 转换日志

图 12-27 数据迁移结果

Pentaho Data Integration 工具能够做的事情还有很多，虽然本章讲述了一个完整的数据迁移实例，但是读者可以想象，在系统升级的时候，数据迁移绝对不可能只是几张表的事情。如果有上百张表，又该如何处理呢？使用当前的例子就有点太浪费时间了，其实，我们可以换个思路来解决这个问题。例如，当前的这个迁移脚本完成了 1 张表的数据迁移，那么我们何不开发 50 个这样的脚本，来迁移50 张表的数据呢？这毫无疑问是可行的。在做这类需求的时候，我们只需要把这 50 个脚本都保存在同一个作业底下，只要执行该作业，便可以做到批量数据迁移。

12.5 小结

本章从架构师的角度来学习项目运维的知识和技能，平台维护主要讲述了运维工程师日常需要做的工作，还有架构师如何从自身的角度来理解和看待这些事情，并且学会参考运维工程师的意见。12.2 节通过详细讲述 PMD 模板方式，使读者可以参考 PMD 生成的抽象语法树，使用 XPath 语言来开发代码扫描规则；通过详细讲述 Java 自定义规则，使读者在 Eclipse 中结合官方源码，根据抽象语法树，进行自定义规则的插件开发，并且把插件集成到 SonarQube 中，再完成最终的代码扫描动作。接着通过典型的例子，重点讲述了 Jenkins 自动化部署工具的常规使用，论述了使用场景。最后，针对 Java 项目改造时面临的数据迁移问题，提出了解决思路和办法，通过使用 ETL 工具来完成单表和多表的数据迁移，并且编写了典型的迁移脚本，以供读者学习和参考。